RENCONTRES
499
Série *Colloques, congrès et conférences sur la Renaissance européenne*
dirigée par Claude Blum
115

La Science prise aux mots

Ouvrage publié dans le cadre de la série « Perspectives humanistes »
dirigée par Stéphan Geonget

Actes des quatre journées d'études « Les mots de la science »
organisées de 2014 à 2016 à l'université Bordeaux Montaigne
et à l'université de Bretagne occidentale, publiés avec le soutien du projet
« Formes du savoir. 1400-1750 » de la Maison des sciences de l'homme d'Aquitaine

La Science prise aux mots

Enquête sur le lexique scientifique de la Renaissance

Sous la direction de Violaine Giacomotto-Charra
et Myriam Marrache-Gouraud

PARIS
CLASSIQUES GARNIER
2021

Violaine Giacomotto-Charra est professeur de littérature et langue de la Renaissance à l'université Bordeaux Montaigne, où elle dirige le Centre Montaigne. Elle est spécialiste de l'écriture des savoirs scientifiques (poésie savante, médecine, philosophie). Elle vient de publier *La Philosophie naturelle en langue française. Des premiers textes à l'œuvre de Scipion Dupleix*.

Myriam Marrache-Gouraud est professeur de littérature du XVIe siècle à l'université de Poitiers. Outre Rabelais, elle s'intéresse à l'écriture des savoirs et à la manière dont les catalogues de cabinets de curiosités rendent compte des singularités. Elle est webmestre du site curiositas.org et a publié *La Légende des objets. Le cabinet de curiosités réfléchi par son catalogue*.

ISBN 978-2-406-10995-2 (livre broché)
ISBN 978-2-406-10996-9 (livre relié)
ISSN 2103-5636

INTRODUCTION

> Le problème de la vérité scientifique peut être l'affaire du philosophe ou du savant ; il n'est pas, en soi, l'affaire de l'historien. L'histoire des sciences ne peut prétendre à aucune valeur normative : elle ne dit pas ce qui doit ou aurait dû être ; elle dit ce qui a été, en essayant de comprendre pourquoi les choses ont été ainsi et pas autrement[1].

La conception puis la mise en texte des savoirs nécessite l'utilisation d'une terminologie précise, dont les transformations accompagnent et incarnent celles des concepts, des pratiques et des instruments de la science. Celle-ci crée ses mots, ou charge des mots déjà existants d'un sens particulier. L'évolution des termes, quoique parfois ténue, permet de saisir celle des concepts et des pratiques, mais aussi d'appréhender le cadre intellectuel plus large dans lequel ces concepts et ces pratiques s'organisent et font sens. Pister les mots, essayer de prendre une science qui n'est plus la nôtre à la lettre, pour littéralement la prendre « aux mots », est un moyen parmi d'autres, pour essayer de cerner le rapport intellectuel complexe que chaque époque entretient avec son savoir, lui-même mouvant, et la manière même dont elle conçoit, définit et ordonne ce savoir. C'est la méthode que nous choisissons ici, car si les dictionnaires de langue scientifique apparaissent en tant que tels à partir du XVIIe siècle, nomenclatures et réflexions linguistiques s'élaborent dès avant cela par d'autres biais et grâce à d'autres supports, qu'il s'agisse de glossaires latin-français, de notes lexicales à l'occasion d'un commentaire de texte, d'index ou même de remarques étymologiques ou de gloses

1 Roger, Jacques, « Pour une histoire historienne des sciences », dans Roger, *Pour une histoire des sciences à part entière*, [1983], Paris, Albin Michel, 1995, p. 43-73, ici p. 43.

parfois perdues au milieu des traités eux-mêmes. Ce matériel métalinguistique, varié et diffus en lui-même, n'est pas la seule source possible, et c'est d'abord et surtout dans l'usage même que la vie des mots de la science s'observe et parvient à penser ses spécificités. C'est aussi là, bien sûr, qu'elle est le plus difficile à saisir de manière exhaustive, puisqu'il faudrait idéalement une étude sur tous les mots clefs du lexique de chaque médecin, astronome, naturaliste, philosophe… et tout un ensemble de mises en concordances et de comparaisons pour avoir une chance de percevoir réellement ce que furent les mots de la science d'une époque, si tant est même qu'une telle science puisse ainsi être nommée.

C'est en rêvant de ce dictionnaire impossible qui comprendrait tous les mots liés au savoir scientifique (et plus largement à ce que l'on pourrait nommer ses procédures intellectuelles) dans leur contexte individuel d'emploi, textes à l'appui, que nous avons commencé à travailler à un projet dont ce volume est l'un des fruits, dans le cadre d'un programme de recherches intitulé « Formes du savoir 1400-1750 », initialement conduit de début 2011 à la fin 2015 grâce au financement et aux structures de la Maison des Sciences de l'Homme d'Aquitaine[2]. Il est né d'un double constat, celui d'un manque – l'absence de lexique raisonné des sciences de la Renaissance – et celui d'un décalage sémantique et intellectuel – l'anachronisme des notions que nous utilisons encore aujourd'hui par rapport à leur emploi à cette époque – auxquels se heurtent au quotidien tous les chercheurs qui s'intéressent à l'histoire des sciences, des savoirs et des idées, quelle que soit leur discipline d'élection. Quelle est l'exacte nature du lexique scientifique de la Renaissance ? De quels mots est-il réellement constitué et que veulent dire exactement ces termes, que l'on utilise encore mais qui n'ont plus le même sens, ni ne sont employés dans le même contexte culturel, épistémologique, intellectuel… ? et qui appartiennent à une langue devenue quasiment étrangère, d'autant plus trompeuse qu'elle est aujourd'hui pleine de faux-amis ? Comment se fait, par ailleurs, l'inscription progressive d'un lexique d'abord latin dans les différentes langues vernaculaires, à une époque d'importants changements linguistiques, conceptuels et scientifiques ? Qu'implique le double mouvement de transformation des pratiques et des connaissances

2 Projet dirigé par V. Giacomotto-Charra. Toutes les archives du projet sont consultables en ligne sur le site du Centre Montaigne (https://centre-montaigne.huma-num.fr/), onglet archives (consulté le 20/11/20).

scientifiques et de passage du latin aux vernaculaires ? Autant de questions qui font de chaque mot un nœud gordien.

Or si le lexique savant médiéval et celui de l'Âge Classique commencent à être bien étudiés, celui de la période 1450-1630, de la naissance de l'imprimerie aux derniers feux de la Renaissance européenne, est mal connu et n'est pas recensé. Il n'a souvent pas été relevé par les premiers dictionnaires d'époque et n'a pas été pris en compte, ou simplement pas repéré, par ceux constitués à la période contemporaine. Établir avec certitude la première attestation d'un mot scientifique ou technique en français n'est pas une mince affaire, d'autant que certains termes, introduits dans la langue par les traducteurs médiévaux, sources d'une néologie abondante, ont pu sortir d'usage puis y faire retour et que l'on n'est jamais tout à fait certain d'avoir affaire à un néologisme[3]. L'existence d'une néologie de type sémantique, plus difficile à repérer, complique encore les choses. Nous n'avons donc pas cherché à faire une histoire des mots, d'autant que nous avons prudemment restreint notre champ d'investigation à quelques notions et aux familles de mots qui les traduisent, mais avons fait le choix de réunir des études portant d'une part sur l'usage effectif de ces mots dans le contexte savant, et d'autre part sur les notions auxquelles ils renvoient. Pour qui voudra établir une généalogie des termes, ce matériau pourra être interprété en diachronie ; les étudier en synchronie sera également possible, pour constituer une photographie archéologique du savoir et de sa mise en œuvre à un moment donné.

Par ailleurs, si depuis des années, des décennies même, l'histoire des sciences et des savoirs de la Renaissance s'est beaucoup transformée, notamment par une ferme remise en question de la notion de révolution scientifique[4], l'habitude de penser en termes de ruptures, avec un avant

3 La consultation des lexiques scientifiques de la langue médiévale et des travaux portant sur la traduction des textes philosophiques et scientifiques est à ce sujet très instructive, voir en particulier Berriot, François, « Langue, nation et pouvoir : les traducteurs du XIVe siècle précurseurs des humanistes de la Renaissance », dans Jones-Davies, Marie-Thérèse (dir.), *Langues et nations au temps de la Renaissance*, Paris, Klincksieck, 1991, p. 113-116 et Bertrand, Olivier, « Le legs du Moyen Âge », dans Duché, Véronique (dir.), *Histoire des traductions en langue française (XVe-XVIe siècle)*, Paris, Verdier, 2015, p. 49-126 ; *idem*, « Les emprunts chez Nicole Oresme, ou comment traduire l'*Éthique* et la *Politique* d'Aristote en français au XVIe siècle », *Neologica*, n° 2, 2008, p. 75-86.

4 Pour les plus récentes remises en question et redéfinitions, voir Garber, Daniel, « Why the Scientific Revolution wasn't a scientific revolution, and why it matters », dans Richards,

et un après, persiste. On ne peut se passer de périodisation, mais toute périodisation est déjà un regard rétrospectif biaisé, qui peut induire des *a priori* ; l'existence même d'adjectifs en *pré-* comme *pré-logique*, *pré-moderne*[5], *pré-scientifique* ou *pré-cartésien* en témoigne. Or ce problème affecte particulièrement l'histoire des mots de la science, à commencer par le premier d'entre eux, *science*, comme l'écrivait fort bien Luce Giard il y a dix ans déjà dans le volume consacré par Antonella Romano à *Rome et la science moderne*[6] :

> Une solution brutale consisterait à réserver strictement le nom de « science » à ce qui correspond de près aux sciences sous leur forme actuelle. Mais à quels critères de démarcation s'en remettre pour établir la coupure, alors que nous mesurons de mieux en mieux combien les diverses sciences de la nature diffèrent entre elles dans leurs méthodes, leurs énoncés fondamentaux, leurs procédures d'investigation et de vérification, leurs modèles théoriques, leurs rythmes de développement. Définir un critère de démarcation entre des savoirs préscientifiques et une science constituée obligerait en fait à ériger en modèle d'excellence scientifique telle science à tel moment de son histoire, puis à demander que tout autre savoir pour devenir science présente des caractères équivalents[7].

En se posant la question de l'usage du mot *science* et de ses difficultés, Luce Giard met en évidence les risques de confusion constants induits par l'usage d'un mot dont le sens a si profondément changé entre la Renaissance et nos jours[8], mais aussi le biais méthodologique et pire,

---

Robert et Daston, Lorraine (dir.), *Kuhn's Structure of Scientific Revolution at Fifty*, Chicago, The University of Chicago Press, 2016, p. 133-150 ; pour une synthèse historiographique récente, voir Sgarbi, Marco, « Renaissance Aristotelianism and the Scientific Revolution », *Physics*, n° 52-1/2, 2017, p. 329-345 ; pour une étude de cas argumentée, voir Duris, Pascal, *Quelle révolution scientifique ? Les sciences de la vie dans la querelle des Anciens et des Modernes (XVIe-XVIIIe siècles)*, Paris, Hermann, 2016.

5 *Moderne* étant lui-même d'autant plus ambigu qu'on le trouve tantôt utilisé avec son sens historique, pour désigner la période qui va du début du XVIe siècle à la fin du XVIIIe, tantôt de manière axiologique, pour désigner ce qui serait déjà les prémices de notre science et de nos procédures, en valorisant l'idée de nouveauté comme positive et en l'accompagnant de l'idée de progrès.

6 Romano, Antonella (dir.), *Rome et la science moderne : entre Renaissance et Lumières*, Rome, Publications de l'École française de Rome, 2009.

7 Giard, Luce, « L'ambiguïte du mot "science" et sa source latine », dans Romano, *Rome et la science moderne*…, p. 45-62, ici p. 46.

8 La réflexion, évidemment, n'est pas nouvelle, mais Luce Giard la formule avec acuité et le seul fait qu'elle doive encore la formuler en 2009 donne une idée de la complexité du problème.

idéologique, que son usage peut induire si on lui associe un jugement de valeur. Les risques sont établis, mais le problème demeure sans solution réelle ; son traitement partiel passe sans doute par ce geste « quasi ethnologique » qu'appelait déjà Gérard Simon[9] : il faut accepter que les mots de la science aient eu un autre sens et qu'il ait existé d'autres critères de « scientificité », engageant des attentes différentes des nôtres, qui n'en soient pas moins *scientifiques* pour autant. Car ce n'est pas seulement la notion de science qui évolue au cours du temps, mais « avec elle l'idée qu'on se fait de la scientificité » :

> Le modèle de la démonstration était pour un lettré ancien ou un médiéval le syllogisme, et non, surtout au Moyen Âge, l'inférence mathématique [...]. De plus, le critère de validité d'une hypothèse sur la nature s'étayait plus souvent sur des rapprochements d'ordre sensible, liés ou non à l'intellection, que sur l'observation quantifiée ou l'expérimentation objective. Si on ne tient pas compte de ces profonds changements intellectuels, on risque de manquer des événements qui, dans l'approche épistémologique, ont eu parfois plus d'importance que bien des découvertes ponctuelles[10].

Or il n'est évidemment pas facile de se transporter dans des cadres épistémiques oubliés voire perdus, alors que les mots sont souvent restés les mêmes : là est le piège, car l'histoire de ces mots est biaisée à la fois par notre usage contemporain spontané, réfléchi ou intuitif, comme par les modélisations plus générales de l'histoire intellectuelle.

Pour n'en prendre qu'un exemple éloquent, la notion d'*expérience*, à laquelle nous nous intéressons dans ce volume, continue d'être généralement considérée comme la caractéristique d'une science dite *moderne*, ayant établi des procédures de vérification et de certification. Le sens du mot tel que nous l'employons, bien sûr, mais aussi le percevons plus souterrainement, est modelé par les dénotations dont l'a chargé l'évolution de la pratique scientifique jusqu'à nos jours. Il est pour nous

---

9 Le livre peut-être le plus fondamental de Gérard Simon est ancien, mais il reste d'actualité, et c'est aussi un guide méthodologique qui n'a probablement pas eu le retentissement qu'il méritait. C'est pour nous l'occasion de rappeler tout ce que nous devons à la lecture de *Le Regard, l'être et l'apparence dans l'optique de l'Antiquité* (Paris, Seuil, 1988), et l'importance de cette phrase, transposable à d'autres domaines du savoir : « le flux visuel n'est pas seulement par là intransposable dans notre culture ; par ses conséquences, il y est même au sens strict *impensable*, à moins d'un effort de reconstitution quasi ethnologique de tout ce qu'il implique et de l'ensemble des *a priori*, qui le rendaient plausible », p. 31-32.

10 Simon, Gérard, *Science et histoire*, Paris, Gallimard, 2008, p. 14.

un mot fortement attaché à « notre » science. Il est pourtant bien présent, très présent, même, dans la langue de la Renaissance, mais avec des différences, des nuances et des variations sémantiques essentielles, en particulier en latin, qui en font en réalité un mot intraduisible. Or, de manière significative, s'il existe un volume du *Lessico Intellettuale Europeo* consacré à *experientia*, celui-ci ne comporte, pour les XVe et XVIe siècles, qu'un seul article traitant du mot à la Renaissance, et ce dernier porte sur Paracelse, dont on sait qu'il incarne la marge et non la norme, comme si l'expérience ne pouvait être qu'à la marge de la science officielle de l'époque, hétérodoxe ou dissidente. Ce volume du *Lessico*, ainsi, conforte sans doute malgré lui deux idées fausses : tout d'abord, il installe une sorte de bras de fer idéologique entre la conception médiévale de l'*expérience*, dans laquelle la théologie joue (ou jouerait) un rôle central, du moins si l'on se fie à la liste des articles (sur Augustin, les lexiques médiévaux, François d'Assise, Thomas d'Aquin et un article transversal qui explore la notion « *tra antichità, medioevo ed età cartesiana* ») et la pensée classique, où la définition du terme subit de plein fouet l'influence des transformations de la science et de la conceptualisation nouvelle de cette dernière (articles sur Galilée, Francis Bacon, Descartes, Malebranche, Spinoza, etc.) ; ensuite, il accrédite l'idée que seules quelques figures marginales comme Paracelse saisiraient ce qu'est l'expérience « moderne » et en seraient donc des « précurseurs », perspective téléologique s'il en est[11]. Les résultats auraient sans doute été très différents si des contributions sur Albert le Grand, les encyclopédies médiévales, les récits de voyage, le travail des cartographes, les travaux mathématiques… avaient été proposées[12]. Chaque ouvrage, le nôtre y compris, a nécessairement ses biais qui faussent la saisie d'une réalité de toute façon impossible à

11 Restons avec Gérard Simon et « débarrassons-nous d'abord de l'irritant problème des antécédents et des précurseurs. […] On ne découvre pas un domaine scientifique comme s'il préexistait à son apparition, à la manière dont un matin de Pâques les enfants vont récolter les œufs peints et les friandises que l'on a au préalable pris soin de disséminer dans le jardin. […] L'historien ne doit pas se laisser piéger par l'impression de modernité d'une pensée. Car le passé s'est souvent nourri de ce qui est pour nous devenu d'impensables archaïsmes », *Science et histoire*, p. 32-33. Ajoutons que la valorisation de la « modernité » elle-même est une invention du XIXe siècle, en littérature comme en science.

12 Signalons la tenue en 2019, à Naples, d'un colloque sur ces notions, en diachronie longue, dont pour l'instant malheureusement la publication n'est pas disponible : Convegno internazionale *Experientia/Experimentum*, Università degli studi di Napoli, 25-27 septembre 2019, organisé par Francesco Pisano, Fiorella Giaculli et Rossella Molisso.

reconstituer, mais cela ne doit pas empêcher d'essayer de combler certains vides ou d'atténuer certains biais. Nous espérons ainsi apporter, sous l'angle de la langue et de l'étude des occurrences des mots de la science en contexte, une pierre à l'édifice des travaux, désormais nombreux, qui s'attachent à dessiner une science de la Renaissance qui ne soit ni jugée à l'aune de celle du XVIIe siècle, ni pensée en termes de continuité ou de rupture, ni encombrée du biais anti-scolastique qui continue encore parfois – de moins en moins – de l'affecter, ni réduite à une pratique livresque dominée par un âge des ressemblances et des analogies[13], mais simplement examinée pour elle-même.

La première *expérience*, la première *observation* que fait tout chercheur qui lit les textes savants de la Renaissance, en effet, c'est que des mots comme *expérience*, *autopsie*, *observation* (et même parfois *observation oculaire*, apparent pléonasme sur lequel il conviendra de s'interroger), ainsi que l'ensemble de leurs familles lexicales, parasynonymiques et sémantiques, parfois très développées, fourmillent sous la plume de savants de toutes disciplines, médecins, naturalistes, astronomes… mais aussi philosophes naturels, qui ne cessent de s'appuyer sur « l'expérience et la raison », qui « observent » « oculairement », qui scrutent, contemplent, notent, dissèquent, qui comparent, qui essaient…, et qui, s'ils n'ont pas mis en place des procédures strictes de reproductibilité qui ne leur viennent pas à l'idée parce qu'ils ont d'autres critères de véridicité et de démonstration, ne s'en appuient pas moins sur des constats répétés, sur une *méthode* et sur une *ratio*, cette autre notion philosophique intraduisible et infiniment complexe. Comment comprendre alors ces mots et en rendre compte en essayant de ne pas faire trop d'erreurs ? Nous avons voulu, dans ce volume, examiner un moment de la vie de la terminologie scientifique dans la diversité de ses supports, en tenant compte

13 Pour la critique d'une approche qui a survalorisé la marge pour négliger la norme, admis le postulat humaniste de l'inintérêt de la scolastique et des sciences aristotéliciennes, et adopté la théorie d'une *épistémè* de la Renaissance, au sens foucaldien du terme, fondée sur la ressemblance, voir les travaux fondamentaux et toujours d'actualité de Ian MacLean : « Foucault's Renaissance *episteme* reassessed : an Aristotelian counterblast », *Journal of the History of Ideas*, n° 59-1, 1998, p. 149-166 et la « Postface post-foucaldienne » qui clôt *Le Monde et les hommes selon les médecins de la Renaissance*, Paris, CNRS Éditions, 2006. Pour un travail plus récent : Demonet, Marie-Luce, « Les sophismes des signatures, de Foucault à Agamben », dans Guerrier, Olivier et Gerbier, Laurent (dir.), *Foucault et la Renaissance*, Paris, Classiques Garnier, sous presse.

de la variété des disciplines et des emplois, en mesurant le décalage avec lequel les mots passent du latin au vernaculaire et les effets que ce phénomène induit, en nous attachant à mettre en évidence les lieux où se formalise une réflexion sur la langue scientifique. Il ne s'agit pas de savoir si tel ou tel mot est « encore » médiéval ou « déjà » moderne, mais de tenter de le saisir pour ce qu'il est à un moment donné. Comme dans le volume de l'*Histoire des sciences et des savoirs* récemment dirigé par Stéphane Van Damme[14], il ne s'agit pas de chercher à tout prix la continuité avec le Moyen Âge – sans pour autant, cela va de soi, nier les liens forts qui unissent les deux périodes, malgré les imprécations humanistes contre la barbarie des Goths –, encore moins, à l'inverse, de céder à « l'obsession présentiste[15] » ou à la quête du progrès, mais d'essayer simplement de prendre ces mots pour ce qu'ils sont, dans une forme d'« historicisation radicale[16] » qui ne préjuge de rien. Il nous a semblé qu'ainsi on pouvait saisir les choix personnels, les hésitations, les tâtonnements ou au contraire les certitudes, les transformations, les retournements, bref le lent cheminement non de la science, mais des hommes qui ont fait la science avec leurs mots. De même qu'il n'y a pas d'humanisme, mais uniquement des humanistes, peut-être faut-il se dire qu'en histoire des sciences, il n'y a pas de science, mais uniquement des hommes de science, qui l'écrivent. Il ne saurait donc y avoir d'histoire des sciences sans une histoire des textes de science. Quand bien même tous les savants ne partagent pas exactement les mêmes idées, néanmoins on peut voir apparaître des lignes de force textuelles, des points de convergence lexicale qui permettent de passer avec prudence des textes individuels aux sciences et des sciences à une certaine idée de la science.

Bien sûr, et comme pour tout ouvrage collectif, le résultat final est étroitement tributaire des propositions initiales sollicitées ou reçues. Il

---

14 Van Damme, Stéphane (dir.), *Histoire des sciences et des savoirs. De la Renaissance aux Lumières*, Paris, Seuil, 2015, vol. 1 de Pestre, Dominique (dir.), *Histoire des sciences et des savoirs* en trois volumes, Paris, Seuil.

15 « Deux approches classiques de l'histoire des sciences doivent en effet être tenues à bonne distance. Une première considère que l'invention des concepts des sciences modernes se rapporte toujours à des “traditions” antérieures : elle caractérise le plus souvent une histoire philosophique des sciences. Une deuxième procède, à l'inverse, d'une obsession présentiste : elle reste uniquement travaillée par les enjeux des sciences contemporaines et se condamne à une forme d'anachronisme, au mieux contrôlé », Van Damme, « Un ancien régime des sciences et des savoirs », dans *Histoire des sciences…*, p. 19-40, ici p. 20.

16 Autre emprunt à Van Damme, *ibid.*

est hélas impossible de parler de tout et de tous les livres qui auraient pu fournir des données, mais nous avons essayé de couvrir des champs différents, et de faire varier aussi bien les approches que les types de textes. L'analyse de formes linguistiques constantes dans des disciplines et des textes parfois très différents permet d'envisager à la fois la question des lignes de force intellectuelles qui structurent pensée et pratique scientifiques, celle des problèmes de dénomination et de taxinomie, celle de la traduction de la langue savante en vernaculaire, la constitution de « français de spécialité », ainsi que l'apparition et la formalisation de la réflexion lexicale sur un métalangage conçu dans un échange entre évolution linguistique, apparition de nouveaux supports écrits (les dictionnaires imprimés) et transformation des pratiques scientifiques.

Entre le désir utopique d'un dictionnaire idéal – dont l'ampleur aurait ramené au rang d'opuscules les œuvres complètes d'Ulisse Aldrovandi – et ce qu'il était possible de faire dans le cadre d'un projet limité dans le temps et qui comportait d'autres aspects, notre volume a choisi de se concentrer sur trois familles de mots, centrales et emblématiques de la pratique scientifique de la Renaissance mais aussi de celle d'aujourd'hui : c'est ce point qui nous a paru intéressant pour notre enquête, car il permet également de toucher du doigt le problème de l'évolution diachronique, les risques de l'anachronisme et la question centrale de savoir comment on doit littéralement aujourd'hui *interpréter* un texte savant de la Renaissance. Ce sont d'abord les mots qui servent à nommer la science, ou plutôt la démarche scientifique elle-même, ensuite ceux de l'*expérience* et enfin ceux de l'*observation*. Trois mots, ou trois ensembles, c'est évidemment infiniment peu et à la fois terriblement vaste, de sorte que le sujet est loin d'être épuisé. Nous souhaitons ouvrir des pistes – fécondes, espérons-le – en donnant un aperçu de la richesse et de la polysémie complexe de ces termes, dans l'idée d'encourager à continuer à les examiner avec soin et précaution quand on les rencontre dans les textes, pour mieux comprendre surtout le contexte particulier dans lequel ces mots ont vécu et eu un sens.

Notre ouvrage est donc conçu en trois parties, une première partie plus brève, à valeur introductive, poursuit la réflexion engagée ailleurs et par d'autres sur les noms de la science elle-même, et deux parties plus volumineuses sont ensuite respectivement consacrées aux mots de l'expérience et à ceux de la vue et de l'observation. Dans tous les cas, il ne s'agit pas uniquement, et parfois pas du tout, d'une approche linguistique : les articles réunis sont des analyses portant sur un mot, un auteur, une œuvre..., qui essaient de mettre en évidence ce que recouvre effectivement tel ou tel mot sous la plume d'un savant donné, mais s'interrogent aussi sur les mots absents et la présence de telle ou telle pratique – le recours à l'observation, à l'illustration, à l'expérimentation – qui peut être réelle sans être pour autant nommée. Chaque partie s'ouvre par un article de synthèse essayant de tracer le cadre conceptuel et linguistique de la question, que les articles suivants développent sous forme d'études de cas.

Le résultat n'est donc plus tout à fait conforme à l'idée de lexique raisonné qui se trouvait au principe du projet, mais il reste fidèle à la conviction que c'est en prenant aux mots les savants de la Renaissance qu'on sera en mesure de saisir, au cœur des textes, les réalités d'une langue disparue.

Violaine GIACOMOTTO-CHARRA
Université Bordeaux Montaigne,
Centre Montaigne, EA 4195-TELEM

Myriam MARRACHE-GOURAUD
Université de Poitiers,
Équipe FoReLLIS (EA 3816)

PREMIÈRE PARTIE

NOMS ET IMAGES DE LA SCIENCE

DES NOMS DU SAVOIR ET DE LEURS AVATARS

De quels noms variés se pare le savoir, et quelle pluralité de mots et de nuances insoupçonnées se nichent dans les termes les plus génériques et apparemment les plus anodins ? Il nous a en premier lieu semblé important de réfléchir aux mots de la science au sens le plus littéral de la relation impliquée par le complément de détermination : ceux qui servent à nommer la science, mais aussi le mouvement qui pousse vers la connaissance (comme *curiosité* ou *étonnement*), ou ses résultats (*docte*, *doctrine*, *science*, *connaissance*…). Cela nous a d'abord permis d'établir des listes de questions, à défaut d'obtenir des réponses certaines : dans le cadre polymorphe et en constante mutation que constituent les cénacles savants et scientifiques des XVe et XVIe siècles, et encore du début du XVIIe, dans un monde où cohabitent Ancien et Nouveau mondes, comment nomme-t-on la connaissance ? À quelles définitions, catégorisations et classifications sous-jacentes les mots qui la désignent et la dessinent renvoient-ils ? Ces termes, et les concepts qu'ils désignent, subissent-ils une évolution perceptible ? Voient-ils leur charge sémantique se modifier selon les textes ? Cette modification est-elle consciente et formalisée par les philosophes, les savants, les penseurs ? Comment nomme-t-on et classe-t-on disciplines et pratiques nouvelles ? La naissance de nouveaux lieux de savoir, au sein ou hors des universités (comme les Académies, mais aussi les jardins botaniques ou les lieux de collection), entraîne-t-elle une transformation du champ conceptuel de la connaissance ?

La réflexion sur l'acquisition des connaissances nouvelles peut être directement liée à l'ouverture de nouveaux horizons : Rabelais fait de Pantagruel un « amateur de peregrinité » au prétexte qu'on l'a toujours connu « desyrant tous jours veoir, et tous jours apprendre[1] ». Ainsi, il

1 Rabelais, François, *Tiers Livre*, chap. XLVII, éd. M. Huchon, *Œuvres complètes*, Paris, Gallimard, Pléiade, 1994, p. 494-495.

semble que ce soit l'apprentissage et le désir de savoir qui motivent un déplacement dans l'espace, comme si voyage et curiosité formaient une paire inséparable, le voyage étant alors consubstantiellement lié à la curiosité en tant que désir de savoir au sens large[2]. Cependant, le même Rabelais, en humaniste, affirme aussi qu'on peut « sçavoir tousjours et tous jours aprendre, feust ce d'un sot, d'un pot, d'une guedoufle, d'une moufle, d'une pantoufle[3] », supposant que l'on peut apprendre de toute source, y compris de la plus ordinaire, de la plus proche, laquelle contient aussi sa part de mystères. La distance ou l'émerveillement ne sont donc sans doute pas les seules conditions nécessaires à l'augmentation des connaissances. Qu'entend-on alors par *docte*, *savant*, *ignorant* ? Ces mots reçoivent-ils la même définition selon les milieux ? Existe-t-il de réelles différences entre ces mots selon les contextes ou les disciplines ? En quoi la définition et l'usage d'un mot comme *science* ou *savoir* peuvent-ils nous aider à penser les différences et les continuités entre les aspects variés du savoir et, par exemple, à repenser les rapports entre humanisme et scolastique, dont l'opposition a été largement exagérée et caricaturée ?

Par ailleurs, la *libido sciendi* est-elle la meilleure voie d'accès au savoir ? Comment s'articule-t-elle avec la notion de *science* ? Est-elle l'équivalent de la *curiositas* ? « Ce qu'on appelle curiosité n'a pas d'autre fin que la joie qui naît de la connaissance des choses », écrit Saint Augustin : doit-on envisager la curiosité en amont et en aval de la connaissance, et en quoi le savoir, la science, se distinguent-ils de cette dernière ? À la Renaissance, pense-t-on, comme Aristote, que la *libido sciendi* est une haute aspiration qui participe de la nature de l'homme, ou faut-il au contraire lui imposer des limites afin qu'elle ne s'apparente pas à une passion déréglée, vaine ou stérile, si ce n'est « superbe », qui égare plus qu'elle ne guide ? En somme, quel est son rôle, et quel est même celui de la connaissance, dans le rapport de l'homme au monde ? Autant de questions sur les choses et sur les mots qui les nomment auxquelles, disons-le d'emblée, il a été impossible de répondre de manière exhaustive. Mais il reste possible de poser quelques pierres.

---

2 Voir sur ce point Stagl, Justin, *A History of Curiosity. The Theory of Travel 1550-1800*, London, Routledge, 1995.

3 Rabelais, *Tiers Livre*, chap. XVI, p. 400. Sur cette phrase et ses implications pour penser la curiosité, voir Marrache-Gouraud, Myriam, « Rabelais en pantoufles, moufles et guedoufles. Objets quotidiens, objets sibyllins », *L'Année rabelaisienne*, n° 2, 2018, p. 295-317.

SCIENCE, SAVOIR, PHILOSOPHIE, DISCIPLINES…

Le premier écueil d'une telle enquête est évidemment celui du mot *science* lui-même, dont la complexité et les mutations sémantiques, nous y avons fait allusion en présentant ce volume, posent problème à tous les historiens qui ne peuvent pas toujours décider avec certitude s'ils sont historiens des sciences ou des savoirs. Nous n'entrerons pas ici dans le débat sur la différence que l'on peut faire aujourd'hui entre *science* et *savoir*, ou entre *sciences* et *savoirs*, pour nous concentrer sur la Renaissance, période durant laquelle les mots du savoir s'inscrivent dans un système de connaissances dont les mises en ordre et les dénominations sont déjà d'incessants sujets de discussions et de débats, mais sur d'autres bases. L'intrication des notions de *philosophie*, *science*, *savoir* et *connaissance*, la fluctuation de leur contenu conceptuel et référentiel, le chevauchement incessant des limites de l'extension de chacun ou l'absence de limites claires, constituent la première difficulté, mais aussi ce qui fait l'intérêt du sujet. Ici encore, le volume sur l'*Histoire des sciences et des savoirs*, paru au moment même où s'achevait le cycle de rencontres qui a donné naissance à ce volume, vient conforter *a posteriori* les choix faits alors et nourrir notre propos à l'heure de la publication : « Les sciences ne sont plus considérées comme un bloc de disciplines en gestation, mais envisagées plutôt comme un système de circulations des problèmes et des pratiques savantes d'un champ à un autre[4] ». C'est cette circulation, matérialisée dans la vie des mots et dans les textes, qui nous intéresse, en précisant que ce système de circulation implique, à la Renaissance, à la fois les disciplines que nous nommons encore *sciences*, et d'autres qui relèvent plus généralement de l'intellect sans être pourtant encore considérées aujourd'hui comme *scientifiques*.

Les choses sont parfois difficiles à démêler dans les ouvrages savants de l'époque ; l'extension d'un mot comme *science* est flottante, comme aujourd'hui, le mot peut être entendu largement, comme synonyme de *connaissance*, ou dans le sens plus ou moins strict que lui donnent les philosophes. Les disciplines qui en relèvent sont alors logiquement en plus ou moins grand nombre. Goclenius le rappelle dans son *Lexicon*

---

4 Van Damme, « Un ancien régime des sciences et des savoirs », p. 24.

philosophicum : au sens propre, le mot *scientia* désigne ce que l'intellect acquiert « par démonstration » (le latin utilise ici encore un intraduisible, *habitus* : « *Scientia duobus modis accipitur : Proprie, pro eo habito quem per demonstratinem acquirimus* »), sens pour lequel Goclenius renvoie à l'*Éthique*, et, dans une acception plus large, pour tout ce qui relève d'une acquisition par les voies intellectuelles (« *pro quibusvis aliis habitibus intellectivis*[5] »), notant que souvent on appelle improprement *science*, un art (« *sic Medicina a Galeno dicitur*[6] »). L'usage courant en vernaculaire est encore plus indécis, en raison d'acceptions plus lâches et moins techniques[7]. La simple consultation de l'article *cognoissance* du dictionnaire de Robert Estienne en témoigne : « *Cognoissance*, Intelligentia, Intellectus, Notio, Cognitio, Perceptio animi, Sapientia, Scientia », alors que *science* est glosé par *scientia*, *doctrina*, et plus loin dans l'article par *ars* ou par *disciplina*. Il faut aussi prendre en compte d'autres nuances : l'adverbe *savamment*, ainsi, est considéré par Estienne comme glosant à la fois *docte*, *literate*, *prudenter* et *scienter*. Le *savoir* peut renvoyer à ce qu'on appellerait sans doute la culture (« *literatura*, le savoir des sciences qu'on a »), au savoir acquis par la pratique (« *peritia*, grand sçavoir et experience ») mais apparaît aussi comme synonyme de *science* dans un certain nombre de lexies : « *qui ha du sçavoir :* compos scientiæ[8] ». Quant au verbe latin *scire*, racine du mot *science*, Goclenius, d'après Aristote, en propose entre autres la définition suivante : « *Scire est speciem et rationem scibilis in se continere*[9] ».

Ce ne sont pas tant les stratifications sémantiques du mot *science* que la manière dont se pense et se dit la connaissance scientifique qui nous

---

5 Goclenius, Rodolphus, *Lexicon philosophicum, quo tanquam clave philosophiæ fores aperiuntur*, Francfort, Matthias Becker, 1613, col. 1, p. 1010.

6 *Ibid.*

7 Zabarella note qu'on peut donner à *scientia* un sens très large, incluant toute la connaissance, y compris les arts, mais que son sens rigoureux est plus étroit, voir à ce sujet les différents travaux de Heikki Mikkeli : *An Aristotelian Response to Renaissance Humanism. Jacopo Zabarella on the Nature of Arts and Sciences*, Helsinki, The Finnish Historical Society, 1992 ; « The foundation of an autonomous natural philosophy : Zabarella on the classification or arts and sciences », dans Di Liscia, Daniel, Kessler, Eckhard et Methuen, Charlotte (dir.), *Method and Order in Renaissance Philosophy of Nature. The Aristotle Commentary Tradition*, Aldershot, Ashgate, 1997, p. 211-228 ; « The aristotelician classification of knowledge in the early sixteenth century », dans Pade, Marianne (dir.), *Renaissance Readings of the Corpus Aristotelicum*, Copenhagen, Museum Tusculanum Press, 2001, p. 103-128.

8 Pour l'ensemble des références, voir les articles « Cognoissance », « Sçavoir », « Science » et « Philosophie » dans Estienne, Robert, *Dictionnaire françois-latin, contenant les motz et les manieres de parler françois, tournez en latin*, Paris, Robert Estienne, 1539.

9 Goclenius, *Lexicon philosophicum*, col. B, p. 1010.

intéressent ici. Il s'agit pour nous de réfléchir aux démarches communes au savoir ou à des savoirs scientifiques, et au franchissement de leurs frontières, plutôt que de considérer des ensembles constitués. Partons cependant de *scientia/science*. Le bel article de Luce Giard, cité *supra*, a fait le point sur l'histoire de ce terme depuis Aristote, et sur ses difficultés. Le point sur lequel il faut insister est cependant que, s'il est d'origine latine, il est devenu usuel en latin médiéval pour traduire l'*épistémè* d'Aristote. Boèce, d'abord, puis des siècles plus tard Guillaume de Moerbeke, utilisent *scientia* pour rendre *épistémè* dans leur traduction respective des *Catégories*[10]. Dans la mesure où la philosophie d'Aristote fonde l'enseignement des nouvelles universités médiévales, qui se perpétuent, vives et actives, à la Renaissance, la modélisation du terme latin par l'héritage grec et par sa lecture médiévale n'est pas anodine pour nos savants renaissants et, plus largement, pour le milieu des lettrés qui a souvent reçu au moins une teinture de philosophie aristotélicienne. Malgré le refus proclamé de la scolastique, de son jargon et de ses méthodes, les modes de pensée de l'aristotélisme, ses concepts usuels, devenus un socle commun de la formation universitaire, imprègnent profondément les habitudes. Il faut donc essayer d'entendre ce que les hommes de la Renaissance eux-mêmes entendent quand ils utilisent ce mot et ceux qui lui sont liés, car c'est dans l'écart et la nuance par rapport à d'autres notions que peut se dessiner la cohérence du champ lexical des sciences et des savoirs.

Scientia et ses dérivés vernaculaires sont pris, à la Renaissance, dans plusieurs jeux complexes de relations, qui ne jouent pas cependant de la même manière. On peut ici distinguer deux ensembles d'oppositions et/ou de complémentarités sémantiques, l'un qui permet de tracer les limites extérieures de ce qu'on nomme *science* et l'autre qui permet plutôt de voir se dessiner des évolutions à l'intérieur de ce que recouvre la notion. Au sens le plus strictement aristotélicien, d'abord, la science s'oppose à l'opinion, comme l'a rappelé Luce Giard en suivant de près l'histoire des traductions médiévales. Ce point est particulièrement important pour peser des pratiques, des principes et des concepts que nous distinguons

10 Luce Giard précise que « La version de Boèce continua à être le texte latin faisant autorité, à en juger par le nombre de manuscrits conservés : 306 pour Boèce contre seulement 10 pour Guillaume », Giard, « L'ambiguïte du mot "science"… », p. 52. Pour toute l'histoire médiévale du mot, nous renvoyons à son travail.

parfois rétrospectivement en « rationnels » et « irrationnels » alors qu'ils sont pris dans un même mouvement intellectuel par ceux qui les pensent et les disent. Reprenons ici les mots de Luce Giard :

> Les traductions médiévales de l'*Organon* ont donc installé le mot *scientia* dans le contexte aristotélicien de la théorie de la science, laquelle désigne un type spécifique de savoir, fondé sur le raisonnement, à partir de l'assentiment accordé à des « premiers principes » indémontrés, reçus intuitivement. Une telle « science », dotée d'universalité et de nécessité, séparée de l'opinion commune, vise la connaissance des « causes », c'est-à-dire la production d'explications rationnelles ; elle prend son point de départ dans les constatations des sens et de l'expérience commune et elle a pour moyen l'enchaînement méthodique de syllogismes concluants[11].

La *science* implique nécessairement pour un homme de la Renaissance la rationalité, mais c'est alors le contenu de ce que nous rangeons sous *intellection* et *raison* qui peut être discuté en diachronie et demande à ce que l'on fasse son histoire – illustration concrète des difficultés continues auxquelles on peut se heurter. De même que *science* s'oppose à *opinion*, par ailleurs, elle se distingue aussi de *sagesse* (*sapientia*). Luce Giard rappelle la distinction extrêmement explicite des deux termes sous la plume d'Augustin, sur laquelle nous ne reviendrons pas[12]. On retrouve ces deux distinctions, à la toute fin du XVe siècle, nettement exprimées par exemple dans la *Margarita philosophica* de Gregor Reisch, un excellent témoin de l'état moyen des connaissances dans la société lettrée de la Renaissance : « *Intellectus est habitus principiorum. Scientia est habitus conclusionis, per demonstrationem acquisitus. Saptientia autem cognitio est rerum divinarum*[13] » ; il avait précisé un peu plus haut : « *Opinio autem et suspicio : cum circa falsum esse possint, virtutes non sunt*[14] ».

Un deuxième réseau de relations s'ajoute à ce premier niveau et permet de percevoir des nuances plus propres à ce que nous désignerions

11 *Ibid.*, p. 54.

12 « Il distingue, parmi les dons de l'esprit, entre *sapientia*, la "sagesse", le "luminaire majeur" qui éclaire ceux qui goûtent la lumière de la vérité transparente (*qui perspicuæ veritatis luce delectantur*), et *scientia*, la "connaissance rationnelle", ce "luminaire mineur" dont d'autres doivent se contenter (note : Saint Augustin, *Confessions*, XIII, 18, 23, éd. M. Skutella, Paris, 1962. Voir Gilson, Étienne, *Introduction à l'étude de saint Augustin*, 3e éd., Paris, Vrin, 1949, p. 150-163, sur le rapport entre sagesse et science) », Giard, « L'ambiguïte du mot "science"… », p. 49-50.

13 Reisch, Gregor, *Margarita philosophica*, Heidelberg, s. n., 1496, Liber XII, « De principiis », f. nn7v°.

14 *Ibid.*

aujourd'hui comme science. Il vient lui aussi d'Aristote, et Reisch comme Goclenius à un siècle d'écart et parmi bien d'autres, y font allusion : il s'agit de la distinction que fait le philosophe entre *épistémè* et *technè*, qui deviennent en latin *scientia* et *ars*. La question du statut des arts, qui ont pour fin la production et non la connaissance en soi, et celle des instruments de la science, comme la logique[15], sont constamment discutées par les philosophes. Zabarella y consacre un développement dans ses *Opera logica*, que Heikki Mikkeli résume de manière synthétique ainsi :

> La science traite de choses qui existent déjà, mais l'art a affaire à la création. Le sujet-matière d'une science est immuable, mais celui d'un art est la formation de choses non encore existantes, mais qui peuvent être façonnées par l'homme. Le philosophe contemplatif n'est pas intéressé par le fait de donner naissance à quelque chose, il veut plutôt concevoir et mettre en ordre les formes des choses qui existent éternellement. Bien plus, le but ultime de la science contemplative est la connaissance pour elle-même, alors que dans les arts productifs, la fin est une production réelle[16].

Cependant, l'usage des termes peut être très variable sous la plume de certains savants, ce qui mériterait une étude en soi. Citons par exemple Ambroise Paré qui après avoir accusé certains « esprits par trop superstitieux » de vouloir « cabaliser les *arts*, et les serrer sous les loix de quelque langue particuliere », ajoute aussitôt : « en tant que j'ay apprins que les *sciences* sont composées des choses, non de paroles, et que les *sciences* sont de l'essence : les paroles, pour exprimer et signifier. Et ainsi chasque langue est propre à traicter les *arts*, et à les donner à entendre[17] ».

On peut compliquer cette distinction *science/art* par une autre, qui est sans doute plus nettement dessinée à la fin de la Renaissance : l'esquisse

---

15 La question du statut de la logique, art, science ou ni l'un ni l'autre, est par exemple un débat passionnant, qui commence à être étudié en particulier dans l'œuvre majeure de Giacomo Zaberalla. Sur l'évolution de la logique et le retour d'une logique « instrumentale », voir Sgarbi, Marco, *The Italian Mind. Vernacular Logic in Renaissance Italy (1540-1551)*, Leyde, Brill, 2014.

16 « *At the beginning of his* Opera logica *Zabarella's aim is to identify the basic difference between art and science. Science deals with what already exists, but art is concerned with creation. The subject-matter of a science is immutable, but the subject-matter of an art is the formation of things as yet non-existent, but which can be made by man. The contemplative philosopher is not interested in initiating anything, but rather wants to comprehend and arrange the forms of existing, eternal things. Moreover, the ultimate purpose of the contemplative science is the pursuit of knowledge for its own sake, but in the productive arts the end-result is an actual product* », Mikkeli, « The foundation of an autonomous natural philosophy… », p. 213.

17 Paré, Ambroise, *Œuvres* [1575], Paris, Gabriel Buon, 1585, « Au Lecteur », f. 3r°.

de la séparation entre *philosophia* et *scientia* ou plutôt *scientiæ*, qui engage à son tour d'autres termes, par exemple l'articulation avec une notion comme *historia*, elle aussi venue de la science grecque. Cette science, en effet, si l'on en revient à la synthèse établie par Luce Giard, « prend son point de départ dans les constatations des sens et de l'expérience commune », elle n'est donc pas, dans sa définition, une science purement théorique coupée des phénomènes et s'appuie sur le recensement et la description. Mais rien ne va de soi : dans la toute première véritable *Physique françoise*, celle de Jean de Champaignac, en 1595[18], l'auteur s'interroge sur la question de savoir si la physique est une science :

> L'on ne peut inferer que la Physique ne soit science, soubs pretexte, que les choses naturelles, dont elle traitte, sont singulieres et indefinies, desquelles il n'y peut avoir science, à cause de leur assiduelle mutation et indifferance. Car les choses naturelles ne sont pas le sujet de ceste science, en tant qu'elles sont singulieres et indefinies : mais en tant qu'elles sont reduittes en natures universelles, en laquelle sorte elles ne sont indefinies, ny soubmises à corruption. Comme ausssi les choses naturelles ne sont le sujet de la philosohie naturelle, sinon pour raison de leurs naturelles causes, passions et mouvemens[19].

On comprend, à travers cette explication, où passe la limite entre la science naturelle, qui traite des causes communes, et l'histoire naturelle, qui traite des singularités et décrit les spécimens, terme qui ouvre alors un autre champ : celui des singularités, curiosités, merveilles… qui ont droit de cité à côté de la science naturelle et désignent un mode différent mais complémentaire d'appréhension et de classification du savoir.

Le tableau des différentes disciplines, de ce fait, est à la fois fluctuant et organisé sous des noms variables. Gregor Reisch, en tête de sa *Margarita philosophica*, propose une table hiérarchisant l'ensemble de la connaissance sous le titre *Philosophia partitio*, une *philosophia* divisée en *theorica sive speculativa* et en *practica*. La *philosophia theorica* se subdivise en *realis*, qui englobe à son tour la métaphysique, les mathématiques et la physique, qui inclut à son tour la médecine théorique (*medicina theorica*), et en *rationalis* qui comprend grammaire, rhétorique et logique. La *philosophia practica*, quant à elle, est soit *activa* (éthique, politique, économique et monastique), soit *factiva*, ce qui correspond aux arts (entre autres le travail des tissus,

18 Champaignac, Jean de, *Physique françoise expliquant universellement la cognoissance de toutes choses naturelles*, Bordeaux, Simon Millanges, 1595.

19 *Ibid.*, p. 3-4.

celui des armes, la navigation, l'agriculture, la chasse ou la médecine). Un gros siècle plus tard, Goclenius organise le même type de table, mais à partir de l'entrée *Scientia*, et non de l'entrée *Philosophia*, et distingue une science « *ex consideratione universalis* », soit la philosophie première (*prima philosophia*) ou « *ex consideratione particularis* », elle-même subdivisée en *theorica* (*mathesis* – soit ce qui peut être considéré suivant la quantité – et *physica* – ce qui relève de l'étude du corps mobile) et *practica*, soit tout ce qui relève des actions des hommes, sans autre précision.

Toutes ces pistes, cependant, demeurent encore partiellement explorées tant du point de vue lexical que conceptuel et le statut même de la notion de science chez certains penseurs majeurs ne suscite encore que trop peu de travaux, même si on peut saluer le dynamisme des études sur Giacomo Zabarella[20]. Les structures de transmission du savoir, en effet, au premier rang desquelles les universités, témoignent à la fois d'une remarquable pérennité des systèmes d'organisation et de classification des savoirs, ainsi que des corpus fondamentaux, issus de la pensée d'Aristote, en même temps qu'elles font place à de nouvelles disciplines, à de nouvelles organisations, à de nouvelles hiérarchies, à de nouvelles pratiques savantes ainsi qu'à de nouveaux lieux destinés à nourrir la connaissance. Ceci inclut la botanique et la naissance de ses jardins, une zoologie nouvelle accompagnée de l'apparition des collections et des cabinets, ainsi que de la circulation des échantillons, et bien sûr l'anatomie, accompagnée de ses « théâtres ». Dans ce dernier domaine, la réflexion menée par Jacqueline Vons sur l'articulation des mots *historia, anatomia* et *fabrica*[21], ce dernier délibérément choisi par Vésale, est tout

20 Après les travaux plus anciens d'Antonio Poppi (Poppi, Antonio, *La Dottrina della scienza in Giacomo Zabarella*, Padova, Editrice Antenore, 1972), on peut signaler ici l'apport capital des travaux récents de Dominique Bouillon, en particulier son travail d'édition (Jacques Zabarella de Padoue, *La Nature de la logique, en deux livres*, introduction, texte latin, traduction et notes par Dominique Bouillon, à partir des deux éditions des *Opera logica* imprimées à Venise (1578, 1586) chez Paul Meietus, corrigées par l'auteur, Vrin, Paris, 2009) et de ceux de Heikki Mikkeli, ainsi que Jardine, Nicholas, « Keeping order in the school of Padua : Jacopo Zabarella and Francesco Piccolomini on the offices of philosophy », dans Di Liscia, Daniel, Kessler, Eckhard et Methuen, Charlotte (dir.), *Method and Order in Renaissance philosophy of Nature. The Aristotle Commentary Tradition*, Aldershot, Ashgate, 1997, p. 183-210, et enfin Palmieri, Paolo, « Science and authority in Giacomo Zabarella », *History of science*, n° 45-4, 2007, p. 404-427.

21 La question a été l'objet de sa réflexion dans son mémoire d'HDR, on en trouve une synthèse très intéressante dans Vons, Jacqueline, « *Historia* et *Fabrica*. Observation et description du corps humain dans les traités d'anatomie de la Renaissance », dans Ducos,

à fait exemplaire des possibilités qu'ouvre une investigation portant sur le lexique. Elle a montré à quel point le terme *fabrica* demeure difficile à traduire, parce qu'il « introduit une dimension concrète et a une force dynamique, absente du simple *anatomia*[22] » que seule l'étude en contexte et la comparaison avec les autres termes d'usage peut faire apparaître. Dans un autre domaine, parfaitement complémentaire, l'article que Nicholas Jardine a consacré au sens et à la valeur que Zabarella donne respectivement aux notions de *methodus* et d'*ordo* est aussi un exemple extrêmement stimulant[23].

Pour en revenir au mot *science*, regardons-le dans ses emplois en français. Un témoignage intéressant de son usage, à la toute fin de la Renaissance, se trouve dans l'œuvre philosophique de Scipion Dupleix, que l'on peut créditer d'être le premier à faire passer en français une synthèse de l'ensemble de la philosophie aristotélicienne telle qu'on l'enseignait dans les universités. Que ce soit en latin ou en vernaculaire, aucun des auteurs de philosophie ou d'une autre discipline n'aborde la discipline qu'il entend enseigner sans une enquête précise sur les mots qui la nomment. Le sujet est si important que Dupleix, qui a conscience de faire œuvre nouvelle – linguistiquement parlant – y consacre tout le début de son premier texte philosophique, une *Logique* publiée pour la première fois en 1600[24], et qu'il conçoit précisément comme le début d'une vaste entreprise de vulgarisation de la philosophie. Le quatrième chapitre de cette *Logique* est consacré à un sujet qui n'a au premier abord pas grand-chose à voir avec la discipline dont il est censé être question et s'intitule : « L'interprétation des noms des Arts et des Sciences puisez de la langue grecque ». Dupleix y justifie son travail en rappelant un précepte essentiel : « ceux qui errent aux noms des choses, errent aussi le plus souvent ès choses mesmes », et il y insiste : « celuy qui n'entend pas le nom, n'entend gueres souvent la chose nommée[25] ». La conclusion

Joëlle (dir.), *Les Sciences et le livre. Formes des écrits scientifiques des débuts de l'imprimé à l'époque moderne*, Paris, Hermann, 2017, p. 487-495 et dans son introduction à sa traduction de la *Fabrica* sur le site de la Bibliothèque Inter Universitaire de Santé (https://www.biusante.parisdescartes.fr/vesale/debut.htm, consulté le 20/11/20).

22 Vons, Jacqueline, « *Historia* et *Fabrica*… », p. 493.

23 Jardine, « Keeping order in the school of Padua… ».

24 Dupleix, Scipion, *La Logique, ou art de discourir et raisonner, reduite en preceptes puisés d'Aristote, et de ses plus signalés interpretes : avec telle facilité et brieveté, que les studieux François y puissent profiter*, Paris, Dominique Salis, 1600.

25 *Ibid.*, f. 15v°-16r°.

s'impose : « Pour obvier donc à tel erreur il nous faut entendre l'energie et la force des noms, des sciences, et des honnestes arts puisez de la langue Grecque, qui exprime plus proprement et heureusement les choses que nule autre[26] ».

S'ensuit un petit lexique fort intéressant, dans lequel il rappelle les définitions étymologiques d'un grand nombre de termes servant à dire la science ou une partie de la science. Il se contente de définir *philosophie* par « amour ou desir de sagesse », mais ajoute la définition de *theorique*, qui « signifie contemplative ou considerative, et qui s'arreste à la cognoissance de la chose » et de *pratique*, qui « veut autant dire que Factive, et enseignant à faire et à ouvrer[27] ». Les définitions deviennent particulièrement intéressantes dans les nuances qu'elles introduisent : la métaphysique, en effet, est qualifiée de « Philosophie surnaturelle autrement *Theologie* qui signifie discours de Dieu[28] », mais la physique de « science naturelle » là où l'on aurait logiquement attendu la collocation de *philosophie naturelle*, calque de la très usuelle *philosophia naturalis*. Dupleix, ainsi, plus nettement que d'autres et sans le théoriser, semble ici esquisser une distinction entre *philosophie* et *science*. Celle-ci est cependant hésitante, car si l'on se reporte à la manière dont il a intitulé ses ouvrages, on observe encore d'autres nuances : *Logique, ou art de raisonner*, *Physique, ou science naturelle*, *Metaphysique, ou science surnaturelle*, *Ethique, ou philosophie morale*[29]. L'hésitation sur *science/philosophie* entre la première édition de la logique et le titre donné à une *Metaphysique* finalement publiée dix ans plus tard s'explique peut-être par le fait que dans sa *Logique*, Dupleix considère comme identiques la métaphysique et la théologie, alors qu'il les distingue par la suite plus nettement, conformément au sens scolastique de *métaphysique*, entendu comme l'étude de « toutes choses entant qu'elles ont estre », dont il rappelle qu'il s'agit du sens que donnent au mot « les Philosophes[30] ». Ces titres, cependant, sont un indice important : la logique, purement instrumentaire dans la conception de Dupleix, est un *art* (il discute d'ailleurs en réalité ce point, car elle est pour lui très exactement un instrument, ni art, ni science), en revanche la physique

26 *Ibid.*, f. 16r°.

27 *Ibid.*, f. 16v°.

28 *Ibid.*, f. 16v°-17r°.

29 Sur ce point, voir Giacomotto-Charra, Violaine, *La Philosophie naturelle en langue française. Des premiers textes à l'œuvre de Scipion Dupleix*, Genève, Droz, 2020, p. 35.

30 Dupleix, *Logique*, f. 16v°.

et la métaphysique, qui s'intéressent aux corps soit tels qu'ils existent, soit tels qu'ils sont en soi, sont des *sciences*, quand l'éthique est finalement seule à garder le nom de *philosophie*. Par ailleurs, Dupleix lui aussi range les arts sous le patronage des sciences et considère la médecine comme subalterne à la physique, médecine qui elle-même « a des arts instrumentaires souz soy, comme la *Pharmacie*, c'est-à-dire, art de faire ou composer medicamens, [...], la *Chirurgie*, [...] comme qui diroit l'art de besoigner et ouvrer de la main[31] ». De la même façon, sous les mathématiques se rangent l'astrologie (au sens du mot *astronomie*), la géométrie, l'arithmétique et la musique, tandis que la géométrie subalterne géodésie, géographie, cosmographie, hydrographie, chiromancie et physiognomonie. Ces deux derniers points pouvant manifestement surprendre, Dupleix s'en explique, propos intéressant quand il s'agit de réfléchir à la notion de scientificité et à ses critères :

> D'avantage la *Chiromancie*, comme divination par la main : et la *Physiognomonie* (que le vulgaire dict mal à propos, *Physiognomie*), comme cognoissance du naturel par les marques et delinéemens ou proportions du corps, sont aussi subalternes à la Geometrie, entant qu'elles consistent en demensions, lignes et figures : si mieux on ne les aime referer à la Physique. Mais la *Necromantie* comme divination par les morts, est Diabolique et superstitieuse[32].

Dupleix poursuit son exposé par les noms des autres disciplines (éthique, politique, rhétorique... et leurs éventuelles subalternes), mais le point important est, comme on le voit dans ce cours extrait, que la réflexion sur le sens des dénominations est aussi l'occasion d'une classification et d'une hiérarchisation de ces différentes disciplines, et que les deux mots clefs de cette classification sont précisément *science* d'une part, et *art* de l'autre.

Un autre élément qui semble intéressant pour nourrir notre réflexion est la manière dont Dupleix lie ici les mots et les choses. Ce chapitre sur l'étymologie grecque du lexique savant, en effet, n'arrive pas tout à fait comme un cheveu sur la soupe : il est précédé par un chapitre consacré à « la division generale de toutes disciplines ». Or « les disciplines (comme enseigne le Philosophe), reçoivent mesme division que les choses », nous dit Dupleix. La logique organisatrice des disciplines,

31 *Ibid.*, f. 17r°.
32 *Ibid.*, f. 18r°.

et leur nom, sont une mise en ordre du monde qui se produit non *a posteriori*, mais à partir même de ce qui est perçu comme une logique rationnelle à l'œuvre dans les choses :

> Les disciplines (comme enseigne le Philosophe), reçoivent mesme division que les choses. Or les choses sont ou necessaires, ou advenantes, que les Latins appellent Contingentes. Les choses necessaires sont celles qui ne peuvent estre autrement qu'elles sont, selon le dire du Philosophe. Et se subdivisent en deux especes. L'une est de celles qui sont perpetuelles, comme les choses universelles [...] comme sont aussi le Monde, le Ciel, et les Estoiles [...]. L'autre espece est de celles qui (ores qu'elles ne soient eternelles) dependent neantmoins si necessairement de leurs causes, qu'icelles posées, incontinent elles s'ensuivent : comme l'eclipse de la Lune [...]. Les choses advenantes sont celles qui prennent leur estre des hommes, c'est-à-dire que les hommes font si bon leur semble, comme une maison, un lit, une robe.
>
> Or des choses necessaires il y a Science, des advenantes Art, suivant le discours du Philosophe[33].

Pour quelqu'un comme Dupleix, fidèle porte-parole non pas tant des philosophes que du Philosophe, Aristote, dont il prétend ici restituer la pensée au vrai[34], le mot *science* désigne encore une connaissance intellectuelle, spéculative, qui prend sens par opposition au mot *art*. Il y a donc des choses, nécessaires ou contingentes. Celles qui sont nécessaires donnent naissance aux disciplines théorétiques qui s'étudient par les moyens de la science – comme *habitus* – et sont donc des sciences ; celles qui sont contingentes donnent naissance aux disciplines pratiques qui s'étudient par le moyen de l'art et sont donc des arts. « Et toutes ces disciplines theoretiques sont vrayement sciences, parce qu'elles enseignent la congnoissance des choses par leur propre cause : excepté

33 *Ibid.*, f. 11v°-12r°.

34 On trouve ici la trace d'une pensée affirmée nettement chez de nombreux aristotéliciens humanistes, qui est de restituer la « vraie » pensée du philosophe, non tant par le commentaire ou le respect de son autorité que par la reprise de sa méthode et de son mode de pensée. Comme le rappelle Marco Sgarbi dans une synthèse récente et éclairante sur le sujet, un philosophe comme Zabarella (dont la pensée semble avoir influencé Dupleix) « distingue le rôle du philosophe, ou vrai Aristotélicien, de celui du commentateur, ou faux Péripatéticien » et considère que l'on est « un imitateur d'Aristote et un vrai péripatéticien parce que l'on suit sa règle et non ses mots » (nous traduisons), Sgarbi, Marco, « What does a Renaissance Aristotelian look like ? From Petrarch to Galilei », *HOPOS. The Journal of the International Society for the History of Philosophy of Science*, n° 7, 2017, p. 226-245, ici p. 234 et 235.

les Mathématiques qui ont merité le nom de science (comme dict le Philosophe) pour la grande certitude de leurs demonstrations[35] ».

Derrière la fixité apparente de ces définitions se manifestent clairement à la fois des problèmes et des possibilités d'évolution. Les problèmes, nous les connaissons, c'est par exemple le statut d'une discipline comme la médecine, qui relève de la science pour une part, de l'art pour l'autre. Le tracé de la frontière, et le fait de savoir si on ne doit pas faire basculer cette discipline tout entière du côté de l'art, a beaucoup occupé les philosophes et, bien sûr, les médecins eux-mêmes. Nicholas Jardine a ainsi étudié le débat entre Zabarella, pour qui ni le droit, ni la médecine, ni l'éthique, ni la politique ne peuvent prétendre au nom de science, et Francesco Piccolomini, qui, s'opposant à lui sur ce point, les nomme au contraire *scientia civilis* pour mieux assurer leur dignité[36]. La manière dont on nomme une discipline, art ou science, est un enjeu intellectuel crucial. On en a un bon exemple lorsque Dupleix s'interroge sur la nature de la logique : il voit bien à quoi elle sert, c'est, selon le mot du Philosophe, un instrument (*organon*). Bien, mais où la ranger ? « N'estant donc point proprement Art, ni Science, ni Theorique, ni Practique, il faut voir si elle pourroit trouver place entre les autres habitudes de l'entendement[37] ».

On s'aperçoit qu'au fil des textes, non seulement les acceptions des termes ne sont pas les mêmes, mais, comme chez Piccolomini, ils peuvent prendre la valeur de déclarations de principe. La réflexion sur la définition du mot *science* devient de ce fait une étape essentielle pour la redéfinition de la nature de la science même et de ses différentes branches. En effet, le mot *science* n'a de valeur que contrastive : par opposition à *opinion*, *sagesse* ou *art*, c'est certain, mais aussi et surtout dans les interrogations qu'il peut susciter avec ses quasi-synonymes, là où le tracé des frontières est encore moins aisé. Chez chaque auteur, chaque savant, le choix de l'un ou l'autre des termes possibles implique un choix épistémique qui n'est pas toujours explicite, mais qui est souvent riche d'enseignements, d'où l'intérêt d'examiner les mots en contextes variés.

35 Dupleix, *Logique*, f. 13r°.
36 Voir Jardine, « Keeping order in the school of Padua… ».
37 Dupleix, *Logique*, f. 28r°.

LA CURIOSITÉ, UNE INQUIÉTUDE DE LA SCIENCE

La curiosité est une notion volontiers associée à la découverte, à la connaissance, en ce qu'elle pousse l'homme à aller vers de nouveaux savoirs. Elle est cependant complexe et son évidence ne va pas de soi : sans cesser d'être une force heureuse et synonyme d'envie, sorte d'étonnement initial, de désir naturel qui ouvre la *Métaphysique* d'Aristote (« tous les hommes ont par nature le désir de connaître »), cette *libido sciendi* qui serait donc le propre de l'homme est violemment controversée et condamnée, selon des motifs théologiques et moraux, par les savants eux-mêmes. Cette pulsion de savoir au statut équivoque oscille en effet entre passion pernicieuse et délicieuse.

Du côté des délices, on trouve le *thaumaston* d'Aristote, tradition positive qui voit dans l'étonnement un aiguillon bienfaisant, un appétit qui incite à la découverte en ce qu'elle appelle l'homme à s'interroger sur le monde. Mais cet élan reste suspect et pourrait apparaître comme un précipice sans fond dans lequel l'idiot voulant tout ou trop savoir se jette comme une dupe pour s'y perdre, sans rien saisir de stable. Tout le monde connaît de grandes figures savantes trompées par une curiosité insatiable, comme le malheureux Thalès, tellement absorbé par la contemplation des étoiles qu'il tombe dans un puits sous le regard goguenard de sa servante, ou comme Aristote qui, dit-on, se noya dans l'Euripe… sans parler de la voix des sirènes, qui ne promet aux curieux qui l'écoutent qu'un semblant de savoir pour les attirer vers une mort certaine. La curiosité met en tension la connaissance en lui tendant un miroir grimaçant, tant elle pourrait transformer le savoir en son envers, en fausse quête du vrai, simulacre et imposture qui interdit l'accès à la connaissance au lieu de le favoriser, ou pire, en faisant mine de le favoriser.

Pierre Belon affirme certes, avec prudence, qu'il vaut mieux être curieux que de rester ignorant en ne l'étant pas du tout, cependant il se garde bien d'employer ce mot de *curiosité* dans ses préfaces. En effet, les hommes de la Renaissance, qui ont lu Augustin, savent à quel point la curiosité est une alliée perfide, une arme à double tranchant dans la quête des connaissances. Ils connaissent également les écrits de Lorenzo Valla, qui rappelle que le suffixe en *-osus* de *curiosus* désigne l'abondance ou l'excès, de sorte que les *curiosi* sont ceux « *qui nimis curant* », qui se soucient trop de quelque chose, ce qui les oppose aux *studiosi* qui se consacrent, quant à eux, à l'étude et à elle seule[38].

Saint Augustin reprend à son compte cette opposition dans le *De utilitate credendi* :

> Tu sais que nous n'employons pas *curiosus* sans blâme tandis que *studiosus* est laudatif. [...] Bien que l'un et l'autre soient animés d'un grand désir de savoir, le *curiosus* recherche des choses qui ne se rapportent pas à lui, qui ne le regardent pas ; au contraire, ce sont des choses qui le regardent que recherche le *studiosus*[39].

Il est vrai que saint Augustin avait réduit la curiosité à la concupiscence des yeux, pure pulsion de voir dépourvue de substance :

> [La concupiscence des yeux] n'est autre chose que ce qu'on appelle curiosité. Et quoi qu'il n'y ait rien de plus vain, les hommes s'en font honneur parce qu'ils la regardent comme ce qui porte aux sciences et aux connaissances. C'est cette passion qui porte les hommes à vouloir pénétrer des secrets de la nature qui ne nous regardent point, qu'il ne sert de rien d'avoir pénétrés et qu'on ne veut savoir que pour les savoir[40].

La parole augustinienne accuse l'homme curieux de vanité et d'orgueil : au lieu de se porter vers la connaissance, il est attiré par la vaine gloire de dire qu'il sait, passion nuisible car vidée de son objet, et dans laquelle la connaissance semble passer au second plan ; deuxième grief, cette passion, qui n'est que dispersion, choisit mal ses objets, et pousse l'homme à se soucier de secrets qui n'appartiennent qu'à Dieu. Cette accusation,

---

38 Nous citons Lorenzo Valla d'après l'article précieux de Céard, Jean, « La curiosité à la Renaissance et à l'Âge classique », dans Marrache-Gouraud, Myriam, Martin, Pierre et Moncond'huy, Dominique (dir.), *La Licorne et le bézoard. Une histoire des cabinets de curiosités*, Montreuil, Gourcuff-Gradenigo, 2013, p. 29-45, ici p. 29.

39 Augustin, *De utilitate credendi*, 9, 29. Passage cité par Céard dans l'article mentionné *supra*, p. 30.

40 Augustin, *Confessions*, X, 35, 55 ; cité par Céard. Sur les interprétations morales de la curiosité à la Renaissance, voir aussi Jacques-Chaquin, Nicole et Houdard, Sophie (dir.), *Curiosité et libido sciendi de la Renaissance aux Lumières*, Paris, ENS Éditions, 1998 ; Kenny, Neil, *The Uses of Curiosity in Early Modern France and Germany*, Oxford, Oxford University Press, 2004 ; Lestringant, Frank (dir.), *Le Théâtre de la curiosité*, *Cahiers Saulnier*, n° 25, Paris, Presses de l'université Paris-Sorbonne, 2008 ; Vintenon, Alice *et al.* (dir.), *Curieux et curiosités de Pontano à Sorel*, *Camenæ*, n° 15, 2013, en ligne : http:// www.paris-sorbonne.fr/article/camenae-15 (consulté le 20/11/20).

les allégories de l'âge classique continuent de s'en emparer dans sa globalité en montrant encore la curiosité comme un égarement, ou mieux un « désir déréglé » et insatiable, comme on le voit dans l'*Iconologie* de Cesare Ripa, où elle est représentée avec de multiples oreilles, la tête au vent, les cheveux hérissés, les bras haussés, parce que « celuy qu'elle [la curiosité] possede n'est jamais sans un desir desreglé de vouloir sçavoir plus qu'il ne doit. [...] par la vitesse de ses aisles, qui tesmoignent, qu'elle ne fait qu'aller et venir, pour voir et fureter çà et là, ce qui se dit, et qui se passe; estant si amoureuse des nouveautez, que plus on luy en dit, plus elle en veut apprendre[41] ».

C'est dès lors une science inquiète de ses mobiles (vaine *voluptas* et inavouable *superbia*?) et de ses méthodes (peu savantes, guidées par le désir papillonnant et le goût de la nouveauté, dispersées?) qui s'interroge sur le bienfondé de la curiosité. C'est aussi une science qui réfléchit aux limites qu'elle pose à la connaissance : peut-on, doit-on, tout connaître? Dans le souvenir de la faute originelle qui a précipité la Chute du genre humain, les termes du débat s'articulent autour d'une culpabilité qui se joue de nouveau si l'on entend l'accroissement des connaissances comme le dévoilement d'un secret de nature que Dieu a tenu caché. Les fables païennes ne sont pas en reste pour mettre en scène les conséquences dramatiques de la curiosité dévorante, déjà pensée comme le franchissement d'un interdit : songeons à Pandore, à Actéon, à Psyché, au mythe de Mélusine qui sont autant d'avatars de cette forme de mise à l'épreuve de la curiosité où la vue n'advient que par effraction, pour finalement coûter cher au curieux sans lui apporter une véritable connaissance.

Que chacun reste à sa juste place, dit alors Thevet lorsqu'il évoque deux types de magie divinatoire rencontrés en Amérique; ce sont les mots *curiosité* et *curieusement* qui viennent, en mauvaise part, sous sa plume. Il les associe à l'ignorance et au sacrilège de ceux qui prétendent vouloir percer des secrets réservés à Dieu :

> D'icelle magie nous en trouvons deux especes principales, l'une par laquelle l'on communique avec les esprits malings, qui donne intelligence des choses les plus secretes de nature. Vray est que l'une est plus vitieuse que l'autre,

41 Ripa, Cesare, *Iconologie*, moralisée par Jean Baudoin, Paris, chez l'auteur, 1636 [1re éd. fr. 1605], XXXVI, p. 59. Il serait intéressant de comparer ce discours à celui qui est tenu sur « Doctrine » (XLII, p. 66) et sur « Science » (CLI, p. 225), deux figures allégoriques dont les ailes n'ont pas la même signification que les ailes de Curiosité.

> mais toutes deux pleines de *curiosité*. Et qu'est-il de besoing, quand nous avons les choses qui nous sont necessaires, et en entendons autant qu'il pleist à Dieu nous faire capables, trop *curieusement* rechercher les secrets de nature, et autres choses, desquelles nostre Seigneur s'est reservé à luy seul la congnoissance ? Telles *curiosités* demonstrent un jugement imparfait, une ignorance et faute de foy et bonne religion[42].

Par opposition à tous ces usages dévoyés, Augustin envisage une seule fin louable à la curiosité, l'émerveillement devant les beautés de la nature en tant qu'elles nous rappellent la toute puissance de Dieu : « Et la curiosité, comme nous l'appelons, que cherche-t-elle tout entière sinon la joie qui naît de la connaissance des choses[43] ? ». Cette connaissance consiste en la rencontre des choses dans leur singularité, plutôt qu'en une explicitation des causes, inaccessibles.

La joie édifiante dont il est ici question permet de comprendre par exemple que soient suspendus dans les églises, dès le Moyen Âge, des *mirabilia*, comme des crocodiles, des os de dragon, cotes de baleine ou œufs gigantesques. C'est un évêque qui le dit le mieux, ces singularités de la nature gagnent à être montrées pour approfondir la piété des fidèles[44] :

> Dans certaines églises, on a coutume de suspendre des œufs d'autruche, et autres choses de ce genre, qui excitent l'admiration et que l'on voit rarement, afin que par là le peuple soit attiré à l'église et touché davantage[45].

Par suite, la curiosité se disculpe par une *captatio* qui sait réhabiliter la « bonne » et « pieuse » curiosité, par opposition à une témérité imbue d'elle-même, ainsi que l'entend Érasme dans sa paraphrase sur l'Évangile selon saint Mathieu :

---

42 Thevet, André, *Les Singularitez de la France Antarctique*, Anvers, Christophe Plantin, 1558, chap. XXXVI, f. 66 v°. Nous soulignons.

43 Augustin, *De vera religione*, 49, 94 (cité par Céard, « La curiosité à la Renaissance… », p. 31).

44 De nombreux témoignages de ces pratiques restent encore visibles aujourd'hui. Voir sur ce point Marrache-Gouraud, Myriam, « Le crocodile en majesté », dans Marrache-Gouraud, Martin, Moncond'huy (dir.), *La Licorne et le bézoard*, p. 61-74. Concernant l'époque médiévale, voir Cordez, Philippe, *Trésor, mémoire, merveilles. Les objets des églises au Moyen Âge*, Paris, Éditions EHESS, 2016.

45 Durand de Mende, *Rationale divinorum officiorum*, cité et traduit par Pierre Alain Mariaux dans « *Curiositas* et curiosités naturelles au Moyen Âge. Quelques remarques sur les *naturalia* au service de la liturgie », *Kunst + Architektur in der Schweiz = Art + architecture en Suisse = Arte + architettura in Svizzera*, n° 56-1, 2005 ; en ligne sur e-periodica.ch : https://www.e-periodica.ch/cntmng?pid=kas-002:2005:56::372 (consulté le 20/11/20).

> Oui, qu'apparaissent la curiosité pieuse et la piété curieuse, mais que disparaisse la témérité, que disparaisse la conviction précipitée et opiniâtre de savoir ; ce que tu lis et comprends, embrasse-le avec la foi la plus haute ; écarte les petites questions futiles ou sacrilègement indiscrètes si d'aventure elles se présentent à l'esprit ; dis : « ce qui nous dépasse ne nous concerne en rien »[46].

On ne saurait donc se réclamer de la curiosité sans la revendiquer comme une quête de connaissances qui doit aussi bien servir la foi, être utile aux hommes, et être studieuse. Paul Contant, apothicaire à Poitiers et auteur d'une collection dont il publie le catalogue en 1609, est exemplaire en la matière : son épître liminaire commence par revendiquer l'utilité de sa démarche, dans la pleine conscience des controverses de son temps, auxquelles il se fait fort de répondre :

> C'est un riche et subtil discours entre les Philosophes, à sçavoir si la curiosité doibt faire nombre entre les vertus ou les vices : sur un si hault et si grave subject, il y a entr'eux un grand Concert, dont les opinions sont diverses, et plaisent diversement. La seule curiosité me semble vertueuse et loüable laquelle s'exerçant en ce qui est honneste et utile à tous, nuisible à nul, et agreable à celuy qui en use[47].

En tout cela rien que de l'utile et de l'honnête, sans compter les agréments. Où est le mal ? En 1692, rien n'a changé de ce point de vue, ni les doutes, ni les modalités de l'excuse, car le père Du Molinet ne dira pas autre chose lorsqu'il justifiera par l'argument de l'utilité et de l'étude le fait d'avoir fondé un cabinet au voisinage de la bibliothèque Sainte-Geneviève dont il a la charge :

> Je crûs en même temps faire une chose, qui ne contribueroit pas peu à son ornement et à son avantage, si je l'accompagnois d'un Cabinet de Pièces rares et curieuses, qui regardassent l'Etude, et qui pûssent servir aux belles Lettres. C'est ce que je me suis proposé dans le choix de ces curiositez : et j'ay tâché de n'en point chercher, et de n'en point avoir, qui ne pussent être utiles aux Sciences, aux Mathématiques, à l'Astronomie, à l'Optique, à la Géométrie, et sur tout, à l'Histoire, soit naturelle, soit antique, soit moderne ; et c'est à quoi je me suis principalement appliqué[48].

---

46 Érasme, *Paraphrasis in Novum Test.*, « Pio lectori ». Passage cité et traduit par Céard, « La curiosité à la Renaissance… », p. 31.

47 Contant, Paul, *Jardin, et Cabinet poétique*, Poitiers, Anthoine Mesnier, 1609, Épître au duc de Sully reproduite dans *Jardin, et Cabinet poétique*, éd. M. Marrache-Gouraud et P. Martin, Rennes, Presses universitaires de Rennes, 2004, p. 54.

48 Molinet, Claude du, *Le Cabinet de la Bibliothèque de Sainte Genevieve*, Paris, Antoine Dezallier, 1692, Préface, n. p.

Quant aux limites à respecter pour ne pas faire preuve d'une *ubris* déplacée, Contant les connaît bien et cite fidèlement dès 1600 les excès possibles qui menacent l'homme avide de connaissances :

> J'ai appris des mieux nourris en la Philosophie naturelle, qu'il est impossible à l'homme, pour curieux qu'il puisse estre, de comprendre entierement l'immense diversité de ses plus occultes secrets ; soit tant pour la production des choses metalliques aux entrailles de la terre, que pour la singularité, rarité, vertus et proprietez admirables des plantes ; soit de celles qui portent fruict, soit de celles qui ont des fleurs pour leur dot et partage seulement. Tant d'obscures raritez à ceux qui ont esté curieux d'en cognoistre et rechercher peniblement les causes et les effects, ont faict que les anciens n'y pouvant donner atteinte à leur souhait, representoient de leur temps l'image de nature, la face voilee, pour s'excuser si on ne pouvoit comprendre la cause de tant de miracles en la nature, et mesmement aux plantes[49].

Cette prudente entrée en matière est bien la preuve, s'il en fallait une, que la curiosité reste une notion hautement controversée encore à la fin du XVIe siècle, comme le montrent ci-après les contributions de Guylaine Pineau et de Nicolas Corréard. Contant reprend un à un les différents griefs pour s'en défendre et tenter de les tourner à son avantage, du moins pour que la curiosité – qu'il ne fait pas apparaître dans le titre de son ouvrage, remarquons cette précaution initiale – ne fasse pas tourner les opinions des lecteurs à son désavantage. Et même si Jean Céard remarque avec raison que la réhabilitation, initiée par un Belon qui avait retourné les adjectifs « frivoles et oisifs » contre les ignorants adversaires de la curiosité, fait son chemin dans les dictionnaires comme dans les discours liminaires du début du XVIIe siècle, où le terme n'est plus autant glosé, commenté ni même qualifié péjorativement (d'*impia*, ni de *vana*) par les auteurs, il reste indispensable de clamer avec insistance les vertus de la curiosité, dont on rappelle qu'elle est utile et nécessaire au perfectionnement des connaissances, qui, faute de curieux, n'avanceraient jamais.

Il s'agit bien pour l'apothicaire de Poitiers de montrer qu'il a su ne pas se laisser égarer par la curiosité, quand bien même il aurait amassé des quantités de singularités. Se démarquant d'un Aristote qu'il représente en arroseur arrosé et pris au piège de sa propre curiosité « voulant estre compris en la chose qu'il n'avait peu comprendre », Contant affirme

49 Contant, Paul, *Le Bouquet printanier*, La Rochelle, Abraham Haultin, 1600, p. 3-4, « À Monsieur du Ligneron Mauclerc » ; consultable en ligne : https://curiositas.org/cabinet/cabinet-de-contant-paul-1600 (consulté le 20/11/20).

quant à lui n'outrepasser aucune de ces périlleuses limites ; il déclare pour cela s'en tenir sagement au « seuil » de sa profession, c'est-à-dire uniquement au « tres-necessaire », ne cédant pas à la dispersion :

> Aristote ne pouvant trouver la raison du flux et reflux impetueux de l'Euripe, se noya de despit dedans cet endroit de mer, voulant estre compris en la chose qu'il n'avoit peu comprendre. C'est pour monstrer que la curiosité ne se doit pousser jusques à l'impossible, afin que le violent desir de bien cognoistre une cause occulte de quelque chose, ne nous prive de la cognoissance de celles, qui sont plus que familieres au sens commun. Pour mon regard, ma curiosité n'a jamais passé plus loing que le sueil de ma profession. La cognoissance des simples est tres-necessaire à mon art, pour la composition des medicamens, veu mesme les divers simples desquels ils sont composez, soit des fleurs, des fueilles, et racines, qu'autres choses propres et necessaires pour aider à la nature à chasser la cause efficiente de la maladie, et ce pour conserver la santé[50].

La curiosité bien tempérée est honnête à condition de rester dans les limites du raisonnable. C'est grâce à une curiosité réfléchie et consciente des écueils qui la guettent que le curieux s'avance prudemment, maintenant son activité de collectionneur dans les limites de l'honnête et de l'utile, le regard tourné, au-delà des choses, vers leur Créateur.

Il y a donc un art d'être curieux, qui consiste d'abord à ne pas afficher le mot *curiosité* au titre[51], puis à se garder des écueils et du naufrage annoncés pour échapper à la vindicte théologique : ce n'est plus la *matière* qui détermine si la curiosité est bonne ou mauvaise, *pia* ou *impia*, digne ou indigne, vaine ou saine, mais la *manière* dont le curieux s'émancipe des risques tendus par la curiosité. Ce n'est plus le fait de chercher, ou d'investiguer, mais la dextérité studieuse et enquêtrice qui distingue la bonne curiosité, loin de cette « chasse de connaissance » fustigée par Montaigne.

La méthode de l'enquête va donc être mise en avant : plutôt que de chercher absolument à savoir, insister sur l'action de contempler et de s'émerveiller. En outre, la vanité et l'outrecuidance sont chassées au profit de l'humilité, et de la modestie : loin d'une prétention surhumaine à la pleine intelligence des causes, celui qui inventorie les curiosités d'un cabinet se fait fort d'éclaircir les impostures colportées par les ignorants, par exemple sur la mandragore ou sur les licornes, sans pour autant

---

50 *Ibid.*

51 Les mots *raretés* ou *singularités* sont préférés à *curiosités*, y compris pour le syntagme « cabinet de curiosités », qui est en fait beaucoup moins employé qu'aujourd'hui. Sur ce point voir Marrache-Gouraud, Myriam, *La Légende des objets*, Genève, Droz, 2020, chap. II.

écarter les objets eux-mêmes du champ des singularités à collecter. C'est bien des discours prétendant savoir qu'il faut se défier. Il est possible enfin, et c'est le plus important, de se contenter de voir l'étrangeté, de se repaître du bizarre sans tenter d'en pénétrer les secrets : le curieux sait dire qu'il ignore (mentionnant ici un fruit « inconnu », là un fruit « étranger »), peut se contenter de la contemplation du phénomène (très beau, mais de nom inconnu) en réunissant chez lui un abrégé du monde :

> Voicy le racourcy du magazin du monde,
> La merveille qui tient en alarme les yeux :
> Icy du feu, de l'air, de la terre et de l'onde,
> Se trouve au petit pied ce qu'il y a de mieux.
> [...]
> Tout ce que l'univers contient en sa largesse
> Tu reçois en ton peu où le tout est compris[52].

C'est ainsi que la curiosité devient une noble occupation, celle qui en réjouissant les yeux éveille aussi l'esprit en lui offrant beaucoup à méditer. Certains témoignages comme celui de visiteurs avertis disent aussi très bien les vertus de la condensation, le temps d'une visite, du temps et de l'espace : le grand voyageur anglais Peter Mundy après avoir visité le cabinet de John Tradescant à Oxford, revient avec la ferme conviction qu'une journée entière passée à contempler toutes ces merveilles non seulement ne suffit pas à tout voir, mais encore procure au voyageur l'idée « qu'un homme peut en une journée et en un seul lieu contempler plus de curiosités qu'il lui sera donné d'en voir en une vie entière passée à voyager[53] » : il y a là de quoi provoquer l'admiration, autant pour les objets à observer que pour la réussite du collectionneur qui a élaboré cette espèce de prodige.

Le spectacle ainsi formé par ces « théâtres de la nature » (c'est ainsi qu'Aldrovandi surnomme son cabinet, l'un des plus célèbres de son temps en matière d'histoire naturelle) n'exclut pas la possibilité d'un discours très docte[54]. Outre la vertu symbolique de représenter le monde, le cabinet d'un curieux a ainsi la vertu didactique de l'enseigner : il suffit de voir, dit

52 Verville, Béroalde de, *Sur le Jardin et cabinet poétique de Paul Contant*, pièce d'escorte au livre du même nom, reproduite dans l'éd. Marrache-Gouraud et Martin, p. 250.

53 Remarque citée par MacGregor, Arthur, *The Ashmolean Museum*, Londres, Jonathan Horne Publications, 2001, p. 10.

54 On consultera à cet égard Boutroue, Marie-Élisabeth, « Le cabinet d'Ulisse Aldrovandi et la construction du savoir », dans Moncond'huy, Dominique et Martin, Pierre (dir.), *Curiosité et cabinets de curiosités*, Neuilly, Atlande, 2004, p. 43-63, également disponible

Bernard Palissy, pour apprendre – et le céramiste de garantir que deux heures passées dans son cabinet épargneront au visiteur cinquante années de lecture...

> Chascun poura voir et entendre en moins de deux heures, moyennant qu'il vueille prendre la peine de venir voir mon cabinet, auquel l'on verra des choses merveilleuses qui sont mises pour tesmoignage et preuve de mes escrits, attachez par ordre ou par estages, avec certains escriteaux au dessouz : afin qu'un chacun se puisse instruire soy-mesme : te pouvant asseurer (lecteur) qu'en bien peu d'heure, voire dens la premiere journee, tu apprendras plus de philosophie naturelle sur les faits des choses contenues en ce livre, que tu ne sçaurois apprendre en cinqante ans, en lisant les theoriques et opinions des philosophes anciens[55].

Loin des folles embardées de la connaissance, des vaines prétentions à trop embrasser, le cabinet de curiosités, qui offre, dans la contemplation de la diversité des choses, la possibilité de les ordonner et de les nommer, pourrait s'apparenter à une sorte de garde-fou : formé par un savant conscient des dérives possibles, il construit un ordre du monde par le rangement, réfléchit aux nomenclatures, nourrit et exerce l'appétit de connaissances « infatigable et strident » des humanistes[56] qui désirent « tous jours veoir, et tous jours apprendre » et guérit de l'ignorance celui qui le visite. En somme, on serait tenté de penser que c'est grâce à la collecte réfléchie et à l'exposition savante *des* curiosités que les curieux parviennent à sauver *la* curiosité.

Violaine GIACOMOTTO-CHARRA
Université Bordeaux Montaigne,
Centre Montaigne, EA 4195-TELEM

Myriam MARRACHE-GOURAUD
Université de Poitiers,
Équipe FoReLLIS (EA 3816)

---

en ligne : https://curiositas.org/le-cabinet-dulisse-aldrovandi-et-la-construction-du-savoir#identifier_14_78 (consulté le 20/11/20).

55 Palissy, Bernard, *Discours admirables de la nature des eaux et fontaines, tant naturelles qu'artificielles, des metaux, des sels et salines, des pierres, des terres, du feu et des émaux*, Paris, Martin le Jeune, 1580, Advertissement aux Lecteurs, n. p.

56 C'est l'effet produit par la lettre de Gargantua à son fils dans Rabelais, *Pantagruel*, chap. VIII, p. 246.

AMBROISE PARÉ ET LE « DESIR CURIEUX, D'APPRENDRE TOUT CE QUI SE PEUT SÇAVOIR »

S'il fallait caractériser d'un mot l'attitude d'Ambroise Paré face à l'homme dans tous ses états, sujet bien vivant, souffrant ou étendu sur la table de dissection, la notion de *curiosité* s'imposerait vite à l'esprit du lecteur moderne comme le *leitmotiv* de ses textes liminaires, préfaces et dédicaces, de ses discours ou de son *Apologie*. Mais si l'idée est effectivement omniprésente dans les *Œuvres* du chirurgien, le terme, quant à lui, n'y apparaît guère : seulement quelques occurrences, et bien peu dans le sens qui nous intéresse.

Ainsi, dans la dédicace du recueil intitulé *Discours de la mumie, de la licorne, des venins et de la peste* (1582), l'auteur décrit les enfants de Christofle des Ursains « fort curieux », c'est-à-dire soucieux, de la santé de leur père. Paré évoque un peu plus loin le « soing et curiosité » des Égyptiens lorsqu'ils embaumaient les corps de leurs parents[1]. Il raconte aussi, dans le livre *Des venins*, comment un serviteur à qui on avait demandé de préparer un médicament, y mêla par négligence, « faute de curiosité », donc de soin, un peu de vif-argent demeuré au fond d'un mortier qu'il n'avait pas nettoyé[2]. Pire encore, l'adjectif peut être pris en mauvaise part : le chirurgien refuse d'être compté parmi « ces curieux, et par trop superstitieux, qui veulent cabaliser les arts[3] », c'est-à-dire ceux qui s'appliquent à rendre la connaissance inaccessible au profane, grâce à l'emploi du latin.

1 Paré, Ambroise, *Discours de la mumie, de la licorne, des venins, et de la peste*, Paris, Gabriel Buon, 1582, Epistre, f. a3 et f. A2v°.

2 Paré, Ambroise, *Les Œuvres*, éd. É. Berriot-Salvadore, J. Céard et G. Pineau, Paris, Classiques Garnier, 2019, t. III, p. 2207 [p. 804]. Sauf indication contraire, nous nous référerons à cette édition qui reprend le dernier état du texte publié du vivant d'Ambroise Paré (*Les Œuvres d'Ambroise Paré, Conseiller et Premier Chirurgien du Roy, Divisées en vingt huict livres*, Paris, Gabriel Buon, 1585). Nous donnerons le tome et la page de l'édition moderne, suivis, entre crochets, de la pagination de 1585.

3 Paré, *Œuvres*, « Au Lecteur », t. I, p. 145 [f. e3r°].

Une enquête lexicale s'impose : quel est le sens des termes *curieux* et *curiosité* au XVIe siècle ? Inversement, comment notre notion moderne de *curiosité* s'exprime-t-elle dans ces textes pour que le lecteur contemporain puisse l'interpréter même en l'absence de ce mot ? Ces deux questions complémentaires impliquent deux aspects de la lexicologie : la sémasiologie, qui part des mots et interroge les idées qu'ils impliquent, et l'onomasiologie, qui va du concept vers ses désignations.

Le dictionnaire d'Edmond Huguet n'enregistre que deux sens pour le mot *curiosité* : « soin » (conformément à l'étymologie latine, *cura*) et « recherche », mais la recherche prise le plus souvent en mauvaise part, au sens d'affectation, pour la toilette par exemple. Au livre II des *Essais*, Montaigne évoque le « soin curieux » que Jules César avait de sa personne et les « parfums d'une extreme curiosité » dont il usait[4]. Le dictionnaire d'Estienne précise que l'homme « trop curieux » se dit en latin *affectator*[5]. Comme souvent, Huguet insiste sur les sens anciens et perdus, et néglige de développer – parfois même d'évoquer – les acceptions qu'un lecteur moderne comprend intuitivement. En revanche, si Estienne donne lui aussi le sens de « soin » (à l'entrée *cure*, il note par exemple l'expression « avoir cure et soing de sa santé »), il relève « avoir cure et affection d'apprendre », ou « mettre toute sa cure a la dialectique » ; pour l'adjectif *curieux*, il propose le sens de « soigneux », mais donne également les expressions « curieux d'avoir ou sçavoir choses antiques » et « curieux de sçavoir la medecine » ; il traduit ensuite *curiosité* par *curiositas*, qui désigne le désir de connaître, en latin classique comme en latin chrétien. Le dictionnaire du français médiéval de Godefroy enregistre d'ailleurs cette acception pour *curioseté* et pour *curios*[6].

Bien que ce ne soit pas le premier sens du mot *curiosité* au XVIe siècle, le « désir de connaître » est donc depuis longtemps un sens courant. Dans un poème adressé au Chevalier Bonet, Baïf déclare qu'à l'occasion d'un séjour à Venise, il a observé la vie italienne « par bonne curieusité[7] ».

4 Montaigne, Michel de, *Les Essais*, éd. D. Bjaï, B. Boudou, J. Céard et I. Pantin, Paris, Le Livre de Poche, La Pochothèque, 2001, p. 1134.

5 Estienne, Robert, *Dictionnaire François Latin*, Paris, Robert Estienne, 1549, p. 157. Toutefois, selon Gaffiot, *adfectatio* et *adfectatior* ne sont pas toujours péjoratifs.

6 Godefroy propose pour *curioseté* les sens de « soin, souci, avidité, passion, curiosité » et pour *curios* : « désireux, fâché, rempli de soin, qui recherche quelque chose avec un intérêt particulier ».

7 « De là je considere / Tout tant que j'y voy fait ou faire / Par bonne *curieuseté* », Baïf, Jean-Antoine de, *Au chevalier Bonet*, dans *Poésies choisies*, éd. L. Becq de Fouquières, Paris, Charpentier et Cie, 1874, p. 87.

Pour ne citer qu'un seul exemple chez Montaigne, chacun sait que dans « De l'institution des enfants », il souhaite que l'on éveille en eux « une honnête curiosité de s'enquérir de toutes choses[8] ». On peut considérer le sens d'un mot comme une nébuleuse de sèmes, laquelle se présente, selon le contexte, de telle sorte que l'un des sens s'impose plus immédiatement, tandis que les autres sont à l'arrière-plan, plus ou moins perceptibles ou occultés. Indiscutablement, au XVIe siècle, les notions de soin, application, inquiétude, prévalent le plus souvent dans le mot *curiosité*, mais on ne peut pas négliger les sèmes de l'intérêt, ou du goût d'explorer. Dans les liminaires de ses *Œuvres*, Paré évoque le besoin qu'il ressent de rassasier son « desir curieux, d'apprendre tout ce qui se peut sçavoir » : les sèmes du « soin » ou de l'« application » sont ici en retrait par rapport à l'envie de connaître[9]. C'est encore l'acception dominante dans la dernière occurrence que nous relèverons chez Paré, dans son *Apologie*, rédigée à la fin de sa carrière. Il écrit, à propos du voyage lors duquel il accompagna jusqu'à Bayonne Catherine de Médicis et Charles IX :

> Faisant ce voyage, je me suis tousjours enquis aux Chirurgiens, s'ils avoyent remarqué quelque chose rare en leurs pratiques, à fin d'apprendre quelque chose de nouveau[10].

Une note marginale – « Curiosité et diligence de l'Autheur » – souligne le passage, le résume et valorise ce comportement, présenté comme un trait du caractère de l'auteur. Inversement, le texte explicite la manchette et nous offre une possible définition de la curiosité. Remarquons toutefois que Paré ajoute le terme positif de *diligence*, comme pour s'assurer d'une lecture valorisante du terme *curiosité*.

L'adjectif qu'emploie Baïf nous rappelle en effet qu'au XVIe siècle, la curiosité peut ne pas être « bonne ». Montaigne précisait aussi qu'elle devait être « honnête ». Bénédicte Boudou et Nadia Cernogora ont d'ailleurs étudié l'ambivalence de cette notion dans les *Essais*[11]. En

8 Montaigne, *Essais*, I, 25, p. 239.

9 Paré, *Œuvres*, « Au Lecteur » : « ce n'estoit assez pour rassasier mon desir curieux, d'apprendre tout ce qui se peut sçavoir pour la vacation à laquelle je suis appelé », t. I, p. 140 [f. e2r°].

10 Paré, *Œuvres*, t. IV, p. 3276 [1245].

11 Boudou, Bénédicte et Cernogora, Nadia, « Montaigne et la curiosité nonchalante », *Camenæ*, n° 15, 2013.

effet, si l'on interroge un ouvrage de morale comme *La Somme des vices et vertus*[12], il semble bien nécessaire de souligner l'acception méliorative, car la curiosité s'y présente toujours parmi les défauts. Désignant la gourmandise, et même l'avidité, elle fait tout d'abord partie de la section des « péchés de bouche » ; on y blâme la « curiosité des gloutons qui ne pensent fors a eulx delicter ». Cette acception est d'ailleurs relevée par Godefroy. La suite immédiate du texte montre que pour l'auteur de la *Somme*, les sèmes de l'application et de la recherche sont encore présents, lorsqu'il blâme les gourmands et « la curiosité qu'ilz mettent affin que leurs viandes soient bien appareillées ». Il vise ici les préparations sophistiquées qui font « d'une chose [...] divers metz de diverses guyses[13] ». Évoquant le désir de connaissance, les auteurs de la Renaissance l'inscriront souvent dans une isotopie de la gourmandise : Montaigne décrit la curiosité comme une « passion avide et gourmande de nouvelles[14] », André Thevet comme un « appetit de congnoistre toutes choses[15] » et Paré voudrait « rassasier [son] desir curieux, d'apprendre tout ce qui se peut sçavoir[16] », dans un contexte critique pour le premier mais plus valorisant pour les suivants[17].

La *Somme des vices et vertus* insère ensuite la curiosité parmi les « péchés de langue » : elle y fustige les « paroles curieuses de ceulx qui trop voulentiers comptent nouvelles[18] ». Les calendriers de bergers qui présentent aussi les péchés sous la forme d'un arbre placent encore la curiosité sur la « tierce branche de paresse », ce qui ne correspond guère aux conceptions actuelles qui opposeraient plutôt *paresse* et *curiosité*, mais le curieux se dispense d'accomplir son devoir « en querant choses inutilles et nouvelles », comme « rumeurs et fables[19] ». L'inutilité est un reproche récurrent, comme le souligne Jean Céard, rappelant comment Pierre Belon dut se défendre

---

12 Laurent d'Orléans, *La Somme des vices et vertus*, s. l., vers 1500.

13 *Ibid.*, f. d1r°.

14 Montaigne, *Essais*, II, 4, p. 581.

15 Thevet, André, *Les Singularitez de la France antarctique*, Paris, chez les héritiers de Maurice de La Porte, 1558, f. 35r°.

16 Paré, *Œuvres*, « Au Lecteur », t. I, p. 140 [f. 2er°].

17 B. Boudou et N. Cernogora ont montré que chez Montaigne, la curiosité peut désigner d'autres passions maladives dans lesquelles s'exprime une angoisse de l'avenir, comme l'avarice (art. cité, p. 4).

18 Laurent d'Orléans, *La Somme des vices...*, f. d2r°.

19 *Calendrier et compost des bergers*, Genève, Jean Belot, 1497-1500, non paginé. Un autre calendrier, très proche, donne une variante : « regnieurs [blasphémateurs] et fables » (« La

contre ceux qui l'accusaient de « chercher les choses plus par curiosité que pour l'utilité[20] ». Dans l'essai intitulé « À demain les affaires », Montaigne blâme la curiosité et la nonchalance comme deux défauts opposés mais aboutissant l'un et l'autre à la négligence de ses véritables devoirs[21]. Sur la neuvième branche de paresse, le *Calendrier et compost des bergers* s'en prend à l'ignorance, accusée de « mespriser savoir et ne vouloir estre enseigné » et de « ne travailler d'apprendre ce qu'on doit savoir[22] ». Celui qui apprend est passif : il « est enseigné » ; son étude se cantonne à « ce qu'on doit savoir ». Nulle conquête prométhéenne de la connaissance – nul besoin de curiosité, *a fortiori* si elle écarte du droit chemin pour « querir choses nouvelles par sa volenté seule[23] ». Cette dernière formule du *Calendrier* pourrait d'ailleurs désigner le péché originel – péché de curiosité – que le Concile de Trente nomme encore « transgression » et « inobedience[24] ». Le zèle de l'étudiant s'apprécie à sa soumission, à son obéissance. *La Somme des vices et vertus* précise qu'avant d'apprendre, il faut apprendre « que c'est que on doit apprendre » afin de se cantonner à « ce qui est necessaire, prouffitable et honneste », en se gardant de perdre son temps aux choses inutiles qui « rien ne valent, fors à vaine gloire ou à peché[25] ». Pour cela, les hommes doivent « mesurer leur entendement et raison à la mesure de la foy » et éviter la « presomption » qui consiste à juger de tout par soi-même, il faut au contraire « laisser son propre sens pour obeyr à plus sage que soy » :

> Et especialment es articles de la foy doit on laisser son propre sens, sa propre opinion et son propre entendement flechir et mettre au servage de la foy : si comme dit saint Pol : non pas querre raison naturelle la ou il n'en y a point : si comme font les curieux, les melancolieux, qui semblent celluy qui quiert le poil en l'œuf ou il n'en y eut onques[26].

3. branche de Paresse », *Le grand calendrier et compost des bergers : composé par le berger de la grand montaigne*, Rouen, V. L. Costé, 16.., n. p.).

20 Belon, Pierre, *Les Observations de plusieurs singularitez et choses memorables*, Anvers, Chritophe Plantin, 1555, f. 5v°. Voir Céard, Jean, « De la curiosité aux curiosités », *Camenæ*, n° 15, mai 2013. Voir aussi Céard, Jean (dir.), *La Curiosité à la Renaissance*, Paris, CDU-SEDES, 1986.

21 Montaigne, *Essais*, II, 4, p. 579.

22 *Ibid.*

23 *Le grand calendrier* …, « La tierce branche de paresse ».

24 *Le Sainct, sacré, universel et général concile de Trente*, trad. M. Gentian Hervet, Paris, Nicolas Chesneau, 1564, f. 26v°-27r°.

25 Laurent d'Orléans, *La Somme des vices*…, f. 1-2r°.

26 *Ibid.*, f. 3r-v°.

La curiosité se présente comme la démarche personnelle d'un mélancolique, c'est-à-dire d'un intellectuel au psychisme déréglé, qui refuse de s'en tenir à la *doxa*, et use librement de sa raison dans des domaines inutiles, voire dangereux. L'auteur se réfère à saint Paul : l'*Épître aux Galates* (V) invite à se laisser mener par l'Esprit plutôt que par la convoitise dont les œuvres ne se limitent pas à la débauche : querelles, rébellions, discordes et sectes sont promises à ceux qui ne parviennent pas au renoncement. Saint Augustin glosait ce même texte dans ses *Confessions*, fustigeant la « vaine curiosité qui se couvre du nom de connaissance et de science » :

> C'est elle qui nous conduit à scruter les secrets de la nature extérieure, dont la connaissance ne sert à rien et que les hommes ne désirent connaître que pour le plaisir de connaître. C'est elle encore qui, poursuivant la même fin, – une science perverse, – inspire les recherches de l'art magique. C'est elle aussi qui, dans la religion même, nous induit à tenter Dieu, quand on lui demande des signes et des prodiges, non pour le salut d'une âme, mais pour la seule satisfaction de les connaître[27].

Henri Corneille Agrippa appuie sur ces mêmes autorités sa critique des sciences :

> S. Augustin a bien congnu cela, et s'en est effrayé, criant avec S. Paul, Les indoctes s'eslevent et ravissent les cieux, et nous avec toute nostre science sommes plongés au fonds d'enfer. Bref, s'il faut parler en pure verité, la congnoissance qui nous est baillée par les sciences, quelles elles soyent, est tant perilleuse et incertaine, qu'il seroit meilleur sans comparaison de les ignorer que de les sçavoir. Adam n'eust jamais esté chassé de paradis, s'il n'eust esté enseigné par le serpent en la congnoissance du bien et du mal. S. Paul rejecte de l'eglise ceux qui veulent sçavoir plus qu'il n'est besoing[28].

Henri Corneille Agrippa cite encore l'*Ecclésiaste* (« tant plus il se travaillera à chercher, moins il trouvera », VIII, 17) afin de prouver que l'enquête scientifique éteint la lumière de la foi et voue aux ténèbres du doute. Les sciences ne sont « qu'opinions d'hommes », établies grâce aux sens et à l'entendement, imparfaits et limités[29]. L'« Apologie de Raimond de Sebonde » développe ces mêmes thèmes : la curiosité, « première ruine du

27 « *Curiosa cupiditas* » dans le texte latin. Saint Augustin, *Les Confessions*, Paris, Garnier-Flammarion, 1964, X, 35, p. 240.

28 Agrippa, Henri Corneille, *De l'incertitude, vanité et abus des sciences*, Genève, Jean Durant, 1582, p. 8.

29 *Ibid.*, p. 12.

genre humain », est une forme d'orgueil ; à cause d'elle, l'homme préfère « être régent et précepteur d'erreur et de mensonge » plutôt que « disciple en l'école de vérité[30] ». L'essai intitulé « De la présomption » critique ceux qui croient pouvoir s'entremettre d'astronomie (« à chevauchons sur l'épicycle de Mercure » !) alors qu'ils méconnaissent leur propre nature : « une si extrême variété de jugements, un si profond labyrinthe de difficultés les unes sur les autres, tant de diversité et incertitude, en l'école même de la sapience ». La conclusion de Montaigne résume l'*Ecclésiaste* : « La curiosité de connaître les choses, a été donnée aux hommes pour fléau[31] ».

La Somme des vices et des vertus affirme que la foi permet d'accéder à un degré d'intellection que la raison seule ne peut atteindre :

> Ce don qui est appellé le don d'entendement n'est autre chose selon les saincts et les maistres fors une lumiere et une clarté de grace que le saint esperit inspire au cueur par quoy l'entendement est eslevé à congnoistre son createur et les choses espirituelles et toutes les choses qui appartiennent au salut de l'ame où rayson naturelle ne entendement d'homme en soy ne par soy ne peut venir[32].

Le discours protestant ne diffère en rien. Calvin blâme ceux qui ne se veulent pas « assujettir au joug, estans dociles et debonnaires pour recevoir la doctrine », préférant « suivre leur curiosité », laquelle leur fait poser des « questions frivoles et qui n'emportent nul fruict » :

> Les hommes, selon leur curiosité demandent, Et pourquoy est-ce que Jesus Christ n'est apparu plutost ? [...] Mais quoy ? Que font les hommes s'ils s'embrouillent ainsi ? Or c'est pour s'abysmer et se ruiner du tout. [...] N'enquerons point outre notre mesure : car nous demeurerons confus, quand nous voudrons nous lascher la bride : nous ne ferons que nous esgarer, et ne trouverons ne fons ne rive : mais ayons ceste simplicité-la de dire, Dieu a besongné comme il a cognu estre bon et sa volonté nous doit suffire pour toute sagesse. Et si nous en voulons cercher d'avantage, c'est un orgueil diabolique[33].

Ces condamnations concernent toutes les sciences : chercher, dans la difficulté, la cause naturelle d'un phénomène inexpliqué, plutôt que de crier au miracle, c'est risquer de commettre une erreur, c'est s'infliger

30 *Ibid.*, p. 776.
31 *Ibid.*, p. 979.
32 Laurent D'Orléans, *La Somme des vices...*, f. n4v°.
33 *Sermons de Jean Calvin sur les deux espistres sainct Paul à Timothée et sur l'Epistre à Tite*, Genève, Jean Bonnefoy, 1563, p. 517-526.

l'épreuve du doute, du sentiment d'ignorance, mais c'est avant tout imposer des « bornes et limites » à la puissance divine. L'essai intitulé « C'est folie de rapporter le vrai et le faux à notre suffisance » dénonce cette « téméraire présomption[34] ». Le discours scientifique ne peut ignorer ce reproche, il s'en fait même souvent l'écho, avant de le contourner d'une manière ou d'une autre. C'est ainsi que nous lisons chez André Thevet une condamnation de la curiosité qui résume parfaitement les différents chefs d'accusation :

> Qu'est-il de besoing, quand nous avons les choses qui nous sont necessaires, et en entendons autant qu'il pleist à Dieu nous faire capables, trop curieusement rechercher les secrets de nature, et autres choses, desquelles nostre Seigneur s'est reservé à luy seul la congnoissance ? Telles curiosités demonstrent un jugement imparfait, une ignorance et faute de foy et de bonne religion[35].

Ce discours n'est pas nouveau. Pline l'Ancien s'indignait de la manière dont l'homme cherche sous terre des minéraux précieux : la difficulté de l'entreprise, les accidents et les dangers qu'il doit affronter, bêtes sauvages, serpents, plantes vénéneuses, l'avertissent pourtant et lui montrent qu'il outrepasse ses droits ; les malheurs que ces richesses engendreront dans la société le puniront encore[36]. Cet argument des choses que Dieu dissimule pour le bien de l'homme est si fréquemment opposé à tous ceux qui s'intéressent aux minéraux et aux pierres précieuses, que Georges Agricola lui consacre la première partie de son *De re metallica*. Il explique que la terre est le lieu de formation des pierres et des métaux, et non pas leur « cachette », et que Dieu ne crée rien qui n'ait une fin – c'est-à-dire une utilité pour l'homme. Dans un second temps, il réfute l'argument du mauvais usage des pierres précieuses : c'est la cupidité humaine qu'il faut blâmer, et non les pierres[37]. Le médecin Loys de Launay, partisan, avec Paracelse, de l'introduction des

---

34 Montaigne, *Essais*, p. 276 et 278.

35 Thevet, *Les Singularitez de la France antarctique*..., f. 68r°.

36 Pline l'Ancien, *Histoire naturelle*, éd. S. Schmitt, Paris, Gallimard, « Bibliothèque de La Pléiade », 2013, II, p. 111, XXXIII, p. 1506.

37 Agricola, Georges, *De re metallica*, Bâle, Jerosme Froben, 1556, p. 8-12. L'argument se retrouve sous la plume de Guillaume Du Bartas, qui justifie ainsi son éloge de « l'or traine-souci » et du « fer verse-sang » : « Comme si ces metaux, non l'humaine malice, / Avoyent en tant de chefs fait foisonner le vice », Du Bartas, Guillaume Salluste, *La Sepmaine*, éd. Y. Bellenger, Paris, Société des Textes Français Modernes, 1994, « Troisiesme jour », v. 769-770, p. 134.

métaux dans la pharmacopée, contre l'avis de la Faculté de Médecine de Paris, dut lui aussi répondre à l'argument selon lequel Dieu aurait dissimulé l'antimoine dans la terre « de peur qu'on en usast[38] ». La punition guette les hommes de science trop curieux, comme le montre le récit de la mort de Pline l'Ancien donné par François de Belleforest dans le livre III des *Histoires prodigieuses* :

> Pline second, lequel estoit conduit de trop grande curiosité de sçavoir les secrets de nature, s'avança plus que il ne devoit vers les caverneuses ouvertures du mont de Somme et estant saisi de la vapeur et de la violence des vents tous pleins de feu, ne peut s'en retirer, ains y perdit la vie et le moyen de descouvrir les secrets que tant il voulait entendre de la nature[39].

Dans le livre I, Pierre Boaistuau décrivait au contraire Pline avec admiration, « desirant de sçavoir la cause de continuel embrasement de ceste montagne[40] », de même que Thevet dans ses *Vrais pourtraits et vies des hommes illustres* : le naturaliste y est animé par « la volonté de veoir » le volcan, et de « cognoistre la nature et occasion de ce feu perpetuel[41] ». Les deux auteurs évitent la notion de curiosité.

Somme toute, alors que notre époque valorise plutôt la curiosité, au point qu'il faille souvent un adjectif pour expliquer qu'on la prend en mauvaise part, par exemple dans les expressions « curiosité malsaine » ou « curiosité féminine », le XVIe siècle l'emploie davantage comme un reproche mêlant divers soupçons : le « curieux » pourrait être tout à la fois individualiste, vain, paresseux, ignorant, présomptueux et impie. Son péché a chassé l'humanité du jardin d'Éden, il le condamne à une vie

38 Launay, Loys de, *Responce au discours de Maistre Jacques Grevin, Docteur de Paris, qu'il a escript contre le livre de Maistre Loys de l'Aunay, medecin en la Rochelle, touchant la faculté de l'Antimoine*, La Rochelle, Barthelemi Berton, 1566, dédicace « à Monsieur du Mesnil », f. a2r°.

39 Belleforest, François de, *Le troisiesme tome des Histoires prodigieuses*, Paris, Hierosme de Marnef et Guillaume Cavellat, 1575, p. 262. De même, l'« Apologie de Raymond Sebond » blâme la « maladive curiosité » d'Eudoxus, qui « priait les Dieux, qu'il pût une fois voir le soleil de près, comprendre sa forme, sa grandeur, et sa beauté, à peine d'en être brûlé soudainement », Montaigne, *Essais*, p. 796.

40 Boaistuau, Pierre, *Histoires prodigieuses*, Paris, Vincent Sertenas, 1560, f. 35v°.

41 Thevet, André, *Les vrais pourtraits et vies des hommes illustres*, Paris, Veuve Kervert et Guillaume Chaudiere, 1584, f. 613v°. Sur les différends qui ont opposé Thevet et Belleforest, on consultera Lestringant, Frank, *André Thevet cosmographe des derniers Valois*, Genève, Droz, 1991, p. 222 ; sur la mort de Pline chez ses deux auteurs, voir mon article : « La prodigieuse mort de Pline selon Boaistuau et quelques autres », dans Bertrand, Dominique (dir.), *Figurations du volcan à la Renaissance*, Paris, Champion, 2001, p. 35-52.

misérable, en attendant les flammes de l'enfer. Mais ces textes qui blâment la curiosité permettent aussi de mieux la cerner : elle se définit comme le « désir de savoir », d'apprendre par soi-même, par l'usage des sens et de la raison, et ce, dans des domaines où l'on n'a jamais été invité à le faire[42].

Revenons à Paré. Au terme de cette enquête sur le mot *curiosité*, il semble plus compréhensible qu'il n'en use qu'avec parcimonie et prudence, comme dans l'expression « desir curieux, d'apprendre tout ce qui se peut sçavoir », où les valeurs positives attachées au « desir d'apprendre » pondèrent tout ce que la seule curiosité pourrait avoir de reprochable. L'adjectif *curieux* semble d'ailleurs hésiter entre deux sens, dans un effet d'antanaclase, autour de la virgule : le « desir curieux » évoque l'enquête audacieuse, mais l'expression « curieux d'apprendre » réveille les notions plus positives de soin et d'application.

L'idée est souvent formulée sans qu'apparaisse le terme de *curiosité*, comme à la fin du livre *Des venins*, lorsqu'il se « repute tresheureux d'apprendre de tout le monde, et de vieillir tousjours en apprenant[43] ». La sage-femme Louise Bourgeois, dont le mari fut l'élève de Paré, lui rendra hommage dans des termes similaires :

> Il faut apprendre jusqu'au dernier jour de sa vie, ainsi en usent les habiles et les sages, je l'ay veu pratiquer à ce grand chirurgien Paré, estant au lict de la mort aagé de plus de quatre-vingts ans, avec un aussi sain jugement, qu'il avoit jamais eu en sa vie, et desiroit encores apprendre de ceux qui le visitoient[44].

Le « désir d'apprendre » pourrait être la formule qui exprime le mieux au XVIe siècle notre conception valorisante de la curiosité. Mais alors même que le mot est évité, le discours qui l'évoque veille à répondre aux

---

42 Le conte de la Barbe Bleue illustre la complexité de cette notion de curiosité : si la dernière femme tuée a été punie pour avoir découvert les corps des précédentes, il est permis de se demander ce qui explique le meurtre de la première épouse. Si le péché de curiosité qui lui fit introduire la clé magique dans la serrure symbolise la décision de faire usage de sa propre raison, de considérer les choses par soi-même sans se soumettre au jugement des autres, alors, ce que les femmes ont vu, après avoir ouvert la porte, et ce, dès la première, c'est elles-mêmes. Elles ont compris, chacune à leur tour, qu'épouser cet homme tyrannique qui distribue ordres et interdits à ses épouses et les enferme dans un château vide où elles s'ennuient, tandis que lui parcourt le monde librement, c'était choisir la mort. En leur confiant cette clé dont elles n'ont pas le droit de se servir, il aurait voulu les rendre complices de leur propre aliénation.

43 Paré, *Œuvres*, t. III, p. 2258 [p. 827].

44 Bourgeois, Louise, *Observations diverses sur la sterilité, perte de fruicts, fecondité, accouchements et maladies des femmes et enfants nouveaux naiz*, Paris, Melchior Mondière, 1626, l. III, p. 37-38.

accusations qu'il pourrait appeler, ainsi dans l'épître « Au Lecteur » des *Œuvres.* Le chirurgien y met sans cesse en avant cette soif de connaissance qui le caractérise : il s'enorgueillit d'avoir toujours interrogé les praticiens qu'il rencontrait afin d'apprendre d'eux leurs secrets, remèdes et pratiques particulières, qu'il s'agisse des plus fameux médecins de la cour ou des simples « empiriques » sans diplôme, mais détenteurs d'un savoir-faire reconnu. L'épître s'ouvrait cependant sur le thème, d'abord général, de la charité et du bien public, avant une profession de foi plus personnelle :

> Tousjours j'ay eu ceste charité gravée en mon ame, que la commodité de mon frere et mon prochain m'a esté agreable, et qu'en toutes mes actions, je me suis efforcé de servir au public[45].

Il prévient ainsi toute accusation d'inutilité. Le récit de sa carrière, commencée à l'Hôtel-Dieu, poursuivie sur les champs de bataille de toute l'Europe et parachevée dans la capitale, vient légitimer l'écriture, mais lui permet aussi de se distinguer des paresseux qui s'exemptent de leurs devoirs. Il se défend aussi de toute « démesure » : certes, il semble avoir « passé les bornes » de la chirurgie, osant empiéter sur le traitement des fièvres, normalement réservé aux médecins, mais c'est seulement à cause de « la liaison et accointance qui est entre les sciences[46] ». Quant au péché d'orgueil, il avoue qu'il peut y avoir des erreurs dans ses *Œuvres* et en appelle à ses lecteurs pour l'aider à les corriger[47]. Paré emprunte à Guy de Chauliac l'image topique de l'enfant juché sur les épaules d'un géant : elle permet de revendiquer son statut de chercheur tout en restant modeste ; les anciens ont « l'honneur de la premiere invention », mais il reste à leurs successeurs « quelque petite portion de gloire, pour l'enrichissement et illustration ». Il précise qu'il demeure cependant « plus de choses à chercher, qu'il n'y en a de trouvées[48] », ouvrant ainsi la voie à ses successeurs. C'est une certaine conception de la science qui s'affirme ici :

> Les arts ne sont encore si accomplis, qu'on n'y puisse faire addition : ils se parfont et polissent par succession de temps : ils s'esclaircissent par certaines definitions, divisions, demonstrations, preceptes, et reigles universelles[49].

45 Paré, *Œuvres*, t. I, p. 135 [f. e1r°].
46 *Ibid.*, p. 139 [f. e2r°].
47 *Ibid.*, p. 141 [f. e2r°].
48 *Ibid.*, p. 136 [f. e1r°].
49 *Ibid.*

Le savoir n'est pas figé comme le sont les dogmes de la religion, le modifier ou l'augmenter ne relève pas d'une coupable transgression, c'est au contraire un devoir :

> C'est lascheté trop reprochable, de s'arrester à l'invention des premiers, en les imitant seulement, à la façon des paresseux, sans rien adjouster, et accroistre à l'heritage qu'ils nous ont laissé, non pour le laisser devenir en friche, mais pour le cultiver, et embellir[50].

Paré déclare encore qu'il nous faut employer « le jugement qu'il a pleu à Dieu nous departir, et lequel ne nous est pas donné, pour le laisser aneantir[51] ». Le texte se réfère implicitement à la parabole des talents (Matthieu, xxv, 14-30), laquelle permet de répondre à l'argument religieux des choses que Dieu cache volontairement aux hommes et de récuser toutes les accusations portées contre les hommes de science qui veulent cultiver leur héritage, sans quoi il les faudrait « blasmer, ou d'ignorance, ou de paresse, ou d'envie, ou de tous les trois ensemble[52] ».

Ailleurs dans les *Œuvres*, il s'efforce aussi d'échapper à la *mala curiositas.* Dans le chapitre qu'il consacre à l'utérus, décrivant l'étonnante capacité de cet organe qui s'ouvre pour l'accouchement et se referme aussitôt après, il précise :

> nul ne doit estre si hardy et audacieux de s'enquester, comme telle chose se faict ; car si on entreprend de passer outre, et d'esplucher par le menu comme telle chose se faict, on demeurera condamné et convaincu de n'avoir cogneu la puissance de Dieu, ny la faiblesse de son esprit[53].

C'est à propos de la « predestination » des âmes que la condamnation de la curiosité s'exprime le plus nettement, car si le chirurgien peut décrire l'évolution du fœtus et disserter, dans une certaine mesure, sur ce qu'est l'âme et l'époque à laquelle l'enfant la reçoit, il ne peut rien dire des destins particuliers inscrits dans la nature profonde de chaque individu :

> les choses que Dieu fait par sa predestination, il n'est pas licite ne possible à l'homme de les sçavoir : et partant l'ignorance en est docte, et l'appetit de

50 *Ibid.*

51 *Ibid.*, p. 138 [f. e1v°].

52 *Ibid.*, p. 137 [f. e1v°].

53 *Ibid.*, t. III, p. 2529 [p. 944]. Voir aussi p. 2524 [p. 941] : Nature « faict des choses que nostre intelligence n'est pas capable d'entendre ».

> les sçavoir est une espece de rage : pource que si nous attentons de penetrer et entrer en son conseil sacré et eternel, ce nous seroit un abysme, pour nous engloutir[54].

Cependant, la suite du texte est loin d'interdire l'observation scientifique, puisqu'elle est présentée, au contraire, comme un devoir que Dieu donne à l'homme :

> Or ce n'est icy de ma vacation rendre la cause de tels hauts secrets de Dieu, lequel a voulu que fussions curieux, non de les sçavoir et comprendre, mais seulement de les admirer en toute humilité[55].

Il est possible que Paré s'inspire ici, dans cette distinction entre curiosité et admiration, du début de l'*Institution chrétienne*. Suivant l'enseignement de saint Paul, Calvin considère l'admiration de la Création comme une marque de piété et une voie menant vers le divin : « Le corps humain, de son simple regard, montre du premier coup un ouvrage tant singulier, que l'auteur mérite bien de nous être en admiration[56] ».

Calvin n'interdit pas les sciences, au contraire, car même si la perfection frappe au premier regard, l'étude permet de l'apprécier mieux encore. Toutefois, il affirme que la connaissance de Dieu ne peut procéder que du cœur et non de l'intelligence :

> La droite voie de chercher Dieu, et le meilleur ordre que nous puissions tenir est, non pas de nous fourrer avec une curiosité trop hardie à éplucher sa majesté, que nous devons plutôt adorer que sonder trop curieusement, mais de le contempler en ses œuvres, par lesquelles il se rend prochain et familier à nous, et par manière de dire se communique[57].

Paré exploite cette distinction entre curiosité impie et pieuse admiration : elle a le mérite de ne pas condamner la science, voire celui de lui offrir une justification. Pourvu que le chirurgien concède une part de mystère incompréhensible auquel il renonce ostensiblement, l'observation scientifique devient acte de foi. Mais comme la chirurgie qu'enseigne Paré se fonde principalement sur l'anatomie, il lui importe peu de renoncer

54 *Ibid.*, p. 2507 [p. 935].
55 *Ibid.*
56 Calvin, Jean, *L'Institution chrétienne*, Kerygma-Farel, Aix-en-Provence, Marne-la-Vallée, 1978, I, p. 19.
57 *Ibid.*, p. 25-26.

à certains champs de la spéculation, pourvu qu'il occupe le terrain de l'observation. Si les limites ainsi posées interdisent un domaine, elles délimitent aussi celui que s'arroge le chirurgien, en toute légitimité.

Toutefois, Paré ne put s'exempter d'un certain nombre de reproches. Le doyen de la Faculté de Médecine de Paris Estienne Gourmelen, qui a tenté d'empêcher la première parution des *Œuvres*, en 1575, publie un texte virulent l'accusant à plusieurs reprises d'ambition, d'arrogance, ignorance, témérité et présomption ; il se moque de ses efforts pour « entrer en consideration des hauts mysteres de la Philosophie naturelle[58] ». En 1583, un autre doyen de la Faculté, Bonaventure Grangier, répond encore plus violemment à son *Discours de la Licorne* publié l'année précédente et dans lequel le chirurgien contestait à demi-mot l'existence de cet animal pourtant mentionné dans la Bible : Paré a passé « les bornes de sa profession », méconnu sa propre ignorance et s'est montré présomptueux :

> Pour se mescognoistre et trop presumer de soy, Lucifer voulut s'egaller à Dieu, les graces eschelerent les cieux pour l'en dechasser : les heretiques presumans seuls plus sçavoir que toute la congregation des fidelles, par nouvelles opinions, ont voulu subvertir l'estat Ecclesiastique, et troubler le repos public : il y a en chaque science certains theoremes ausquels il faut croire : car de remarquer tout en doute, et demander raison mesmement des principes, c'est destruire les sciences, lesquelles autrement ne peuvent estre finies : Car poursuivant de cause en cause, il faudrait faire un progres infiny[59].

L'auteur rappelle qu'il vaut mieux « faillir avec les Sages que bien opiner contre leur opinion », qu'il faut « croire sans raison » et que la solidité d'une théorie se mesure à son ancienneté et au nombre de ceux qui y adhèrent. Il conseille à Paré de se limiter à son petit domaine de compétence et de ne pas se risquer sur des questions qu'il ne peut pas comprendre.

Malgré toutes les garanties que donnent les *Œuvres*, autour de cette question de la curiosité, ce sont deux conceptions de la science qui s'affrontent. Les doyens de la Faculté s'érigent en gardiens d'une

---

58 Gourmelen, Étienne, *Replique à une Apologie publiée sous le nom de M. Ambroise Paré, Chirurgien à Paris, contre M. Estienne Gourmelen, Docteur, Regent en la Faculté de Medecine de Paris, par B. Comperat de Carcasonne*, Paris, Gaspar Meturas, 1647, p. 5, 8, 11, 15, 16, 48.

59 Grangier, Bonaventure, *Response au Discours d'Ambroise Paré, touchant l'usage de la Licorne, vu et approuvé par M. Grangier, Doyen des Escolles de Medecine*, Paris, Abraham Dauvet, 1583, f. A3.

corporation, mais aussi d'une tradition immuable, présentant une science finie, dont les principes ont valeur de dogmes. La médecine est sacralisée, celui qui suscite une controverse est comparé à Lucifer et assimilé aux hérétiques accusés à la fois de « présomption » et de désobéissance. L'ignorance est le défaut dont procède la démarche inquisitrice (ignorance de ses propres limites et des limites imparties au jugement personnel), mais elle en est aussi l'aboutissement : le questionnement fait naître l'incertitude, l'hésitation. À l'inverse, Paré présente une science en devenir, très loin de sa perfection, mais qui s'en approche à petits pas, grâce aux « belles recherches[60] » menées par des hommes d'expérience et de bon raisonnement – dotés aussi d'une certaine curiosité.

Guylaine PINEAU
Université de Pau et des Pays
de l'Adour, ALTER-EA 7504

60 Paré, *Œuvres*, p. 139 [f. e2r°].

CURIOSITÉ/PÉRÉGRINITÉ, MÉTAPHORE VIATIQUE ET POINTS DE VUE CRITIQUES SUR LE DÉSIR SAVANT

Les mots désignant le désir de savoir, dans les langues européennes, ont jusqu'à une date récente été l'objet d'une fluctuation importante, révélatrice d'une légitimité n'allant pas de soi[1]. L'étude du lexique afférent ne peut donc se limiter à l'histoire de la famille de mots dérivant du latin *cura* (le « souci », le « soin »), comme la notion de *curiositas* apparue en latin tardif, et longtemps fortement connotée : en raison de l'opprobre jetée par saint Augustin sur cette « *concupiscentia oculorum* » (*Confessions*, X, 35), la notion intervient presque invariablement en contexte négatif, lorsqu'il s'agit de condamner un désir de savoir excessif ou déplacé[2]. Les alternatives existent, par exemple le substantif *studiositas* (« zèle pour l'étude ») et l'adjectif *studiosus*, que Thomas d'Aquin consacre comme l'équivalent positif de *curiositas/curiosus*, ou encore le lexique de l'admiration, de l'émerveillement[3]. Plus courantes encore sont les formules périphrastiques (« désir de savoir »), ou les emprunts par dérivation d'un sens figuré. Ils peuvent être appelés spontanément par la langue, de nombreux mots désignant l'activité intellectuelle ayant par exemple une racine indiquant un mouvement, un déplacement physique, à l'instar de la *theoria* grecque, qui à l'origine désigne l'ambassade auprès d'un oracle. À l'extrême, la métaphore remplace le discours dénotatif. Ainsi de la métaphore cynégétique qui vient à la plume de Montaigne évoquant la « maladie » naturelle de son esprit (la première image est d'ordre épidémiologique), d'abord comparé à un gibier sauvage qui

1 Voir Blumenberg, Hans, « La curiosité théorique en procès », dans *La Légitimité des temps modernes*, trad. M. Sagnol, D. Trierweiler et M. Dautrey, Paris, Gallimard, 1999, p. 255-516.

2 Voir Labhart, André, « *Curiositas* : notes sur l'histoire d'un mot et d'une notion », *Museum Helveticum*, n° 17, 1960, p. 206-240.

3 Voir Daston, Lorraine et Park, Katherine, *Wonders and the Order of Nature 1150-1750*, New York, Zone Books, 1998.

« ne faict que fureter et quester » jusqu'à se piéger lui-même, puis au chien de chasse excité par la difficulté, qui s'enivre de ses courses (« ses poursuites sont sans terme, et sans forme ; son aliment c'est admiration, chasse, ambiguité[4] »).

Nous voudrions ici montrer comment l'absence d'une notion neutre au XVIe siècle pour désigner le désir de savoir laisse place à d'autres familles de mots, comme celle qui dérive des verbes latins *peragrare* (« parcourir », « visiter ») et *peregrinari* (« voyager à l'étranger », « être en exil »), par exemple le verbe français *pérégriner*, courant au XVIe siècle avant d'être évincé par « voyager ». De fait, cette famille entre dans la composition des périphrases désignant fréquemment le désir de savoir et ses effets nomades, en association et en concurrence avec la famille de *curiositas*. Cela mérite un étonnement. Dans sa remarquable enquête sur le lexique de la curiosité, Neil Kenny ne relève pas cette association dans les champs synonymiques, alors qu'il note des usages, souvent en doublet, de l'adjectif « curieux » avec « merveilleux/étrange », « singulier/rare » ; « neuf/nouveau[5] ». Pourquoi pas « curieux et pérégrin » ? La réponse tient peut-être à ce que cette étude porte sur des textes du XVIIe et du XVIIIe siècles dans les langues latine, française, anglaise et allemande : il y a sans doute eu une disparition rapide, en français notamment, où l'adjectif *pérégrin* est remplacé par *pèlerin* (il s'agit à l'origine d'une variante orthographique pour « voyageur », qui entame sa spécialisation religieuse[6]). Les cas de l'italien et de l'espagnol, plus conservateurs, livreraient une histoire quelque peu différente.

Ouvrons les dictionnaires. En latin, comme en attestent les nombreuses pages du *Thesaurus linguæ latinæ*[7], le verbe *peregrinor, -ari* est extrêmement fréquent et polysémique : il signifie « voyager » mais peut se prendre dans un sens négatif lié à un mouvement contraint (« être chassé »), alors que le sens religieux (« accomplir un voyage de dévotion ») apparaît tardivement ; la *peregrinatio, -onis*, c'est le voyage à l'étranger, au

4 Montaigne, Michel de, *Essais*, éd. Villey-Saulnier, Paris, PUF, 1964, III, 13, « De l'expérience », p. 1068.

5 Kenny, Neil, *Curiosity in Early Modern Europe. Word History*, Wiesbaden, Harrassowitz Verlag, 1998.

6 Antoine Furetière note dans son *Dictionnaire universel* (Amsterdam, Reinier Leers, 1690, t. III) que *pérégrin* et *pérégriner* sont vieillis.

7 *Thesaurus linguæ latinæ*, Stuttgart et Leipzig, B. G. Teubner, 1994, vol. X, fasc. IX, p. 1301-1315.

loin (l'*apodemia* grecque), voire l'exil, mais le substantif s'applique déjà au figuré au vagabondage de l'esprit, et dans une expression figée à la vie humaine (la « *peregrinatio vitæ* »), laquelle conserve en contexte chrétien un sens négatif (la *peregrinatio* suppose d'être hors de son lieu propre, loin de Dieu). Quant à l'adjectif *peregrinus, a, um*, il désigne au propre « ce qui est étranger », « ce qui est lointain », « rare », voire « étrange », « insolite ». Si le substantif *peregrinitas, –atis* désigne en latin classique le fait d'être étranger ou à l'étranger, le *peregrinus* (celui qui voyage) semble être une création médiévale. La consultation des dictionnaires historiques de langue française montre que le sémantisme du voyage reste largement prédominant au XVIe siècle, et n'est pas nécessairement connoté religieusement : « peregriner », c'est « aller hors de son pays », « aller au dehors », « parcourir en voyageant » ; « peregrin » signifie « étranger », « voyageur » ou « errant[8] ». Quant au substantif « pérégrinité », il peut signifier l'« action de voyager » en général. Alors que le dictionnaire de Furetière témoigne d'une évolution dans le français moderne, le lexique de Covarrubias signale que l'adjectif espagnol *peregrino* reste fidèle au latin (il s'applique à « celui qui s'éloigne de ses terres en voyage », « *el que sale de su tierra en romería*[9] »). Aujourd'hui encore, selon le *Diccionario de la Real Academia Española*, le verbe *peregrinar* a conservé ce sens premier de « voyager », de même que ses sens dérivés, religieux ou métaphoriques (« vivre », « parcourir l'existence »). Il peut s'employer dans un sens plaisant pour signifier « aller de-ci de-là, à droite à gauche » dans un mouvement désordonné, tandis que l'adjectif *peregrino* peut signifier « voyageur », « pèlerin », « étranger », « rare », « étrange » ; la *peregrinidad* est la qualité de ce qui est rare, étrange, insolite. Il en va de même en italien (où la dualité orthographique *peregrinare/pellegrinare* apparaît comme en français), même si le *Vocabolario della Crusca* de 1612 met en avant le sens religieux du verbe *peregrinare*, Contre-réforme oblige[10].

Aucune de ces définitions ne connote *a priori* la curiosité, si ce n'est que le sens objectif de *pérégrin* peut rejoindre celui de *curieux* (ce qui est « digne d'intérêt », « rare », « étrange »). Ce point lexical appelle une remarque plus générale, puisqu'il faut peut-être voir dans l'association

8 Godefroy, Frédéric, *Dictionnaire de l'ancienne langue française*, Paris, Bouillon, 1889, t. VI, p. 98 ; Huguet, Edmond, *Dictionnaire de langue française du XVIe siècle*, Paris, Didier, 1961, p. 724-725.

9 Covarrubias, Sebastián de, *Tesoro de la lengua castellana*, Madrid, Sánchez, 1611, p. 585.

10 *Vocabolario degli Accademici della Crusca*, Venise, I. Sarzina, 1623 [1612], p. 597.

curiosité/pérégrinité l'effet d'un contexte culturel, et tout particulièrement l'influence des récits de voyage : plusieurs études ont montré que l'opposition théorique entre voyage spirituel, tendu vers un lieu sacré, et voyage de circulation curieuse ou touristique s'avérait très relative[11], malgré la volonté de la Contre-réforme de réaffirmer une distinction entre celui qui pérégrine « par bonne volonté et saincte inspiration » et celui qui pérégrine « par vanité et curiosité[12] ». Cet état de fait, note Justin Stagl à la suite de Zacher, alimente la tendance des moralistes, dès la fin du Moyen Âge, à concevoir la *curiositas* comme un état instable de l'esprit vagabond, exemplifié par les métaphores du mouvement et par l'acte du voyage, dont l'antithèse serait la *stabilitas* ou la *tranquilitas animi*[13]. À la *peregrinatio academica* promue par les humanistes comme élément essentiel de la formation, et à l'essor de la littérature apodémique (consistant en méthodes utiles au voyageur) s'oppose un fort courant anti-viatique, qui souligne qu'une mince frontière sépare pèlerinage et vagabondage, *peregrinari* et *vagari* : la curiosité guette tout voyageur, donc la vanité[14]. L'expérience personnelle, souvent malheureuse, des humanistes en voyage ou en exil resémantise le lieu commun allégorique de l'*homo viator*[15]. La question du rapport *curiosité/pérégrinité* n'est donc pas seulement lexicale, mais on le voit notionnelle et culturelle, le statut ambivalent du désir de savoir, dans la culture pré-moderne, appelant par excellence une analyse « métaphorologique[16] ». Nous aborderons cette

11 Voir Zacher, Christian K., *Curiosity and Pilgrimage. The Literature of Discovery in 14th Century England*, Baltimore-London, Johns Hopkins University Press, 1976 ; Tinguely, Frédéric, « Janus en Terre Sainte : la figure du pèlerin curieux à la Renaissance », *Revue des sciences humaines*, n° 45, 1997, p. 51-65.

12 Cité par Gomez-Géraud, Marie-Christine, « La curiosité, qualité du voyageur ? Succincte enquête sur la littérature viatique du XVIe siècle », *Curieux et curiosités de Pontano à Sorel*, *Camenæ*, n° 15, 2013.

13 Stagl, Justin, *A History of Curiosity : the Theory of Travel 1550-1800*, Londres-New York, Routledge, 1995, p. 47-49.

14 Sur cette association, voir Cottegnies, Line, Parageau, Sandrine, et Venet, Gisèle (dir.), *Curiosité(s) et Vanité(s) dans les Îles britanniques et en Europe (XVIe-XVIIe siècles)*, *Études Épistémè*, n° 27, 2015.

15 Voir Tucker, Hugo, *Homo viator. Itineraries of Exile, Displacement and Writing in Renaissance Europe*, Genève, Droz, 2003.

16 Autant qu'à Hans Blumenberg, qui appelle à l'étude des métaphores fondamentales excédant les concepts (*Paradigmes pour une métaphorologie*, trad. D. Gammelin, Paris, Vrin, 2006), nous pensons ici à l'étude de Pierre Hadot sur l'allégorie de la nature en Artémis/Isis, dans *Le Voile d'Isis. Essai sur l'histoire de l'idée de nature*, Paris, Gallimard, « NRF Essais », 2004.

question en partant d'un autre corpus, celui des satires ménippées du XVIe et du début du XVIIe siècle, et de ses nombreux dérivés romanesques. Sur le modèle de Lucien, nombreux sont les auteurs qui conçoivent des paraboles, fables et allégories sur la curiosité[17]. Or, la forte présence de la métaphore pérégrine y est extrêmement révélatrice des problèmes lexicaux et idéologiques posés par la représentation du désir savant.

DE LA CRITIQUE DE LA *CURIOSITAS* À SA MISE EN SCÈNE ALLÉGORIQUE DANS LA LITTÉRATURE NÉO-LATINE

La réflexion ambivalente d'Érasme sur la curiosité a déjà fait l'objet d'études[18]. Étant donné la diffusion et l'autorité du Prince des humanistes, elle constitue un bon point de départ pour comprendre comment le sème de la mobilité inhérent au lexique de la curiosité va fonctionner comme matrice narrative de récits « pérégrins ». Érasme a pu mettre en scène lui-même des personnages ambulants et curieux, non sans ironie : les liens entre curiosité et pérégrinité sont au cœur de la *Peregrinatio religionis*, l'un de ses *Colloquia familiarum*. Revenant d'un pèlerinage à Saint Jacques de Compostelle, le crédule Ogyge, qui croit tous les miracles allégués, tente de convaincre le sceptique Ménédème que la curiosité envers les *mirabilia* est une vertu : « la nature a voulu mettre à l'épreuve la curiosité des esprits humains et les préserver ainsi de l'oisiveté » (« *Voluit exercere curiositatem humani ingenii nosque vel sic ab otio propellere* »), selon Ogyge[19]. Érasme se moque évidemment, suggérant une réversibilité étonnante entre crédulité superstitieuse et curiosité savante. Dans l'*Éloge de la folie*, la critique des transgressions causées par l'« *impia curiositas* », et des divagations des hommes peu religieux qui « explorent les causes cachées » (« *abditas rerum*

17 Voir Corréard, Nicolas, « "*Ne plus sapere quam oporteat*" : la mise en scène de la curiosité vaine dans les satires lucianesques en langues vulgaires (1535-1565) », *Camenæ*, n° 15, 2013. Le présent article reprend certaines conclusions de ce premier article mais élargit l'approche chronologique et générique, en privilégiant par ailleurs l'étude des mots.

18 Godin, André, « Érasme : "*Pia/impia curiositas*" », dans Céard, Jean (dir.), *La Curiosité à la Renaissance*, Paris, SEDES, 1986, p. 25-36.

19 Érasme, *Colloquia familiaria*, Amsterdam, Lansonius, [1518] 1621, p. 225.

causas scrutarentur[20] ») suggère une mobilité intellectuelle déplacée. Le verbe latin *scrutari*, avant de désigner un regard attentif et méthodique (« scruter », ou « esplucher » les cieux, comme on traduira en français au XVIe siècle), a d'abord un sens physique (« explorer », « fouiller », « visiter » un lieu, par extension « rechercher », comme dans *scrutari arcanum*, « chercher à pénétrer les secrets ») : connotant l'effraction, l'expression rappelle incidemment l'image proverbiale de la nature comme temple sacré (Sénèque, *Questions naturelles*, VII, XXX, 6). Ainsi les savants sont sujets aux malheurs de la servante de Thrace, menacés de trébucher sur une pierre en chemin, comme ils vont « l'esprit vagabondant » (« *peregrinantu animi* ») loin de leur corps. Cette dernière expression est suffisamment originale pour être commentée par Listrius, éditeur d'Érasme, dans les *marginalia* de ses éditions bâloises : « À cause de l'excès d'études. L'esprit peut errer lorsqu'à force de réflexions intenses, nous ne sommes plus à nous, ou lorsque, selon Horace "l'esprit voyage rapidement sans le corps" » (« *Nimium ob studium. Animus autem peregrinatur, dum intenti cogitationibus non sumus apud nos : Horatius : Dum peregre est animus sine corpore velox*[21] »). Le vers en question se réfère à une épître d'Horace évoquant (élogieusement) Démocrite, qui laissa ses champs aux troupeaux pour « que son âme en liberté erre dans la sphère céleste » (*Odes*, I, XII, v. 13). Si Henri Corneille Agrippa, dans son *De incertitudine et vanitate scientiarum*, utilise surtout les métaphores du gigantisme, de la maladie ou de la monstruosité pour mettre en accusation la *libido sciendi*, il n'oublie pas la métaphore cynégétique (les savants sont qualifiés dans la *Præfatio* de *venatores*, de « chasseurs » des sciences), et souligne, de manière très augustinienne, la mobilité compulsive « causée par une curiosité impie » (« *impia curiositate*[22] ») : les dialecticiens seront présentés comme des chiens courants aux trousses de la vérité (chap. 7), les géographes arpentent les terres et les mers (chap. 27), les astronomes « cherchent et courent les espaces du ciel » (« *cœli scrutantur plagas*[23] ») – la traduction française de Mayerne-Turquet restituant par un doublet le sémantisme de *scrutari*[24].

20 Érasme, *Moriæ encomium, id est, stultitiæ laudatio*, Bâle, Froben, 1540, p. 112.

21 *Ibid.*, p. 204.

22 Agrippa, Henri Corneille, *De incertitudine et vanitate omnium scientiarum*, La Hague, Adrien Vlacq, 1551 [1530], p. 108.

23 *Ibid.*, p. 115.

24 Agrippa, Henri Corneille, *Déclamation de l'incertitude et de la vanité des sciences*, trad. Mayerne-Turquet, Genève, P. Choux, 1630, p. 224.

La possibilité d'une mise en scène de la curiosité sous forme viatique est suggérée aux lecteurs d'Érasme et d'Agrippa par plusieurs modèles narratifs antiques. Ainsi de l'*Âne d'or* d'Apulée, qui met en scène un Lucius victime de sa *curiositas*, qu'il manifeste d'emblée par sa crédulité envers les bonimenteurs rencontrés en chemin, par son appétence pour les fables milésiennes les plus invraisemblables, ou par sa passion pour les secrets de la magie. La métamorphose en âne n'est que la « sinistre récompense d'une malheureuse curiosité » (« *curiositatis inprosperae sinistrum praemium*[25] »), mise en abyme dans le « conte de Psyché » (livres IV-VI) ; de même des récits de Lucien de Samosate mettant en scène la quête intellectuelle vaine de Ménippe, et de ses *Histoires véritables*, qui constituent aux yeux des humanistes le prototype de « pérégrinations » entreprises « par pure curiosité intellectuelle et par désir de voir des choses nouvelles » selon la traduction couramment diffusée par l'éditeur Moltzer, *alias* Mycillus (« *Causa autem huius peregrinationis et argumentum, animi curiositas, et novarum rerum desiderium*[26] »), qui rend ainsi l'expression « *dianoias periergia kai pragmaton kainon epithumia* » employée par le narrateur lucianesque au début de son périple.

Ces médiations expliquent la facilité avec laquelle les auteurs de satires ménippées néo-latines mettent en scène la trajectoire gyrovague de personnages mus par un pur instinct de connaissance. Ainsi de l'Euphormion de Jean Barclay, personnage non moins ulysséen que picaresque, traversant le monde « poussé par la curiosité familière des voyageurs[27] ». Il n'y verra que des vices. Les premières lignes caractérisant l'impulsion voyageuse du personnage réécrivent le début de la *Métaphysique* d'Aristote : « la cause de mon voyage était le désir, inhérent à l'esprit humain, d'apprendre ce que la nature a caché hors de portée de nous » (« *Viæ causa : mos humanis ingenium ea scire concupivi quae a meis finibus abesse natura voluisset*[28] »). Dans le *Satyricon asini vapulantis* écrit

25 André Labhart (« *Curiositas* : notes sur l'histoire d'un mot… ») rappelle que ce texte est historiquement le premier où intervient massivement la notion de *curiositas*, et qu'il n'a pas été sans influencer l'assimilation à une forme de concupiscence intellectuelle par Augustin.

26 Lucien de Samosate, *Luciani Samosatensis opera, quae quidem extant, omnia*, éd. Jacob Mycillus, Francfort, Egenolphus, 1543, p. 113r°.

27 Barclay, Jean, *Euphormionis Lusinini Satyricon*, Francfort, Schmidt, 1623, p. 267. L'expression intervient alors qu'Euphormion pénètre dans une tour mystérieuse, sous la forme d'une tournure active faisant de la curiosité l'agent de l'action : « la curiosité familière aux voyageurs m'invitait à entrer » (« *penetrare invitabat familiaris curiositas peregrinantibus* »).

28 *Ibid.*, p. 6.

vers 1630 sous le pseudonyme de Menippus redivivus, le narrateur se retrouve transporté en rêve dans les « régions lointaines » (« *in peregrinis regionibus* »), à savoir le pays des doctes asiniens, où se retrouvent « ceux qui suivent leur curiosité vainement » (« *qui curiositatem vanitate sectantur*[29] »). Pareillement, nombre de satires ménippées mettant en scène un voyage céleste au début du XVIIe siècle métaphorisent par une *peregrinatio* satirique le désir de connaissance astronomique ou théologique causé par une *curiositas* excessive. Le narrateur des *Sardi venales* de l'humaniste de Leyde Petrus Cunæus (1613) se décrit ainsi comme « revenu des régions lointaines » (« *reversus [...] a peregrina regione*[30] ») où les théologiens ont coutume de laisser leur esprit divaguer. Ce voyage extravagant sera l'occasion d'une satire de grande ampleur de leurs délires : « quiconque s'aventure au-delà de la terre et des bornes de notre condition mortelle, je pense qu'il s'occupe vraiment d'étrangetés, qu'il saisit des nuages ou de la fumée » (« *quicumque extra orbem et mortalitatis terminos vagatur, eum vero agere aliena ego et nubes atque inania captare existimo*[31] »), constate le narrateur en associant le verbe *scrutari*, désignant l'enquête théologique, au verbe *vagari*, signifiant l'errance.

L'allégorisation du lien entre curiosité transgressive et pérégrination constitue une reconnaissance littéraire supplémentaire de ce qu'on pourrait appeler l'imaginaire sémantique inhérent au lexique de la curiosité. Le cadre traditionnel de la *peregrinatio vitæ* devient l'occasion de mettre en scène la vie comme trajet intellectuel, *peregrinatio curiositatis* si l'on peut dire. Dans l'Europe réformée, la mise en question déclamatoire d'Érasme rencontre une culpabilisation d'inspiration plus théologique de la *curiositas*. Plus connu en tant qu'inspirateur des Rose-Croix, Johan Valentin Andreæ est aussi l'auteur d'une violente diatribe *De curiositatis pernicie*, qui pousse à l'extrême la métaphore épidémiologique[32]. Dans son *Peregrini in patria errores*, il représente le trajet d'une âme curieuse victime de son « désir d'aller ça et là » (*evagandi libido*[33]) : traversant les différents aspects de l'existence et les différentes disciplines savantes,

29 Menippus redivivus [pseudo. Alexander Junius Torquatus a Frangipani ?], *Satyricon asini vapulantis* [s. l. s. d.], 1663 [v. 1630], p. 3.

30 Cunæus, Petrus, *Sardi venales. Satyra Menippea*, Leyde, Raphelingius, 1612, p. 4.

31 *Ibid.*, « Præfatio ».

32 Andreæ, Johann Valentin, *De curiositatis pernicie syntagma*, Strasbourg, Lazare Zetzner, 1621.

33 Andreæ, Johann Valentin, *Peregrini in Patria errores*, Utopiæ [s. l. s. d.], 1618, p. 4.

le Pèlerin (*peregrinus*) va d'égarements en égarements, de tourbillons en tourbillons, et de labyrinthes en labyrinthes, « la curiosité [l']attirant » (« *invitavit me curiositas mea*[34] »). Ainsi d'une bibliothèque présentée par une tête de Gorgone, qui effraie le visiteur par un vacarme d'opinions contradictoires, d'une caverne où défilent des aveugles représentant les doctrines philosophiques, d'une forteresse aristotélicienne où le narrateur est admis en raison de son « désir encyclopédique » (« *Enciclopediæ libido*[35] »), mais qui s'avère formée de visions illusoires, etc. Les allégories se succèdent, celle du chapitre « *Peregrinatio* » résumant les autres : le narrateur y entrevoit des figures circulaires qui, en dépit de leur intelligence, roulent sans but de par le monde, s'éloignant toujours plus du centre (Dieu) pour aller vers la périphérie. Se comparant à un nouvel Ulysse, il prend conscience de son erreur[36]. Dans les dernières lignes seulement, l'appel d'une voix divine sauve le narrateur de l'errance. Disciple d'Andreæ, l'encyclopédiste tchèque Comenius représente le couple curiosité/pérégrinité à travers les personnifications du *Labyrinthe du cœur et paradis de l'esprit* (*Labyrint svèta a Ráj srdce*, 1623), sa seule œuvre écrite en tchèque, qui relate l'errance d'un personnage nommé le Pèlerin à travers le monde et à travers les disciplines, avant une seconde partie à tonalité mystique où il renonce au savoir mondain. Tout au long de la première partie, le Pèlerin, truchement autobiographique et allégorie de l'humanité, est accompagné de deux personnages séducteurs, Outrecuidance et Curiosité, qui l'induisent en erreur[37]. Tandis qu'Outrecuidance l'oblige à porter les lunettes du mensonge, qui lui interdisent la lucidité, Curiosité lui passe une bride autour du cou qui lui interdit de faire demi-tour. À chaque étape, Curiosité, jouant le rôle d'un pseudo-Mentor, relance les espoirs déçus du Pèlerin, et l'incite à aller plus avant.

---

34 *Ibid.*, p. 35.

35 *Ibid.*, p. 79.

36 *Ibid.*, p. 121-124.

37 Nous nous fions à la traduction française par M. de Crayencour de Comenius, Jan Amos (Komenský), *Le Labyrinthe du monde, et le paradis du cœur*, Lille, Danel, 1906. Dans le texte tchèque, la personnification de la curiosité est nommée *Všezvèd Všydybud*, littéralement « Qui-sait-tout Qui-est-partout ». Dans sa récente traduction, Xavier Galmiche choisit de l'appeler l'Ubiquiste, *Le Labyrinthe du monde et le paradis du cœur*, Prague, Wald Press, 2006.

EN FRANCE ET EN ITALIE : TENTATIONS ROMANESQUES D'UN DÉSIR AVENTUREUX

Les langues vulgaires pourront ainsi dérouler l'écheveau sémantique associant curiosité et pérégrinité. Sous l'influence d'Érasme et d'Agrippa, le lexique de la « curiosité » se répand chez les humanistes, assimilant le savoir savant à une faute morale, mais aussi à un objet de ridicule. Dans le *Cymbalum mundi* français, la curiosité est marque de stupidité et de crédulité, non d'intelligence : les hommes sont « sottement curieux » selon le chien Hylactor, car « devisans voluntiers des choses nouvelles et estrangeres[38] ». Dans le *Philosophe de court* de Philibert de Vienne, la « grand'curiosité » de ceux qui se rompent la tête sur des matières abstruses est assimilée à une folie pure et simple, non sans une certaine exagération, qui dénonce le *topos*[39]. Dans les *Dialogues* de Tahureau, la « trop grande curiosité » des « professeurs » conduit à la « vaine science[40] ». Malgré leur tonalité paradoxale, ces textes ne présentent pas le désir de savoir sous un autre angle. Une vision plus dynamique avait émergé, dans les années 1520, chez le franciscain Jean Thenaud, ami et protecteur de Rabelais. Dans son *Triumphe de Prudence*, la plus intellectuelle d'une série de quêtes allégoriques consacrées à la recherche des vertus, comme dans ses *Troys resolutions et sentences*, satire contre les astrologues, l'adjectif « curieux » s'applique surtout aux partisans des savoirs occultes, mais il menace de s'étendre à toutes les disciplines profanes, « sciences tant curieuses » tentées d'« oultrepasser » les bornes naturelles de l'esprit[41]. Dans la *Cabale chrétienne* du même auteur, Dame Simplicité dénonce Dame Curiosité, incarnant les promesses illusoires de la philosophie, de la poésie païenne et de la cabale hébraïque, dans une formule quasiment tautologique liant le sujet et l'objet de curiosité

---

38 Des Périers, Bonaventure (attribué à), *Cymbalum mundi*, éd. P. H. Nurse, Genève, Droz, 2000, p. 41 et 43.

39 Vienne, Philibert de, *Le Philosophe de court*, éd. P. M. Smith, Genève, Droz, 1990, p. 108.

40 Tahureau, Jacques, *Les Dialogues. Non moins profitables que facetieux*, éd. M. Gauna, Genève, Droz, 1981, « Dédicace », p. 9.

41 Thenaud, Jean, *Le Triumphe des vertuz. Premier Traité. Le Triumphe de Prudence*, éd. T. Schuurs-Janssen, Genève, Droz, 1997, p. 218.

par un lien d'asservissement : « O pauvre curieux qui a suivy quelque peu les doctrines curieuses de Pytagoras, Platon [etc.][42] ».

Si les récits allégoriques de Thenaud incitent à revenir « purgez de nostre curiosite[43] », ils ne délégitiment pas le désir de savoir du moment qu'il s'associe à l'humilité chrétienne, comme en la personne du « Pèlerin », personnage autobiographique des *Troys resolutions* et du *Triumphe de Prudence*. L'expression « pouvre pellerin et desireux explorateur[44] » qui le caractérise montre bien le double registre intellectuel et spirituel impliqué par ce modèle d'un parcours horizontal et encyclopédique, converti en ascension religieuse par le contact avec une transcendance, dans un schéma très proche du *De transitu Hellenismi ad Christianismus* de Budé. Les « peregrinations terrestres » préludent au « voyage céleste[45] ». Chez Thenaud, auteur d'un récit de pèlerinage en Terre sainte (*Voyage d'outremer*, 1530), le désir de savoir reste autant « pérégrin » que « pèlerin », l'hésitation orthographique fréquente sur ce terme, avec des choix contextuels qui esquissent leur distinction et leur spécialisation en français moderne, révélant l'ambiguïté des aventures de la curiosité, errance pouvant être réorientée en pèlerinage, pèlerinage menacé de se perdre en errance. Ce n'est pas sans évoquer Rabelais, peut-être collaborateur de Thenaud dans la rédaction de ces textes[46].

On s'est peu étonné que la présence de la famille de mots dérivés de *cura* (notamment l'adjectif « curieux ») soit assez discrète chez Rabelais. Les chroniques rabelaisiennes ne narrent-elles pas les « adventures des gens curieux » ? L'expression, on le sait, intervient lors de la première rencontre de Pantagruel et de Panurge, dépenaillé et meurtri, vision que Pantagruel explique de manière énigmatique : « les adventures des gens curieux le ont réduit en telle pénurie et indigence[47] ». Gérard Defaux y reconnaît la *discendi cupiditas* augustinienne, abondamment

42 Thenaud, Jean, *Traicté de la Cabale*, éd. I. Christie-Miller, Paris, Champion, 2007, V, 1, p. 357.

43 Thenaud, Jean, *Troys resolutions et sentences*, Ms. 2645 de l'Österreichische Nationalbibliothek (Vienne), f. 25r.

44 Thenaud, Jean, *Le Triumphe de Prudence*…, p. 17.

45 Thenaud, Jean, *Troys resolutions*…, f. 32r°.

46 Voir Smith, Paul J., « Jean Thenaud and François Rabelais : some hypotheses on the early reception of Erasmus in French vernacular literature », dans Enenkel, Karel A. E. (dir.), *The Reception of Erasmus in the Early Modern Period*, Leyde, Brill, 2013, p. 211-236.

47 *Pantagruel*, chap. IX, dans Rabelais, François, *Les Cinq livres*, éd. G. Defaux *et alii*, Paris, Le Livre de Poche, « La Pochothèque », 1994, p. 353.

critiquée dans l'entourage des évangéliques[48]. Panurge se campe effectivement lui-même en *homo viator peregrini* lorsqu'il relate ses aventures rocambolesques en Turquie et se compare à Ulysse, *exemplum* classique de la curiosité excessive[49]. Mais outre que cette interprétation sacrifie sans nuance à la légende noire du personnage[50], la relation de cause à effet laisse perplexe, au point que Neil Kenny a avancé une étymologie alternative, fondée sur un *locus* plautien, qui renverrait aux effets physiques de la *cura* : « curieux » signifierait « maigres » ou « amaigris par le souci ». Mais le sémantisme moderne de l'adjectif, désignant l'objet digne de curiosité, n'est-il pas déjà présent chez Rabelais, et ne peut-il s'agir, tout simplement, de gens étranges, louches ? Hors cette occurrence hautement polysémique, les occurrences peuvent être anecdotiques, et assurément péjoratives : ainsi de l'exemple d'Antigonus « curieulx de savoir » si Homère fricassait des congres[51], ou du « tant long, curieux et fascheux compte » d'Enguerrand[52]. Le substantif *curiosité* est tout de même employé ironiquement dans l'œuvre : Alcofrybas Nasier annonce dans la *Pantagrueline prognostication* pour l'an 1533 vouloir « satisfaire à la curiosité de tous bons compaignons », sans craindre de faire partie de ceux qui ont coutume d'« abuser le pauvre monde curieux de sçavoir choses nouvelles[53] ». Mais le désir de savoir peut y être signifié par d'autres termes. Dans le *Tiers Livre*, le sentiment qui meut Panurge est désigné comme « perplexité ».

Peut-être Rabelais se méfiait-il de la charge patristique et culpabilisatrice de la notion : la curiosité de ses personnages est tantôt admirable, tantôt ridicule (selon qu'il s'agisse de Pantagruel ou de Panurge), mais elle n'est jamais condamnable. Elle peut être vaine, mais elle est toujours naturelle. L'*Almanach pour l'an 1535* reconnaît, selon le *topos* aristotélicien, que « nature a en l'homme produit convoitise, appetit, et desir de

48 *Ibid.*, p. 352, n. 2.

49 *Ibid.*, p. 359. Voir Defaux, Gérard, *Le Curieux, le glorieux et la sagesse du monde dans la première moitié du* XVIe *siècle. L'exemple de Panurge (Ulysse, Démosthène, Empédocle)*, Lexington, French Forum, 1982 ; du même auteur, *Rabelais* agonistes : *du rieur au prophète*, Genève, Droz, 1997, p. 299-346.

50 Voir Marrache-Gouraud, Myriam, *« Hors toute intimidation ». Panurge ou la parole singulière*, Genève, Droz, 2003.

51 *Quart Livre*, chap. XI, p. 959.

52 *Tiers Livre*, chap. XXIV, p. 693.

53 Rabelais, François, *Œuvres complètes*, éd. M. Huchon, Paris, Gallimard, « Bibliothèque de la Pléiade », 1994, p. 923-924.

sçavoir et apprendre », de sorte que ce désir n'a rien d'*antiphysique* au sens rabelaisien, quand bien même il rendrait crédule envers l'astrologie ; citant l'*Ecclésiaste* (*Ecc.* I, 8), Rabelais s'empresse d'ajouter que dans cette « vie transitoire », ce désir ne peut être satisfait en raison de son caractère absolu (« l'entendement n'est jamais rassasié d'entendre comme l'œil n'est jamais sans convoitise de voir, ny l'oreille de ouyr[54] »). La famille lexicale de pérégrin, pérégrinité, pérégriner est quant à elle exonérée de connotations négatives : les Pantagruélistes seront ainsi « bien bonne compaignie de gens studieux, amateurs de peregrinité et couvoyteux de visiter les gens doctes[55] ». Par ces mots est tracé le portrait des humanistes en voyage, amateurs de choses étrangères (*peregrinité* au sens propre[56]), signifiés par l'adjectif *studieux*, qui renvoie au zèle louable pour l'étude. L'attirance de Rabelais pour *pérégrinité*[57] ressort à la fin du *Tiers Livre*, où le mot devient synonyme de désir de savoir lorsque Panurge incite Pantagruel à prendre la mer pour chercher la Dive Bouteille : « Je vous ay longtemps congneu amateur de peregrinité et desyrant tous jours veoir et tous jours apprendre[58] ».

S'il y a une critique de la curiosité chez Rabelais, c'est au sens large d'examen : l'errance du désir de savoir ménage toujours la possibilité d'une spiritualité (même vagabond, le désir « pérégrin » reste inspiré). Et il serait à tout prendre une qualité propre à l'aventure. La proximité du *Quart livre* avec le genre viatique va en ce sens, mais aussi sa proximité avec le genre romanesque. Une « longue peregrination » doit être « plene de azard, plene de dangiers evidens », note Pantagruel[59]. Un roman tel que l'*Alector* de Barthélémy Aneau (1560) le rappelle en relatant la « vagante peregrination » de Franc-Gal juché sur son hippopotame volant, qui inclut une circumnavigation savante autour du globe[60]. L'auteur italien Anton

54 *Ibid.*, p. 938-939.

55 *Quart Livre*, chap. XI, dans Rabelais, *Les Cinq livres*, p. 957.

56 Est « pérégrin » ce qui est non seulement étranger mais « curieux, rare, lointain, précieux », voire « exotique » si l'on pense aux « marchandises exotiques et peregrines » de Medamothi (*Quart Livre*, chap. II, *ibid.*, p. 917), doublet qui introduit dans la langue française un hellénisme destiné à évincer le latinisme plus ou moins synonyme.

57 De manière significative, les dictionnaires historiques de Godefroy et Huguet citent plusieurs occurrences chez Rabelais.

58 *Tiers Livre*, chap. XLVII, dans Rabelais, *Les Cinq livres*, p. 833.

59 *Ibid.*

60 Aneau, Barthélémy, *Alector ou le Coq. Histoire fabuleuse*, éd. M.-M. Fontaine, Genève, Droz, 1996, chap. VI, p. 52.

Francesco Doni représente à la même époque dans ses *Mondi* (1552) les aventures de certains *Peregrini*, noms des membres d'une académie fantastique sortie de son imagination, qui entreprennent un voyage savant dans les cieux, mus par la « grande curiosité » (« *grande curiosità* ») d'en connaître les secrets[61]. L'aventure, là encore, ne conduit nulle part, sinon à constater qu'il faut renoncer à entrer dans le « Grand monde », l'étape finale, au seuil duquel une voix surnaturelle interpelle les voyageurs : « Ne sais-tu pas, ô pèlerin humain, ne sais-tu pas, vagabond terrestre, que ton esprit va s'approchant en vain des choses supérieures [...] ? Retiens donc le cours de ta volonté immodérée » (« *Non sai tu, pellegrino umano, non sai tu, viandante terreno, che l'ingegno tuo in vano circa le superne cose si ravvolge* [...] ? *E per[ciò] ratienni il corso della tua immoderata volontà*[62] »). Si l'adjectif *curioso* revient souvent pour condamner l'entreprise des savants sur le ton du paulinisme érasmien, le substantif et l'adjectif *peregrini*, intraduisibles comme le montrent les difficultés de Gabriel Chappuys[63], attirent encore plus Doni par leur polysémie : outre la métaphore viatique impliquée, il y a une nuance de « curieux » (au sens objectif), d'« étrange » ou de « bizarre » dans *peregrino/peregrina*. Qualifier de la sorte une aventure, un personnage ou une académie, c'est les rendre intéressants.

EN ESPAGNE : UN « DÉSIR TOUJOURS PÉRÉGRIN » SOUS LE REGARD DES MORALISTES DU SIÈCLE D'OR

La métaphore pérégrine tend ainsi à faire de la curiosité un mouvement auto-abolissant, qui constate lui-même sa vacuité en s'accomplissant, mais qui appelle à une participation aventureuse. Les emplois espagnols le montrent bien. Alors que *curiosidad* n'apparaît pas dans le *Tesoro de la lengua castellana* de Covarrubias et que l'adjectif *curioso* y est défini dans un sens restrictif comme « *deseoso de saber las cosas ajenas* »

61 Doni, Anton Francesco, *I Mondi e gli inferni* (1553), éd. P. Pellizari, Turin, Giulio Einaudi Editore, 1994, p. 11.

62 *Ibid.*, p. 259.

63 *Les Mondes célestes, terrestres et infernaux [...] tirez des œuvres de Doni, Florentin*, trad. G. Chappuys, Lyon, Barthelemi Honorati, 1578. Le traducteur rend le nom « *Peregrini* » par « Academiques passagers ».

(« désireux de connaître les affaires d'autrui »), la notion de *curiosidad* se rencontre ponctuellement dans des textes du XVIe siècle, où prédomine l'indétermination, l'absence de vocabulaire propre, la périphrase. Ainsi d'une satire ménippée de la curiosité excessive comme le *Crotalón* composé vers 1553, qui met en scène un personnage mu par son désir de connaissance astronomique et théologique : « très désireux de connaître les choses du ciel » (« *tan deseoso de saber las cosas del çielo* »), il se dit gouverné par « le désir qu'[il] avai[t] de savoir » (« *el deseo que llevaba de saber* »), tandis que le caractère passionnel de sa curiosité est rappelé par des verbes tels que *codiciar* (« convoiter », « désirer ardemment[64] »). Au terme de ce voyage infructueux, où le personnage se voit interdit d'accéder à la connaissance suprême à laquelle il aspirait, il apprend que le meilleur genre de vie est celui de l'ignorant, qui vit « sans curiosité excessive » (« *sin demasiada curiosidad*[65] »). L'expression dérive de la traduction latine du *Menippus, sive Necyomantia* par Thomas More, elle-même objet d'une traduction amplifiante en castillan, qui introduit, en sus d'une traduction de cette injonction à vivre « sans être curieux » (« *sin ser curioso* »), l'adverbe *curiosamente* dans le discours de Tirésias à Ménippe : « cesse de t'enquérir très curieusement » (« *dexes de inquirir muy curiosamente*[66] »).

Calquée du latin, la notion véhicule inévitablement un poids augustinien. On le voit pareillement dans le dialogue encyclopédique et satirique de Juan Arce de Otálora, les *Coloquios de Palatino et Pinciano*, contemporain du *Crotalón* : Pinciano rappelle que « Paul a blâmé les curieux » (« *sanct Pablo reprehendía a los muy curiosos en saber* ») ; citant l'*Ecclésiaste*, il regrette d'avoir appliqué son cœur « curieusement », ou « avec curiosité » à l'étude (« *todo esto traté en mi corazón curiosamente* ») durant sa jeunesse[67]. Il n'est pas anodin que ces occurrences interviennent dans un dialogue où les personnages voyagent à travers l'Espagne en se demandant constamment si leur intérêt encyclopédique n'est pas pure vanité. À l'inverse, la famille de mots dérivés de la *curiositas* latine est rare dans le plus célèbre recueil de miscellanées de l'époque, les *Silvas*

64 Villalón, Cristobal de, *El Crótalon de Cristóforo Gnósofo*, éd. A. Rallo, Madrid, Cátedra, 1990, XII, p. 293.

65 *Ibid.*, p. 374.

66 *Dialogos de Luciano* [trad. attribuée à Francisco de Enzinas], Lyon, S. Gryphe, 1550, f. 119r°.

67 Arce de Otálora, Juan, *Coloquios de Palatino y Pinciano*, éd. J. L. Ocasar Ariza, Madrid, Turner, 1995, vol. 1, III, 6, f. 201-202.

de varia lección de Pedro Mexía (1540) qui ne manifestent aucune ironie envers le désir de connaissance. Une fréquence plus grande et une extension de sens sont notables dans le dernier tiers du siècle : des recueils comme le *Jardín de Flores curiosas* d'Antonio de Torquemada (1570), ou la *Silva curiosa* de Julián de Medrano (1583) manifestent dès le titre la consécration d'un adjectif polysémique pour désigner aussi bien les objets examinés (les *mirabilia*, ces « fleurs curieuses » de Torquemada) que la nature du texte comme digne de curiosité dans le second cas (la « forêt curieuse » de Medrano). Mais la notion n'est pas sans ambivalence : les « curiosités » de ces textes sont revendiquées comme des objets hybrides, douteux, en marge du savoir officiel.

Le doublet *curiosité/pérégrinité* va souvent intervenir, au Siècle d'or, dans les mises en scènes fictionnelles du désir de savoir. Chez Cervantès, l'adjectif *curioso* fait son entrée en force dans la fameuse nouvelle du *Curieux impertinent* incluse dans la Première partie du *Quichotte* (chap. 33-35) : l'importance de cette occurrence ressort des dictionnaires de langue, qui renvoient souvent à Cervantès pour la locution « curiosité impertinente[68] ». Pour avoir voulu mettre à l'épreuve la fidélité de sa femme par pure curiosité, Anselme meurt à cause d'un « désir stupide et déplacé » (« *necio y impertinente deseo*[69] »). La forte charge critique de la notion de curiosité va au-delà du sens restreint de « connaître les secrets d'autrui », tant le récit prend les dimensions d'une parabole sur l'excès d'un désir de connaissance absolu[70]. Dans le *Licencié de verre* (*El Licenciado vidriera*), inclus dans les *Nouvelles exemplaires* (*Novelas ejemplares*) de 1613, le personnage de Thomas Rodaja, licencié au « rare esprit » (« *raro ingenio* »), frais émoulu de Salamanque, s'engage pour devenir soldat lorsqu'il est tenté par un capitaine excitant son désir de visiter l'Italie, « par pure curiosité » (« *por curiosidad de verla*[71] »). Personnage d'intellectuel aventurier promis à « rouler » par le monde, comme son nom le suggère (il sera même nommé Rueda ou « roue » à la fin de la nouvelle, évoquant la Roue de la Fortune), Rodaja pense immédiatement que « les longs voyages rendent les hommes avisés »

68 Furetière, Antoine, *Dictionnaire*, t. I, art. « Curieux ».

69 Cervantès, Miguel de, *Don Quijote*, éd. F. Rico, Barcelone, Crítica, 2, I, chap. 35, p. 422.

70 Voir Avalle-Arce, Juan Bautista, *Nuevos deslindes cervantinos*, Barcelona, Ariel, 1975, « Conocimiento y vida en Cervantes », p. 46-48.

71 Cervantès, Miguel de, *Novelas exemplares*, éd. J. Blasco, Barcelone, Crítica, 2001, p. 267 et 269.

(« *las luengas peregrinaciones hacen a los hombres discretos*[72] »). Mais son désir de compléter le grand tour de la formation humaniste – l'expression évoquant la *peregrinatio academicorum* – équivaut à une tentation ulysséenne[73]. Le personnage sombre dans la folie, victime du syndrome de l'homme qui se croyait de verre, voué à devenir lui-même un pur objet de curiosité pour les autres.

Les grands moralistes du *desengaño* inscrivent les errances de la curiosité dans la trame allégorique de la *peregrinatio vitæ*. Ainsi du narrateur de la *República literaria* (dont le premier jet est composé en 1612 avant qu'une seconde version publiée en 1653 ne soit attribuée, post-mortem, au diplomate Diego de Saavedra Fajardo) : contemplant en songe l'encyclopédie des disciplines et des parutions contemporaines sous la forme d'une vaste cité qu'il parcourt quartier après quartier, le narrateur se laisse conduire par « son désir curieux » (« *deseo y curiosidad*[74] »), voire par son œil, l'organe métaphorique et métonymique de la passion de savoir. Pourtant, tout ce qu'il voit n'est que vanité. La rencontre de Démocrite achève de le désabuser : le philosophe rieur raconte avoir été lui-même une victime passive de sa curiosité, « l'ardeur de savoir [l']emportant, vagabond », à travers le monde (« *el deseo de saber me llevó peregrino*[75] »). La tournure grammaticale naturelle de l'espagnol fait de la curiosité l'agent, et le sujet « pérégrinant » ou « vagabond » le patient[76]. Une formule similaire apparaît dans *Le Monde au-dedans* (*El Mundo por de dentro*), inclus dans les *Songes et discours* (*Sueños y discursos*) de Quevedo (1627). Avant de relater sa rencontre avec une allégorie de la Désillusion (*Desengaño*), qui l'incite à voir le monde tout autrement, le narrateur se décrit emporté par sa curiosité dans la variété des choses de ce monde, captivé par un divertissement permanent : « Ainsi va notre désir toujours vagabond dans cette vie, passant d'une chose à l'autre, plein d'une vaine attente » (« *Es nuestro deseo siempre peregrino en las cosas desta vida, y así,*

72 *Ibid.*, p. 269.

73 Sur ce référent ulysséen, et sur le « *pilgrimage of curiosity* » du personnage, voir Forcione, Alban K., *Cervantes and the Humanist Vision : a Study of Four Exemplary Novels*, Princeton, Princeton University Press, 1983, p. 257-327.

74 *República literaria*, dans Saavedra Fajardo, Diego de, *Obras completas*, éd. A. González Palencia, Madrid, Aguilar, 1984, p. 1160. La formule est répétée : plus loin, le narrateur se décrit comme emporté par la curiosité, ou plutôt « la curiosité m'emportant » (« *llevádome [...] la curiosidad* »), *ibid.*, p. 1167.

75 *Ibid.*

76 *Ibid.*, p. 1172.

con vana solicitud andar de unas en otras[77] »). C'est la curiosité elle-même, remplacée par la périphrase « *deseo siempre peregrino* », qui est ici « pérégrine », causant dans le sujet une aliénation, un exil, une dépossession de soi permanente.

Critiques de la curiosité, ces moralistes baroques n'ont cependant pas rompu avec une certaine ambivalence humaniste, qui naturalise le désir de savoir : Andrenio, le personnage principal du *Criticón* de Gracián (1655), n'est mu dans sa grande aventure par aucun autre désir sinon par la « curiosité d'apprendre » (« *curiosidad de saber* »), par l'« impulsion de voir et de savoir » (« *conato de ver y de saber*[78] »). Son unique trait de caractère est cette passion insatiable, qui lui fait « désire[r] d'avoir cent mains et cent yeux pour satisfaire les désirs curieux de [s]on esprit, chose pourtant impossible » (« *Quisiera tener cien ojos y cien manos, para poder satisfacer curiosidades del alma y no pudiera* »). Car sa « curiosité libre et toujours affamée » (« *libre curiodidad y siempre hambrienta* ») est aussi une « inutile curiosité » (« *inútil curiosidad*[79] »), associée à une crédulité permanente, le personnage se définissant lui-même comme « aussi naïf que curieux » (« *tan necio como curioso*[80] »). Inversement, son guide, Critilo, représente le sens critique lucide et pessimiste qui agit en réaction. Mais le désir d'Andrenio, force génératrice d'illusions réitérées, est bien ce qui fait vivre, ce qui fait avancer dans cette « *relación tan gustosa y peregrina* » (« récit extrêmement savoureux et curieux », ou « pérégrin », « voyageur ») qu'est le *Criticón*[81]. Significativement, alors que le lexique de la curiosité est omniprésent dans le livre I et le livre II, la notion de *peregrinación* intervient massivement à la fin, au terme de ce grand voyage allégorique, encyclopédique et satirique, où chaque espoir d'atteindre à une forme de sagesse a été dissout. L'itinéraire de « nos deux pèlerins » (« *nos dos peregrinos* »), comme on les appelle régulièrement à partir du livre III, est résumé par le conte d'un « certain curieux » qui recherche la félicité en vain à travers le monde, au point que le narrateur préfère le nommer « un idiot[82] ». Lorsqu'ils arrivent à Rome, la capitale du monde catholique se révèle être un repaire de fourbes, le comble de

---

77 Quevedo, Francisco de, *Los Sueños*, éd. I. Arellano, Madrid, Cátedra, 1991, p. 273.

78 Gracián, Baltasar, *El Criticón*, éd. S. Alonso, Madrid, Cátedra, 2004, I, 1, p. 69 et 71.

79 *Ibid.*, I, 4, p. 84-86.

80 *Ibid.*, I, 1, p. 70.

81 *Ibid.*, p. 73.

82 *Ibid.*, III, 9, p. 724 : « *un cierto curioso, mas yo lo difiniera necio* ».

l'hypocrisie. Ils seront finalement guidés par une figure nommée le Pèlerin, qui les dépouille de leurs dernières illusions, jusqu'à l'Île de l'Immortalité, c'est-à-dire de la postérité littéraire – manière de faire entendre que si la pérégrination se continue après la mort, elle n'est en rien un pèlerinage au sens orthodoxe.

On voit l'attraction de la métaphore viatique pour signifier la curiosité intellectuelle dans la culture de la Renaissance : l'usage massif de la famille hautement polysémique issue des verbes latins *peragrare* et *peregrinari* en a fait un complément et un concurrent sérieux à la famille de mots issus du substantif *cura* (« soin » ou du « souci »). Il y a une légèreté, une instabilité et une extraversion de l'âme désireuse de savoir bien signifiée par la première famille lexicale, comme il y a une pesanteur, une inquiétude, voire une macération éventuellement douloureuse plutôt signifiée par la seconde. Le corpus à partir duquel nous avons procédé est bien particulier, mais il peut constituer un observatoire privilégié : Rabelais, Cervantès ou Quevedo sont après tout des auteurs courants, volontiers cités dans les dictionnaires de langue historique. Ils révèlent les hésitations philosophico-sémantiques autour du statut de la curiosité et des mots qui la signifient, en donnant libre cours à la labilité naturelle de la langue : importée de registres et de genres spécifiques où sévit une confusion précoce, tels que l'itinéraire de dévotion, l'enquête savante, ou encore le voyage d'exploration, l'image de la *peregrinatio* (« vagabondage », « voyage », « errance » ou encore « pèlerinage » selon les contextes) s'intègre au vocabulaire plus philosophique de la curiosité *via* de nombreux contacts avec des verbes intellectuels dont l'étymon renvoie à un mouvement physique (*scrutari*). Passant en langue vulgaire, l'association *curiosité/pérégrinité* agit comme levain narratif d'une mise en scène imaginaire de l'enquête curieuse, peut-être plus efficace encore que l'image de la « quête », qui suppose quant à elle un trajet orienté vers un objet donné. Or, le propre de la curiosité n'est-il pas, justement, de ne pas avoir d'objet propre, de s'attacher à n'importe quel objet ? Même lorsque l'association de la recherche intellectuelle à un voyage « pérégrin » tend à se disqualifier elle-même – comme elle le fait fréquemment au profit d'une forme de conversion morale ou spirituelle, d'un retour au bon sens ou d'un saut dans l'au-delà, proche de la métaphore de la curiosité comme « maladie » provoquant une crise puis une résolution, un changement d'état – elle s'identifie toujours au mouvement de la vie. *Peregrinatio animi* et *peregrinatio vitæ* ne font qu'un : là où un adjectif comme *curieux* tient à distance le lecteur, *pérégrin* excite son désir et l'appelle à une participation. On s'approche ici d'un autre champ sémantique et métaphorique ambivalent de la curiosité, celui de l'érotisme. Alors qu'il prétend se reposer sur le « doux et mol chevet » de l'ignorance et de l'incuriosité[83], Montaigne ne se laisse-t-il pas encore tenter par ce « mouvement irregulier, perpetuel, sans patron et sans but » qui saisit l'esprit agité, comme il évoque ces « inventions » qui « s'eschauffent, se suyvent et s'entreproduisent l'une l'autre[84] ? ». Avec cette autre métaphore, on entre dans une conception productrice et non plus seulement exploratrice de la curiosité, qui fait de la vérité une création plutôt qu'une simple découverte.

Nicolas CORRÉARD
Université de Nantes,
L'AMo-EA 4276

83 Montaigne, *Essais*, III, 13, p. 1073.
84 *Ibid.*, p. 1068.

LES MOTS DE LA « *SCIENZA DELLE MECANICHE* »

Dans le laboratoire de la traduction du *Mechanicorum liber*

À la fin de l'hiver 1580, dans les montagnes du Frioul, un voyageur cultivé, Filippo Pigafetta, entreprit de traduire en langue vulgaire le *Mechanicorum liber* que le jeune érudit Guidobaldo dal Monte avait fait paraître en 1577 à Pesaro, dans la région des Marches[1]. Le *Mechanicorum liber* est un traité de théorisation mécanique consacré à cinq mécanismes élémentaires (la balance, le levier, la poulie, l'axe de la roue, le coin, la vis) pouvant servir à élaborer des engins plus complexes, utiles en temps de guerre comme en temps de paix[2]. Ces machines simples, qui avaient été étudiées dans l'Antiquité par Héron d'Alexandrie et par Pappus d'Alexandrie (Ier et IVe siècles ap. J.-C.), étaient devenues à la Renaissance, à l'occasion de la redécouverte des textes des mathématiciens anciens, l'un des principaux thèmes de la recherche en mécanique[3]. Très vite, le traité latin de Guidobaldo circula parmi les savants d'Italie et d'Europe, qui le reconnurent comme un ouvrage de grande importance.

C'est l'ingénieur militaire Giulio Savorgnan, ami de Guidobaldo, qui mit le *Mechanicorum liber* entre les mains de Pigafetta. Ce dernier entreprit de le traduire avec le zèle du néophyte, enthousiasmé par l'approche abstraite de problèmes rencontrés sur des champs de bataille ou sur des chantiers publics, mais face à la complexité de la tâche,

1 Dal Monte, Guidobaldo, *Guidiubaldi e marchionibus Montis Mechanicorum liber*, Pesaro, Jérôme Concordia, 1577.

2 À ces six machines élémentaires correspondent les six parties du traité : *De Libra*, *De Vecte*, *De Trochlea*, *De Axe in peritrochio*, *De Cuneo*, *De Cochlea*.

3 Sur la question de l'humanisme technique en Italie à la Renaissance et en particulier sur la réception des textes d'Héron d'Alexandrie, voir Trabucco, Oreste, *'L'Opere stupende dell'arti più ingegnose'. La recezione degli Πνευματικά di Erone Alessandrino nella cultura italiana del Cinquecento*, Florence, Olschki, 2010.

Pigafetta sollicita l'aide de l'auteur du traité. En témoignent plusieurs lettres échangées entre auteur et traducteur, aujourd'hui conservées à la Bibliothèque Ambrosienne de Milan[4]. La traduction de Pigafetta, intitulée *Le Mechaniche*, parut à Venise en 1581[5]. Bien que Guidobaldo ait fermement refusé que l'on vante sa propre participation à cette traduction[6], l'édition vulgaire des *Mechaniche* porte les traces de la correspondance entre auteur et traducteur, puisque Pigafetta y introduisit des annotations reprenant parfois mot pour mot des explications de Guidobaldo dans ses lettres. Cette correspondance est exceptionnelle – à notre connaissance, il n'en existe pas d'autre du même type à la même époque dans la péninsule italienne – mais non marginale, dans la mesure où elle émane d'un savant de premier ordre et où elle illustre de façon anormalement précise les questions soulevées par la constitution progressive d'un lexique technique en langue italienne à la Renaissance.

L'histoire de la correspondance entre les deux hommes commence sûrement à la fin de l'hiver ou au début du printemps 1580, alors que Filippo Pigafetta se trouvait dans la forteresse d'Osoppo, dans les montagnes du Frioul, où il était l'invité du vieux Giulio Savorgnan. Appartenant à une noble famille qui défendait la République de Venise contre les Turcs depuis plusieurs générations, Giulio Savorgnan était un féru de mécanique. Pigafetta en brossa un portrait attachant dans la lettre de dédicace des *Mechaniche* qui lui sont amicalement dédiées[7]. C'est une figure d'ingénieur militaire et civil assez caractéristique

4 La correspondance entre les deux hommes a été partiellement publiée dans Castagné, Noémie et Frank, Martin, « Definizione dell'italiano scientifico nel tardo Cinquecento : la traduzione del *Mechanicorum liber* di Guidobaldo dal Monte », *Laboratoire italien*, n° 13, 2013, p. 279-308, dont je reprends ici certaines conclusions.

5 Pigafetta, Filippo, *Le Mechaniche dell'illustriss. sig. Guido Ubaldo de' marchesi del Monte, tradotte in volgare dal sig. Filippo Pigafetta nelle quali si contiene la vera dottrina di tutti gli istrumenti principali da mover pesi grandissimi con picciola forza. A beneficio di chi si diletta di questa nobilissima scienza ; et massimamente di capitani di guerra, ingegnieri, architetti, et d'ogni artefice, che intenda per via di machine far opre maravigliose, e quasi sopra naturali*, Venise, Francesco di Franceschi Sanese, 1581.

6 Contrôlant le processus de publication, Guidobaldo refuse à Pigafetta la mention « revista dall'autore », alors courante à l'époque dans les traductions (lettre du 14 novembre 1580). Nous comprenons cette attitude comme un refus de l'*auctor*, compris comme source et garant du savoir du traité, de vulgariser sa propre parole.

7 Sur Giulio Savorgnan, voir aussi La Penna, Pierlorenzo, *La Fortezza e la città. Buonaiuto Lorini, Giulio Savorgnan e Marcantonio Martinengo a Palma (1592-1600)*, Florence, Olschki, 1997.

de son époque[8], qui défendit sa République par les armes et qui en 1580 s'employa, selon le témoignage de Pigafetta, à protéger les cultures d'Osoppo de la rivière Tagliamento, en mettant au point des engins aidant à l'édification d'une digue. Âgé de soixante-dix ans en 1580, il habitait depuis plusieurs décennies la forteresse familiale d'Osoppo, devenue un cabinet de curiosités, une sorte d'armurerie ou de centre d'études militaires, où il collectionnait de multiples machines et où il recevait volontiers les gens de passage – soldats, princes, érudits – en route pour l'Allemagne. Savorgnan reçut une bonne éducation humaniste[9] ; ce fut aussi un bon mathématicien, capable de déstabiliser le célèbre Niccolò Tartaglia[10], et un homme de terrain, qui passa une partie de son adolescence sur les champs de bataille des guerres d'Italie[11], où il combattit aux côtés du capitaine général de la Ligue de Cognac, le Duc d'Urbino Francesco Maria I della Rovere, et du *condottiere* Giovanni de' Medici (« Jean des Bandes Noires »).

Lui aussi d'origine noble, Guidobaldo dal Monte demeura sa vie durant lié au Duché d'Urbino, pour lequel il réalisa de nombreuses expertises

---

8 Sur les ingénieurs de la Renaissance, voir Brioist, Pascal, *Les Mathématiques et la guerre en France, en Italie, en Espagne et en Angleterre au* XVI*e siècle*, mémoire d'HDR, CESR de Tours, 2009.

9 Son père aurait reçu l'enseignement du célèbre lettré grec Constantino Lascaris (1434-1501), peut-être par l'intermédiaire du Vénitien Pietro Bembo (1470-1547).

10 Tartaglia, Niccolò (1499-1557) est l'auteur des dialogues *Quesiti e invenzioni diverse* (Venise, Ruffinelli, 1546) et du traité de balistique *Scienzia nova* (Venise, Stefano da Sabio, 1537). Dans la dédicace des *Mechaniche*, Pigafetta raconte que plus jeune, dans les années 1540, Savorgnan soumit à Tartaglia une quarantaine de problèmes mécaniques, que le célèbre savant ne put entièrement résoudre. Il n'est pas anecdotique d'ajouter que dans un article sur l'italien des mathématiques, Pigafetta présente en plaisantant Tartaglia comme un mauvais auteur qui faisait honte aux illustres personnages mis en scène dans ses dialogues (« *ne' suoi dialoghi introduceva a favellare personaggi grandi ; e alcuna fiata gli faceva dire qualche cosa, di cui essi prendevano onta* »). La langue de Tartaglia fut sévèrement jugée par ses contemporains, selon des critères esthétiques (elle correspondait à une variété « basse » et dialectale du vulgaire), alors que l'étude de ses écrits révèle un profond travail d'élaboration lexicale et syntaxique. Sur la langue de Tartaglia, voir Piotti, Mario (dir.), *« Un puoco grossetto di loquella ». La lingua di Niccolò Tartaglia : la « Nova scientia » e i « Quesiti et inventioni diverse »*, Milan, Ed. Universitarie di Lettere Economia Diritto, 1998 et Castagné, Noémie, *Les Mots des sciences. La prose scientifique en langue vulgaire dans l'Italie du* XVI*e siècle*, thèse de doctorat, université Paris 8 / Università di Torino, 2012, chap. 3.

11 Selon Pigafetta qui le représente comme un vétéran de guerre, Giulio Savorgnan combattit de 1526 (il avait alors seize ans) à 1529, date de la paix de Cambrai.

scientifiques et techniques[12]. Enfant, à Urbino, il eut pour compagnon Francesco Maria della Rovere, futur duc d'Urbino[13], et Torquato Tasso. Il fut ensuite l'élève de l'humaniste et mathématicien Federico Commandino, lui-même auteur d'une importante œuvre d'édition et de traduction des écrits des mathématiciens grecs de l'Antiquité (Archimède, Euclide, Héron d'Alexandrie et Pappus d'Alexandrie)[14]. Comme en témoigne sa correspondance, encore en grande partie inédite[15], Guidobaldo fut en contact avec d'importants savants italiens et européens comme Christoph Clavius, Giovan Vincenzo Pinelli, Giacomo Contarini, Francesco Barozzi ou encore le jeune Galilée, que Guidobaldo protégea et qu'il aida à obtenir une chaire à l'université de Pise, puis à l'université de Padoue[16]. Sans que l'on puisse connaître les circonstances de son amitié pour le vieux Savorgnan, les lettres de Guidobaldo donnent à penser que les deux hommes s'étaient déjà rencontrés, qu'ils s'appréciaient et se respectaient mutuellement.

Filippo Pigafetta est, quant à lui, un personnage plus mystérieux, dont il reste une grande production écrite – riche correspondance manuscrite, écrits variés[17] – sans que l'on puisse le définir une fois pour toutes. Né en 1533 à Vicence, ce fils illégitime – qui n'est donc pas rentier comme Guidobaldo – se lança d'abord dans la carrière des armes pour gagner sa vie, ce qui lui permit de faire de longs voyages en Europe, en Afrique du Nord et au Moyen Orient. Il continua ensuite

12 Sur Guidobaldo dal Monte, voir Frank, Martin, *Guidobaldo dal Monte's Mechanics in Context*, thèse de doctorat, Università di Pisa-Max-Planck-Institut für Wissenschaftsgeschichte Berlin, 2011/2012 et Becchi, Antonio, Bertoloni Meli, Domenico et Gamba, Enrico (dir.), *Guidobaldo dal Monte. Theory and Practice of the Mathematical Disciplines from Urbino to Europe*, Edition Open Access, Berlin, 2013.

13 Francesco Maria II della Rovere (1549-1631), petit-fils de Francesco Maria I della Rovere.

14 Sur Commandino, voir Rose, Paul Lawrence, *The Italian Renaissance of Mathematics. Studies on Humanists and Mathematicians from Petrarch to Galileo*, Genève, Droz, 1975, p. 185-221.

15 L'édition critique de la correspondance de Guidobaldo dal Monte, établie par Martin Frank, mais n'a malheureusement pas été publiée.

16 Sur les liens culturels entre les milieux scientifiques d'Urbino et ceux de Venise (qui s'expliquent notamment par la participation des ingénieurs d'Urbino aux travaux de fortification de la République de Venise), voir Trabucco, *'L'Opere stupende dell'arti più ingegnose'*.

17 Parmi ses écrits, on compte plusieurs relations des pays visités. Voir l'édition critique de Mario Pozzi d'une partie de la correspondance de Pigafetta – portant sur la dernière partie de sa vie lorsqu'il se mit au service du Grand-Duc de Toscane Ferdinando de' Medici : Pozzi, Mario, *Filippo Pigafetta consigliere del Principe*, Vicence, Biblioteca Civica Bertoliana, 2004.

à voyager en Italie et en Europe, peut-être en qualité d'agent secret, sans mission ou fonction officielle, rédigeant plusieurs relations géographiques ou militaires détaillées pour de puissants commanditaires. On devine en le lisant que sans être un érudit, c'est un homme qui reçut une bonne formation littéraire – à Padoue peut-être. Le 10 avril 1580, à Osoppo, Filippo Pigafetta écrivit à Giovan Vincenzo Pinelli[18] qu'il venait d'achever la traduction de la troisième partie du *Mechanicorum liber*, consacrée à la poulie (*De trochlea*), avec l'aide de Savorgnan[19]. Il ne reste aujourd'hui que des ruines de la forteresse d'Osoppo, mais grâce au témoignage de Pigafetta[20], on imagine volontiers les deux amis discuter du traité plusieurs jours durant, à la fin de l'hiver 1580 : le jour devant les nombreuses machines de Savorgnan entreposées dans la forteresse ou dans le village d'Osoppo et, à la nuit tombante, le *Mechanicorum liber* à la main, devant un grand feu de cheminée – on sent l'enthousiasme du vieil érudit, et la vive curiosité, peut-être l'amusement de son invité de passage, son cadet de plus de vingt ans. Entreprise pour se perfectionner et, peut-être, pour occuper les soirées d'hiver à Osoppo, comme une sorte de loisir profitable, la traduction du *Mechanicorum liber* fait écho à des conversations orales techniques en langue vulgaire. Peut-être parce que la traduction prenait corps et que Pigafetta souhaitait la publier (Venise, capitale italienne de l'édition, n'était pas très loin), Savorgnan conseilla à son ami, aux prises avec le vocabulaire du traité, d'écrire à Guidobaldo dal Monte. Pigafetta, qui n'était pas mathématicien, se heurta en traduisant à d'importantes difficultés lexicales. Comment traduire des termes aussi précis ? Comment donner à entendre à un lectorat d'ingénieurs et de capitaines de guerre un sujet aussi abstrait ? Pigafetta prit donc contact avec l'auteur au milieu de l'année 1580.

18 L'érudit Giovan Vincenzo Pinelli (1535-1601) possédait une riche bibliothèque à Padoue, connue de Pigafetta qui raconte à Guidobaldo y avoir consulté le livre d'un « *certo scrittore antico toscano* » (Filippo Pigafetta à Guidobaldo. Padoue, le 5 novembre 1580, Bibliothèque Ambrosienne de Milan, Fonds Pinelli, ms R 121 sup, f. 14r°-15r°). Sur l'histoire de la bibliothèque de Pinelli, voir Grendler, Marcella, « A Greek collection in Padua : The library of Gian Vincenzo Pinelli (1535-1601) », *Renaissance Quarterly*, n° 33-3, 1980, p. 386-416.

19 Pigafetta, Bibliothèque Ambrosienne de Milan, D34 inf., f. 89v° : « *Ho compiuto di volgarizare tutto il trattato Della Trochlea del Marchese del Monte et me ne sodisfo, con animo di seguire al resto, se vi sarà profitto, se non l'avrò fatto per gusto et per intendere la ragione di quel bellissimo difitio, aiutato molto da questo Sig.re Ill.mo* <*Giulio Savorgnan*> *che ha tutti gli instrumenti, che si possano imaginare da movere pesi* ».

20 Lettre de dédicace des *Mechaniche*, datée du 28 juin 1581 et adressée à Savorgnan.

Guidobaldo accepta de revoir la traduction – et ainsi furent échangées plusieurs lettres, au sujet de passages du texte que Pigafetta n'avait pas bien compris.

La première lettre dont nous disposons est une lettre de Pigafetta, datée du 5 novembre 1580, mais nous savons que la correspondance entre les deux hommes débuta quelque temps auparavant, entre avril et octobre de la même année, lorsque Pigafetta pria l'auteur de revoir sa traduction[21]. Ne restent ensuite de leur échange épistolaire que des lettres de Guidobaldo, datées du 14 novembre 1580 (R121 sup. f. 18), du 31 décembre 1580 (R121 sup. f. 25-26r°), du 21 janvier 1581 (D 34 inf. f. 103), du 24 février 1581 (D34 inf. f. 109), du 5 mars 1581 (f. 120r°), du 2 avril 1581 (f. 117-119r°), du 24 avril 1581 (f. 113) et du 29 avril 1581 (f. 121r°). C'est essentiellement dans première partie de la correspondance que furent soulevés d'importants problèmes de traduction ; ensuite, à partir de l'hiver 1580-1581, les lettres de Guidobaldo évoquèrent surtout des questions mathématiques et, à partir du mois d'avril 1581, des considérations pratiques sur l'imminente publication.

Avant de détailler les corrections de Guidobaldo dans ses lettres, précisons que la *volgar lingua* dont disposait Pigafetta pour traduire, n'était pas, à proprement parler, une langue vernaculaire. Cette *volgar lingua* était, en 1580, une construction littéraire relativement récente – les historiens font habituellement remonter la naissance de la littérature italienne à la première moitié du XIIIe siècle, lorsque se développa en Sicile une véritable école poétique[22]. Élaborée à partir du toscan[23] et initialement destinée à la poésie d'amour, la *volgar lingua* était avant le XXe siècle une langue formelle, éloignée des variétés multiformes de dialectes parlées dans les différentes régions de la péninsule, même si l'on sait que dans la seconde moitié du XVIe siècle, elle était aussi utilisée, dans une version altérée et rendue propre à la communication

21 Pigafetta, Bibliothèque Ambrosienne de Milan, R 121 sup f. 14r°-15r°. Les premières lettres entre les deux hommes sont perdues. Pour une chronologie exacte des lettres, voir Castagné et Frank, « Definizione dell'italiano scientifico nel tardo Cinquecento… », n. 25 et suivantes.

22 Sur les origines de la littérature italienne et ses controverses, voir la synthèse de Marazzini, Claudio, *La Lingua italiana. Profilo storico*, Bologne, Il Mulino, 1994.

23 Les textes poétiques de l'École sicilienne ont été transmis dès la fin du XIIe siècle par des copistes toscans qui gommèrent les sonorités siciliennes des textes (*Concordanze della lingua poetica italiana delle origini*, éd. D'Arco Silvio Avalle, Milan-Naples, Ricciardi, 1992, vol. I).

informelle, comme langue véhiculaire des lettrés, des voyageurs et des courtisans italiens[24]. En vérité, la langue vulgaire est, au sein du paysage linguistique italien de la fin du XVIe siècle (qui est une sorte de diglossie à plusieurs dimensions), dans une position inconfortable : moins légitime que le latin, langue officielle de l'Eglise et de la science, dépourvue de l'assise empirique des dialectes vernaculaires, c'est un pâton littéraire certes finement poli par les « Trois Couronnes » toscanes du XIVe siècle (Dante, Pétrarque, Boccace), consolidé par la réforme classiciste de Pietro Bembo en 1525 et par la large diffusion des éditions vulgaires imprimées, mais encore impropre à un usage scientifique et technique.

Guidobaldo se montra satisfait de la traduction du chapitre *De libra*, mais suggéra à Pigafetta plusieurs corrections qu'il énuméra sous forme de tableaux. Certaines corrections soulignent de légères impropriétés ou des approximations syntaxiques, tandis que beaucoup d'autres sanctionnent des inexactitudes lexicales. Ainsi, l'auteur corrigea *figura soda* par *figura solida* (lat. *figura solida*), *gravezza della grandezza* par *gravità della magnitudine* (lat. *gravitas magnitudinis*), *gioia* par *trutina* (lat. *trutina*, c'est-à-dire l'aiguille de la balance) et encore *archipenzolo* par *perpendicolo* (lat. *perpendiculum*). Il suggéra de traduire *meta*, *lemma* et *corollarium*, sur lesquels Pigafetta l'interrogeait, par *meta*, *lemma* et *corollario*. Ailleurs, il expliqua que les mots latins *helix* et *cylindrus* ne pouvaient être traduits autrement que par *elice* et *cilindro*. Rares sont les cas pour lesquels Guidobaldo accepta une forme vulgaire éloignée de l'original latin (*axis in peritrochlio* où il conseilla *asse nella rota* ; *punctum versionis* où il recommanda *punto del volgimento*). L'auteur privilégia presque toujours le latinisme ou l'hellénisme aux équivalents vulgaires et dialectaux de Pigafetta, qui proposait par exemple les dialectalismes *gioia* (lat. *trutina*), *verme* (lat. *helix*, c'est-à-dire la pointe de la vis), les termes vulgaires *angolo diritto* (lat. *rectus*), *angolo mescolato* (lat. *mixtus*), attestés dans la langue littéraire, ou les périphrases *triangolo di due lati eguali* (lat. *triangulus aequicrus*), *egualmente distante* (*aequidistante*).

24 Voir, parmi une abondante bibliographie, Migliorini, Bruno, *Storia della lingua italiana*, Florence, Sansoni, 1960 ; Dionisotti, Carlo, *Geografia e storia della letteratura italiana*, Turin, Einaudi, 1967 ; Pozzi, Mario, *Discussioni linguistiche del Cinquecento*, Turin, UTET, 1988 et Fournel, Jean-Louis, « Rhétorique et langue vulgaire en Italie au XVIe siècle : la guerre, l'amour et les mots », dans Fumaroli, Marc (dir.), *Histoire de la rhétorique dans l'Europe moderne (1450-1950)*, Paris, P.U.F., 1999, p. 313-340.

Dans sa lettre du 5 novembre 1580, Pigafetta opposait à Guidobaldo sa propre définition de la langue des mathématiques[25]. Pigafetta expliquait que s'il avait choisi de traduire *triangulus aequicrurius* par *triangolo di due lati eguali*, *rectus* par *retto*, *gravitas* par *gravezza*, *directio* par *diritturo*, *mixtus* par *mescolato*, *aequidistans* par *egualmente distanti* et *magnitudine* par *grandezza*, c'était avant tout pour être compris par un grand nombre de lecteurs. Le latinisme est contraire au projet de Pigafetta, pour qui traduire signifiait alors rendre un texte accessible à des lecteurs cultivés mais non latinistes, comme pouvaient l'être des « *capitani di guerra, ingegnieri, architetti, et [...] ogni artefice*[26] ». *Vulgariser*, au sens de « traduire en langue vulgaire » (Pigafetta emploie les termes *volgarizzare*, *ridurre in volgare* et *tradurre*) impliquait pour lui la diffusion du savoir traduit (*divulgazione del sapere*), chose qui ne va absolument pas de soi pour Guidobaldo[27]. La délimitation sociale de la langue de la traduction de Pigafetta (du moins dans sa version non corrigée) est donc beaucoup plus large que celle de Guidobaldo, et d'ailleurs Pigafetta n'hésite pas à fustiger l'élitisme d'un petit nombre d'érudits. Il est intéressant de souligner qu'alors que Pigafetta s'adresse à l'illustre auteur avec beaucoup de déférence et qu'il ne remet jamais en question ses observations scientifiques, il ose revendiquer un point de vue sur la langue différent de celui de Guidobaldo, comme s'il s'agissait de discuter cette double question, fondamentale : à qui appartient le vulgaire, et donc à qui appartient le savoir ?

Il faut se garder de croire, pour nous qui à présent connaissons bien les termes mathématiques employés par Guidobaldo, que la marge d'indétermination linguistique de la traduction était limitée ; cette ambiguïté devait, au contraire, être vivement perçue par les lecteurs de l'époque, au point de rendre le texte incompréhensible à quiconque n'aurait pas eu une culture des mathématiques classiques suffisante. C'est ce que montrent les transcriptions erronées *equiciur* (lat. *equicrure*) et *e quid instante* (lat. *equidistante*) du copiste anonyme du XVIe siècle de la lettre du 14 novembre 1580.

25 J'ai traduit en français des extraits de cette lettre en annexe.

26 Voir le titre complet de l'édition imprimée des *Mechaniche*.

27 Sur l'ambiguïté de la vulgarisation à cette époque, voir Giacomotto-Charra, Violaine, « Peut-on tracer les frontières de la vulgarisation ? », dans Giacomotto-Charra, Violaine et Silvi, Christine (dir.), *Lire, choisir, écrire : la vulgarisation du Moyen Âge à la Renaissance*, Paris, École Nationale des Chartes, 2014, p. 5-22 et, pour l'Italie, Folena, Gianfranco, *Volgarizzare e tradurre*, Turin, Einaudi, 1973.

Si le traducteur souleva la question de la souplesse de la langue d'arrivée, l'auteur souhaita, quant à lui, que l'exactitude des termes originaux fût scrupuleusement respectée. Dans son important « Avertissement à propos de la traduction[28] », Guidobaldo expliqua qu'il fallait avant tout être exact. Les choses ne sont nommées qu'une seule fois par le mathématicien. Les latinismes de la traduction concourent à établir, selon le mot de Guidobaldo, une nomenclature mathématique « *universale* » (c'est-à-dire commune à la totalité des érudits italiens), ce que ne permettent ni le calque, ni la périphrase, ni l'emprunt à la langue littéraire, ni le dialectalisme. Le mathématicien distingue fermement la langue univoque du vrai de la langue variable du beau, c'est-à-dire que pour lui le latin des écrits mathématiques n'a rien à voir avec le vulgaire des compositions littéraires « où l'on n'a pas à spécifier le terme » et où l'on peut donc écrire « poliment et en italien car l'excellence de la langue, surtout de la langue italienne, il faut l'utiliser dans les oraisons et dans les poésies ». Remarquons enfin que la position linguistique de Guidobaldo n'était pas isolée, mais qu'elle fut partagée par deux autres élèves de Federico Commandino à Urbino, Bernardino Baldi et Alessandro Giorgi, qui traduisirent Héron d'Alexandrie à grands renforts de latinismes et d'hellénismes, de sorte que l'on pourrait presque parler, chez les érudits d'Urbino à la fin du siècle, d'un embryon de position théorique sur les usages mathématiques du vulgaire[29].

La remarquable distinction entre usages scientifiques et usages littéraires du vulgaire n'allait pas de soi pour Pigafetta, qui justifia certains choix de traduction en citant Pétrarque[30] ou un « certain auteur toscan ancien[31] ». Citer des sources littéraires anciennes est une attitude classiciste, reproduisant celle de certains grammairiens qui voyaient dans le

28 « *Avertimenti circa il tradurre* », Bibliothèque Ambrosienne de Milan, ms R121 sup, f. 21r°, traduit en annexe.

29 Baldi, Bernardino (trad.), *Di Erone Alessandrino de gli automati, overo machine se moventi, libri due, tradotti dal greco da Bernardino Baldi abbate di Guastalla*, Venise, Girolamo Porro, 1589, et Giorgi, Alessandro (trad.), *Spiritali di Erone Alessandrino ridotti in lingua volgare da Alessandro Giorgi da Urbino*, Urbino, Bartolomeo e Simone Ragusii fratelli, 1592. J'ai approfondi cette interprétation au chapitre 7 de ma thèse (*Les mots des sciences...*).

30 Dans une glose de la version imprimée des *Mechaniche* (f. 29r°), le traducteur justifie l'emploi de *lance* (lat. *libræ*) par un vers de Pétrarque (*Canzoniere*, chanson 359, v. 42) : « *Dove si legge questo vocabolo latino equilibrio, intendasi per eguale contrapeso, cioè che pesa tanto da una banda, quanto dall'altra in pari lance, o libra, o bilancia che si dica. "Librar con giuste lance" disse il Petrarca* ».

31 Cela dit, Guidobaldo corrigea aussi chez Pigafetta des fautes de goût dans l'usage de la langue littéraire, comme cette impropriété dans la forme à l'indicatif présent du verbe *avere* : « *In molti luoghi si trova, come dir "la tal linea have la medesima proportione" : questa*

XIVe siècle le siècle d'or de la langue italienne. Son projet de diffusion du savoir s'adossait ainsi à la langue littéraire, tandis que la logique érudite de Guidobaldo, qui privilégiait les latinismes, était très innovante pour la langue vulgaire. Malgré ses réserves, Pigafetta respecta toutes les corrections de l'auteur dans l'édition imprimée de 1581, sauf pour *gravezza della magnitudine* (entre-deux qu'il choisit après avoir proposé *gravezza della grandezza* tandis que Guidobaldo lui recommandait *gravità della magnitudine*) et pour l'adjectif *equicrure*, qui devait lui sembler définitivement incompréhensible et qu'il traduisit par *di due lati eguali*. Cependant, comme l'a montré l'historienne Mary Henninger-Voss[32], les annotations publiées dans l'édition de 1581 permettent à Pigafetta de réintroduire dans sa traduction une logique de vulgarisation.

En effet, on ne retrouve pas la précision des énoncés de Guidobaldo dans les annotations des *Mechaniche* publiées par Pigafetta. Ces annotations, présentées comme étant du traducteur, furent en réalité « soufflées » par Guidobaldo dans ses lettres et recopiées par le traducteur. Voici un cas où Pigafetta brouilla le propos original en en changeant quelques mots. Le 2 avril 1581, Guidobaldo écrivit à Pigafetta pour lui signifier qu'il souhaitait dans la publication future une importante note (« *uno scolio* ») à propos de la proposition IV du traité de la balance[33]. Guidobaldo désirait s'expliquer sur ce point car plusieurs critiques remirent en cause le bien-fondé cette proposition. Dans sa lettre à Pigafetta, Guidobaldo développa tout un discours de la méthode où apparaissent des termes remarquables comme *speculazione*, *cosa manifesta*, *venir in cognizion perfetta*, *dimostrazione*, *proposizione*, *ragioni*, *esperienza*, *verità*. À première vue, la confrontation entre la lettre de Guidobaldo et la glose de Pigafetta montre que le traducteur transcrivit fidèlement les paroles de son maître, n'opérant que de légères modifications phono-morphologiques[34]. Toutefois, un examen plus appro-

---

voce "have" invece di "ha" non mi par che ella sia usata se non nel verso, che nella prosa è voce napoletana. Però io dove dice "have" direi sempre "ha" » (ms R121 sup, f. 13r°).

32 Henninger-Voss, Mary, « Working machines and noble mechanics : Guidobaldo and the translation of knowledge », *Isis*, n° 91-2, 2000, p. 233-259.

33 Dal Monte, *Mechanicorum liber, propositio IV*, f. 5r°.

34 Pigafetta introduisit une plus grande variabilité graphique et grammaticale (polymorphisme) : *esperienza/sperienzia*, *puote* (*pò* chez Guidobaldo), le pluriel toscan *le braccia* (*li bracci* chez Guidobaldo), *le altre due predette speculazioni* (Guidobaldo utilisa la forme antique du numéral dans *le altre duo speculationi*). À la troisième personne du singulier, le pronom est tantôt *lei*, tantôt *essa* (mais toujours *essa* chez Guidobaldo). On trouve chez Pigafetta les formes de démonstratifs *cotesto* (*coteste cose*) / *cotale* (*cotale esperienza*) / *questo*

fondi montre que Pigafetta remplaçat les mots clefs de l'argumentation de Guidobaldo par des synonymes, parfois approximatifs : *proposizioni* devient *dimostrazioni* ; *chiara, facile e dimostrativa* est remplacé par *proposizione tanto chiara, facile, e vera* ; *come scientifico* remplacé par *come buon filosofo*, ou encore *volendo trovar miglior scienza* remplacé par *investigando dottrina migliore*. Nombreux sont les cas de dédoublement synonymique (*il modo del trattarla, e insegnarla* au lieu de *il modo di trattarla* ; *la sua intenzione* remplacé par *la sua intenzione, e sentenzia* ; ou encore *alcuni dubii... molto belli* remplacé par *dubbi molto belli, e curiosi*). Comme indice d'une mise à distance du discours spécialisé de Guidobaldo, Pigafetta ajoute des adjectifs appréciatifs dans les expressions *buoni Greci antichi* et *nobili studi*, ou encore substitue la comparative *come scientifico* utilisée par Guidobaldo pour décrire sa propre méthode par *come buon filosofo* (alors que Guidobaldo ne se serait certainement pas présenté sous ce titre). La frontière entre paraphrase, clarification, approximation et vulgarisation est alors très mince. Sans surprise, Pigafetta remplace quelques latinismes par des équivalents vulgaires que Guidobaldo désavouait sans doute : *gravezza* pour *gravità*, *conoscimento* pour *cognizione*, *fallenza* (mot de la poésie italienne des origines, adapté à partir de la poésie provençale[35]) pour *fallacia*.

Plus tard cependant, Pigafetta tira les leçons de sa collaboration avec Guidobaldo dal Monte, comme le montre une anecdote advenue quinze ans après la publication des *Mechaniche*. En 1594-1595, alors qu'il revenait de Hongrie, où il avait commenté la prise de Györ par les Turcs, Pigafetta présenta au grand-duc de Toscane Ferdinando de' Medici une relation intitulée *Trattato delle trincee antiche e moderne*[36], sorte d'histoire de la guerre, de l'art militaire et de la fortification. Or ce traité comporte un appendice linguistique, étudié par l'historien de la langue Mario Pozzi,

(mais seulement *questa esperienza* chez Guidobaldo), et deux formes de participes passés pour les verbes en *-are*, accentués tantôt sur le radical, tantôt sur la désinence (*tocche, procurato*).

35 Bembo, Pietro, *Prose della volgar lingua, Gli Asolani, Rime*, éd. C. Dionisotti, UTET, Torino, 1966, l. I. C'est Fregoso qui déclare : « *È nondimeno più in uso Dottanza, sì come voce di quel fine che amato era molto dalla Provenza, il qual fine piacendo per imitazione altresì a' toscani, e Pietanza e Pesanza e Beninanza e Malenanza e Allegranza e Dilettanza e Piacenza e Valenza e Fallenza e molte altre voci di questa maniera in Guido Guinicelli si leggono, in Guido Cavalcanti, in messer Cino, in messer Onesto, in Buonagiunta, in messer Piero dalle Vigne, e in altri e poeti e prosatori di quella età. Passò questo uso di fine a Dante, e al Boccaccio altresì : tuttavia e all'uno e all'altro pervenne oggimai stanco* ». Mais Pigafetta n'avait probablement pas lu les *Prose*.

36 Pigafetta, Biblioteca nazionale centrale di Firenze, ms. Magl. II. IV. 262. L'anecdote est interprétée par Pozzi, *Filippo Pigafetta consigliere del principe*, p. 105-111.

faisant état d'une discussion entre Pigafetta et un lettré toscan anonyme, désigné comme le Censeur (*Censore*). Pigafetta y défendait l'exactitude et l'univocité de sa terminologie militaire contre les critiques pointilleuses du Toscan, qui devait trouver certains termes bien peu conformes aux exigences esthétiques de la rhétorique. De quinze ans postérieure à la traduction des *Mechaniche*, l'anecdote montre que malgré une vie active et de multiples intérêts pratiques, Pigafetta demeura toujours attentif aux questions de langue ; peut-être pensait-il désormais que les écrits scientifiques et techniques méritent que l'on sacrifie la beauté formelle à l'exactitude des mots.

Les lettres échangées entre Pigafetta et Guidobaldo ne constituent qu'une petite partie de la correspondance savante du mathématicien, encore largement inédite[37]. La correspondance de Guidobaldo avec les savants et les ingénieurs de son temps témoigne de la circulation de livres et d'instruments scientifiques, mais aussi d'échanges réguliers d'idées, de doutes, de démonstrations, de compte-rendu de lecture, de guides d'utilisation d'instruments et de récits d'expériences scientifiques. Ces échanges pourraient être rattachés à une République des Savoirs de langue italienne, sorte de sous-classe de la plus vaste République des Lettres telle qu'elle a été définie au XXe siècle par plusieurs historiens[38]. La correspondance de Guidobaldo – rédigée en langue vulgaire, même s'il y a beaucoup de traces de bilinguisme latin/vulgaire – offre de belles pistes d'analyse des mots de la science. Dans l'attente d'une édition critique annoncée par Martin Frank, je présenterai ici un simple balisage des potentialités d'étude de ce témoignage.

L'établissement d'un glossaire des termes employés dans la correspondance de Guidobaldo représenterait un travail préliminaire indispensable. Les historiens de la langue italienne disposent désormais de bonnes études lexicographiques sur la langue des mathématiciens et ingénieurs italiens

37 J'ai travaillé sur la transcription inédite de Martin Frank. Entre le milieu des années 1570 et 1607, année de sa mort, Guidobaldo correspond avec les plus grands savants italiens, comme les Padouans Giulio Savorgnan, Giovan Vincenzo Pinelli, Giacomo Contarini et Giuseppe Moletti, le Vénitien Francesco Barozzi, le Toscan Galilée, ou encore le Romain d'adoption Cristophorus Clavius. Guidobaldo s'entretient aussi avec Torquato Tasso, ou des personnages mineurs (Giulio Giordani, Pier Mattelo Giordani, Giovanni de Tommasi et Giulio Cesare Mamiani) à propos de projets d'ingénierie civile.

38 Voir Dibon, Paul, « Les échanges épistolaires dans l'Europe savante du XVIIe siècle », *Revue de synthèse*, n° 81-82, 1976, p. 31-50 ; Fumaroli, Marc, « La République des Lettres », *Diogène*, n° 143, 1988, p. 131-150 et Waquet, Françoise, « Qu'est-ce que la République des Lettres ? Essai de sémantique historique », *Bibliothèque de l'École des Chartes*, n° 147, 1989, p. 473-502.

de la Renaissance, auxquelles un tel glossaire pourrait s'adosser[39]. De rapides sondages montrent que le vocabulaire de Guidobaldo dans ses lettres est cohérent avec les préceptes dictés à Pigafetta lors de la traduction du *Mechanicorum liber*, même si l'on remarque quelques menus écarts, s'expliquant peut-être par le caractère informel des lettres. Dans la lettre du 18 décembre 1580 à Giacomo Contarini[40], Guidobaldo emploie des termes techniques (désignant des mécanismes ou des parties de machines) identiques à ceux de Pigafetta : *taglie, corde, stadiera, semidiametro, cilindro, asse, girella, bilancie, rochelli, rote/ruote, argani, cuneo, maschio, verme, leva*[41]. La vis (*cochlea* chez Vitruve et dans le *Mechanicorum liber*) est désignée, dans cette lettre, par le latinisme *cochlea* (*vite* chez Pigafetta[42]). Le mot *verme*, que Guidobaldo avait condamné quelques jours auparavant à cause de son origine vénitienne[43], apparaît ici sous sa plume, probablement car il cite alors une lettre de Contarini, lui-même Vénitien[44]. Dans son « Avertissement à propos de la traduction », Guidobaldo conseillait le latinisme *equidistante*,

39 Entre autres références, voir Altieri Biagi, Maria Luisa, *Galileo e la terminologia tecnico-scientifica*, Florence, Olschki, 1965 ; Manni, Paola, « La terminologia della meccanica applicata nel Cinquecento e nei primi decenni del Seicento. Origini di un lessico volgare scientifico », *Studi di lessicografia italaliana*, II, 1980, p. 139-213 ; Castellani, Arrigo, « Termini militari d'epoca rinascimentale : l'artiglieria », *Studi linguistici italiani*, n° 9, 1983, p. 31-55 et p. 117-178 ; Ricci, Laura, « Il lessico matematico della "Summa" di Luca Pacioli », *Studi di lessicografia italiana*, XII, 1994, p. 5-71 ; Piotti, Mario, *La Lingua di Niccolò Tartaglia…*, et Manni, Paola et Biffi, Marco (dir.), *Glossario leonardiano. Nomenclatura delle macchine nei codici di Madrid e atlantico*, Florence, Olschki, 2011.

40 Lettre à Giacomo Contarini, 18 décembre 1580, Bibliothèque Nazionale Marciana de Venise, ms. It. IV, 63.

41 Ces termes avaient déjà, pour la plupart, été employés par Léonard au début du siècle. Voir Manni et Biffi, *Glossario leonardiano*.

42 Pigafetta, *Le Mechaniche*, f. 115r° : « *La vite in latino si chiama cochlea a simiglianza cred'io dell'animale che si mangia detto lumaca, o bouolo, o chiocciola, che è più simile a cochlea latino […]. Onde ben si potrebbe con ragione dire chiocciola alla vite, volgarizzando il vocabulo latino cochlea, come si appellano chiocciole le scale che ascendono a vite* ».

43 Guidobaldo dal Monte à Filippo Pigafetta, Bibliothèque Ambrosienne de Milan, R121 sup, f. 22r°-v° : « *Le parole helix e cylindrus sì come io scrisse per il corriere passato, io in modo alcuno le nominaria altrimente che elice e cilindro, che se per significar helix vorremo dir verme, questo vocabulo Dio sa chi l'intenderà e potrà esser che sul veneziano sia per esser inteso, ma in altri paesi non lo credo, perché qua da noi si nominano in diversi modi e diversamente. Però mi par che sia da dir elice, che se noi consideriamo le voci helix e cylindrus, trovaremo che le sono greche, e non latine, nondimeno i Latini l'hanno fatte come sue sì come anco molte, e molt'altre le quali in latino servono per termini delle scienze* ».

44 Guidobaldo dal Monte à Contarini, 18 décembre 1580, « *ma io non intendo troppo bene alcune cose, perché La mi scrive queste parole precise : "Piglisi il diametro del maschio della vite et riportisi nel cilindro sopra il quale si fabrica la vite, et poi si vedrà in quella altezza del diametro quanti circoli del verme entrano, et a questo modo, etc.". Nelle quali parole io non so come mi fare a veder quanti circoli del verme entrano nel diametro del maschio, La mi farà somma gratia di*

mais dans la « *Descrizione delle operazioni del compasso del Mordente*[45] » qu'il joint à une lettre adressée à Giovan Vincenzo Pinelli et qui est une brève explication d'un instrument conçu par Fabrizio Mordente, il écrit *egualmente distanti*. Seule une analyse systématique pourrait déterminer si ces écarts sont réguliers et significatifs – reflétant ainsi différents registres de langue correspondant à des situations de communication différentes – ou s'ils sont marginaux. Latinismes et hellénismes semblent quand même être légion, comme le savant *dioptra* (hellénisme présent chez Vitruve et chez Pline) dans la description d'un instrument de mesure, que l'on retrouve en 1578 dans le traité de l'astrolabe d'Egnazio Danti, que Guidobaldo citait comme un modèle de vulgarisateur à Pigafetta[46].

Ce travail préalable de recension du vocabulaire de Guidobaldo permettrait ensuite de s'interroger sur les sens d'un ensemble de mots clefs, sur leur éventuelle polysémie ou leur monosémie. Un premier sondage montre, par exemple, que certains noms du savoir tels que *scienza, matematiche, mechaniche* (largement attestés sous de multiples sens chez les auteurs de langue italienne dès les XIIIe et XIVe siècles) sont remarquablement univoques et ne désignent que les résultats théoriques produits par la propre activité spéculative du mathématicien. Je n'ai relevé qu'un cas, dans l'ensemble de sa correspondance, où Guidobaldo employait *scienza* au sens général de « connaissance[47] ». En revanche, chez Guidobaldo, les termes *dottrina, cognizione* et *speculazione* ont le sens plus général d'« ensemble des connaissances acquises grâce à l'étude », et sont à ce titre beaucoup moins précis, proches des sens que leur prêtent les écrits littéraires. Il y a, en outre, chez Guidobaldo une terminologie décrivant une méthode scientifique inspirée par les auteurs anciens,

---

mandarmene un essempio con li numeri accio si possa intender la ragion che mette V.S.Ill.ma accio si possa venir in cognizione della demostrazione ».

45 Bibliothèque Ambrosienne de Milan, ms J231, infra, f. 196r°-v°.

46 Lettre de Guidobaldo à Giacomo Contarini du 15 février 1580, Bodleian Library, ms. Canoniciani Italici 145, f. 146r°. Le traité de l'astrolabe est celui de Danti, Egnazio, *Primo volume dell'uso et fabbrica dell'astrolabio et del planisferio […] nuovamente ristampato, et accresciuto in molti luoghi, con l'aggiunta dell'uso, et fabbrica di nove altri istromenti astronomici*, Florence, I Giunti, 1578 (« *Ultimamente è posto sopra il dorso dell'astrolabio un regolo, che l'attraversa, il quale da gli Arabi fu chiamato alidada, e da' Greci diottra, perché con quella si osservano mediante gli occhi i movimenti celesti* », p. 30-31).

47 Lettre de Guidobaldo dal Monte du 16 janvier 1588 à Galilée, Bibliothèque Nationale de Florence, ms. Gal., P. VI, T. VII, f. 9r° : « *E perche nella sua [lettera] mi dice di haver altre cose sopra i centri della gravezza, a me fara sempre favor grande a farmi partecipe delle sue cose, che per questo saggio che mi ha mandato non possono se non essere di esquisita dottrina ; dalle quali so che non potro se non imparar assai, havendo conosciuto in questa una esquisita et profonda scienza, et un modo di trattar molto bello et assai succinto e breve* ».

parfois à travers leurs traductions latines (Euclide, Archimède, Pappus et Héron d'Alexandrie) ; notons les termes *corollario*, *definizione*, *lemma* (dont les *Mechaniche* de 1581 représentent la première attestation selon le *Grande Dizionario della Lingua Italiana*), *proposizione*, *supposizione*, *teorema*.

Le terme *esperienza* est tout particulièrement digne d'intérêt, notamment à cause du nombre de ses occurrences. Une première lecture révèle *a priori* que l'*esperienza* des ingénieurs et des experts, qui naît d'une longue pratique et de l'observation – proche de l'*esperienza* de l'homme politique qui fonde, avec la connaissance des auteurs anciens, la légitimité de son action[48] – est à distinguer de l'expérience probante du savant, qui est une tentative de vérification, dans la pratique (par exemple au cours de la construction d'une balance), de théories mathématiques élaborées de façon abstraite[49]. L'étude de termes sémantiquement affins, tels que le couple *teorica* (auquel correspond parfois *ragione* chez les interlocuteurs du savant) / *pratica* (qui peut désigner l'expérience que l'on a acquise dans l'utilisation d'un instrument scientifique ou d'une technique), *verifica*, etc., de même que l'étude de passages où, sans que ne figure le mot *esperienza*, sont décrites des observations à caractère expérimental, semble prometteuse. Il serait, enfin, passionnant de comparer ces usages du mot *esperienza* avec ses emplois chez des prédécesseurs ou des contemporains de Guidobaldo, par exemple dans des textes faisant état de recherches théoriques et pratiques sur la balance et sur les machines simples – je pense à Léonard de Vinci, à Niccolò Tartaglia et à Galilée[50].

---

48 Voir la lettre de dédicace du *Prince* de Niccolò Machiavelli (1513), que l'on peut lire dans la traduction française de Jean-Louis Fournel et Jean-Claude Zancarini, *De Principatibus : Le Prince*, Paris, PUF, 2000.

49 Par exemple, dans la lettre à Giacomo Contarini du 9 octobre 1580 (Bibliothèque Nationale Marciana, Venezia, ms It. IV, 63), dans laquelle Guidobaldo tente d'expliquer comment réaliser une expérience confirmant une théorie du *Mechanicorum liber* que Contarini et Pigafetta ne parviennent pas à faire : « *In somma questa e cosa sicurissima che la pratica con la theorica vanno sempre insieme, ne si discostano punto l'una dall'altra ; et di piu le dico che la dimostratione mi ha insegnato assai come si hanno da far l'esperienze, sopra le quali per chiarirsi bene bisogna considerar molte cose : 1° che gli in strumenti siano piccoli piu presto che grandi, come per essempio le taglie con le sue girelle, che se fusse possibile di farle di ottone con li sui assi di ferro, sottili sottili* [...] ».

50 Il s'agissait, en 2014, d'un projet de recherche commun avec l'historien des sciences Martin Frank, qui a dû être abandonné faute de financements français, allemand ou italien permettant à ce collègue de vivre de son travail. Les manuscrits de Léonard sur la mécanique sont consultables à partir de la bibliothèque numérique leonardodigitale.com ; Tartaglia, Niccolò, *Quesiti et inventioni diverse*, Venise, Ruffinelli, 1546 ; Galileo, Galilei, *Le Mecaniche*, éd. R. Gatto, Florence, Olschki, 2002 et *Discorsi e dimostrazioni matematiche, intorno a due nuove scienze attenenti alla mecanica et i movimenti locali*, Leyde, Elsevier, 1638.

ANNEXE
Traduction de deux extraits de la correspondance Guidobaldo/Pigafetta

Note : Il est exceptionnel de trouver, chez les savants italiens de la Renaissance, des discours métalinguistiques. D'ordinaire les hommes de science ont, par rapport à la langue, des positions empiriques, conscientes ou inconscientes, qu'ils ne « théorisent » pas – il leur suffit qu'elle fonctionne. Il n'existe pas de « Bembo » de la langue des sciences, c'est-à-dire d'artisan de sa codification, comme Pietro Bembo le fut pour la langue littéraire dans les *Prose della volgar lingua* (1525). Sans surprise, ce sont plutôt les hommes de lettres – pourtant bien moins experts en langue technique – qui produisent des discours métalinguistiques, comme les importants vulgarisateurs Daniele Barbaro (traducteur de Vitruve), Egnazio Danti (auteur de traités de vulgarisation sur l'astrolabe) ou Michelangelo Florio (traducteur du *De re metallica* de Georges Agricola). J'ai donc choisi de traduire deux extraits de la correspondance entre Guidobaldo et Pigafetta illustrant la position du mathématicien sur la langue ; il s'agit, toutefois, d'une position assumée par réaction aux erreurs de Pigafetta sur le métier de la traduction, et non d'un programme linguistique prémédité.

Pour que ma traduction n'obscurcisse pas les discussions terminologiques en question, j'ai inséré entre crochets les termes italiens originaux.

Guidobaldo à Filippo Pigafetta
Pesaro, *sine data* [avant le 5 novembre 1580]
Bibliothèque Ambrosienne de Milan, Fonds Pinelli, ms R121 sup., f. 21r° ; copie contemporaine

Avertissement à propos de la traduction

À propos de la traduction du latin en vulgaire du livre des *Mécaniques*, s'agissant d'une matière peu traitée en langue italienne, et parce qu'il faut nommer de nombreux termes mathématiques que nous n'avons pas dans notre langue, il me semble qu'il faut employer des mots qui facilitent la science, et non pas qui l'obscurcissent.

Et c'est pour cela qu'il semble qu'il faut de toute façon abandonner les mots toscans, et à partir des mots latins en former de nouveaux, qui même s'ils ne seront pas proprement vulgaires ou toscans, rendront cependant la science plus facile et plus claire ; comme par exemple, si l'on dit « angle direct » [*angolo diritto*], cela ne veut rien dire, mais en disant « angle droit » [*angolo retto*], on signifie très bien cette sorte d'angle. Et c'est pour cela que de toute façon j'utiliserais « ligne droite » [*linea retta*], « angle droit » [*angolo retto*], « perpendiculaire » [*perpendicolare*], « parallèle » [*parallela*], « équidistante » [*equidistante*], « ligne de direction » [*linea della direttione*], « magnitude » [*magnitudine*], « angle mixte » [*angolo misto*], « angle curviligne » [*angolo curvilineo*], « centre de pesanteur » [*centro della gravezza*], « centre de gravité » [*centro della gravità*], « triangle équilatéral » [*triangolo equilatero*], « triangle équicrure » [*triangolo equicrure*], « scalène » [*scaleno*], « lemme » [*lemma*], « corollaire » [*corollario*] et d'autres semblables. En somme, quand il faut nommer les termes de la science, il me semble que l'on fait une grande erreur en les nommant autrement que par leur terme propre[51].

Pour le reste, lorsque l'on n'a pas à spécifier le terme, je trouve louable que l'on écrive poliment et en italien car l'excellence de la langue, surtout de la langue italienne, il faut l'utiliser dans les oraisons et les poésies, où l'on peut esquiver, comme le fit Dante dans son poème quand, voulant nommer l'angle droit, il dit « qui n'ait pas d'angle droit[52] ». En outre, ces mots et ces termes sont déjà acceptés dans notre langue ; comme l'ont fait tous ceux qui ont écrit et qui écrivent des mathématiques en langue vulgaire, par exemple frère Ignazio Danti, qui s'emploie à écrire florentin,

51 Voir aussi Guidobaldo à Filippo Pigafetta, Pesaro, le 14 novembre 1580 (BAM, ms R 121 sup. f. 18r°-19v°) : « Et bien que j'aie écrit qu'il serait bon d'utiliser les termes propres, je ne voudrais cependant être austère au point que ceux qui peuvent se dire en italien ne puissent pas l'être, comme "triangle à deux côtés égaux" [*triangolo di due lati eguali*], "ligne également distante" [*linea egualmente distante*] et d'autres semblables. Certes il est vrai que parfois, et même souvent, je dirais "équicrure" [*equicrur*], "ligne équidistante" [*linea equidistante*] et d'autres semblables ; mais jamais je ne dirais "angle droit" [*angolo diritto*] ni "angle mélangé" [*angolo mescolato*] parce qu'il me semble qu'ils n'ont pas le même sens, car "droit" [*diritto*] et "mélangé" [*mescolato*] ont à nos oreilles un autre sens, qui ne peut qu'à grand-peine s'accommoder aux mathématiques ; et cela d'autant plus que ces termes sont déjà acceptés et devenus familiers, comme Votre Seigneurie peut le voir dans tous les livres vulgaires qui traitent de mathématiques. Le mot "grandeur" [*grandezza*] à la place de "magnitude" [*magnitudine*] me plaît ; certes il est vrai que dans l'exemple que j'ai relevé, pour traduire "*magnitudo ex ponderibus composita*", il me semble que "magnitude" [*magnitudine*] sonne mieux et constitue une meilleure explication que "grandeur" [*grandezza*], le mot "*magnitudine composita*" ayant un je-ne-sais-quoi de plus que "grandeur composée" [*grandezza composta*] ».

52 Dante, *Paradis*, Chant XIII, v. 100-102, où le poète découvre la géométrie de la quatrième sphère mobile, celle du Soleil : « Non *si est dare primum motum esse, / O se del mezzo cerchio far si puote / Triangol, sì ch'un retto non avesse* ». Guidobaldo cite ce vers pour montrer que le poète, voulant désigner un triangle rectangle, emploie le mot vulgaire *retto*.

et qui a même usé de termes arabes vulgarisés comme « *almicantarath* » et d'autres semblables[53]. Et pour conclure, que l'on prenne l'Euclide vulgaire de Federico Commandino[54], et que l'on observe les termes qu'il a utilisés. Et s'il n'y en a point par chez vous, je vous en enverrai un d'ici.

Et cela est la plus grande considération que l'on doive faire en traduisant des mathématiques, car autrement l'on ferait une très grande erreur.

Filippo Pigafetta à Guidobaldo
Padoue, le 5 novembre 1580.
Bibliothèque Ambrosienne de Milan, Fonds Pinelli, ms R 121 sup., f. 14r°-15r° ; copie contemporaine.
EXTRAITS

Très Illustre Seigneur,

Votre très Illustre Seigneurie aurait beaucoup de peine à imaginer ma satisfaction à réception de Votre lettre, qu'il Vous a plu de m'envoyer, avec la réponse à mes questions, avec l'avertissement à propos de la traduction et avec les erreurs qui s'y trouvent, car assurément il s'agissait de donner vie à cette traduction si difficile, par elle-même comme le sont toutes les autres, mais aussi à cause de la pauvreté du vocabulaire correspondant aux sciences de n'importe quelle sorte en cette bonne langue italienne, pourvue seulement de mots d'amour relatifs à l'art des nouvelles, des fables et des vers.

Mais cependant je pensais, pour ma part, qu'il était utile de domestiquer le vocabulaire italien et de l'attribuer aux doctrines, plutôt que de le former, comme Vous le dites, à partir des vocables latins. C'est ainsi que je mis dans la traduction, pour « *triangulus aequicrus* » « triangle à deux côtés égaux » [*triangolo di due lati uguali*], imitant les Latins qui l'écrivirent à la place de « *ισοσκαλής* » qui, comme Vous le savez bien, veut dire « à deux jambes égales ». Ce mot, qui signifie précisément « à deux jambes égales » est utilisé par un certain auteur toscan ancien à propos de ce triangle, que j'ai vu dans la bibliothèque du Seigneur Pinello[55]. Ces deux vocables pesant dans la balance aussi lourd l'un que l'autre, et les mots qui les composent

53 Egnazio Danti (1536-1586), mathématicien de Pérouse et cosmographe des Médicis, utilisa dans son *Trattato dell'uso et della fabbrica dell'astrolabio*, Florence, Giunti, 1569, la terminologie arabe de l'astrolabe.

54 Commandino, Federico, *De gli elementi d'Euclide libri quindici*, Urbino, D. Frisolini, 1575.

55 Gian Vincenzo Pinelli (1535-1601), bibliophile et propriétaire d'une importante bibliothèque à Padoue. Pour Pigafetta, l'allégation d'un auteur toscan, très probablement du XIVe siècle – le siècle d'or de la langue italienne selon l'interprétation que l'on avait pu faire des *Prose della volgar lingua* de Pietro Bembo – vaut autorité.

se répondant *singula singulis*, chose que quiconque peut accomplir en transposant les livres d'un idiome à un autre, il me semblait que cela allait bien.

Et pareillement trouvant en vulgaire chez les bons écrivains de notre langue, pour *rectus* « droit » [*ritto*] ou bien « direct » [*diritto*], pour *gravitas* « pesanteur » [*gravezza*], pour *directio* « droiture » [*dirittura*], pour *mixtus* « mélangé » [*mescolato*] et ainsi de suite ; et « *παράλληλος* » équivalant à « *æquidistans* », et celui-ci à « également distant » [*egualmente distante*] ; et frère Egnazio ainsi que le vulgarisateur d'Euclide que Vous m'avez proposés employant, pour *magnitudine*, « grandeur » [*grandezza*], j'ai fini par me persuader d'employer les vocables susmentionnés ; m'en remettant à Votre excellent jugement, je les ai enlevés de ma traduction de Votre livre des *Mécaniques*, et j'y ai remis ceux que Vous commandez, comme je l'ai fait et comme je le ferai pour tout ce qu'il Vous plaira de me rappeler ; désirant pour ma part, de toute façon, que cette traduction soit utile et accessible à tous ceux qui ne savent pas le latin, et surtout, qu'elle soit à Votre goût. [...]

Enfin, les vocables relatifs à la comparaison d'une quantité à une autre, c'est-à-dire « *multiplex, sesquialtera, dupla, tripla* » et [...] « *submultiplex, subsesquialtera, subdupla, subtripla* » et en somme toutes les proportions d'une sorte et de l'autre, dont beaucoup apparaissent dans le traité *De la poulie* [*Della taglia*, lat. *De trochlea*], n'ayant pas encore, à notre époque, été usités en italien *propter egestatem linguæ*[56], comme le dit le poète Lucrèce en se plaignant de la langue latine, j'ai besoin que Vous me conseilliez sur la façon dont ils pourraient être transposés en vulgaire, de sorte qu'ils sonnent bien et qu'ils soient compris par la plupart des gens. Et Vous pouvez tenir pour certain qu'en les laissant ainsi, en latin, ils ne seront jamais, en aucun cas, compris, si ce n'est par les doctes, dont le nombre est très petit [...].

Noémie Castagné
Université Jean Moulin Lyon 3,
Centre d'Études Linguistiques –
Corpus, discours et sociétés
(EA 1663)

56 Lucrèce, *De rerum natura*, I, v. 139. Devant la difficulté de traduire Épicure, Lucrèce se plaint de la pauvreté du vocabulaire scientifique et philosophique latin.

DEUXIÈME PARTIE

LES LEÇONS DE L'EXPÉRIENCE

EXPÉRIMENTER L'EXPÉRIENCE, « MAISTRESSE DES CHOSES DOUTEUSES[1] »

Parmi les mots dont nous souhaitions explorer les usages figuraient au premier plan le terme *expérience* et son corollaire *pratique*, ainsi que l'ensemble de ce qu'ils recouvrent. Au milieu de bien d'autres possibles, le terme *expérience* s'est en effet imposé pour trois raisons, au moins. La première est qu'il n'est spécifiquement lié à aucune discipline mais les concerne toutes et se trouve au cœur des pratiques et usages de la science dans son ensemble et donc de toute réflexion sur l'histoire des sciences, des savoirs et des techniques. La deuxième est que l'expérience est, nous le disions dans notre introduction d'ensemble, généralement considérée comme l'une des composantes distinctives et l'une des notions clefs de la science telle qu'elle se conçoit et se construit après la dite Révolution scientifique[2], et l'on songe rarement à définir la Renaissance comme une période où l'expérience serait reine, malgré l'article pourtant ancien de Charles Schmitt qui a, très tôt, montré son importance[3]. Or celle-ci y est non seulement omniprésente, mais aussi, on peut le penser, déterminante. La troisième est qu'il présente une intéressante polysémie, puisque, comme le mot *création*, par exemple, il a la particularité de désigner à la fois un geste (le fait d'expérimenter ou d'apprendre par la pratique) et le résultat de ce geste (le savoir acquis par expérience)[4]. À ce titre, la

1 La formule est d'Antoine Mizauld, dans son *Jardin medicinal*, Genève, Jean Lertout, 1578, p. 206.

2 Le chapitre « Cultures expérimentales » dans l'*Histoire des sciences et des savoirs* sous la direction de D. Pestre, dans le volume allant « De la Renaissance aux Lumières » (tome dirigé par S. van Damme) est rédigé par Peter Dear, excellent spécialiste de la question. Il s'ouvre par ces mots : « Le développement de pratiques culturelles centrées sur l'expérimentation artificielle est caractéristique de la science au XVIIe siècle », p. 67-85, ici p. 67.

3 Schmitt, Charles B., « Experience and experiment : a comparison of Zabarella's view with Galileo's in *De Motu* », *Studies in the Renaissance*, n° 16, 1969, p. 80-138.

4 On peut d'ailleurs noter ici que le mot *pratique* présente une polysémie similaire à celle du mot *expérience* : la *pratique*, c'est à la fois la mise à l'épreuve du réel et l'expérience au sens du savoir acquis dans la durée, par la longue *pratique* qui rend le praticien expérimenté.

différence de sens, en français, entre la valeur active du verbe conjugué (on *expérimente* quelque chose), et le résultat impliqué par le participe adjectivé (on est *expérimenté*) est significative. Cette polysémie s'enrichit par ailleurs d'un réseau de parasynonymes et de termes corollaires, *pratique*, *expériment*, *essai*, *preuve*, *observation*… qui sont en eux-mêmes riches d'informations et permettent d'éclairer et de mieux saisir les nuances du sens d'*expérience* comme de la manière dont on concevait et traduisait cette notion.

Lorsque que l'on se penche sur les ouvrages, en latin ou en vernaculaire, qui sortent de presse pendant tout le XVIe siècle, on est en effet d'abord frappé par la fréquence du terme dans les textes scientifiques de la Renaissance, qu'il s'agisse de découvrir par expérience, d'apprendre par expérience ou de démontrer par expérience. Que l'idée soit simplement de saisir par les sens (en particulier par la vue), ce qui implique déjà un rapport complexe au regard et à la maîtrise de la connaissance, à un savoir acquis grâce à une longue pratique, dont la conséquence est le « savoir-faire », ou, déjà, de construire des essais probants, l'expérience est manifestement, comme la notion d'observation, une donnée cruciale pour le discours scientifique renaissant, car elle se trouve au point nodal des relations entre savoir livresque et empirisme, et permet de vérifier, de corriger, d'illustrer ou d'organiser la démonstration du premier.

Or, malgré la tenue, il y a une vingtaine d'années déjà, d'un grand colloque à Rome sur les mots *experientia/experimentum*[5], et malgré des travaux importants en histoire des sciences[6], l'étude de l'expérience à la Renaissance restait un domaine trop peu exploré au moment où nous avons commencé nos travaux ; les critères qui définissent la validité de l'expérience demeurent ceux établis depuis la fin de l'Âge classique[7], ce qui rend particulièrement complexe l'analyse du mot, de ses sens

5 Colloque publié dans Veneziani, Marco (dir.), *Experientia*, *Lessico Intellettuale Europeo*, Florence, Olschki, 2002.

6 Voir le travail fondateur de Ch. B. Schmitt cité *supra*, sa discussion par P. Dear et les nouveaux apports essentiels de ce dernier : Dear, Peter, *Discipline and Experience : the Mathematical Way in the Scientific Revolution*, Chicago, The University of Chicago Press, 1995 ; *id.*, « The meanings of experience », dans *The Cambridge History of Science*, vol. 3 : *Early Modern Science*, K. Park et L. Daston (dir.), Cambridge, Cambridge University Press, 2006, p. 106-131.

7 C'est ce que rappelle fort bien G. Spinosa : « *Le concezioni dell'esperienza tipiche ti tutta un'area dell' età moderna sono quelle che prendono origine dalla rivoluzione scientifica del VIII secolo, dove l'esperienza è un criterio di validità della conosceneza, un fatto osservato et ripetibile*

et de ses applications dans le domaine des savoirs de la nature pour la période antérieure. Il faut cependant noter qu'entre le début de notre projet et la rédaction de cet ouvrage, le sujet semble avoir acquis une actualité nouvelle, et quelques articles majeurs sont venus enrichir la bibliographie disponible, et donc notre réflexion[8].

La difficulté demeure, de tenter de comprendre le sens réel et exact de cette notion, sa signification et sa valeur, dans la bouche ou sous la main de ceux qui l'emploient, sans projeter sur elle la vision anachronique de la science contemporaine, ni juger que cette expérience, n'étant pas la nôtre, n'était pas une « vraie » expérience. Nous avons essayé de nous interroger aussi bien selon une perspective sémasiologique, en menant l'enquête sur la signification exacte que reçoit ce mot quand il est utilisé par les naturalistes, les médecins, les voyageurs, les encyclopédistes et tous gens de savoir, en latin comme en vernaculaire, qu'onomasiologique, en nous interrogeant sur l'existence du concept que nous nommons aujourd'hui *expérience* et des mots qui le disent. Les questions qui surgissent sont alors nombreuses. Si on utilise une perspective sémasiologique : quelle différence fait le latin renaissant entre *experientia* et *experimentum* et quel est le sens d'*expers*, *experior* ? Comment les nuances impliquées par l'existence de ces termes se résolvent-elles lors de leur passage dans les différents vernaculaires ? Le doublet français entre *expérience* et *expériment*, encore attesté au XVIe siècle, est-il le miroir du latin et quelle nuance sépare alors les deux termes ? Comment, par ailleurs, s'organisent les champs de l'expérience et de la pratique ? Et leur traduction textuelle ? Le recueil de cas, par exemple, est-il un genre lié à l'expérience comme peuvent l'être les *Observationes* ? L'évolution des termes implique-t-elle une redéfinition de la conception des savoirs et de leur hiérarchie ? Que devient la distinction aristotélicienne *technè/épistémè/praxis* dans un tel contexte ? Si on utilise une perspective onomasiologique, on peut par exemple plutôt se demander si des notions contemporaines comme celle d'*expérience construite*, d'*expérience de pensée*, d'*expérience cruciale*, l'idée que l'expérience est quantifiable ou reproductible, sont présentes dans

---

connesso alla nozione di esperimento », « ἐμπείρα/experientia : modelli di "prova" tra antichità, medioevo et età cartesiana », *Experientia*, p. 169-198, ici p. 169.

8 Citons en particulier Ragland, Evan R., « "Making trials" in sixteenth- and early seventeenth-century European academic medicine », *Isis*, n° 108-3, 2017, p. 503-528 et Egmond, Florike, « Experimenting with living nature : documented practices of 16th century naturalists and naturalia collectors », *Journal of Early Modern Studies*, n° 6-1, 2017, p. 21-45.

la pensée renaissante, sous quelles formes et dans quels termes, et si partir à leur recherche révèle d'autres formes d'expériences disparues mais propres à la période. La plupart de ces questions demeurent posées, mais des éléments importants dans une enquête qui reste ouverte pour longtemps ont surgi de nos tentatives de réponses.

LE LEXIQUE DE L'EXPÉRIENCE

Le travail accompli par les médiévistes, qui ont constitué des lexiques du français scientifique alors qu'il n'en existe pas pour la Renaissance, est ici particulièrement utile. Le colloque de Rome a par ailleurs permis de disposer de données importantes pour le latin. La contribution de Jacqueline Hamesse au volume *Experientia*[9] fait en effet apparaître la relative indistinction des emplois de *experientia* et *experimentum* jusqu'au XIIIe siècle, puis les transformations qui s'opèrent, dès le XIIIe siècle, en particulier sous l'influence d'Albert le Grand. Même si celui-ci est, selon Jacqueline Hamesse, une exception en son temps, son œuvre constitue une évolution décisive :

> Avec Albert le Grand, nous sommes en présence d'une exception. Il s'agit, en effet, d'un représentant de l'ordre dominicain dont la culture scientifique va orienter complètement les doctrines et nous faire entrevoir la nécessité d'une méthode différente de celle utilisée en théologie pour arriver à la connaissance. Avec lui nous entrons dans le monde de la raison et de l'expérimentation. Ce n'est d'ailleurs pas par hasard que l'emploi d'*experimentum* semble plus important chez lui que celui d'*experientia* [...]. Dans les passages où il utilise le lemme *experimentum*, nous voyons souvent apparaître dans le contexte des termes désignant la preuve[10].

L'enquête menée pour ce volume du *Lessico Intellettuale* a été ensuite très richement nuancée et complétée par le volume *Expertus sum. L'expérience par les sens dans la philosophie naturelle médiévale*[11], issu d'un colloque qui

9 Hamesse, Jacqueline, « *Experientia/Experimentum* dans les lexiques médiévaux », dans *Experientia*, p. 77-90.

10 *Ibid.*, p. 87-88.

11 Benatouïl, Thomas et Draelants, Isabelle, *Expertus sum. L'expérience par les sens dans la philosophie naturelle médiévale*, *Micrologus*, n° 40, Florence, Sismel-Edizioni del Galluzo, 2011.

s'est tenu en 2009. Ce dernier confirme dès ses premières lignes que « le concept et la pratique de l'expérience existent au Moyen Âge et sont invoqués de plus en plus souvent à partir du XIIIe siècle dans le cadre de la philosophie de la nature[12] », et pas seulement cantonnés aux domaines pratiques et techniques, comme on le lit parfois. Ces usages nouveaux conduisent à une formalisation plus précise des termes dès le XIVe siècle[13], dont on trouve la trace très nette dans les vernaculaires.

Une simple consultation du *Dictionnaire du Moyen Français*[14] montre bien que le terme *expérience* est d'une part d'un usage courant en moyen français et connaît des emplois larges, et de l'autre qu'il porte également tout un ensemble de sens spécifiquement scientifiques, également bien établis. Or cette richesse sémantique vernaculaire est nécessairement le reflet d'une richesse au moins aussi grande en latin, la majorité des textes scientifiques continuant de s'écrire dans cette dernière langue. Arrêtons-nous ici quelques instants sur les enseignements du *DMF*, qui intègre les dépouillements des textes de science. Il confirme d'abord que le terme *expérience* est attesté dans le sens général d'un savoir acquis par la pratique et par l'usage. Il ne s'agit pas, bien sûr, d'une expérience codifiée, quantifiée et reproductible, mais d'une connaissance acquise empiriquement, dans un domaine quel qu'il soit. Même dans les usages non spécialisés, la proximité avec l'observation est très grande, comme en témoigne l'expression « les experiences de mes yeulx », utilisée pour désigner un savoir qui ne vient pas du livre[15]. On apprend également que la locution *par expérience* est déjà figée en français et tout à fait fréquente. Ici encore, la simple consultation des occurrences relevées par le *DMF*, sans même parler de la richesse du réservoir latin, indique à quel point la notion est déjà fortement ancrée dans le vocabulaire ordinaire.

---

12 Benatouïl et Draelants, « Introduction », dans *Expertus sum*, p. 3.

13 « On le voit, au fil du temps, la méthode expérimentale se met peu à peu en place et au XIVe siècle, on trouvera des développements très élaborés sous la plume de Nicolas d'Autrécourt », *ibid.*, p. 88.

14 Le *DMF* et l'ensemble des lexiques séparés sur lequel il se fonde, sont en ligne. Nos citations renverront systématiquement à l'adresse du projet Atilf et du *Dictionnaire du Moyen Français (1330-1500)* : http://www.atilf.fr/dmf/ (consulté le 20/11/20).

15 « Car entre toutes les escriptures que j'ay veu et les experiences de mes yeulx, je treuve que, a tout povoir, chascun tend a garder son droit », référence *DMF* : La Sale, *Salade*, c. 1442-1444, 20, soit La Sale, Antoine de, *La Salade*, éd. F. Desonay, *Œuvres complètes*, 1, Liège, Faculté de philosophie et lettres-Paris, E. Droz, 1935.

Le plus intéressant pour notre propos est cependant le fait que le *DMF* atteste une spécialisation scientifique déjà très nette à la fin du Moyen Âge, particulièrement riche et complexe. Pour l'usage scientifique du terme, il propose en effet une définition sans équivoque : « Connaissance acquise à partir de données d'observation, preuve ». Mieux, l'article, extrêmement complet, permet de percevoir certains éléments essentiels. Le premier est que le terme est à la fois très proche et distinct de celui d'*observation*. Dans certaines occurrences, il semble se confondre avec lui, ainsi lorsque Nicole Oresme évoque les découvertes nouvelles des astronomes « qui ont trouvé par observances et par experiences comment le ciel VIIIe où sont les estoilles fichies est par-desus les esperes des planetes[16] ». Faut-il ici considérer *experiences* comme un doublet parasynonymique d'*observances* ? Probablement, dans la mesure où les astronomes ne peuvent guère *expérimenter* le ciel autrement que par l'*observation*. Mais probablement avec une nuance, car l'expérience n'est pas tant l'observation que, semble-t-il, la déduction que l'on fait à partir de la chose observée : ainsi Bernard de Gordon écrit-il « pour quoy se aulcun est ars se c'est bon de chauffer l'arsure et semble que non, car le feu est cause de la douleur qui est enclose ou membre, mais on voit le contraire par experience[17] » et on relève des emplois tels que « il appert par experience », « nous veons l'experience que… », « icelle chose est congneue et prouvée par experience, car nous veons que… ».

Ceci nous conduit au second point : la valeur probante de l'expérience et sa place réelle dans la quête de la connaissance vraie sont bien établies dans les esprits et les pratiques bien avant la Renaissance. Dans les textes astronomiques et surtout médicaux des XIVe et XVe siècles, l'expérience « demonstre », « prouve » et dialogue avec les autorités : Bernard de Gordon utilise en particulier deux expressions singulièrement intéressantes : « si le laissons a la verité de l'experience », « si comme il appert par experience et par auctorités et par raisons[18] ». Le triptyque

16 Référence *DMF* : Oresme, C. M., *c.* 1377, 486. L'abréviation *C. M.* renvoie au *Livre du ciel et du monde* : Nicole Oresme, *Le Livre du ciel et du monde*, éd. A. D. Menut et A. J. Denomy, trad. A. D. Menut, Madison, The University of Wisconsin Press, 1968.

17 Référence *DMF* : Gordon, *Prat.*, c. 1450-1500, I, 29. Cette occurrence et les suivantes proviennent de *La Practique de maistre Bernard de Gordon appellée Fleur de lys en medecine*, traduction française anonyme (faite à Rome en 1377) du *Lilium medicine* du même Bernard de Gordon (1312). L'ouvrage a été publié à Lyon, s. n., en 1495.

18 Pour toutes ces occurrences, voir l'article « Experience » du *DMF*.

expérience-autorités-raisons devient souvent, sous la plume des savants du XVIe siècle, malgré leur révérence supposée à l'égard des Anciens, un diptyque expérience-raison[19]. La preuve par la pratique est en tout cas clairement identifiée comme un élément essentiel de toute démarche scientifique. Mieux, les savants médiévaux ont le mérite de rappeler que l'idée de preuve expérimentale remonte en réalité à Aristote et que celui-ci l'utilisait de manière consciente pour appuyer la démonstration logique par la démonstration empirique, utilisée par exemple dans les discussions sur l'inexistence du vide : « Et à l'experience que met Aristote de la vessie enflée[20]... ». C'est là encore un point qui devient particulièrement prégnant chez les savants renaissants.

Enfin, troisième et dernier point, le *DMF* pointe une spécialisation directement liée à l'évolution de la science elle-même, puisqu'il signale qu'*expérience* peut désigner spécifiquement une « observation par la pratique de la dissection » : « Car nous faisons experience es corps nouvellement mors par decollacion ou suspencion, nous voyons l'anathomie au moins des membres officiaulx du dedans, de la char, des muscles et du cuir et de plusieurs voynes et nerfz[21] ».

À côté de l'*expérience*, par ailleurs, existe l'*expériment*. Ici encore, les enquêtes sur le français médiéval témoignent de la prégnance de cette notion très tôt dans le français scientifique, en particulier médical. Elles permettent de mettre en évidence la nuance sémantique entre les deux termes : si *expérience* désigne à la fois le savoir acquis par l'observation et l'ensemble des connaissances acquises par la pratique, *expériment* désigne plus spécifiquement ce que l'on nommerait aujourd'hui *expérimentation*. Le *DMF* formule ainsi sa définition : « Expérimentation, procédé d'investigation[22] ». On peut citer à l'appui de cette dernière deux occurrences particulièrement significatives : « Experiment, c'est probation par operation[23] », définition donnée par Olivier de La Haye dans son *Poëme sur la grand peste*, et « Cestui Recab fut grand investigateur

19 Voir *infra* l'exemple de Scipion Dupleix.

20 Référence *DMF* : Oresme, *C. M.*, *c.* 1377, 690.

21 Référence *DMF* : Panis, Guidon, 1478, tr. I, doct. 1, chap. 1, soit *Le Guidon de Guy de Chauliac, traduit en français par Nicolas Panis*, Lyon, Barthélémy Buyer, 1478.

22 Cette citation et les occurrences citées en suivant sont extraites de l'article « Experiment ».

23 Référence *DMF* : La Haye, *P. peste*, 1426, 198, soit La Haye, Olivier de, *Poëme sur la grande peste de 1348*, publié d'après le manuscrit de la Bibliothèque du Palais Saint-Pierre par Georges Guigue, Lyon, H. Georg, 1888.

de sciences et de experimens ; entre aucunes de ses experiances, trouva que la chair d'un paon ne pourrissoit jamais, par especial quand le paon estoit eclos de son euf en certaine constellacion[24] », qui permet de s'apercevoir que la distinction entre *expériment* et *expérience* n'est pas toujours nette sous toutes les plumes, *experience* assumant ici nettement le sens d'*expérimentation*, comme dans les démonstrations de l'inexistence du vide. La spécificité d'*expériment*, cependant, semble être de pouvoir désigner avant tout un procédé, une pratique bien précise, voire prendre le sens de *preuve empirique*.

On peut en déduire que dans le français courant comme dans le français de spécialité dont héritent les savants renaissants, les mots *expérience*, *expériment*, et le verbe *expérimenter* sont parfaitement usuels ; il est très probable que l'on retrouvera des usages similaires dans d'autres vernaculaires, ce que certains articles qui vont suivre permettront de préciser. *Expérimenter*, c'est en tout cas à la fois *essayer*, *pratiquer*, *observer* et *démontrer* (l'expression « Il est experimenté que… » est donnée comme ayant alors le sens « Il est prouvé que… »).

Qu'en est-il lorsque l'on arrive à la période qui nous occupe ici ? Nous ne disposons pas de lexiques similaires à ceux établis par les médiévistes. L'analyse lexicale systématique des textes scientifiques reste encore pour l'essentiel à faire pour le XVIe siècle français tout comme pour les textes latins. Par ailleurs, Charles Schmitt pointait déjà dans son étude sur Zabarella et Galilée la relative indistinction qu'il a pu observer, chez de nombreux savants, dans les emplois de *experientia* et *experimentum*, notant par exemple que Francesco Buonamici, dont Galilée fut l'élève, « ne semble faire aucune différence entre les deux termes, mais les utilise de manière interchangeable[25] ». Il fait remonter à Galilée un usage distinct et plus nettement défini comme « expérimentale » du terme *experimentum*. Plus récemment, Florike Egmond soulignait également la nécessité de conduire des analyses sur le concept d'*expérience* à partir des pratiques

---

24 Référence *DMF* : Simon de Phares, *Astrol.*, c. 1494-1498, f. 31v°, soit le *Recueil des plus celebres astrologues et quelques hommes doctes*, publié d'après le manuscrit unique de la Bibliothèque Nationale par Ernest Wickersheimer, Paris, Champion, 1929.

25 « *Despite these many positive contributions by the medieval and Renaissance empirical traditions it must still be emphasized that in the sixteenth century there was yet an unresolved ambiguity between* experientia *et* experimentum, *as used in the philosophical and scientific literature. It is perhaps more evident in Francesco Buonamicis's De motu. Buonamici, important as one of Galileo's teacher at Pisa, seems to make no distinction whatever between the two terms, but uses them interchangeably* », Schmitt, « Experience and experiment… », p. 90.

plutôt que des emplois des mots, « qui peuvent être particulièrement trompeurs » puisqu'un nom comme *experimentum*, ou le verbe *experiri*, renvoient aussi bien « à l'expérience ordinaire qu'à ce que nous appelons désormais *expérimentation*[26] ». Seule la réalité des pratiques, en effet, est absolument probante, mais l'étude des mots n'est cependant pas inutile.

Le français de la Renaissance conserve, par exemple, le doublet *expérience/expériment*. Il n'a pas de sens absolu, mais devient intéressant sous la plume des auteurs qui usent des deux termes (quand d'autres n'utilisent qu'*expérience*), mais aussi, certainement, selon les contexte d'études, les domaines agricoles et horticoles semblant être ainsi des lieux ou l'expériment occupe une place particulièrement importante[27].

Les dictionnaires livrent ainsi quelques informations, maigres mais significatives à tout point de vue. Si le mot *expérience* n'est presque pas développé par un dictionnaire comme celui de Huguet, comme si le sens était le même qu'aujourd'hui, *expériment*, sans doute parce qu'il a disparu, a droit à un article circonstancié. Il a, en français du XVIe siècle, la valeur claire d'essai, de vérification par la pratique, et recoupe *expérience* en pouvant signifier « savoir acquis par la pratique ». Deux occurrences relevées chez Claude Cotereau, sans sa traduction de Columelle[28], sont particulièrement intéressantes : « Et ne serons contents de l'auctorité des anciens ou des modernes, que n'essayons tous exemples et practiquions tous nouveaux experiments » ; « L'on ne doibt faire difficulté d'essayer tous experiments, et plus tost en une terre grasse et fertile : car le labeur et les despens ne sont si tost perdus[29] ». Ici, *expériment* renvoie

26 Nous résumons et traduisons Egmond, « Experimenting with living nature… », p. 23 : « *At the present stage of research it seems, moreover, important to give priority to evidence from practice rather than to the use of specific terms. Words can be particularly deceptive in this case, since the terms used at the time – (French)* experimenter, *(Italian)* experimentare, *and (Latin)* experiri *and* experimentum *– refer as often to ordinary experience as to what we have come to call experimentation* ».

27 Les travaux de Paula Findlen ont mis en lumière la spécificité du domaine botanique, voir par exemple Findlen, Paula, *Possessing Nature : Museums, Collecting, and Scientific Culture in Early Modern Italy*, Berkeley, University of California Press, 1994, Chap. 5 et 6, p. 175, 199–213, 240; voir aussi Leong, Elaine et Rankin, Alisha (dir.), « Testing drugs and trying cures », *Bulletin of the History of Medicine*, special issue, n° 91, 2017, p. 157–249 et voir tout particulièrement Egmond, « Experimenting with living nature… », cité *supra.*

28 *Les douze livres de Lucius Junius Moderatus Columella, Des choses rusticques. Traduicts de Latin en Françoys par feu Maister Claude Cotereau*, Paris, Jacques Kerver, 1551.

29 Cité par Huguet, *Grand corpus des dictionnaires [9e-20e s.]*, sur le site des Classiques Garnier en ligne.

à la tentative exploratoire et plus spécifiquement à l'essai de quelque chose de nouveau.

C'est cependant sans doute le dictionnaire de Robert Estienne qui apporte le plus d'informations. Curieusement, il ne signale pas *expériment*, mais comporte une entrée qui recense *Experimenter. Experimenté. Expert. Experience.* Il donne comme synonyme latin d'*expérimenter* non seulement *experiri* ou *experimenta agere* (voir aussi : « *chose qui n'a point esté experimentée, ou essayée* : inexperta res »), mais également *tentare* et surtout une expression latine qui passe inaperçue si l'on conduit des recherches lexicales uniquement sur la famille d'*experiri* : *Facere periculum.* Estienne rend par le mot *experience* deux sens qu'il distingue bien en latin : « *On le voit et cognoit par experience*, Experimento probatur » ; « *Faire l'experience de quelque chose* : Facere periculum ». On perçoit ici la nuance claire entre l'expérience comme preuve tangible et l'expérience comme essai. Or un article capital et tout récent d'Evan Raglands a montré toute l'importance de cette expression dans la littérature savante latine du XVIe siècle[30] ; il insiste en particulier sur le fait que, contrairement à ce que pensaient Charles Schmitt et surtout Peter Dear[31], l'expression est fréquente tôt dans le XVIe siècle et bien avant son emploi par les mathématiciens, usage traditionnellement considéré comme fondateur de la « nouvelle » science. Elle est ainsi omniprésente sous la plume des médecins, et, contrairement à ce que pourrait laisser penser le biais qu'ont créé les études sur Paracelse, n'est pas l'apanage d'une médecine nouvelle et marginale qui s'opposerait à une tradition livresque sclérosée, puisque qu'Evan Ragland en recense de nombreuses occurrences dans les ouvrages de médecins universitaires et à la renommée bien établie[32].

30 Voir Ragland, « "Making trials" in sixteenth- and early seventeenth-century… ».

31 « *Peter Dear's superb article on experience and experiment in the recent* Cambridge History of Science *volume on early modern science opens with the claim that the phrase* "periculum facere" *first "began to be used in the late sixteenth century to designate the deliberate carrying out of an experiment … initially in the mathematical sciences". This account takes the mathematical sciences as the primary breeding ground of modern scientific experimentation* », *ibid.*, p. 503.

32 C'est la ligne directrice de son article : « *In this essay I present an exploratory survey of works by sixteenth-century physicians who used the phrase* "periculum facere" *and related terms to signal the deliberate, first-person performance of a contrived test of a phenomenon or claim. Many of these examples are from prominent physicians with extensive audiences, and they predate known cases from the mathematical sciences, and the rise of seventeenth-century experimental societies, by decades* », *ibid.*, p. 503-504. Il résume ainsi les choses : « *Developed from engagement with things, ancient texts, other healers, and students, this lively tradition of contrived, first-person empirical trials flourished in some academic institutions, especially the University of Padua. The*

L'enquête minutieuse conduite sur l'expression *periculum facere* permet ainsi à son auteur de montrer que l'expérience à la Renaissance, si elle n'est pas celle du XVIIe siècle (mais pourquoi faudrait-elle qu'elle le fût ?), n'en présente pas moins des caractéristiques absolument capitales pour réévaluer l'histoire des sciences et des savoirs : d'une part, elle n'est pas uniquement le simple constat des phénomènes que l'on fait au quotidien, mais sert, sciemment, à la fois à confirmer par la pratique ou au contraire à tester des hypothèses avant d'en déduire une théorie et à produire de nouvelles connaissances[33], et d'autre part, si l'expérience reste d'abord une pratique individuelle, elle devient rapidement, dans le domaine médical, une pratique institutionnelle[34]. Florike Egmond, de même, observe que les naturalistes pratiquent en permanence diverses expériences qui sont de vraies manipulations du vivant, sans nécessairement toujours en tirer des lois, mais que d'autres élaborent dans le même temps ce que l'on peut nommer une méthodologie expérimentale. Elle analyse en particulier les recherches de Ferrante Imperato menées sur la reproduction des reptiles et conclut qu'elles obéissent à un « modern-looking *format* », c'est-à-dire au fait d'émettre une hypothèse, de la vérifier en répétant plusieurs fois la même manipulation, puis d'en tirer des conclusions à valeur générale au sujet d'un phénomène naturel donné[35].

---

frequency and visibility of sixteenth-century medical trials, especially in the education of hundreds of students annually, is essential evidence for understanding how experimentation came to be widespread in early modern Europe », *ibid.*, p. 503.

33 « *Without endorsing Kuhn's dichotomy between the confirmatory use of experiments in the mathematical sciences and their heuristic value in the experimental sciences, I argue that in sixteenth-century medicine making trials quite often served both ends : to confirm or test prior theory and to generate new knowledge* », *ibid.*, p. 505.

34 « *Encountered cumulatively, and situated in the intellectual and institutional structures of Renaissance learned medicine, these examples allow us to move from considering the structure of an individual's experimental work to inspecting the regular, perhaps increasingly normative, practices of making trials shared by a* community *joined by pedagogical and disciplinary life. This suggests that making trials may have become expected in learned medicine earlier than 1600* », *ibid.*, p. 505.

35 Egmond, « Experimenting with living nature… », p. 34. Voir page suivante pour la description des expériences pratiquées sur les vipères et une intéressante discussion des pratiques d'Imperato à la lumière des pratiques anatomiques.

ÉTUDES DE CAS

Nos propres enquêtes nous permettent d'enrichir par petites touches l'histoire lexicale et conceptuelle. Du côté du latin, d'abord, les rencontres de hasard que nous avons pu faire dans les textes latins traitant de philosophie naturelle confirment et nuancent à la fois les propos de Charles Schmitt ou de Florike Egmond sur l'interchangeabilité d'*experientia* et *experimentum* : la nuance entre les deux n'est pas toujours présente mais elle n'est pour autant pas exclue. Ce constat invite à donc à ne pas renoncer à compléter l'étude des pratiques par des analyses lexicales précises en contexte. À l'occasion d'un article consacré à Jérôme Cardan[36], nous avions par exemple relevé quelques occurrences dans le *De elementis*[37] de Gasparo Contarini, où l'on voit *experientia* être plus volontiers utilisé pour référer aux enseignements immédiats de la perception sensible et à la découverte fortuite (« Cette question, qui fut depuis de longues années un objet de débat entre les plus grands philosophes, c'est à notre époque l'expérience [*experientia*] qui l'a dénouée. En effet, les voyages nouveaux des Espagnols et principalement des Portugais ont rendu évidente la présence d'habitants sous les cercles équinoctiaux et entre les Tropiques[38] »), tandis que *experimentum* semble relever sous sa plume plutôt du régime de la preuve, conformément à son sens en moyen français et réfère plus nettement à l'explication, voire à la démonstration des phénomènes par l'observation systématique (« Et donc nous comprenons de manière évidente par l'expérience [*experimento*] que cette puissance de la chaleur qui fait enfler la mer dépend de la Lune[39] »). Il est en outre révélateur que Contarini utilise *experientia* à propos d'un cas où

---

36 Voir Giacomotto-Charra, Violaine, « La construction de l'expérience dans le texte scientifique : l'exemple du *De Subtilitate* de Jérôme Cardan », *Seizième siècle*, n° 8, 2012, p. 155-170.

37 Contarini, Gasparo, *De elementis et eorum mixtionibus libri quinque*, Paris, Nicolas Le Riche, 1548.

38 « *Hanc quæstionem, quæ multis iam annis versata est inter maximos philosophos, nostris temporibus experientia dissoluit. Nam ex hac nova Hispanorum ac præcipue Lusitanorum navigatione, compertum est sub circulo æquinoctiali et inter tropicos habitationem esse* », Contarini, *De elementis…*, f. 40v°-41r°.

39 « *Atque experimento evidenter comprehendimus vim hanc caloris, qua mare tumescit pendere a luna* », Contarini, *De elementis…*, f. 34r°.

la découverte est venue contredire la connaissance transmise par le livre d'autorité, et trancher ainsi tout net un vieux débat devenu subitement sans fondement. Il aurait pu en effet utiliser ici un autre mot : le choix d'*experientia*, plutôt qu'un terme renvoyant à la découverte, est donc un enseignement en soi, comme le fait que le traducteur de Cardan surtraduise volontiers le texte du *De subtilitate* en faisant apparaître en français des *expériences* qui ne sont pas énoncées en latin[40]. Chez Cardan, à l'inverse, *experientia* et *experimentum* sont tous deux polysémiques et en effet interchangeables, mis il convient alors d'étudier l'association des deux mots avec les verbes qui les accompagnent, par exemple *explorare* ou *confirmare*, puisque chacun d'eux implique un régime différent de l'expérience. L'étude lexicale ne saurait en effet s'arrêter à une étude stricte des valeurs sémantiques.

L'enquête menée sur Cardan, par ailleurs, confirme la complexité du concept d'expérience et son déplacement net vers une science pratique qui accorde de plus en plus de place à l'expérimentation. Cardan n'hésite pas à provoquer sciemment l'expérience, en particulier grâce à l'usage nouveau des machines ou par ce que nous nommerions une *expérience chimique* (comme enflammer de la poudre et répéter cette opération). Cette science ne considère plus l'expérience comme la simple déduction que l'on peut faire à partir d'un phénomène naturel observable, mais comme un moment, organisé et volontaire, du raisonnement savant. C'est sans doute le point qui singularise l'expérience renaissante par rapport à celle du Moyen Âge, avec laquelle elle demeure par d'autres aspects en nette continuité. On observerait donc une amplification et une précision accrue de la part de l'artifice dans l'expérience, et surtout le fait que cette dernière dépasse sa synonymie avec la notion d'observation répétée pour devenir le résultat d'une manipulation provoquée – ce qui peut supposer des conditions matérielles précises (lieux spécifiques, instruments idoines…). Cardan complète l'expérience naturelle, qui permettait de déduire des lois mais pas toujours de les expliquer, par l'expérience

40 « Le traducteur de Cardan, qui propose une traduction fort peu élégante et parfois obscure (voire fautive), a fait néanmoins des choix révélateurs qui montrent qu'il avait bien perçu les enjeux du texte : dans les passages où Cardan définit les principes de sa méthode, Richard Le Blanc sur-traduit régulièrement et utilise *expérience* ou un terme dérivé alors qu'il ne figure pas toujours dans le texte latin : "cognües comme experimentées" est ainsi la traduction de "explorata" », Giacomotto-Charra, « La construction de l'expérience… », p. 158-159.

artificielle : « donc les corps semblables s'assemblent et deviennent ainsi moins denses, c'est admis par expérience (*ab experimento acceptum est*), mais jusqu'ici la raison n'en est pas claire[41] ». L'idée en soi n'est pas nouvelle[42], mais Cardan la transforme. C'est d'abord pour parvenir à la bonne intelligence des causes qu'il pratique une forme de manipulation de la nature à travers la machine et « assimile clairement l'invention des machines à une transformation du mode d'investigation du réel, qui permet, selon ses propres termes, de cesser "de poursuivre par argumens obscurs ce qui peut être démontré par raisons évidentes[43]". Ainsi le texte décrit-il très précisément le fonctionnement des machines, reproduisant ce qui se présente exactement comme une expérience scientifique[44] ».

Ce point nous avait semblé particulièrement important, raison pour laquelle nous y revenons ici, parce que la machine est un élément réellement nouveau dans le dispositif épistémique ; elle transforme en quelque chose « d'expérimentable » ce qui ne l'était pas encore ou n'était pas conçu comme tel et marque clairement un changement dans la pratique de la démonstration. Par une sorte de boucle logique, l'existence même des machines semble être pour Cardan une preuve expérimentale faisant la démonstration que l'on peut comprendre les « subtilités » les plus obscures non par l'étude de leurs causes tel qu'on le fait en philosophie de la nature, mais par l'expérimentation. Il faut ajouter à cela que Cardan évoque également à plusieurs reprises des expérimentations relevant d'une forme de chimie puisqu'elles consistent à provoquer une réaction. « Expériences » récurrentes dans le texte, les distillations sont par exemple utilisées pour faire apparaître la constitution de la matière élémentaire et essayer d'en isoler les caractéristiques.

---

41 Notre étude s'appuie sur la comparaison du texte latin et de la traduction française donnée très rapidement après la parution en latin. Texte latin : Cardano, Girolamo, *De Subtilitate libri XXI*, s.l., Michel Fezandat et Robert Granjon, 1550 ; texte français : *Les Livres de Hierome Cardanus, medecin milanois, intitulez de la subtilite* [...], *traduit du latin en François par Richard Le Blanc*, [1556], Rouen, chez la veuve Du Bosc, 1642, ici f. 6v°.

42 Le volume *Expertus sum*, précisément, montre que l'une des composantes nouvelles de l'expérience telle qu'elle se forme au XIIIe siècle et qui explique sa « promotion épistémologique » est « la constatation que la cause de certains phénomènes naturels ou propriétés des corps est "occulte", c'est-à-dire cachée ; autrement dit, qu'il n'est possible de les observer qu'à partir de leur effet, qu'on "expérimente" par l'appréhension sensorielle », Benatouïl et Draelants, « Introduction », dans *Expertus sum*, p. 8.

43 *Les Livres de Hierome Cardanus*..., f. 5r°.

44 Giacomotto-Charra, « La construction de l'expérience... », p. 167.

Une autre étude nous a permis, plus récemment, d'explorer l'usage du mot *experience*, en français, dans un texte de philosophie naturelle. À l'exception des travaux sur Zabarella, les études disponibles jusqu'à aujourd'hui portent plutôt sur des praticiens du savoir ou des disciplines mixtes, où voisinent *ars* et *scientia*, comme la médecine, la botanique et la pharmacie ou l'horticulture. Il n'est donc pas inintéressant de regarder également ce qui se passe dans les textes de pure philosophie de la nature telle en outre qu'elle se constitue en français à la toute fin du XVIe siècle et au début du suivant. L'œuvre de Dupleix est très certainement un reflet assez fidèle de modes de pensée autant que de traits d'écriture présents chez ses contemporains ou ses immédiats prédécesseurs écrivant en latin, dont il s'est étroitement inspiré[45]. Or l'on peut pointer quelques traits qui viennent compléter ce paysage expérimental. Dupleix, d'abord, ne craint pas, bien que rapportant l'opinion d'Aristote et de ses divers commentateurs, de faire surgir dans le texte une expérience à la première personne :

> Pour moy qui suis voisin des monts Pyrenées où il y a de fort hautes montagnes, je n'en doute aucunement, parce que d'ordinaire on void cela par experience qu'estant sur la cime d'une haute montagne des nuages se condensent au dessous, le tonnerre y esclate, les esclairs y brillent, le foudre, la pluye et la gresle fondent sur les vallées[46].

Par ailleurs, dans le soin extrême qu'il prend de toujours accompagner ses explications d'exemples, il en distingue deux types, ceux qui illustrent une théorie, et ceux qui la démontrent. Il signale alors toujours ceux-ci comme venus de l'expérience et donne clairement une dimension que l'on peut dire expérimentale à l'enquête scientifique, qu'il s'agisse de vérifier un postulat physique ou de l'invalider :

> Plusieurs se sont travaillés en vain à rechercher des preuves pour monstrer que deux corps peuvent estre naturellement un en mesme lieu en mesme temps, et n'en pouvant trouver aucune, ont allegué certains exemples d'experience

45 Nous nous permettons de renvoyer ici à Giacomotto-Charra, Violaine, *La Philosophie naturelle en langue française. Des premiers textes à l'œuvre de Scipion Dupleix*, Genève, Droz, 2020.

46 Dupleix, Scipion, *La Physique ou science naturelle*, Paris, Veuve Salis et L. Sonnius, 1603. Le titre est modifié en 1607 pour devenir *Physique ou science des choses naturelles*, toujours chez Sonnius. Nous citons dans l'édition séparée de 1618, chez Giffart et Des Hayes, livre VII, 2, f. 330r°.

> mal conceüe et mal cognüe, comme qu'un verre plein de cendres peut recevoir encore autant d'eau [...] et ainsi de plusieurs autres experiences qui nous font voir (disent-ils) qu'un corps penetre dans l'autre, les parties de l'un occupans mesme lieu et mesme place avec les parties de l'autre[47].

Dans le chapitre que la physique aristotélicienne consacre traditionnellement à la question du vide, il annonce clairement vouloir « monstrer » s'il y a ou non du vide dans la nature, c'est-à-dire parvenir à la vérité des choses « et par raisons et par experience mesme » ou par des arguments « fondez pareillement et sur la raison discursive, et sur l'experience[48] », ce qu'il nomme ici *expérience* étant une série de manipulations effectuées traditionnellement à l'appui de l'inexistence du vide et que l'on trouve évoquées dans la tradition des commentaires aristotéliciens, comme le fait de devoir faire un trou dans un tonneau si l'on veut que le vin s'écoule, de devoir laisser une entrée d'air dans le goulot quand on veut vider une bouteille, de ne pouvoir ouvrir un soufflet dont on aurait bouché l'orifice[49], etc.

Dans une *Physique* d'inspiration nettement scolastique comme celle de Dupleix, l'expérience, dans les deux sens du terme, est sans cesse présente, et l'on voit le mot référer tantôt à la simple observation (« C'est pourquoy nous voyons par experience qu'une pierre plate poussée par dessus l'eau roulera loing raclant la surface de l'eau, au lieu qu'une pierre branchue ou cornue s'en ira soudain au fond[50] »), tantôt à des manipulations que l'on peut répéter pour faire la démonstration de la validité d'un phénomène. Trait significatif, il invite ainsi chacun à *faire l'expérience* de la physique enseignée par le livre, utilisant à plusieurs reprises une expression également révélatrice du rôle qu'il accorde à cette

---

47 *Ibid.*, livre IV, 6, f. 131v°.

48 *Ibid.*, livre IV, 9, f. 140r°-v°.

49 « Ainsi voyons nous ordinairement qu'il faut faire un soupirail au dessus du poinçon ou tonneau, afin que le vin sorte par un autre pertuis, lors mesmement que ce pertuis est si petit que le vin ne peut pas en mesme temps s'escouler et recevoir l'air qui doit entrer pour remplir sa place : de manière que le vin, qui est un corps liquide, s'arreste plutôt comme un corps solide, outre sa nature, que de sortir et laisser un espace vuide dans le vaisseau. Le mesme se voit ès ampoules, phioles, et autres petits bouteilles qui ont l'ouverture estroicte. Car si on veut verser tout à coup l'eau ou autre liqueur dont elles sont remplies, elle ne coule point du tout, et arreste plutôt son flux naturel que de laisser sa place vuide si on ne donne loisir à l'air d'y entrer. Un soufflet se rompt plustost que s'eslargir, si on bouche le trou par lequel il reçoit l'air », *ibid.*, livre IV, 9, f. 142r°.

50 *Ibid.*, livre IV, 9, f. 141r°.

mise à l'essai des phénomènes : les exemples expérimentaux permettent de « rend[re] une preuve familiere[51] » des théories de la philosophie naturelle. L'expérience ne contredit pas l'autorité de la parole livresque, chaque lecteur est invité plutôt à vérifier par expérience la parole d'autorité. Cela nous semble un autre point important dans l'évolution du concept : l'expérience n'est plus, comme c'est encore souvent le cas au Moyen Âge, l'observation pratiquée par un autre[52], elle doit être impérativement une autopsie ou un geste « fait par soi-même », et le lecteur même est invité à ne plus croire l'auteur sur parole, mais à refaire à son tour la démonstration exposée par le livre.

Chaque savant, ainsi, philosophe ou praticien, médecin, jardinier, apothicaire, ingénieur accorde à l'expérience un rôle fondamental, et il faut regarder de près la manière dont il fait correspondre la pratique et les mots. Les études réunies dans cette partie permettront ainsi à la fois d'enrichir et de nuancer les analyses déjà menées, en particulier dans le domaine de la botanique, de l'art des jardins ou de la médecine, par des études de cas spécifiques, portant sur des personnages singuliers (Bernard Palissy, Antoine Mizauld…), des domaines dont l'importance pour la promotion de l'expérience est capitale, comme l'horticulture et la médecine, ou la science pratique des ingénieurs, à travers la question de l'art militaire et celle, un peu plus tardive, des privilèges.

« LE PHILOSOPHE » ET L'EXPÉRIENCE

Un point reste à évoquer pour clore cette introduction : il est de coutume d'opposer radicalement la nouvelle science, celle de Galilée, de Bacon et de Descartes, à la scolastique, dont on pense encore souvent qu'elle est devenue à la Renaissance une philosophie sclérosée et réactionnaire, tristement emblématisée par l'anecdote du philosophe qui refusa de regarder dans la lunette astronomique (Cesare Cremonini a

51 *Ibid.*, livre IV, 9, f. 141v°.

52 « Les savants médiévaux invoquent souvent des expériences qu'ils n'ont pas menées personnellement, et qu'ils ont trouvées rapportées dans des livres », Benatouïl et Draelants, « Introduction », dans *Expertus sum*, p. 6.

gagné dans cet épisode une gloire éternelle devenue l'argument massif permettant de condamner définitivement l'aristotélisme) et contre laquelle se serait donc construite la nouvelle science[53]. Or si la notion d'expérience est si fréquente sous la plume des savants du XVIe siècle, tout en obéissant à sa propre définition, c'est précisément parce qu'elle est étroitement liée à la philosophie alors dominante, celle d'Aristote. La fin des *Seconds analytiques* est en effet une source importante pour les savants renaissants, comme l'a montré Charles Schmitt qui souligne en particulier son rôle chez Zabarella[54] :

> À partir de la perception, donc, se produit le souvenir, comme nous le disons, et du souvenir de la même chose se produisant un grand nombre de fois, l'expérience. En effet, plusieurs souvenirs forment une expérience unique. À partir de l'expérience, autrement dit de l'universel tout entier au repos dans l'âme, de l'un à côté des choses multiples, tout ce qui est contenu un et le même en elles toutes, est produit un principe de l'art et de la science, de l'art si c'est à propos du devenir, de la science si c'est à propos de l'étant[55].

Isabelle Draelants et Thomas Bénatouïls rappellent pour leur part qu'une « prise de conscience collective de l'importance de l'expérience pour construire un savoir » se produit à partir des XIIe-XIIIe siècles et que l'élément déclencheur en est précisément la mise en circulation, en traduction latine, de l'Aristote arabe et plus particulièrement « l'idée

53 Marco Sgarbi énonce parfaitement ce biais : « *A pervasive and much cherished paradigm among historians of science is to view the origin of "moderne science" as a reaction against Aristotelian and Aristotle's ruling authority* », Sgarbi, « What does a Renaissance Aristotelian look like ? … », p. 226. Voir surtout la discussion précise du bilan historiographique fait par le même auteur dans « Renaissance Aristotelianism and the Scientific Revolution » : « *Almost all histories of science of the period between 1500 and 1700 are founded upon two closely interlinked historiographical assumptions. The first is that the great advancements in science happened mainly in the seventeenth century in opposition to a stagnating Medieval and Renaissance thought. The second assumption is that such developments were possible within an anti-Aristotelian movement. […] Nowadays, thanks to Daniel Garber's meticulous clarifications, we know that it is no longer so : neither Bacon's experimental philosophy nor Galilei's mathematicism, Descartes's mechanicism or even Newton's physics were capable of establishing themselves globally and supplant Aristotelianism* », p. 330 et 332.

54 Schmitt, « Experience and experiment… », p. 93.

55 Aristote, *Seconds analytiques*, 100a-100a10, trad. P. Pellegrin, dans *Aristote, Œuvres complètes*, éd. P. Pellegrin, Paris, Flammarion, 2014, p. 211-294, ici p. 292. E. Ragland commente ainsi ce passage : « *We can take this passage as representing an ideal of Aristotelian pre-modern experience. This notion of experience is supposedly general, known to all, and about the way things always or usually happen* », Ragland, « "Making trials" in sixteenth- and early seventeenth-century … », p. 504.

d'Aristote selon laquelle la connaissance a lieu à partir des sensations que nous procurent nos cinq sens, et qu'à partir de ces "expériences" répétées, il est possible de tirer des idées universelles par abstraction[56] », soit très exactement le concept aristotélicien tiré des *Seconds analytiques* que Charles Schmitt considère comme une clef pour la Renaissance. Le rôle de la médecine, enfin, est également un facteur capital pour l'expérience médiévale comme renaissante.

L'ouvrage d'Isabelle Draelants et de Thomas Bénatouïls, cependant, n'affine pas seulement les connaissances déjà acquises sur la notion d'*expérience* au Moyen Âge : il se caractérise par un apport propre qui est de dégager correctement ce que les deux directeurs de la publication définissent comme « l'émergence proprement médiévale d'un type "d'épreuve par les sens"[57] ». Celle-ci se fait donc dans le cadre d'un aristotélisme dominant, dont elle est un élément constitutif. Le XVIe siècle en hérite, comme de toute une structure universitaire demeurée extrêmement dynamique, et marque ces notions de son empreinte en les inscrivant dans un contexte épistémique transformé par l'imprimerie (dont on connaît le rôle déterminant pour la zoologie ou la botanique, par exemple[58]), la pratique systématisée de l'anatomie, la découverte du Nouveau Monde et l'humanisme, qui participa également au maintien d'un aristotélisme vivant. La notion d'expérience telle qu'elle apparaît et se transforme au long des XVe et XVIe siècles continue de prendre sens précisément par son ancrage dans un aristotélisme qui ne s'est pas figé en une nouvelle religion du livre révérant *ille Philosophus*, mais qui ouvre grand les portes à l'appréhension du réel. Comme l'a bien montré Marco Sgarbi, après les travaux fondateurs de Kristeller et Schmitt, en particulier, et de nombreuses études ponctuelles aujourd'hui disponibles, l'aristotélisme est un cadre de pensée plutôt qu'une *doxa*, dans lequel l'expérience joue un rôle important, et Marco Sgarbi rappelle en particulier qu'à côté de l'aristotélisme universitaire, nécessairement plus contraint, vit tout un aristotélisme que l'on pourrait dire « de recherche », « a more vibrant culture that is open to the new scientific and technical discoveries[59] », rappelant qu'Alessandro Piccolomini ou Leonardo Garzoni n'appartenaient

56 Benatouïl et Draelants, « Introduction », dans *Expertus sum*, p. 4 et 5.

57 *Ibid.*, p. 5.

58 Voir Pinon, Laurent, *Livres de zoologie de la Renaissance. Une anthologie (1450-1700)*, Paris, Klincksieck, 1995.

59 Sgarbi, « Renaissance Aristotelianism and the Scientific Revolution », p. 331.

pas à la sphère universitaire et écrivaient en vernaculaire. Il conclut, et nous partageons absolument ce point de vue, qu'il serait plus pertinent de « se focaliser sur la transmission, la transformation et l'exploitation de la tradition aristotélicienne à l'intérieur d'une structure intellectuelle en constante évolution », arguant également que l'aristotélisme n'a pas été un obstacle, mais plutôt le terreau fertile des transformations de la science[60]. Comme on le voit à la lecture des textes, « être aristotélicien » n'est pas tant répéter fidèlement la parole du philosophe, que l'on peut critiquer, qu'affirmer sa fidélité à un geste (comme les médecins humanistes le font d'ailleurs avec Galien et Hippocrate, affirmant que ces derniers ont pu se tromper dans le détail et que c'est leur geste – celui de la méthode diagnostique – qui est important), geste qui, si l'on se fie à un universitaire comme Zabarella ou à un vulgarisateur comme Dupleix, consiste à chercher la vérité à la lumière « de l'expérience et de la raison ».

Il ne s'agit donc pas de porter un jugement de valeur : l'expérience telle qu'on la conçoit et pratique à la Renaissance n'est ni plus ni moins *expérimentale* que celle du XVIIe ou du Moyen Âge au regard des critères de ceux qui la pratiquent ; elle prend sens, à chaque époque, dans un contexte épistémologique qui lui est propre. Il ne s'agit pas non plus de vouloir décrire un XVIe siècle autre qu'il n'est, de vouloir le moderniser à toute force, ni d'en faire à l'inverse le simple héritier du Moyen Âge : il n'est ni « encore » ni « déjà » expérimental, mais peut reconnaître qu'il accorde une importance cruciale à une expérience singulière parce qu'étroitement interdépendante du contexte intellectuel et épistémique qui lui est propre. Cette expérience est fondamentalement corrélée à l'observation, et plus précisément à l'autopsie, ainsi qu'à la répétition. Elle peut être naturelle mais aussi provoquée. Elle permet de construire un savoir empirique, mais aussi de dégager des lois. Et si quelqu'un comme Cardan gomme la plupart du temps toute différence, dans l'emploi des termes, entre ce qui est observable (y compris dans le cas d'une observation erronée) et ce qui est « démontré » de manière expérimentale, cela ne signifie pas pour autant qu'il ne fasse pas de différence entre les deux gestes, même si on peut raisonnablement penser que cette différence n'a

60 « *Perhaps it would be more appropriate to focus on the transmission, modification and exploitation of the Aristotelian tradition within an intellectual framework in continuous change and evolution, such as early modernity was. [...] The Aristotelianism and the intellectual background from which the stories of scientists like Galilei emerged should not be considered an obstacle to be overcome, rather fertile soil for new discoveries* », *ibid.*, p. 333.

pas pour lui l'importance que nous lui accordons aujourd'hui. C'est ici qu'il y a indubitablement une différence avec l'expérience du XVIIe siècle, dont on peut penser que c'est la perception que l'on a de son rôle qui a fondamentalement changé[61]. Les savants du XVIe siècle pratiquent une forme d'expérience selon des modalités qu'ils jugent pertinentes et qui ont un sens par rapport au type de raisonnement qu'ils mènent et au type de textes qu'ils écrivent. Florike Egmond a ainsi bien montré que le lien est souvent implicite entre l'expérimentation à laquelle se livrent les savants et les conclusions générales qu'ils pourraient en tirer pour la science naturelle, non par manque d'intérêt pour une perspective ou un questionnement plus larges, mais parce que ce mode de pensée doit être compris dans le cadre d'un « type de connaissance et un mode de description de la nature typique du XVIe siècle, qui explicitaient rarement leur méthodologie mais se concentraient sur les résultats », soulignant qu'on ne doit pas confondre les limites liées à la manière dont on écrivait l'histoire naturelle à la Renaissance avec des limites intellectuelles[62], conclusion que l'on peut étendre à toute la science.

Violaine GIACOMOTTO-CHARRA
Université Bordeaux Montaigne,
Centre Montaigne, EA 4195-TELEM

Myriam MARRACHE-GOURAUD
Université de Poitiers,
Équipe FoReLLIS (EA 3816)

61 Plus l'enquête avance, cependant, plus les liens s'avèrent complexes, comme le montre par exemple une étude associant la transformation du concept d'expérience sous l'influence des voyages liés aux Grandes découvertes et l'expérience telle qu'elle se développe ensuite chez Bacon : Ceceña, René, « L'*experientia* et l'*inventio* du Nouveau Monde. De l'histoire à la théorie de la connaissance de la nature », *Eikasia. Revista de Filosobia*, n° 35, 2010, p. 67-84.

62 « *Here we come up against the self-imposed boundaries of the genre of sixteenth-century natural history writing, which should not be mistaken for the mental limitations of the naturalists* », Egmond, « Experimenting with living nature », p. 40.

PRATIQUE *VS* THÉORIE DANS L'ŒUVRE DE BERNARD PALISSY

De l'art à l'épistémologie

> L'experience, qui de tout temps est maistresse des ars[1].

Dans ses écrits, le céramiste et naturaliste Bernard Palissy emploie très rarement le terme *expérience*. En tant que concept en revanche, l'expérience constitue le fondement de sa pensée et de son approche de l'art et de la science. C'est pourquoi les lignes qui suivent proposent une analyse du lexique de Palissy, afin de comprendre et d'analyser comment le céramiste invente un « discours de l'expérience », pour reprendre l'expression de Marie-Madeleine Fragonard[2].

La vie et la carrière de Bernard Palissy ont traversé tout le XVIe siècle – il a vécu de 1510 à 1590 – et furent engagées dans les profondes transformations politiques, sociales, religieuses et culturelles de la société française de l'époque. Probablement originaire d'Agen[3], il s'installa vers 1540 à Saintes, où il s'établit comme potier, puis à partir de 1567

---

1 Palissy, Bernard, *Discours admirables*, dans *Œuvres Complètes*, éd. M.-M. Fragonard, 2e édition revue et augmentée, Paris, Champion, 2010, p. 453. Dans les notes suivantes, les références aux *Discours admirables* seront abrégées avec les initiales *D. A.*, et celles à la *Recepte véritable* avec les initiales *R. V.*, correspondant toujours à la même édition des *Œuvres Complètes.*

2 Fragonard, Marie-Madeleine, « Introduction », dans Palissy, *Œuvres Complètes*, n. 1, p. 24.

3 Aucun document sur la naissance de Palissy n'a été retrouvé. Les informations relatives au lieu d'origine de l'artiste sont contenues dans le décret de 1588 de sa condamnation à mort, qui mentionne la ville d'Agen. Le document est daté du 30 décembre 1586 et 12 janvier 1587, conservé aux archives de la Préfecture de Police de Paris, publié par N. Weiss en 1912 (Weiss, Nathanael, « L'origine et les derniers jours de Bernard Palissy d'après des textes inédits », *Bulletin de la société de l'histoire du protestantisme français*, n° 61, 1912, p. 389-407), reproduit dans Amico, Leonard N., *In Search of the Earthly Paradise*, Paris, Flammarion, 1996, p. 236.

environ à Paris, lorsque Catherine de Médicis lui commanda une grotte pour les Tuileries. Il commença sa carrière comme peintre sur vitrail, ce qui lui permit de voyager dans plusieurs régions de l'Hexagone, observant les mœurs et les milieux naturels des différents lieux visités. À Saintes, il change de profession et décide de se consacrer à l'art céramique, de manière autodidacte, rencontrant bientôt le succès auprès de la bourgeoisie et de la noblesse de toute la France. Ses créations furent appréciées pour leur grande originalité, une qualité soulignée par Henri II lui-même, selon les dires de l'artiste[4], et furent probablement perçues comme des curiosités, c'est-à-dire des objets naturels ou artificiels collectionnés pour leur beauté, leur rareté et la fascination qu'ils pouvaient exercer.

Outre cette production artistique, Palissy s'est illustré par trois publications : l'*Architecture et ordonnance de la grotte rustique* (1563), la *Recepte véritable* (1563), et les *Discours admirables* (1580), recueil de conférences tenues à Paris de 1575 à 1584[5]. Ces deux derniers écrits revêtent une grande importance pour notre sujet puisque la supériorité de la pratique sur la théorie y devient un *leitmotiv*, aussi bien dans le domaine des sciences que dans celui de l'art.

L'EXPÉRIENCE PAR LA PRATIQUE

Si l'expérience est « la connaissance acquise par la pratique[6] », rien d'étonnant à ce que Palissy emploie de manière répétée le mot *pratique* pour exprimer sa défense de l'expérience. L'analyse de l'usage que fait

4 Palissy narre l'anecdote suivante à propos de la visite du roi : « il y a environ sept ans [...] lorsqu'il vous pleut me commander ledict œuvre, que le feu Roy Henri, et monsieur le Cardinal de Lorraine, attesterent en votre presence, qu'ils avoyent veu des plus grands œuvres, et des plus belles choses du monde, mais qu'ils n'avoyent jamais veu œuvre semblable au mien », *Architecture et Ordonnance de la grotte rustique*, *Œuvres Complètes*, p. 53.

5 *D. A.*, p. 434, n. 41.

6 Voir Brunetto Latini, *Li Livres dou tresor*, éd. J. Carmody, Berkeley, University of California Press, 1948, II, XXXI, 24. Dans cet ouvrage du XIIIe siècle, l'auteur distingue nettement la science pratique de la science théorique, la première introduisant la seconde, qui relève de la philosophie aristotélicienne « plus précieuse, aux yeux de l'auteur (qui file la métaphore du "trésor"), que toute la théorique », Mandosio, Jean-Marc, « Encyclopédies en latin et en langue vulgaire », dans Bury, Emmanuel (dir.), *Tous vos gens à latin : le latin, langue savante, langue mondaine (XIVe-XVIIe siècles)*, Genève, Droz, 2005, p. 113-136, ici p. 120.

l'artiste de ces deux mots témoigne de la richesse sémantique revêtue par le concept d'expérience, depuis l'acte d'éprouver par la sensation, à la connaissance acquise par un long usage. Dans les *Discours admirables*, Palissy emploie le mot *expérience* plusieurs fois dans la dédicace au lecteur de son *Traité des metaux et alchimie*, affirmant qu'il a « entrepris de parler contre un millier d'autres qui sont indignes d'une telle science, et totalement incapables, à cause de leur ignorance et peu d'experience[7] ». Le mot revient quelques pages plus loin à propos de la prétention des alchimistes à créer des métaux précieux par génération, et évoque leur attente confiante que l'or et l'argent soient générés dans leurs fours, malgré l'absence totale d'expérience dans leurs recherches :

> tous ces convoiteurs de richesses, qui tachent de sçavoir faire l'or et l'argent, quand on leur dit qu'il y a longtemps qu'ils sont apres, et que l'on ne voit aucune experience, il disent que en tout cas pareil que le laboureur attend patiemment le temps et saison de la cueillette, apres avoir semé[8].

Ces deux exemples illustrent deux significations distinctes : dans le premier cas il s'agit de dénoncer le manque d'observation directe ; dans le deuxième, plus ambigu, *expérience* semble signifier un résultat tangible, qui prouve la légitimité des recherches. Dans le *Traité des pierres*, Palissy affirme : « l'expérience, qui de tout temps est maistresse des ars, m'a fait connoistre que le fer, le plomb, l'argent et l'antimoine, ne peuvent faire autres couleurs que le jaune[9] ». Ce dernier cas indique l'expérience comme une connaissance acquise par une longue pratique du métier de céramiste. Il s'agit donc de trois nuances autour d'un même concept, qui va être élaboré de manière très complète par l'usage du terme *pratique*, comme nous allons le voir à présent.

7 *D. A.*, p. 321.
8 *Ibid.*, p. 326.
9 *Ibid.*, p. 453.

LA PRATIQUE CONTRE LA DOCTRINE

Le potier saintais revendique un savoir acquis par l'expérience manuelle directe et non par la lecture des *auctoritates* classiques, aussi bien dans la *Recepte* que, près de vingt ans plus tard, dans les *Discours admirables*, qui développent cette idée de manière plus articulée. Dans ce dernier recueil, l'opposition entre la pratique et la théorie est exprimée de manière on ne peut plus claire par les noms des deux protagonistes de ces traités, Théorique et Pratique, le premier ayant le rôle de l'ignorant en quête de réponses à qui le dernier expose ses raisonnements. On comprend ainsi d'emblée le parti-pris de Palissy en faveur de l'expérience, rendu encore plus explicite par la forme littéraire adoptée dans tous ses écrits, le dialogue. Keith Cameron a proposé de voir dans le choix littéraire de Palissy un écho aux écrits protestants de l'époque, auxquels le céramiste a eu accès de manière certaine[10]. Cette proposition paraît sensée si l'on considère le fort engagement religieux de Palissy, mais ces textes engagés ne sauraient être l'unique source possible, puisque le dialogue était aussi utilisé en raison de ses qualités pédagogiques dans la tradition des publications scientifiques et philosophiques depuis l'Antiquité. Il était fréquemment employé au XVIe siècle dans les traités de praticiens, d'artisans, d'architectes et de médecins[11].

Dans les dialogues de Palissy, le personnage « Pratique » sert de procédé rhétorique à l'auteur pour diffuser et défendre ses propres opinions. Dans la *Recepte* déjà, il se faisait critique des autorités latines et grecques,

---

10 *Cf.* Introduction, dans Palissy, Bernard, *La Recepte véritable*, éd. Keith Cameron, Genève, Droz, 1988, p. 18-20.

11 Sur ce sujet voir par exemple Bénouis, Mustapha Kémal, *Le Dialogue philosophique dans la littérature française du seizième siècle*, Paris-La Haye, Mouton, 1976 ; Jones-Davies, Marie-Thérèse (dir.), *Le Dialogue au temps de la Renaissance*, Centre de recherches sur la Renaissance, Paris, Jean Touzot, 1984 ; Cox, Virginia, *The Renaissance Dialogue : Literary Dialogue in its Social and Political Contexts, Castiglione to Galileo*, Cambridge, Cambridge University Press, 1992 ; Godard, Anne, *Le Dialogue à la Renaissance*, Paris, P.U.F., 2001 ; Montagne, Véronique « Le dialogue au XVIe siècle : éléments de théorisation générique », dans *Comètes, Revue des littératures d'Ancien Régime*, n° 1, *Le dialogue et le genre*, 2004 ; *eadem*, « Le dialogue à la Renaissance : notes sur la théorisation contemporaine du genre », *Revue d'histoire littéraire de la France*, n° 4-111, 2011, p. 789-817 ; Kusher, Eva, *Le Dialogue à la Renaissance : histoire et poétique*, Genève, Droz, 2004 ; Buron, Emmanuel, Guérin, Philippe et Lesage, Claire (dir.), *Les États du dialogue à l'âge de l'Humanisme*, Rennes, P.U.R., 2015.

désacralisant l'*aura* des auteurs classiques en faisant valoir leur nature humaine et donc faillible. Parlant de la croyance dans les vertus de l'or potable auquel il dédie un de ses traités, il déclare :

> Peut estre tu diras qu'il faut croire les Doctes et Anciens, qui ont escrit ces choses il y a un bien long temps, et qu'il ne se faut arrester à mon dire, d'autant que je ne suis ne Grec, ne Latin et que je n'ay rien veu des livres des Medecins. A ce je respons, que les Anciens estoyent aussi bien hommes comme nous les Modernes, et qu'ils peuvent aussi bien avoir failli comme nous[12].

Cette affirmation, qui s'inscrit dans sa revendication d'être « non lettré », un *topos* de la littérature artistique de l'époque depuis Léonard de Vinci[13], sert de fondement à Palissy pour affirmer la valeur de son propre savoir, en ce qu'il est issu uniquement de son expérience personnelle. Celle-ci consiste en l'observation directe des phénomènes au cours des voyages qu'il a accomplis, lorsqu'il exerçait le métier de peintre sur vitrail et de cartographe, et en ses expériences au sens d'expérimentations volontaires en tant qu'artiste et philosophe naturel.

Le primat qu'il accorde à l'observation directe et à l'expérimentation pourrait être résumé par deux déclarations provocatrices, qui méritent d'être citées pour leur caractère radical : dans le *Traité des eaux et fontaines*, Pratique affirme avoir compris le phénomène des sources chaudes en regardant un chaudron : « Veux tu que je te dise le livre des philosophes, où j'ay appris ces beaux secrets ? Ce n'a esté qu'un chaudron à demy plein deau[14] ». L'opposition est claire entre le « livre des philosophes » ici mentionné dans un but négatif, et le trivial « chaudron », dont le mépris est exprimé par la tournure restrictive « ne … que ». La seconde déclaration se situe dans le *Traité des pierres*, lorsque Théorique demande à Pratique « en quelle escole as-tu esté où tu puisses avoir entendu ce que tu dis ? », ce dernier lui répond « Je n'ay point eu d'autre livre que le ciel et la terre, lequel est conneu de tous, et est donné à tous de connoistre à lire ce beau livre[15] ». Cette fois, le livre n'est plus celui des

12 *R. V.*, p. 158.

13 « *So bene che per non essere io letterato, che alcuno presuntuoso gli parrà ragionevolmente potermi biasimare coll'allegare io essere omo sanza lettere* », Leonardo Da Vinci, *Codice Atlantico*, folio 119, verso A. Pour une édition moderne, voir *Il Codice Atlantico della Biblioteca Ambrosiana di Milano*, éd. A. Marinoni, Firenze, Giunti-Barbèra, 1973-1975, 12 vol.

14 *D. A.*, p. 274.

15 *Ibid.*, p. 427.

philosophes, mais celui de la nature, et la tournure restrictive « point eu … que » entre en contraste avec l'immensité évoquée par « le ciel et la terre », servant à renforcer cette source. Cette dernière, la Nature, s'oppose à l'« escole », symbole d'un enseignement livresque exclusivement théorique.

Sa revendication se fait plus forte et plus articulée dans les *Discours* : la dédicace au lecteur est un véritable plaidoyer pour la reconnaissance de la pratique, qui répond à un problème évoqué par les lettrés mais aussi par les artisans et les artistes de l'époque : la pratique doit-elle prévaloir ou se subordonner à la théorie ? Face à cette question, les défenseurs de l'expérience tendaient le plus souvent à affirmer la nécessité d'utiliser conjointement la théorie et la pratique. C'est le cas de Léonard, qui écrit dans le *Trattato della pittura* qu'aucune science ne peut être appelée telle si elle ne comporte pas d'expérience, car seule cette dernière approche peut apporter la preuve d'une théorie[16]. L'architecte Philibert de L'Orme, dans l'*Epistre aux lecteurs* de l'*Architecture* (1576), dénonce ses confrères qui utilisent seulement les « œuvres manuelles » et ceux qui se servent des « lettres seules », faisant l'éloge en revanche de « ceux qui ont voulu conjoindre et accoupler l'un avec l'autre, c'est à dire les lettres et disciplines avecques l'usage et praticque de l'art, ou, si vous voulez, la theorique avecque ladite pratique[17] ». De même, le pharmacien et botaniste véronais Francesco Calzolari écrit dans une réponse à une attaque personnelle que « la connaissance des simples ne peut provenir de la lecture des livres, si on n'a pas en même temps l'expérience de ses propres yeux[18] ». Ces exemples illustrent certes la

16 Leonardo Da Vinci, *Trattato della pittura*, éd. E. Solmi, Frammenti letterari e Filosofici di Leonardo da Vinci, Firenze, G. Barbera, 1908, p. 84 : « *Nessuna umana investigazione si può dimandare vera scienza, se essa non passa per le matematiche dimostrazioni ; e se tu dirai che le scienze, che principiano e finiscono nella mente, abbiano verità, questo non si concede ma si nega per molte ragioni ; e prima, che in tali discorsi mentali non accade esperienza, senza la quale nulla dà di se certezza* ».

17 De L'Orme, Philibert, *L'Architecture*, Paris, Jérôme de Marnef et Guillaume Cavellat, 1576, « Epistre au lecteur », n. p.

18 Calzolari, Francesco, *Lettera di M. F. C. spetiale al segno della Campana d'oro in Verona, intorno ad alcune menzogne et calonnie date alla sua Theriaca da certo Scalcina Perugino*, Cremona, Vincenezo Conti, 1566 : « *La cognitione de' semplici non puo' haversi dal legger libri, quando insieme non vi sia congiunta la sperienza de gli occhi stessi* » [c'est nous qui traduisons], cité dans Brugnoli, Angelo, Latella, Leonardo, Salmaso, Roberta, « Francesco Calzolari nel contesto del naturalismo europeo del '500 », dans *Al di là delle Alpi e del Mediterraneo, Memorie del museo civico di storia naturale di Verona* – 2e série, *Monografie Naturalistiche*, n° 4, 2009, *Museologia Scientifica – Memorie*, n° 4, 2009, p. 50.

défense de l'expérience, mais aussi la nécessité pour les hommes de l'époque d'allier pratique et théorie, et non d'opposer les deux, comme on le voit chez le céramiste saintais.

Un autre enjeu, traité dans la dédicace au lecteur des *Discours*, relève de l'épistémologie : il s'agit de déterminer si la pratique doit générer la théorie ou le contraire. Cette question est abordée par d'autres auteurs, par exemple Pontus de Tyard, poète de la Pléiade, dans les *Discours philosophiques* publiés à Paris en 1587. Ce recueil touche divers domaines de la connaissance, comme la poésie, la musique mais aussi l'astrologie et la cosmologie. Dans ces dialogues, les interlocuteurs adoptent différents points de vue sur le savoir, ce qui a amené Miho Koiké, dans un récent article, à poser une question qui vaut, me semble-t-il, pour l'ensemble des *Discours* de Palissy : quel est l'intérêt premier de l'auteur, l'objet des dialogues ou bien les modalités de l'enquête savante elle-même[19] ? Il semble bien que les dialogues d'un Palissy ou d'un Pontus de Tyard s'adressent non seulement à des amateurs de secrets de nature, pour reprendre l'expression chère à Palissy, mais aussi à des penseurs s'interrogeant sur les modalités de recherche et d'acquisition de connaissances scientifiques. Il y a donc chez ces auteurs un enjeu épistémologique fondamental dans l'évolution des sciences modernes. C'est en ce sens que l'indépendance par rapport au savoir livresque, comme moteur de la réflexion sur les sciences, a été saluée par Charles Sorel au XVIIe siècle. Grand détracteur du recours à la tradition antique, Sorel écrit dans sa *Science universelle* (1668) à propos de Palissy :

> Il fait la leçon à plusieurs Philosophes Grecs et Latins, sans avoir jamais veu leurs Œuvres, ayant veu par expériences et par son jugement, la raison de plusieurs choses naturelles auparavant cachées […]. Il est merveilleux que cet Homme soit parvenu à ces connaissances diverses par la seule force de son raisonnement, appuyé de quelques expériences qu'il avoit faites, et que là-dessus il ait osé advancer des propositions toutes nouvelles[20].

---

19 Koiké, Miho, « D'une enquête philosophique à ses lecteurs : la "mise en livre" des dialogues de Pontus de Tyard », dans Pantin, Isabelle et Péoux, Gérald (dir.), *Mise en forme des savoirs à la Renaissance : à la croisée des idées, des techniques et des publics*, Paris, Armand Colin, 2013, p. 63-78.

20 Sorel, Charles, *La Science universelle*, tome quatrième, *De l'usage des Idées, ou de l'origine des Sciences et des Arts, et de leur Enchaisnement*, Paris, Theodore Girard, 1668, p. 411 : cité par Bertrand, Dominique, « Le "livre du chaudron" de Palissy confisqué par Sorel », *Science et littérature à l'Âge classique*, n° 10, numéro spécial *Libertinage et philosophie au XVIIe siècle*, Rauline, Laurence, Roche, Bruno et Roux Oliver (dir.), Saint Étienne, P.U.S.E., 2008, p. 229-242, ici p. 231.

Dans la dédicace au comte Antoine de Pons qui introduit les *Discours*, Palissy va plus loin en condamnant sans appel les autorités : « plusieurs sous un beau Latin, ou autre langage bien poli, ont laissé plusieurs talents pernicieux pour abuser et faire perdre le temps à la jeunesse ». Cette idée est également développée dans l'*Advertissement aux lecteurs* :

> Amy lecteur le désir que j'ay que tu prouffites à la lecture de ce livre, m'a incité de t'advertir que tu te donnes garde de enyvrer ton esprit de sciences escrites aux cabinets par une theorique imaginative ou crochetée de quelque livre escrit par imagination de ceux qui n'ont rien pratiqué[21].

On retrouve cette méfiance du livre chez d'autres auteurs, par exemple Nicolas Houël dans son *Traité de la theriaque* (1573), qui affirme dans un passage éclairant :

> [avoir] reçeu plus de cognoissance des choses contenues en ce traicté par la frequente communication que i'ay eu avec les doctes Medecins de Paris, que par la lecture des livres : car en cest œuvre n'avons tant cerché les autheurs, que la vérité des choses : entendu que (comme dit quelque docte personnage) l'authorité de ceux qui font profession d'enseigner, fait le plus souvent nuysance à ceux qui vuellent sçavoir escrire : par ce que celuy qui escrit par authorité, laisse quelque fois et neglige le sien jugement, et s'arreste du tout au jugement de celuy qui l'apprend. Mais quiconques se veut monstrer diligent contemplateur des œuvres de nature, (dit Galien) ne luy faut adiouster du tout foy aux livres, mais bien plus a ses propres yeux[22].

Cette remise en question des *auctoritates*, constituées principalement par les écrits des philosophes naturels de l'Antiquité, est récurrente dans les traités écrits en langue vernaculaire par des professionnels qui revendiquent un savoir issu de leur expérience sur le terrain. Ce sont des architectes, des chirurgiens, des artisans, ou encore des médecins, osant contredire les sources classiques qui demeurent à l'époque les références exclusives de l'enseignement universitaire. Ils jouèrent un rôle fondamental dans le processus de « concrétisation » des sciences naturelles, que Paula Findlen résume en ces termes efficaces :

> *Natural history had become a matter of doing in conjunction with learning [...]. Experience now played a greater role in the constitution of scientific authority, and*

21 *D. A.*, p. 249.

22 Houël, Nicolas, *Traité de la theriaque*, Paris, Jean de Bordeaux, 1573, Préface, n. p.

> *the naturalists who claimed the greatest level of « experience » subsequently came to possess the highest degree of knowledge*[23].

Palissy s'inscrit dans ce mouvement, mais s'en différencie par sa radicalité puisqu'il n'accorde aucune concession à la théorie contenue dans les livres, déclinant à l'envi cette célèbre déclaration « Je n'ay point eu d'autre livre que le ciel et la terre[24] ». Pour mieux comprendre sa conception de l'expérience, voyons à présent quelles pratiques décrit Palissy.

EXPÉRIMENTER POUR CONNAÎTRE LES SECRETS DE NATURE

Chez Palissy, la connaissance résulte en grande partie de l'élaboration empirique de procédés techniques dans le cadre de son travail de céramiste, qui lui procure des connaissances sur les différents matériaux. Sa grande originalité tient au fait que son savoir de philosophe naturel provient de ses recherches en art, et que nous disposons des écrits qui rendent compte de cette relation. Cette dernière est très clairement exprimée dans la *Recepte véritable*, dans un passage dédié à ses opinions concernant la génération des pierres. Il explique que pour créer des pierres en céramique, il cherche des minéraux qui lui servent à la fois de modèles et de matériaux pour fabriquer de l'émail ; or ces recherches l'amènent à observer les cristaux contenus dans certaines pierres – vraisemblablement des géodes –, ce qui éveille sa curiosité :

> et ne le pouvant entendre par Theorique, ne Philosophie naturelle, il me print désir de l'entendre par Pratique, et ayant pris une bonne quantité de salpestre, je le fis dissoudre dans une chaudiere avec de l'eau, laquelle je fis bouillir[25].

La démarche artistique, consistant ici à créer des pierres de céramique imitant parfaitement le réel, conduit le potier à s'interroger sur la nature et l'origine des minéraux les plus curieux. Pour répondre à ses propres

---

23 Findlen, Paula, *Possessing Nature. Museums, Collecting, and Scientific Culture in Early Modern Italy*, Berkeley-Los Angeles, University of California Press, 1994, p. 156-157.

24 *D. A.*, p. 427.

25 *R. V.*, p. 144-145.

interrogations, il mène ainsi des expériences guidées par son savoir-faire de céramiste. Dans le *Traité des eaux et fontaines*, il affirme, toujours à propos des sources chaudes, que « les fourneaux ausquels je cuis ma besogne m'ont donné beaucoup à connoistre la violence du feu[26] ». Il est donc question, tout au long de la *Recepte* et des *Discours*, d'*expériences*, cette fois au pluriel, dans le sens d'expérimentations, indispensables pour comprendre les phénomènes observés. À ce propos, notons l'insistance avec laquelle Palissy, par la voix de Pratique, entend impliquer son interlocuteur dans ses expériences lorsqu'il l'exhorte à vérifier ses dires de manière autonome en reproduisant ces mêmes procédés expérimentaux. Il utilise ainsi de manière récurrente l'impératif « prends », « vois », ou les formulations « tu m'as dit », « tu as voulu prouver », et scande ses raisonnements par des questions, « as-tu pas veu[27] ? ». Ce procédé vise à obtenir l'approbation de Théorique par l'argument d'une expérience personnelle, qui implique d'ailleurs les cinq sens : pour prouver sa théorie sur les sels par exemple, il invite à plusieurs reprises son interlocuteur à goûter les pierres et métaux, par exemple les marcassites[28] : « si tu les gardes longtemps, tu trouveras qu'elles chaumeniront [*i. e.* moisiront] et taste au bout de la langue, et tu trouveras qu'elles sont salées[29] ».

Il faut cependant souligner l'ambigüité de certaines expériences décrites par le potier. Ainsi, dans la *Recepte*, il prouve l'existence de sel dans les pierres en décrivant une expérience qui est en réalité un *topos* de la littérature philosophique depuis l'Antiquité : « Pren un chaudron de lessive, et le fay bouillir jusques à ce que l'humide soit tout evaporé, et lors tu trouveras le sel au four de la chaudiere ». La référence au chaudron est tirée du traité de Vitruve, qui l'utilise pour expliquer le jaillissement des fontaines[30]. De même, dans le *Traité des eaux et fontaines*, il évoque une expérience, qu'il mena pour comprendre la force des éléments et les tremblements de terre, à partir d'une « pomme d'airain » creuse emplie d'une petite quantité d'eau d'où s'échappe un « vent tres vehement » lorsqu'on la chauffe[31]. Cette expérience n'est pas née de l'esprit du potier :

26 *D. A.*, p. 274.

27 *R. V.*, p. 119.

28 Espèce minérale composée de disulfure de fer.

29 *R. V.*, p. 46.

30 Cette anecdote est le sujet de la communication de Dominique Bertrand, « Le livre du chaudron… », p. 233.

31 *D. A.*, p. 274.

cette « pomme », appelée *éolipyle*, est une sphère de métal creuse dans laquelle un liquide porté à ébullition produit de la vapeur qui s'échappe en jet continu par un ou deux tubes recourbés. On la trouve déjà dans une source déclarée du potier, Vitruve[32], et chez son contemporain et confrère architecte Philibert de L'Orme[33].

Il ne faut donc pas prendre à la lettre la revendication du caractère exclusivement empirique des connaissances du céramiste, qui réélabore à l'occasion ses lectures, ou ses connaissances indirectes de textes, pour mieux prouver ses convictions. On peut cependant supposer, si Palissy est cohérent avec lui-même, qu'il ait reproduit ces expériences décrites dans les sources antiques pour les vérifier par « l'experience ». En raison de ces emprunts à d'autres auteurs, Palissy a été plusieurs fois taxé de plagiaire dans la littérature critique, une accusation qui relève de l'anachronisme, puisqu'au XVIe siècle la propriété intellectuelle est bien loin d'être définie[34]. Cependant, l'ambigüité entre son rejet apparent des sources et son appropriation effective de ces dernières doit être soulignée : il s'agit d'un procédé rhétorique qui permet à l'auteur de renforcer sa défense du savoir pratique, qui devient la défense d'une catégorie sociale, celle des ouvriers qualifiés, de praticiens dans divers domaines, de la médecine à l'ingénierie ou à l'art, qui aspirent à être reconnus comme autorités en publiant leurs connaissances pratiques.

NE PAS FORCER LA NATURE : LA MORALITÉ DE L'EXPÉRIMENTATION

Une autre facette de l'expérience pour Palissy ne relève pas de l'expérimentation, mais des observations spontanées qu'il a pu faire lors de ses promenades ou pérégrinations, comme il les appelle. Il

32 Vitruve, *L'Architecture, ou l'art de bien batir*, Paris, Jean Martin, 1547, I, 8, f. 10v° : « Lon peult iuger ceste chose estre vraye par les Aeolipiles d'arain, autrement boules à souffler feu, par lesquelles, & autres inventions artistes, lon peult comprendre les occultes raisons du Ciel ».

33 De L'Orme, *L'Architecture*, IX, 8, p. 270.

34 Voir en particulier Duhem, Pierre, « Léonard de Vinci, Jérôme Cardan et Bernard Palissy », *Bulletin italien*, n° 6, 1906, p. 289-319.

raconte par exemple sa visite à la grotte de Savonnières, où il observa les stalactites en compagnie de l'Abbé de Turpenay[35] ; ou encore, dans les *Discours*, il affirme que ses connaissances dérivent du fait qu'il a « hanté les minières[36] ». Palissy insiste volontiers sur ses observations « spontanées », un comportement qui correspond parfaitement à sa conception morale de la science. L'homme a en effet selon lui le devoir de chercher à comprendre les secrets de la nature que Dieu a mis à notre disposition, mais il ne doit en aucun cas chercher à la « forcer ». C'est pourquoi il est si critique envers les alchimistes, qui prétendent en quelque sorte se substituer à Dieu en générant eux-mêmes des métaux[37]. Dans le *Traité des métaux et alchimie*, il utilise le vocabulaire typique de cette discipline controversée pour en décrire les procédés, comme « reverberation, calcination, distillation, putrefaction, et infusion[38] », afin de mieux les mettre en contraste avec ce qui est licite pour l'homme : « recueillir, purifier et examiner, fondre et mallier[39] », c'est-à-dire une action qui étudie et travaille la matière mais ne tente en aucun cas de la générer. Il s'en prend bien sûr aux livres des alchimistes, citant Geber[40], le *Roman de la rose*[41], Raymond Lulle[42] et les « disciples de Paracelse[43] », et leur opposant son expérience personnelle basée sur l'observation directe et les expériences pratiques, seules sources de connaissances utiles et vérifiables. La notion d'*utilitas* est d'ailleurs essentielle dans sa conception de la philosophie

35 *R. V.*, p. 147.

36 *D. A.*, p. 268.

37 Palissy s'attaque aux alchimistes, mauvais philosophes selon lui, dans la *Recepte véritable* et dans les *Discours*, en leur dédiant le *Traité des métaux et alchimie*.

38 *D. A.*, p. 330.

39 *Ibid.*, p. 328.

40 Il s'agit de l'auteur anonyme de traités d'alchimie remontant au XIIIe siècle. Son nom de plume, Geber, se réfère à Jābir ibn Hayyān, un alchimiste arabe du IXe siècle. Ces deux figures ont longtemps été confondues et on parle aujourd'hui de Pseudo-Geber pour les différencier.

41 Le *Roman de la rose* de Jean de Meung (1240-1305) a donné lieu à des interprétations alchimiques en raison d'un passage dédié à la nature de la science ou de l'art de l'alchimie (t. 2, v. 16005-16118). Voir à ce sujet McWebb, Christine, *Debating the* Roman de la rose *: a Critical Anthology*, New York-London, Routledge, 2007, et l'article du même auteur, « Le discours de l'alchimie et l'alchimie du discours dans le *Roman de la rose* de Jean de Meun », dans Bruce, Donald M. et McWebb, Christine (dir.), *Texte : Revue de critique et de théorie littéraire. Epistémocritique*, n° 43/44, 2009, p. 66-78.

42 Palissy se réfère ici à un corpus de textes alchimiques ayant été écrits sous ce nom à partir du XIVe siècle, notamment le *Testament de l'art chimique universel* (1566), mais qui n'ont rien à voir avec le philosophe et théologien majorquin Raymond Lulle (1232-1315).

43 *D. A.*, p. 247.

naturelle : il est selon lui légitime et moral pour l'homme d'élaborer des sciences utiles, en opposition avec celles qui sont poussées par la pure curiosité ou pire encore par l'avarice[44].

La dimension religieuse est en outre omniprésente dans ses écrits, même s'agissant de son rapport à la pratique : expérimenter signifie également souffrir. Il décrit la nécessité de la difficulté et du dépassement des erreurs pour pouvoir comprendre véritablement aussi bien la technique céramique que le monde et ses phénomènes[45]. Il écrit ainsi :

> Quand j'aurois employé mille rames de papier pour t'escrire tous les accidens qui me sont survenuz en cherchant ledit art, tu te dois asseurer que quelque bon esprit que tu ayes qu'il t'adviendra encores un millier de fautes, lesquelles ne se peuvent apprendre par lettres : et quand tu les aurois mesme par escrit, tu n'en croiras rien jusques à ce que la pratique t'en aye donné un millier d'afflictions[46].

Plus loin il parle des « calamitez endurées[47] » et encore, tirant les conclusions de son parcours :

> l'on ne peut poursuivre ny mettre en execution aucune chose, pour le rendre en beauté et perfection, que ce ne soit avec grand et extreme labeur, lequel n'est jamais seul, ains est tousjours accompagné d'un millier d'angoisses[48].

Sa chemise est toujours trempée de sueur[49] car il travaille sans relâche – « un labeur indicible », « sans aucune aide », « sans aucun repos[50] », et il se coupe les doigts avec les tessons de céramique brisée car « la brique dudit four s'estoit liquifié et vitrifié de telle sorte qu'en desmaçonnant j'eus les doits coupez et incisez en tant d'endroits que je fus

44 L'utilité est par exemple au cœur des dédicaces au Maréchal de Montmorency et au lecteur dans la *Recepte véritable*, à travers la référence à la parabole des talents. Sur ce sujet voir Lestringant, Frank, « L'Éden et les ténèbres extérieures. De la *Recepte véritable* aux *Discours admirables* », dans Lestringant, Frank (dir.), *Bernard Palissy (1510-1590). L'écrivain, le réformé, le céramiste*, *Albineana*, *Cahiers d'Aubigné*, n° 4-1, 1992, p. 119-130.

45 À l'époque déjà, l'expérience pour l'artiste est souvent liée à la souffrance corporelle – pensons aux sonnets de Michel-Ange ou à la description de la fonte du *Persée* de Benvenuto Cellini. Voir sur ce sujet Smith, Pamela H., *The Body of the Artisan*, Chicago, The University of Chicago Press, 2004, qui enquête sur le rôle du corps dans le développement du savoir artisanal.

46 *D. A.*, p. 485.

47 *Ibid.*

48 *D. A.*, p. 486.

49 « Il y avoit plus d'un mois que ma chemise n'avoit séché sur moy », *ibid.*, p. 490.

50 *Ibid.*, p. 486-496.

contraint manger mon potage ayant les doits envelopez de drapeau[51] ». La souffrance prolongée du corps en provoque la métamorphose, vers une déshumanisation de l'artiste : « Je me suis trouvé l'espace de plus de dix ans si fort escoulé en ma personne qu'il n'y avoit aucune forme ny apparence de bosse aux bras ny aux jambes ; ains estoyent mesdites jambes toutes d'une venue[52] ». Une transformation qui se renverse de manière positive lorsque l'expérience réussit : « elle me causa une joye telle que je pensois estre devenu nouvelle creature[53] ». Le savoir doit donc pour le céramiste être mérité, acquis au prix d'un travail et d'une souffrance qui en garantissent la valeur, mais aussi la moralité. C'est dans le même ordre d'idée que se situe sa revendication de l'utilité de l'erreur, qui caractérise l'expérimentation des sciences, mais aussi de l'art :

> Les fautes que j'ay faites en mettant les esmaux en doze, m'ont plus apprins que non pas les choses qui se sont bien trouvées : parquoy je suis d'advis que tu travailles pour chercher laditte doze, aussi bien que j'ay fait, autrement tu aurois trop bon marché des secrets et des arts, sinon ceux ausquels ils ne coustent gueres : mais ceux qui les ont pratiquez à grands frais et labeurs ne les donnent ainsi legerement[54].

L'éloge de l'expérience, opposée à tout savoir théorique, que l'on trouve dans les écrits de Palissy, se révèle plus radical que celui de ses contemporains, et correspond à un enjeu qui dépasse celui de la méthode d'acquisition des connaissances. Par sa défense passionnée de la pratique, Palissy dessine une revendication personnelle, celle de sa légitimité en tant qu'artiste et philosophe naturel, autodidacte et doté d'un savoir pratique, donc fiable. À travers la défense du savoir empirique, il se fait le porte-parole des praticiens de l'époque, qui cherchent à divulguer leur savoir par leurs traités en langue vulgaire, afin d'acquérir une reconnaissance de leur travail en tant que profession « libérale » et non plus uniquement « mécanique ».

Juliette FERDINAND
Università degli Studi di Verona

51 *Ibid.*, p. 491.
52 *Ibid.*, p. 495.
53 *Ibid.*, p. 489.
54 *Ibid.*, p. 497.

LES SAVOIRS FONDÉS SUR L'EXPÉRIENCE DU *JARDINAGE* D'ANTOINE MIZAULD

Parmi les sources inexplorées en mesure de contribuer à constituer une histoire des savoirs scientifiques appliqués aux techniques de l'agronomie horticoles, figure le *Jardinage* (1578) d'Antoine Mizauld. Cet humaniste, né à Montluçon, fit ses premières études à Bourges puis étudia la médecine à Paris. Disciple de Jean Fernel, il se lia d'amitié avec Oronce Finé, qui lui enseigna l'astrologie. Lorsqu'il devint médecin personnel de Marguerite de Valois, sa carrière prit son envol[1]. Il abandonne alors la médecine clinique pour se consacrer à un autre projet : l'étude des secrets de la nature en général, et du jardinage en particulier. Jacques-Auguste de Thou le qualifie de « médecin et docteur en philosophie et en art d'étudier les arcanes de la nature », tout en considérant la rareté et l'assurance de son jugement[2]. Antoine Mizauld est en effet un prolifique polymathe : ses écrits à vocation encyclopédique, dont la liste comprend un nombre impressionnant de titres, traitent des sujets les plus divers dans le domaine des phénomènes naturels. L'étude de plusieurs de ses traités a montré que Mizauld est le promoteur d'une théorie de la médecine astrologique[3]. Nous verrons que dans le contexte

---

1 D'après plusieurs auteurs tardifs du XIXe siècle, qui ne citent pas leurs sources, il fut surnommé « Divin » et « Esculape de France », comme par exemple dans Hœfer, Jean-Chrétien-Ferdinand, *Nouvelle biographie universelle*, Paris, Firmin-Didot frères, 1832, vol. 35, p. 708-709.

2 « … *medicus, philosophiæ, et artis suæ studiis clarus, quam alioqui Luttetiæ lucrosam naturæ arcanis scrudandis homo tota vita intentus fere neglexit, et editis compluribus raræ doctrinæ et judicii scriptis, quae a rerum peritis nunquam negligentu, ea urbe consenuit, ac denique hoc hanno debitum naturae perfoluit* », De Thou, Jacques-Auguste, *Historiarum sui temporis libri CXXV*, Paris, Drouart, 1609, t. 9, p. 682-683.

3 Voir sur ce point Margolin, Jean-Claude, « Ordre cosmique et recherches causales dans la pensée astrologique d'Antoine Mizauld », dans Cazenave Annie et Lyotard Jean-François (dir.), *L'Art des confins. Mélanges offerts à Maurice de Gandillac*, Paris, P.U.F., 1985, p. 343-363 ; Dupèbe, Jean, *Astrologie, religion et médecine à Paris : Antoine Mizauld* (vers 1512-1578), thèse de doctorat sous la direction de Jean Céard, Paris, Nanterre, 1999 ;

du *Jardinage*, il adopte l'attitude d'un médecin du jardin. Dans quelle mesure cette méthode, à visées curative et préventive, est-elle fondée sur l'expérience ? Son expertise dans ce domaine fut reconnue par l'architecte du roi Philibert de L'Orme[4]. Pourtant, à partir de l'époque des Lumières, cette publication consacrée aux jardins est déconsidérée par une majorité d'auteurs, qui la qualifient de contrefaite et d'occulte[5].

GENÈSE ET FORTUNE D'UN LIVRE DE SECRETS

En préambule, notons que dans *Les Ephemerides perpetuelles de l'air* publiées en 1554 chez Jacques Kerver, Mizauld s'intéresse déjà à l'agriculture sous l'angle de l'« Astrologie Rustique », en proposant d'enseigner aux agriculteurs comment prévoir les changements du temps par l'observation des éléments naturels qui les entourent, l'air, l'eau, le feu, les animaux, les plantes. *Le Jardinage d'Antoine Mizauld medecin. Contenant la maniere d'embellir les jardins, les preserver de toute vermine, et en tirer remedes propres aux maladies des hommes. Item, comme il faut enter les Arbres, et les rendre medicinaux. Mis en François pour faire que le profit qu'on en peut tirere soit commun à chacun* est publié en 1578, année de la mort de Mizauld, à Lyon et Genève par Jean I Lertout, Antoine Gryphe et Jean Durant. Les trois émissions contemporaines de cet ouvrage en français, datées de 1578[6], correspondent à la traduction

---

Eamon, William, *Science and the Secrets of Nature : Books of Secrets in Medieval and Early Modern Culture*, Princeton, Princeton University Press, 1994 ; Hirai, Hiro, « Lecture néoplatonicienne d'Hippocrate chez Fernel, Cardan et Gemma », dans Vons, Jacqueline (dir.), *Pratique et pensée médicales à la Renaissance*, Paris, De Boccard, 2009, p. 241-256.

4 « Ils [les anciens Romains] usoient des medicaments simples, prins et retirez de leurs jardins : ainsi que n'agueres Antoine Mizauld Medecin et Mathematicien l'a fort bien discouru, en son Jardin medicinal », De L'Orme, Philibert, *Le premier tome de l'architecture*, Paris, Fédéric Morel, 1567-1568, f. 2r°.

5 « Les ouvrages qu'il a donnés sur le jardinage n'ont rien de neuf ; ils sont presque entièrement compilés d'après les traités qu'on avait publiés avant lui sur l'agriculture », Eloy, Nicolas François Joseph, *Dictionnaire historique de la médecine ancienne et moderne*, Lyon, H. Hoyois, 1778, t. 3, p. 305.

6 On attribue aux presses de Jérémie des Planches les éditions du *Jardinage* d'après le matériel utilisé dans le *Jardin medicinal* contemporain. Ces impressions auraient été réalisées pour Jean Durant à Genève, Antoine Gryphe à Genève et Lyon, et Jean I Lertout à Genève.

par André Caille d'une même compilation d'opuscules édités séparément en latin à partir de 1560. Ce recueil d'opuscules est l'*Historia hortensium : quatuor opusculis methodicis contexta, quorum primum hortorum curam, ornatum et secreta quamplurima ostendit, secundum insitionum artes proponit* publiée par Joannes Gymnicus à Cologne en 1576, 1577 et 1578, puis réédité par Claude Morel sous le titre *Opusculorum pars secunda* (1607). Il s'agit d'une version légèrement augmentée de l'*Hortorum secreta, cultus, et auxilia* publiée en 1574 à Paris par Fédéric Morel. On notera que cette logique de compilation se prolonge, puisque, dès 1578, Lertout réunit *Le Jardinage* avec un autre traité de Mizauld : *Le Jardin medicinal enrichi de plusieurs et divers remedes et secrets*[7], un traité traditionnel d'apothicairerie fondé sur le modèle de l'*Hortus sanitatis*. Cette publication miscellanéenne, reflétant une culture mêlant jardinage et apothicairerie, atteint pratiquement neuf cents pages. *Le Jardinage* est ensuite réédité et réuni avec un traité sur l'arpentage d'Élie Vinet, pour former *La Maison champestre* (1607) et l'*Epitome de la Maison rustique* (1619) – pratiquement neuf cents pages également. Le premier des quatre traités latins compilés, puis traduits dans *Le Jardinage* de 1578, est le *Secretorum agri enchiridion primum, hortorum curam, auxilia, secreta et medica præsidia inventu prompta ac paratu facilia, libris III complectens*, qui paraît à Paris en 1560 chez Morel. À la manière des agronomes latins, l'auteur traite du jardin, de son site, du sol et de l'humidité, des engrais, du semis et des plantations, du désherbage et de l'arrosage, des légumes, fleurs et des arbres fruitiers ainsi que de tous leurs ennemis : animaux nuisibles, grêle, gelée, moisissure, etc. La traduction française du *Secretorum agri enchiridion* présente ainsi « La Manière de cultiver et entretenir les jardins, avec leurs remèdes secrets », soit une approche agronomique globale originale inspirée par la médecine, qui vise à préserver les jardins de toute vermine, afin d'en tirer des productions

---

Voir Chaix, Paul, Dufour, Alain et Moeckli, Gustave, *Les Livres imprimés à Genève de 1550 à 1600*, Nouvelle édition revue et augmentée par Gustave Moeckli, Genève, Droz, 1966, p. 92 ; Baudrier, Henri-Louis et Julien, *Bibliographie lyonnaise. Recherches sur les imprimeurs, libraires, éditeurs, relieurs et fondeurs de lettres de Lyon au XVIe siècle*, Lyon, Brun, Paris, Picard, 1895-1921, t. 8, p. 374.

7 *Le Jardin medicinal* rassemble le *Alexikepus, seu auxiliaris hortus [...]*, la *Nova et artificiosa methodus comparandorum hortensium fructuum [...]*, et la *Methodus componendorum vinorum quæ diversis morbis succurrant* [...]. Notons qu'en 1578 paraît aussi à Genève une somme éditée par Jean Lertout qui est la mise en recueil du *Jardinage* avec le *Jardin medicinal* parus séparément cette même année.

qui ne sont pas seulement des denrées alimentaires, mais aussi des remèdes aux maladies humaines.

Comme la plupart des ouvrages d'économie rurale de la Renaissance, le premier *Livre* du premier des traités du *Jardinage* aborde les thèmes généraux de l'agronomie : l'exposition, le sol, l'eau, les semis, le désherbage, les clôtures, le labour et les fumures. Puis il énonce une série de « remèdes et secrets » contre les intempéries, les maladies et les ravageurs dévastateurs des cultures. D'une façon comparable, les chapitres du *Livre II* concernent les « remèdes et secrets » des plantes herbacées utilitaires et ornementales cultivées au jardin, soit « les herbes du jardin, les racines bonnes à manger, fruits des herbes avec les plantes et fleurs odorantes[8] ». Le *Livre III* applique le même principe, et rassemble des soins inconnus pour « cultiver et medeciner » les arbres qui sont principalement des fruitiers. Le dévoilement de ces secrètes recettes, qui dictent une « maniere d'embellir les jardins » fondée sur l'idée de « santé universelle », suit une logique similaire à celle des livres de cosmétique prodiguant des conseils médicaux préservant la beauté du corps. Cette logique est exposée clairement lorsque Mizauld semble librement interpréter une célèbre sentence de Varron, qu'il attribue à Palladius et à Florentinus[9], en l'augmentant de considérations sur la santé humaine[10] :

> Il faudra doncques bastir un jardin, et l'entretenir principalement pour l'usage et besoin qu'on en a pour vivre : en apres pour la santé, pour refaire les forces tant du corps que de l'esprit, apres qu'on a esté malade, comme a

8 Mizauld, *Le Jardinage*, Genève, Jean Lertout, 1578, p. 165.

9 Dénommé Florentin dans le *Jardinage*, Florentinus est un auteur méconnu, dont les écrits ont été rassemblés dans les *Géoponiques* (*Geoponika*), encyclopédie byzantine du Xe siècle qui est le seul traité agricole grec qui nous soit parvenu. Voir Guignard, Christophe, « Sources et constitution des *Géoponiques* à la lumière des versions orientales d'Anatolius de Béryte et de Cassianus Bassus », *Die Kestoi des Julius Africanus und ihre Überlieferung*, éd. M. Wallraff et L. Mecella, New York, de Gruyter, 2009, p. 243-344. Les éditions des *Géoponiques* sont nombreuses au XVIe siècle : *Geoponica. Constantini Cæsaris selectorum præceptionum de agricultura libri viginti, Iano Cornerio medico physico interprete*, Venise 1538 ; Bâle 1538, 1539, 1540 ; Lyon 1541. Traduction : *Les XX livres de Constantin Cesar, ausquelz sont traictez les bons enseignements d'agriculture, traduictz en Francoys par M. Anthoine Pierre, licentié en droict*, Jehan et Enguilbert de Marnef, Poitiers, 1543 ; Lyon, Thibauld Payen, 1550.

10 « *Hinc profecti agricolæ ad duas metas dirigere debent, ad utilitatem et voluptatem. Utilitas quaerit fructum, voluptas delectationem, priores partes agit quod utile est quam quod delectat* », Varron, *Res rusticæ*, I, 4, 1 : « les agriculteurs doivent tendre vers deux buts : l'utilité et le plaisir. L'utilité cherche le profit, le plaisir veut l'agrément ; mais le premier rôle revient à ce qui est utile, avant ce qui est agréable ».

> remarqué Palladius, et avant luy quelques centaines d'ans Florentin excellent maistre de l'agriculture entre les Grecs. Finalement pour en recevoir plaisir en le voyant, et une douceur en sentant les bonnes senteurs[11].

Mizauld propose ainsi de guérir le jardin et de guérir par le jardin.

Le second traité assemblé dans l'*Historia hortensium*, et traduit dans le *Jardinage*, est le *De hortensium arborum insitione opusculum* au sujet de l'art de greffer. Le troisième traité est la *Dendranatome, seu exploratio et dissectio corporis arborei in sua sigillatim membra* à propos de l'anatomie des arbres. Cette catégorie d'écrits s'inscrit dans une longue tradition éditoriale médiévale enseignant l'art de la greffe et de la plantation des arbres. Les traités suivants forment un ensemble de courts opuscules au premier abord disparate. Tout d'abord, le *De hominis symmetria, proportione, et commensuratione* de Pomponio Gaurico, consacré au concept de la proportion et mesure de l'homme, révèle pourquoi le jardin peut recevoir des soins analogues à des remèdes médicinaux. Les opuscules suivants sont les ajouts aux *Hortorum secreta* de Paris, qui figurent dans l'*Historia hortensium* de Cologne : *Dioclis Carystii medici ad Antigonum regem epistola de tuenda valetudine per hortensia*, à savoir les lettres du médecin grec Dioclès (104-146) ; *Arnoldi à Villanova medici consilium ad regem Aragonum de salubri hortensium usu* – soit le traité d'herboristerie d'Arnaud de Villeneuve ; *De syrmaisino et ratione purgandi per vornitum*, un traité sur les vertus de la purge de Johannes Lange ; *Opusculum de senâ, planta inter omnes quotquot sunt hominibus beneficentissimâ et saluberrimâ : accessit Proclus de arcanis naturæ*, un texte sur le séné, petit arbuste médicinal, ainsi qu'un abrégé du traité de Proclus consacré à l'usage thérapeutique des plantes. Suit un *Tractatus ad caseus* sur les effets sur la santé de la consommation du fromage qui est, semble-t-il, fort éloigné des pratiques du jardinage bien que lié au « système sanitaire » universel imaginé par Mizauld. La parution du *Jardinage* et du *Jardin médicinal* en 1578 est la conséquence d'un projet de traduction étendu que poursuit André Caille, médecin lyonnais disciple de Jacques Dalechamps. Caille a en effet également mis en français les sommes consacrées à l'apothicairerie de Valerius Cordus et Jacques Dubois[12]. De la sorte le botaniste lyonnais

---

11 Mizauld, *Le Jardinage*, p. 5-6.

12 Cordus, Valerius, *Le Guidon des apotiquaires*, Lyon, Loys Cloquemin, 1578 et Dubois, Jacques, *La Pharmacopée qui est la maniere de bien choisir et preparer les simples, et de bien faire les compositions, departie en trois livres*, Lyon, Loys Cloquemin, 1580.

participe à l'œuvre de son maître Dalechamps, grand promoteur de l'usage des plantes en médecine, en rendant accessibles des ouvrages sur les phytothérapies. *Le Jardinage* n'est pas le premier ouvrage en français consacré aux jardins, mais il occupe une place originale dans ce *corpus*. Il diffère en effet du *Rustican* de Pietro de'Crescenzi, traduit dès le XIVe siècle, imprimé dès le XVe[13], et encore édite et amplement utilisé au XVIe siècle, et qui aborde de façon généraliste tous les domaines de l'agriculture. Pour les mêmes raisons, il diffère de *La Maison rustique* de Charles Estienne, autre compilation d'opuscules latins, traduite et augmentée par Jean Liébault dès 1564, et rééditée à de très nombreuses reprises dans plusieurs langues européennes. Il diffère également de la *Recepte véritable* (1563) de Bernard Palissy, un ouvrage adressé aux gentilshommes exposant notamment la manière de concevoir un jardin d'agrément d'après l'environnement géographique et l'esthétique maniériste. Il n'y aura pas d'autre parution d'ouvrages inédits consacrés aux jardins rédigés en français avant le *Traité du jardinage* (1638) de Jacques Boyceau de la Barauderie. À l'échelle européenne, *Le Jardinage* est publié après d'autres traités d'agronomie appliquée au jardin parus en langue vernaculaire, qu'il surpasse par l'abondance des références savantes : *Le dieci giornate della vera agricoltura e piaceri della villa* (1564) d'Agostino Gallo, traduit en français sous le titre *Secrets de la vraye agriculture* (1571) par François de Belleforest, et *A most Briefe and Pleasaunte Treatise* (1558) de Thomas Hill ou Hyll, dont les éditions ultérieures augmentées parues sous le titre *The Gardener's Labyrinth* incorporent des références au traité horticole de Mizauld qui nous intéresse, comme nous le verrons.

Comme leur titre le suggère, les *Hortorum secreta* (1560), compilation latine qui est à l'origine du *Jardinage*, sont représentatifs de la littérature des secrets. L'ouvrage paraît d'ailleurs peu de temps après un modèle du genre, la *Magia naturalis* de Giambattista Della Porta dont la première édition date de 1558. Mizauld s'y réfère notamment au chapitre des greffes multiples, que « Iean Baptiste Porta, Neaoplitain descrit, en son traicté de la Magie naturelle[14] ». La démarche de Mizauld se révèle comparable à celle du célèbre érudit italien, puisqu'il compile aussi des phénomènes fantastiques et des croyances merveilleuses accrédités par les écrits des auteurs gréco-latins. Notons d'ailleurs que les *Thousand Notable*

13 Augsbourg, 1471.
14 Mizauld, *Le Jardinage*, p. 331 et 349.

Things of Sundrie Sorts (1579) de Thomas Lupton est une autre compilation de secrets « naturels » empruntés à Della Porta et Mizauld, ainsi qu'à Jérôme Cardan, Alessio Piemontese (en réalité Girolamo Ruscelli), le Pseudo-Albert le Grand et Pline. Mizauld disposait-il d'un jardin particulier où pratiquer ses expérimentations ? Nous n'avons pas encore de réponse à cette question.

En revanche, William Eamon a relevé le projet ou l'existence de jardins de savants spécialistes en magie naturelle et plantes médicinales. Giambattista Della Porta, gentilhomme napolitain au savoir encyclopédique qui inspira Mizauld, collectionnait dans le jardin sa villa de Vic Equense prés de Naples, des merveilles botaniques découvertes lors de ses voyages, ou obtenues lors de manipulations horticoles expérimentales[15]. Girolamo Ruscelli, courtisan d'origine modeste et érudit au savoir universel formé à Padoue, est l'auteur d'un ouvrage à succès écrit sous pseudonyme, les *Secreti del R. D. Alessio Piemontese* (1567). Ce traité de magie naturelle qui bénéficia de dizaines d'éditions en italien, latin, allemand, anglais et français, décrit une Accademia Segreta réelle ou imaginaire qu'il situe à Naples, et qui préfigure certainement l'Accademia dei segreti de Della Porta[16]. Cette académie située dans un complexe architectural, qu'il nomme *lavotario*[17], comprenait un jardin où officiaient « *quattro Erbolari e Simplicisti intendenti*[18] ». Ruscelli définit l'activité de cette académie « *come una vera anatomia delle cose e dell'operationi della Natura* », dont le mode opératoire consiste à reproduire les expériences décrites dans les livres anciens et modernes, et ce le plus méthodiquement possible[19]. Qu'en est-il dans *Le Jardinage* d'Antoine Mizauld ?

15 Eamon, *Science and the Secrets of Nature*, p. 217.

16 *Ibid.*, p. 199.

17 Il faut comprendre ici « lieu de travail » scientifique ou académique, de l'italien « *lavoro* », et non le vocable moderne laboratoire tel que nous le connaissons.

18 « Quatre jardinier et apothicaires », Ruscelli, Girolamo, *Secreti nuovi di maravigliosa virtù*, Venise, les héritiers de M. Sessa, 1567, f. 2r°, cité par Eamon, *Science and the Secrets of Nature*, p. 149.

19 « *Et però primieramente in tutti questi anni attendemmo di continuo a fare esperienze di tutte le sorti di secreti che in libri a stampa o a penna, così antichi come moderni potessimo ritrovare. Et nel far tale esperienze abbiamo tenuto e tenemmo un'ordine e un modo che non si può forse trovare né imaginare il migliore, come appresso si narrerà* », Ruscelli, *Secreti nuovi…*, f. 3v°.

LES EXPÉRIENCES DU *JARDINAGE*

Tout comme Ruscelli et Della Porta, Mizauld convoque les savoirs antiques redécouverts pour écrire son traité. Rétrospectivement, plusieurs des recommandations agronomiques issues de cette exégèse nous semblent relever de pratiques magiques :

> Entre les anciens quelques uns ont environé de vigne blanche le champ ou jardin, ou ont fiché au bout d'un baston une chouëtte ayant les aisles estendues. Lesquels deux derniers remèdes Columelle a mis en son jardin pour servir contre la foudre, qui ordinairement accompagne la gresle[20].

Des pratiques horticoles merveilleuses agissent non seulement sur les phénomènes climatiques ou les animaux ravageurs, mais aussi sur la croissance des végétaux : « On a trouvé des laictues de si desmesurée largeur que les anciens ont escrit, et Theophraste l'asseure, que d'aucuns s'en sont servis pour faire des portes aux jardins[21] ».

Toutefois, cette curieuse expérience ancestrale, que Mizauld recueille aussi bien dans les traités des agronomes gréco-latins que dans la poésie de Virgile, est souvent empreinte d'une sagesse réflexive qui n'a rien de commun avec l'occultisme :

> Celuy aura un jardin de tres grand profit et plaisir, qui le sçaura, et pourra, et voudra entretenir. Car ce n'est pas assez que quelcun vueille, ou sache, s'il n'y employe les frais qui sont necessaires, pour le labourage. Et de rechef, il ne servira rien d'avoir volonté de travailler, ou despendre, si on n'a l'art ou la science. Car le principal en quelque affaire que ce soit, est d'entendre que c'est qu'il faut faire, comme dit bien à propos Columelle alleguant Trevellius, duquel parle Varro[22].

Cette appropriation des savoirs antiques ne vise donc pas seulement à émerveiller un lecteur supposé oisif et crédule. En outre, de nombreux « secrets et recettes » compilés par Mizauld ont une efficacité avérée dont les causes sont aujourd'hui connues :

20 Mizauld, *Le Jardinage*, p. 55.
21 *Ibid.*, p. 64.
22 *Ibid.*, p. 4.

> Ils [les oignons] demandent la terre grasse, bien binée, arrosée, et fumée, et rouge, comme Sotion autheur Grec dit, laquelle il faut premierement labourer afin qu'elle vienne à estre pourrie et mise en poudre par les gelées et froidures de l'hyver, puis apres doit être fumée, et avec la marre esgalement tournée, puis dressée en quarreaux, apres que toutes les herbes auront été arrachées, et leurs racines toutes ostées[23].

À propos de la préparation du vin de grenade, il note la nécessité de confronter des avis éclairés : « Il faut prendre les autres manieres des plus experts auteurs d'agriculture et medecine. Car comme dit le Poete. *Tous ne pouvons pas tout*[24] ». Plus loin, il explique que cette « sapience », à la fois marquée par l'incrédulité et l'émerveillement, est fondée sur l'expérience vécue issue du labeur :

> Il y a beaucoup de choses en ce grand theatre universel du monde qui sont estimées miraculeuses, et lesquelles ont esté inventées ou par cas fortuit, ou par l'industrie ingenieuse, travail et experience des hommes. Dont me semble que le poëte a bien dit :
> L'espreuve et le travail et l'usage bon maistre
> Aux pauvres humains fait maint art louable naistre[25].

Il se réfère parfois aux savoirs des jardiniers[26], et en de nombreuses occasions il semble inciter le lecteur à expérimenter la méthode qu'il décrit : « tu trouveras par experience qu'il est vrai[27] ». Cette familiarité avec la pratique horticole le conduit à rédiger des commentaires adaptés aux particularités agro-climatiques de la France, comme à propos de la culture de la rue (*Ruta graveolens L.*) : « Ce qu'il [Columelle] escrit pour l'Italie ou il estoit, non pour nostre pays de Gaule qui est Septentrional[28] ». Cette approche n'est pas inédite puisque Pietro de'Crescenzi composa pour partie son *Opus ruralium commodorum* (version latine originale du *Rustican*) en se basant sur une expérience des techniques agraires acquise prés de Bologne, au sein du domaine familial. La prise en compte des connaissances issues du travail aux champs

23 *Ibid.*, p. 97.
24 *Ibid.*, p. 248.
25 *Ibid.*, p. 330-331.
26 « Les jardiniers ont actoustumé de la bien couvrir de litiere ; et de paille pour la conserver », *ibid.*, p. 154 ; « Les jardiniers garnissent la Sauge avec cendre de lixive et temoignent que elle vient mieux », *ibid.*, p. 144.
27 *Ibid.*, p. 80.
28 *Ibid.*, p. 83.

précède même Pietro de'Crescenzi, puisqu'elle préexiste notamment dans *Le Dite de Hosebondrie* (vers 1280) de Walter de Henley. D'après Mizauld, cette entreprise à la fois exégétique et expérimentale est au service des hommes de terrain :

> Partant j'estime faire plaisir aux jardiniers et laboureurs si (comme l'on dit) je sonne l'alarme à l'encontre de celte meschante race, et mets en avant quelques remedes cogneus de moy et de mes amis, et esprouvez par les anciens[29].

Mizauld n'est donc pas qu'un *doctus cum libro*, et à de nombreuses reprises il prétend que ses découvertes littéraires concordent avec les observations faites *in situ* par lui ou par ses amis :

> Pallade dit que si on trempe leur semence en laict de brebis, ou en vin miellé, ou comme dit Pline, en eau miellée ou sucrée, les Concombres seront doux, tendres, blancs et plaisants à la bouche, et à la veuë, ce qui est confirmé par experience[30].
>
> Voila que je diray pour le present touchant de bien dresser le jardin, et le garentir de toutes nuisances tant du dedans, que du dehors, afin que ce qui y sera semé et planté, y vienne et croisse ce que je ne me fusse jamais ingeré d'escrire, si je n'eusse sceu que les autheurs Afriquains, Grecs, et Latins l'ont recherché, approuvé, et remarqué avec grand soin, et labeur incroyable, mesmes si n'eusse esprouvé la plus grande partie avec mes amis fort curieux d'agriculture, je n'en eusse jamais dit un mot[31].

Au *Livre II*, il se réfère encore à ses amis expérimentateurs :

> Je m'efforceray de discourir brievement et clairement la manière de cultiver, et medeciner, et penser les herbes principales des jardins, et les fruits des plantes notables, les racines bonnes à manger nourries tant dehors que dedans terre, sans oublier les fleurs, et herbes odorantes, et ameneray ce que j'auray tiré des riches thresors des autheurs Afriquains, Grecs, et Latins qui ont écrits de l'Agriculture, et de ce tant moy que mes amis avons remarqué és secrets des jardins, qui apportera plaisir et profit à un chacun[32].

Or, à plusieurs reprises, il insiste sur l'importance des expériences qu'il a menées et partagées avec ce collège d'« amis » spécialistes. Au sujet de

29 *Ibid.*, p. 30.
30 *Ibid.* p. 116-117.
31 *Ibid.*, p. 59.
32 *Ibid.*, p. 60.

la culture de l'ail, il mentionne le nom d'un de ces personnages érudits avec lesquels il échange :

> Aucuns entendent cela du sauvage [de l'ail], dont nous avons parlé ci-dessus : ce qu'Antoine Microphone Berruyer mien ami, qui est soigneux à rechercher les experiences, ma escrit depuis n'aguerres avoir experimenté[33].

Les Berruyer sont une famille noble de Touraine aux multiples branches, dont un prénommé Antoine fut un universitaire religieux de Saint-Benoit en 1533 au Mans[34] et, s'il s'agit du même individu, prieur de la Chapelle-Vicomtesse en 1554[35]. Par l'effet d'un réemploi du traité de Mizauld, cet ami dénommé Antonius Microphonius Biturix[36] dans le *Secretorum agri enchiridion primum* (1560), est évoqué outre-Manche par Thomas Hill dans *The Gardener's Labyrinth*[37].

Mizauld fait également référence aux expériences menées et publiées par un expert en magie naturelle beaucoup plus célèbre : Jérôme Cardan, qu'il cite au moins six fois. Ainsi, en reproduisant une expérience décrite par le savant italien, il obtient en plein hiver des éclosions florales qui, depuis son enfance, sont une continuelle source d'émerveillement :

> C'est chose estrange que je diray ici. Si lon prend des plantes d'Œillets, Violettes, et autres semblables avec leurs racines et qu'on les couvre de pepins de raisins esquels il n'y ait point d'escorce meslée ou bien en fien de cheval, souventes fois changé, l'on aura de tres belles fleurs mesmes au cœur d'hyver ce qui pourra estre pratiqué aux Fraises, Melons, et autres semblables. Mais il faut bien garder que le frois de dehors ne les offence. Car le plus souvent meurent elles de froid avec leur fruit : Hierome Cardan l'a ainsi escrit pourtant je [ne] cesse de m'esbahir de ce dont je m'esmerveilloye estant enfant voyant

33 *Ibid.*, p. 96.

34 Piolin, Paul, *Histoire de l'église du Mans*, Paris, Vrayet de Surcy, 1831, vol. 5, p. 158.

35 Archives départementales du Loir-et-Cher, G, 221 et Cartulaire de Tiron, charte 419.

36 Mizauld, *Secretorum agri enchiridion primum, hortorum curam, auxilia, secreta, et medica præsidia inventu prompta, ac paratu facilia, libris tribus pulcherrimis complectens*, Paris, Fédéric Morel, 1560, f. 56v°. Peut-être avait-il une voix faible (*Vocabulaire universel latin-françois*, J. Neaulme, Amsterdam et Berlin, 1754, art. *Mircrophonus*, p. 343) et était-il originaire du Berry (Du Cange, *Bituria*, t. 8., p. 743) ?

37 « *Which Dioscorides wrote to be small Garlike, and the same sweete in taste, possessing a bewtiful head, tending unto a purple colour. Ther be which attribute the same to Ophioscerido, whiche Antonius Microphonius Biturix, a singular lerned man, and wel practised in sundry skils, uttered this approved secrete to a friend whom he loued* », Hill, *The Gardener's Labyrinth*, p. 100.

> les Œillets jetter et fleurir durant l'hyver és caves et lieux sousterrains, par la temperature tiède du lieu[38].

Mizauld semble vérifier la reproductibilité de ses expériences :

> Si tu veux qu'une seule plante ait toutes les couleurs de violettes, prend les semences d'une chacune sorte, et les mesles toutes ensemble puis les mets en un petit linge usé, et les mets en terre bien labourée et fumée. Je l'ay souvente fois experimenté avec aussi grand plaisir que merveille[39].

À propos d'une étrange préparation obtenue à partir de sangsues et décrite par Julius Africanus[40], la reproductibilité est même constatée par un collège de pairs : « Il y en a qui arrousent les plantes seulement de cette décoction, et s'en trouvent bien, et a este esprouvé par moy et par mes amis une infinité de fois, mais en certain points de la lune[41] ». Dans des contextes aussi différents que le greffage des végétaux et la lutte contre le désagrément sonore causé par les grenouilles, l'expérimentation est effectuée « plus de mille fois » :

> Sur les fentes et escorces qu'on veut assembler, faut mettre quelque peu de l'escorce du mesme arbre, ou une piece de toile cirée, et le lier estroitement avec des joncs. Puis aprés, comme dit Caton, ayant mis dans la fente d'enhaut, de la poudre bien desliée, faut bien accommoder dessus le tronc et ligature, de la croye bien battue avec un peu de sable et de fient de vache, ou avec de la cire, pour defendre l'ente contre la chaleur, le vent et la pluye, et le lier de bandes, mais j'ay expérimenté plus de mille fois, et ay toujours trouvé que c'estoit assez d'y mettre de la croye seule bien battue, sans fient, ni sable, ou cire, et poudre[42].
>
> Les Raines (dit Affricain Grec) duquel ceci est tiré, se tairont et cesseront de crier, si on leur met au deuant une lanterne allumée, ou bien si on la pend à un arbre en sorte qu'elles en reçoyvent la clarté, comme si le soleil leur luisoit. Ceci a esté esprouvé par moy et plusieurs autres plus de mille fois[43].

38 Mizauld, Le *Jardinage*, p. 154.

39 *Ibid.*, p. 137.

40 Dénommé « Africain » et à d'autres reprises « Africain Autheur d'Agriculture grand entre les Grecs » par le traducteur, il peut être rapproché de Julius Africanus (IIIe siècle) des *Géoponiques*. Voir Guignard, Christophe, « Une source peut en cacher une autre : Africanus et les recettes des *Géoponiques* relatives à l'huile d'olive (IX, 21-27) », *Die Kestoi des Julius Africanus und ihre Überlieferung*, p. 211-242.

41 Mizauld, *Le Jardinage*, p. 23.

42 *Ibid.*, p. 321.

43 *Ibid.*, p. 42.

Les propos de Mizauld impliquent donc la recherche d'une certaine reproductibilité statistique. D'après l'auteur du *Jardinage*, ses *Secrets des jardins* sont en effet plusieurs fois vérifiés :

> D'autres pendent au milieu du jardin ou à ses quatre coins les plumes d'aigles, ou la peau d'un veau marin : car on escrit que ces trois choses ont une secrette et merveilleuse contrariété à la foudre, de sorte que jamais ils n'en sont touchez, comme plusieurs l'ont expérimenté[44].

Mizauld témoigne aussi à plusieurs reprises de la véracité d'autres pratiques antiques déconcertantes, qui sont pourtant approuvées par un savant reconnu de l'époque tel que Jérôme Cardan :

> Hyerome Cardan s'accorde avec les anciennes observations, des Grecs et Latins, et escrit que si l'on pend à la cheminée des nœuds de Lis effueillez et seichez, puis apres trempez en lie de vin rouge, et enterrez en un fumier avec ladite lie, il en sortira des fleurs purpurées[45].
>
> Cardan escrit que le Basilic broyé au premier quartier de la lune et mis en un pot neuf en la pleine lune il florira par l'une de ses testes. Que si on l'enterre par deux fois autant de temps, il engendrera des Siriphions, je ne sçay s'il faut dire des Scorpions[46].

Certaines expérimentations que Mizauld réalise *in situ* donnent des résultats tout aussi improbables :

> C'est une chose digne de merveille, que cette plante porte une année la fleur blanche, l'autre rouge, la troisieme marquetée, et qui est encore plus esmerveillable, j'ay veu une mesme branche produire une fleur blanche, rouge, & marquetée : ce qui doit estre rapporté ou au soin de le cultiver, ou à la bonté de la terre qui a la vertu de faire ce changement. Combien que j'ay veu plusieurs faire cela en prenant diverses semences, d'Œillets les mettant par art en une crotte de chevre ou de brebis, ou bien en une canne tendre, ou un linge usé : lesquelles choses ils couvroyent avec terre et fient : car ces semences là s'assemblent en une racine, produisant des branches, sont marquetées de diverses sortes[47].

---

44 *Ibid.*, p. 56.
45 *Ibid.*, p. 134.
46 *Ibid.*, p. 142.
47 *Ibid.*, p. 154-155.

DÉMONSTRATION OU CONFIRMATION ?

Dans la tradition aristotélicienne, l'approche expérimentale ne va pas de soi. Basée sur des observations faites sur le terrain, elle souffre de préjugés induits par une tradition aristotélicienne de la notion de science. L'expérimentation est en effet rapprochée de la *technè*, souvent réduite à un travail servile et utilitaire, tandis que l'*épistémè*, comme connaissance spéculative, est la plus noble recherche du vrai. Or dès le Moyen Âge, cette tradition incorpore l'observation et l'exemple, voir l'expérience (au sens de l'époque), au sein des écrits de commentateurs d'Aristote[48]. La définition du mot *experience* dans le *Dictionarium latinogallicum* (1539) de Robert Estienne témoigne de cette évolution, et nous livre de précieuses informations lexicales sur ce mot à l'époque où paraît *Le Jardinage*. Cette définition, qui fait référence aux agronomes latins Varron et Columelle, est à confronter aux « mots de l'expérience » du vocabulaire d'Antoine Mizauld traduit par André Caille :

> *Tento, tentas, tentare.* Columel. Taster, Tenter, Sonder,
> Experimenter, Essayer,
> Esprouver.
> *Experientia tentare.* Varro. Esprouver quelque chose[49].

Les occurrences des vocables, *expérience*, *expérimenter* et *éprouver*, auxquelles il faut ajouter *témoigner* employé dans un contexte comparable, sont nombreuses et significatives dans *Le Jardinage*[50]. Comme nous l'avons relevé, son auteur atteste l'efficacité de pratiques horticoles, assez souvent merveilleuses pour le lecteur d'aujourd'hui, qu'il présente en se référant dans une large mesure à l'expérience des Anciens, ainsi qu'aux expérimentations des érudits de son temps, et plus accessoirement aux savoirs des jardiniers. En revanche, son propos ne fait que rarement état de mystères à « sonder » par le biais d'hypothèses à « tester », de protocoles à « essayer » ou de méthodes à « tenter ». L'expérience ne sert pas à

48 En particulier Albert le Grand (vers 1205-1280).

49 Estienne, Robert, *Dictionarium latinogallicum*, Paris, Robert Estienne, 1549, art. « Experience ».

50 D'après notre décompte, le vocable *expérience* est employé au moins douze fois, *expérimenter* au moins six fois, *éprouvé* au moins six fois et *témoigner* au moins six fois.

confronter une théorie causale au réel, mais elle fait advenir des prodiges[51], qui ne peuvent aller à l'encontre des dispositions naturelles et divines :

> Nous avons veu pres de Tivoli un arbre enté en autant de sortes de Pommes, tellement qu'une branche portoit des Noix, l'autre des Bayes, l'autre de la vigne, l'autre des Figues, des Poires, des Grenades, Six diverses sortes de Pommes, mais il vesquit fort peu de temps. Et toutesfois nous ne pouvons atteindre nature par quelque experience que nous facions[52].

De même, au sujet des expériences de greffage :

> Et pource que plusieurs en ignorent la cause, ils s'en esmerveillent et estonnent tellement qu'ils estiment que telles choses adviennent contre nature. Et cela advient, non seulement es autres choses, mais principalement la manière d'enter les arbres par le moyen et artifice ingenieux de laquelle nous voyons souvent advenir qu'un mesme arbre, par un spectacle si monstrueux, produira des Pômes, Nois, Raisins, Fleurs et autres choses de diverses sortes, goust, odeur, couleur, proprieté, sortans toutesfois d'un mesme trons : en sorte qu'on scauroit voir chose plus admirable[53].

Dès le Moyen Âge, dans les traités d'agriculture tout comme les livres de magie, la *via experimentata* ne teste aucune théorie, mais sert de confirmation empirique[54]. L'expérience mizaldienne est marquée par l'*experimentum* et l'*experientia* de la scolastique médiévale. Pour William Eamon, ces termes utilisés pour désigner des savoirs acquis par l'observation directe sont interchangeables[55], mais pour Jacqueline Hamesse[56], dès le XIIIe siècle s'opère une distinction qui se confirme au XVIe siècle, comme l'a montré Violaine Giacomotto-Charra : « *experimentum*, […] semble relever plutôt du régime de la preuve, tandis que *experientia* est plus volontiers utilisé pour référer aux enseignements immédiats de la perception sensible[57] ».

51 À propos de cette notion, voir Céard, Jean, *La Nature et les prodiges. L'insolite au XVIe siècle en France*, Genève, Droz, 1977.

52 Mizauld, *Le Jardinage*, p. 315-316.

53 *Ibid.*, p. 330-331.

54 *Ibid.*, p. 75.

55 Eamon, *Science and the Secrets of Nature…*, p. 55.

56 Hamesse, Jacqueline, « *Experientia/experimentum* dans les lexiques médiévaux et dans les textes philosophiques antérieurs au XIVe siècle », dans Veneziani, Marco (dir.), *Experientia*, Florence, Olschki, 2002, p. 77-90.

57 Giacomotto-Charra, Violaine, « La construction de l'expérience dans le texte scientifique : l'exemple du *De subtilitate* de Jérôme Cardan », *Seizième Siècle*, n° 8, 2012, p. 156.

La plupart des expériences de Mizauld et ses amis demeurent privées et secrètes, fortuites et inattendues. Comme l'expérience de la présence divine, elles sont directes et sous la tutelle de l'inspiration[58]. Comme pratiques de l'observation de la nature, elles se distinguent des spéculations théoriques de la *via rationis* sur les *Arcana naturæ*. La *via experimenta* cohabite néanmoins sans antagonisme avec la *via rationis*, dont les analyses causales s'appuient largement sur des raisonnements analogiques – parmi les extraits cités plus haut, le lis devient rouge grâce à une préparation à base vin rouge, les fruits deviennent sucrés si les graines sont trempées dans du miel, etc. En outre, *Le Jardinage* de Mizault confirme qu'il ne faut pas donner à l'analogie[59] une valeur ontologique, mais plutôt rechercher sa fonction rhétorique[60] :

> Elles [les glayeuls] sont de diverses couleurs, assavoir blancheâtres, pallissantes, pupurées, et celestes : dont pource qu'elle ressemble à l'arc du ciel on l'appelle communément Iris, d'autant que par ses lignes diversement collorées et courantes deça et dela, dedans la fleur, semble un arc au ciel lors qu'il commence : comme si nature s'efforçoit de faire une herbe pour représenter cest arc là[61].

Ici, l'analogie entre la variété phénotypique des couleurs florales et un photométéore (l'arc-en-ciel), n'est pas une donnée expérimentale, mais un procédé rhétorique pour mémoriser en frappant les esprits.

En conséquence, *Le Jardinage* est un projet humaniste de restauration des savoirs horticoles anciens, qui sont pour certains confirmés par des expériences de terrain. Bien qu'il s'agisse d'une compilation de phénomènes fantastiques dans la tradition des livres de secrets, cet ouvrage mentionne, comme d'autres traités d'agriculture générale plus anciens,

---

58 Mizauld, *Le Jardinage*, p. 76.

59 Voir la remise en cause par Marie-Luce Demonet et Violaine Giacomotto-Charra du célèbre chapitre II, « La prose du monde » de *Les Mots et les choses* (Foucault, Michel, *Les mots et les choses*, Paris, Gallimard, 1966, p. 45-47). Demonet, Marie-Luce, « Les sophismes des signatures, de Foucault à Agamben » et Giacomotto-Charra, Violaine, « L'épistémé foucaldienne à l'épreuve de l'histoire des sciences », dans Guerrier, Olivier et Gerbier, Laurent (dir.), *Foucault et la Renaissance*, Paris, Classiques Garnier, à paraître.

60 Voir les analyses de Véronique Montagne relatives à la fonction rhétorique des analogies dans le traité de Mizauld sur la peste : Montagne, Véronique, *Médecine et rhétorique à la Renaissance. Le cas du traité de peste en langue vernaculaire*, Paris, Classiques Garnier, 2017, p. 86, 87, 107.

61 Mizauld, Le *Jardinage*, p. 158-159.

des observations faites aux champs par des contemporains, simples jardiniers ou humanistes érudits. Ces nombreuses expériences sont intuitives, empiriques et rhétoriques. Elles sont des arguments, aussi abondants que la *copia verborum* le requiert, qui confirment l'occurrence des faits collectés sans les considérer comme des hypothèses à prouver. La notion d'expérience à la Renaissance dépend donc d'une rationalité différente de la notre ; une rationalité dont la logique n'est saisie qu'après décryptage.

Laurent PAYA
Centre d'études supérieures
de la Renaissance, Tours

L'EXPÉRIENCE DANS LES TRADUCTIONS EN FRANÇAIS DES TRAITÉS DE MÉDECINE

Les traductions du latin – et parfois du grec – vers le français occupent une place très importante dans l'édition médicale de la Renaissance[1]. Puisque la plupart de ces versions étaient destinées en premier lieu aux non-latinisants, c'est-à-dire aux chirurgiens, aux apothicaires, ou parfois aux sages-femmes – bref, au corps soignant plutôt qu'aux médecins –, il va de soi que la notion d'expérience devait y jouer un rôle de premier ordre. Cependant, il faut constater que ces textes jouissaient souvent d'un double statut, puisque, tout en s'adressant le plus souvent de façon explicite aux chirurgiens[2], ils visaient également, du moins de façon implicite, les étudiants de médecine provinciaux, peu tentés par de grands volumes latins[3]. Par ailleurs, mêmes les médecins savants y trouvaient parfois leur compte, tout comme ils y puisaient des informations complémentaires à travers un matériel paratextuel qui venait régulièrement augmenter les traductions (sous forme de glossaires, appendices, commentaires, etc.)[4]. En nous penchant sur les préfaces de ces textes, nous voudrions donc montrer comment les traducteurs de la

---

1 Voir notre analyse des traductions médicales dans : Duché, Véronique (dir.), *Histoire des traductions en langue française XVe et XVIe siècles (1470-1610)*, chapitre XIII : « Arts et sciences », Paris, Verdier, 2015, p. 737-767.

2 Ambroise Paré déclare par exemple n'avoir lu les grands auteurs anciens que dans des versions françaises : « Je ne veulx m'arroger que j'aye leu Galien parlant grec, ou latin. Car n'a pleu à dieu tant faire de grace à ma jeunesse, qu'elle aye esté en l'une et l'aultre langue instituée. Mais aussi ne vouldroy aucunement dissimuler, que j'ay apris lesdictz documents de Galien par l'interpretation Francoyse de monsieur maistre Jehan Canape, docteur regent en la faculté de medecine », Paré, Ambroise, *Briefve Collection de l'administration anatomique*, Paris, Guillaume Cavellat, 1549, f. A6r°.

3 Dans la préface de sa version du *Second Livre de Claude Galien à Glaucon* (Paris, Renaud Chaudière, 1549), Guillaume Chrestien dut admettre que son séjour à Orléans lui avait fait comprendre que certains de ses étudiants de médecine ne lisaient pas couramment le latin.

4 Voir *infra* notre discussion de la traduction de Galien, *De la dissection des muscles*, réalisée par Jacques Dalechamps, Lyon, Guillaume Rouillé, 1564.

Renaissance comprenaient la notion d'expérience dans divers domaines de la médecine.

Nous proposons de commencer notre étude par une analyse de la préface fournie en 1532 par Richard Roussat, traducteur de Mondino de Luzzi ; celle-ci illustre la difficulté – dès les années 1530 – de séparer le lexique de l'expérience (ou de la pratique) de celui du savoir. Nous traiterons ensuite, d'une part, le réseau lexical employé par Barthélemy Aneau – traducteur de Conrad Gesner –, pour qui l'expérience devait se mettre au service du savoir, et d'autre part l'accueil enthousiaste de l'expérience, tant chez les traducteurs de Paracelse que chez les partisans de l'anatomie. Pour conclure, nous nous arrêterons sur l'expérience des femmes, sans formation médicale, qui s'occupaient des malades par charité. Dans chaque cas, nous recenserons, certes, l'emploi des mots *expérience* ou *expérimenter*, mais nous chercherons, au-delà de ces occurrences, la présence de la notion d'expérience. Ainsi espérons-nous déceler également une « préhistoire » de l'expérience, en reprenant l'approche théorique valorisée par le travail de Terence Cave[5].

LE LEXIQUE EMPLOYÉ PAR RICHARD ROUSSAT, TRADUCTEUR DE L'*ANATOMIE* DE MONDINO DE LUZZI (1532)

Dans les années 1530, lorsque les traductions médicales en langue française commencent à gagner du terrain[6], les ouvrages sur l'anatomie se taillent une place de choix, car tout praticien se sent obligé de maîtriser cette somme de connaissances. Dans sa version du célèbre traité de l'*Anatomie* de Mondino, Richard Roussat, médecin et chanoine de Langres, salue le savoir de son homologue italien (né vers 1270 à Bologne), considéré

5 Cave, Terence, *Pré-histoires. Textes troublés au seuil de la modernité*, Genève, Droz, 1999 ; et *Pré-histoires II. Langues étrangères* et *troubles économiques au* XVI*e* *siècle*, Genève, Droz, 2001.

6 Pour un catalogue (au moins partiel) des traductions médicales qui parurent entre 1530-1580, voir le travail de Howard Stone, « The French Language in Renaissance Medicine », *Bibliothèque d'Humanisme et Renaissance*, n° 15, 1953, p. 315-346 et la notice de Joël Coste, qui accompagne la liste des ouvrages numérisés du site de la Bibliothèque numérique Medic@, « La médecine pratique et ses genres littéraires en France à l'époque moderne », 2008.

alors comme le premier homme de l'art depuis l'Antiquité grecque à avoir proposé un témoignage explicite d'une dissection humaine[7]. Selon le traducteur français, l'expérience fournie par les dissections – réalisée par un chirurgien alors qu'un professeur de médecine en fait le commentaire – constitue un élément indispensable de la formation non seulement des chirurgiens mais aussi des hommes de l'art. Pourtant, en nous penchant sur le lexique que Roussat emploie dans sa préface, nous verrons que les rapports entre les notions d'expérience (ou de pratique) et de savoir (ou de raisonnement) se révèlent complexes. En relevant toutes les occurrences des mots qui participent à ces domaines, nous constatons l'enchevêtrement de deux, voire de trois catégories dans la grande majorité de ses observations. (Voir tableau)

	Raison(nement) entendement intellect jugement	Savoir art science connaissance	Pratique industrie exercice	Expérience empériques speculation incision
À pleu [à Dieu] luy donner sens, raison, science, et entendement	✓	✓		
[L'homme] congnoist que son industrie, scavoir, et prochatz, puissent servir au bien publicque		✓	✓	
Je de attentif intellect [...] au prouffit des simples gens exercans, et pratiquans l'art de cirurgie, qu'est du tout fondé en la science de medecine	✓	✓	✓	
Et afin de extirper, dejecter, et abollir les rudes ygnorans, et nonscavans emperiques d'erreur et de les dresser en la voye, de congnoissance, et raison	✓	✓		✓
a faire desdictes ygnorans et sans nulle demonstration empericques, aulcunement therriciens, ou inothodiciens et non errans en praticque d l'art de chirurgie		✓	✓	✓

7 Certains chercheurs récents ont démontré que Mondino, à l'insu de ses lecteurs de la Renaissance, avait cependant puisé beaucoup de ses informations dans des traités arabes. Voir Infusino, Mark, Win, Dorothy et O'Neill Ynez, « Mondino's book and the Human Body », *Vesalius*, n° 1-2, 1995, p. 71-76.

l'anathomye, que vault et signifie aultant que division ou insciscion avec congnoissance, et speculation des visceres, membres interieurs, et percelles d'iceulx		✓		✓
Laquelle Anathomie se prant en deux sortes. L'une est faicte part art, raison et usaige.	✓	✓		
La premiere se exerce avec scavoir et science par methodiciens lectres et gens doctes. Lesquelz contemplent et examinent, avec raison	✓	✓		✓
cette division, ou incision est necessaire. Car sans elle les medecins, cyurgiens, ne peulvent juger, et avoir congnoissance des maladies interieures	✓	✓		✓
L'autre [...] est l'unicque et propre des empiricques. Qui de ceste non contant, de jour en jour s'intromectent en la rationalle et praticquent comme gens ad ce instruictz et et congnoissans.	✓	✓	✓	✓
je l'ay bien voulu traduyre et translater qu'ilz n'ayent a entreprendre cure sans scavoir ou congnoistre, la cause, et de ou procede le mal		✓	✓	
Et par ceste œuvre pourront congnoistre, et appertement scavoir [...]. Aussi quelz remedes pourront aposer, ou applicquer.		✓	✓	

FIG 1. Analyse des catégories lexicales employées par Roussat dans la préface de sa version de l'*Anatomie* de Mondino.

Roussat affirme qu'il a traduit le texte de Mondino : « au prouffit des simples gens exercans, et pratiquans l'art de cirurgie, qu'est du tout fondé en la science de medecine[8] ». D'ores et déjà, la chirurgie semble promue au rang d'un art fondé sur la « science » qu'est la médecine. Cependant, la pratique ou l'exercice étant l'apanage des « simples gens »,

8 Roussat, Richard, *L'Anathomie de maistre Mundin boullonnoys, naguere traduicte de langue latine en vulgaire ou francoyse*, Paris, Alain Lotrian et Denis Janot, 1532, f. A3r°.

une distinction s'impose entre ceux-ci et les médecins. Le traducteur se montre, par ailleurs, beaucoup plus hostile à l'égard des « rudes ignorans, et nonscavans emperiques », c'est-à-dire ceux qui valorisent l'expérience sans s'appuyer sur aucun savoir théorique, même s'ils ne sont pas totalement proscrits, car Roussat espère « les dresser en la voye, de congnoissance, et raison[9] ». Aussi paraît-il espérer que l'expérience, pour erronée qu'elle soit, puisse être récupérée par la raison ou par une meilleure connaissance scientifique.

Quant à l'apprentissage de l'anatomie, selon le traducteur, cette formation dépend d'une alliance entre les facultés mentales et l'expérience des sens, surtout la vue, car « l'anathomye [...] vault et signifie aultant que division ou inscision avec congnoissance, et speculation des visceres, membres interieurs, et percelles d'iceulx[10] ». Le binôme « congnoissance et speculation » laisse comprendre que le corps humain se révèle en même temps aux yeux et à l'esprit. En proposant par la suite une distinction entre l'anatomie raisonnée – qui s'avère théorique, donc universelle – et les découvertes fortuites, l'homme de l'art se rapproche de la notion de l'expérience, sans la nommer : « L'autre ou seconde [anathomie] est accidentalle. Laquelle vient par cas fortuyt [...] qu'est l'unicque et propre des empiricques[11] ». Cette expérience qui ne s'appuie pas sur la théorie universalisatrice, est destinée, ainsi, à rester « accidentelle » ; en conséquence, les découvertes qu'elle apporterait sont écartées, puisqu'elles ne rentrent pas, selon Roussat, dans un cadre systématique, totalisant. Pourtant, nous devrions nous souvenir qu'au cours du XVIe siècle, l'engouement pour les cas fortuits, voire exceptionnels, devient de plus en plus fort, de sorte que les progrès médicaux dépendront autant des exceptions que des cas réguliers[12].

En dernier lieu, Roussat revient au but très concret qu'il s'est proposé, permettre aux praticiens de mieux accomplir leur métier :

> Afin qu'ilz n'ayent à entreprendre cure sans scavoir ou congnoistre, la cause, et de ou procede le mal. Et par ceste œuvre pourront congnoistre,

9 *Ibid.*, f. A3r°.

10 *Ibid.*, f. A3v°.

11 *Ibid.*, f. A3v°.

12 Voir Céard, Jean, *La Nature et les prodiges. L'insolite au XVIe siècle en France*, Genève, Droz, 1977 ; Daston, Lorraine, et Park, Katharine, *Wonders and the Orders of Nature, 1150-1750*, New York, Zone Books, 1998.

> et appertement scavoir [...]. Aussi quelz remedes pourront aposer, ou applicquer[13].

Nous retrouvons ainsi l'alliance du savoir et de la pratique. Le médecin veut, en fait, que les chirurgiens comprennent l'essentiel du diagnostic (acte qui ressort de la compétence des médecins), afin de mieux guérir les malades en sachant « quelz remedes pourront aposer, ou applicquer » (tâches concrètes, accomplies par les chirurgiens).

Bien que Roussat n'emploie pas dans sa préface le vocable *expérience*, nous pensons avoir démontré dans quelle mesure ses propos cernent, toutefois, cette notion. Lorsque nous tournerons notre regard vers les traducteurs de la seconde moitié du XVIe siècle, nous constaterons, en revanche, que l'expérience est nommée et pesée. Or, selon les convictions du traducteur, il s'agira tantôt de défendre, tantôt de délimiter le champ de l'expérience.

L'EXPÉRIENCE AU SERVICE DU SAVOIR : BATHÉLEMY ANEAU, TRADUCTEUR DE CONRAD GESNER (1555)

Barthélemy Aneau, Principal du Collège de la Trinité à Lyon (et l'un des rares traducteurs d'ouvrages médicaux à ne pas être lui-même homme de l'art), fait paraître, en 1555 une version française du *Tresor de Evonime Philiatre des remedes secretz* de Conrad Gesner[14]. Selon la page de titre, l'humaniste s'adresse « principallement à medecins, Chirurgiens et Apothicaires », ce qui est conforme au désir exprimé par Gesner, d'exposer les « remedes secretz, et jusque à present de peu d'hommes cogneuz, lesquelz aucuns Empiriques (ce sont Medicateurs par experience, sans raison) tenoyent cachez comme secretz mysteres[15] ». Cependant, Gesner a proposé de regrouper ces médicaments secrets « non seulement par

---

13 Roussat, *L'Anathomie de maistre Mundin*, f. A3v°-4r°.

14 Sur la carrière d'Aneau, voir l'étude de Brigitte Biot, *Barthélemy Aneau, régent de la Renaissance lyonnaise*, Paris, Champion, 2000.

15 Gesner, Conrad, *Tresor de Evonime Philiatre des remedes secretz*, traduction de Barthélémy Aneau, Lyon, Balthazar Arnoullet, 1555, f. aa1v°.

receptes partiales en forme Empirique, ou d'experience : mais aussi en general par raison et ordre methodique des preparations, et compositions d'iceux Medicaments[16] ». L'opposition établie entre l'expérience empirique, donc partielle, et un ordre raisonné qui s'avère méthodique nous rappelle la distinction que faisait Roussat entre l'expérience accidentelle et la raison systématique.

À la différence de Roussat, pourtant, Aneau réserve un accueil plus chaleureux à l'expérience. En dédiant sa traduction à un chirurgien, Simon Guy, avec qui il dit avoir vécu en « constante amytié », il affirme que « la Theorique escrite en papier [...] sert peu ou rien sans l'experience et pratique[17] ». C'est, en effet, grâce au travail des chirurgiens que les remèdes consignés par Gesner seront mis en œuvre. D'ailleurs, le traducteur apporte sa propre petite pierre à l'édifice de l'expérience, car dans l'épître liminaire, il explique aux lecteurs la façon dont il a éclairé l'ouvrage de Gesner. En le mettant « en pure langue françoise, pour estre de tous françois entendu et practiqué », il s'est cru obligé de trouver des tournures de phrases moins obscures, d'expliciter les « noms des choses » par « les appellations communes des practiquans », voire de changer « l'ordre et collocation des matieres », et d'y ajouter un « catalogue alphabetique des Auteurs de renom alleguez en cest œuvre[18] ». D'une part, et de façon explicite, entre les mains d'un bon chirurgien la pratique devient synonyme de l'expérience ; d'autre part, de façon implicite, le traducteur, en réorganisant et réécrivant, en partie, l'ouvrage de Gesner, a accompli un geste pratique, qui, lui aussi, participerait à la notion d'expérience – celle l'expérience de lire, de comprendre, d'organiser le savoir.

16 *Ibid.*

17 *Ibid.*, f. aa3v°.

18 *Ibid.*, f. bb6r°-v°.

VANTER LES AVANTAGES DE L'EXPÉRIENCE : PIERRE HASSARD TRADUCTEUR DE PARACELSE (1567) ET JACQUES DALECHAMPS, TRADUCTEUR ET DÉFENSEUR DE L'ANATOMIE (1564 ET 1572)

Lorsque nous passons aux médecins qui traduisent des traités de médecine ou de chirurgie entre 1550-1580, nous distinguons deux groupes chez qui la notion d'expérience s'avère essentielle : d'un côté les paracelsistes, de l'autre les anatomistes.

Il n'est guère étonnant que les traducteurs de Paracelse s'interrogent sur la notion d'expérience, puisque le médecin suisse en faisait la base de toutes ses théories[19]. Son premier interprète en langue français, Pierre Hassard[20] – médecin et chirurgien belge, natif d'Armentières – loin de donner dans les diatribes iconoclastes de son auteur, vise plutôt à en faire une apologie adoucie, conforme à la raison. Dans *La grande vraye, et parfaicte chirurgie*[21], publiée en 1567, l'épître « Au lecteur benevole » constitue une longue défense de l'approche paracelsiste. Les étapes bien réfléchies de l'argumentation de Hassard parcourent la science et la pratique, pour aboutir à l'expérience. De prime abord, il s'appuie sur l'exemple d'Hippocrate qui estimait « la sapience et science[22] », pour s'attaquer à certains médecins de sa propre époque qu'il considère comme ignorants et motivés par la cupidité seule. Ensuite, il loue les médecins de la Grèce antique qui composaient leurs propres médicaments, et « eulx mesmes ilz [les] donnoient ou applicquoient aux malades, observantz l'operation et succez d'iceux[23] ». En établissant ce rapport fondamental entre la pratique et la science, Hassard valorise l'observation, premier outil de l'expérience, qui permet au médecin de perfectionner son art. Par ailleurs, dans une parenthèse consacrée

19 Voir l'étude d'Allen G. Debus, *The French Paracelsians : the Chemical Challenge*, Cambridge, Cambridge University Press, 2002.

20 Sur Pierre Hassard, voir Kahn, Didier, *Alchimie et paracelsisme en France*, Genève, Droz, 2007, p. 151-163.

21 Sa version de *Die grosse Wunderarznei*, qui paraît chez Guillaume Sylvius à Anvers, est dédiée au comte d'Egmont.

22 Hassard, Pierre, *La grande vraye, et parfaicte chirurgie*, Anvers, Guillaume Silvius, 1567, f. A4v°.

23 *Ibid.*, f. A5r°.

à l'éloge de Paracelse, les rapports entre l'expérience et les arts / les sciences sont éclairés :

> Et [Paracelse] n'a jamais voulu reposer mais tousjours, peregriner, veiller, escrire, cercher, experimenter de tout, en tous, et par tout, pour trouver le vray fondement de tous artz et sciences, et principalement de Medecine et Chirurgie[24].

De nouveau, l'expérience constitue ainsi la base d'un savoir totalisant.

En ce qui concerne, d'autre part, les mauvais praticiens (qu'il traite de « tas d'imposteurs et trompeurs »), ou ceux qui n'auraient pas reçu une formation suffisante, l'expérience se révèle la pierre de touche du malade ou de ceux qui doivent juger de la qualité d'un membre du corps soignant. Voici la comparaison astucieuse qu'il établit avec les autres métiers :

> Si l'homme veut edifier une maison il consulte avec les charpentiers et massons : s'il veut faire une robe avec le cousturier sans en demander conseil au cordonnier : Iceulx encor ne s'en peuvent mesler si premier il n'appert par bonne examination et experience qu'ilz sont idoines à ce faire[25].

C'est l'expérience qui donnera la palme au bon praticien, car les mauvais imposteurs ne sauront plus se déguiser.

Pour conclure, en bon paracelsiste Hassard lance un appel aux armes : le chirurgien lira Paracelse, pour rejeter « les abusions d'Avicenne, Mesues, Lanfranc, Guido de Vigo, et autres infinis barbares qui jusques à maintenant ont piteusement souillé et contaminé cest art [*sic*] tant saincte et sacrée[26] ». Or, le traducteur lui-même se targue « d'exerc[er] la Chirurgie de [s]es mains propres, en plusieurs personnes et Regions diverses[27] ». Aussi, selon lui, l'expérience est-elle une qualité essentielle à qui voudrait enseigner un art ; le chirurgien ne demandera donc conseil qu'au médecin « qui est aussi Chirurgien, non en ses livres, mais de faict et Experience[28] ».

En somme, ce traducteur belge de Paracelse, lui-même à la fois chirurgien et médecin, sait allier savoir et expérience, mais celle-ci

24 *Ibid.*, f. A5v°.
25 *Ibid.*, f. A6v°.
26 *Ibid.*, f. A7r-v°.
27 *Ibid.*, f. A7v°.
28 *Ibid.*, f. A8r°.

l'emporte néanmoins sur le savoir tout seul. Comme les médecins étaient peu nombreux à avoir suivi également la formation de chirurgiens, on pourrait trouver cette constatation de Hassard plus provocatrice qu'elle ne paraîtrait, à une époque où, en France, la formation et la réglementation des chirurgiens dépendaient toujours des Facultés de Médecine.

Aussi l'autre défenseur de l'expérience sur lequel nous nous pencherons se veut-il aux antipodes des paracelsistes : Jacques Dalechamps, médecin et botaniste, se range en effet sous l'enseigne de la médicine officielle. Ayant fait ses études sous Rondelet, à Montpellier (1545-1547), avant de passer par Grenoble puis Valence, il finit par exercer à l'Hôtel-Dieu de Lyon à partir de 1552. Chargé de former les chirurgiens, tout comme Pierre Tolet et Jean Canappe, il comprend toutefois l'importance de fournir des traductions françaises des textes les plus importants, tels *La Dissection des muscles de Claude Galien* (publié en 1564 par Guillaume Rouillé), et *L'Administration anatomique de Claude Galien* (qui paraît chez Benoist Rigaud en 1572). Cependant, le choix de Galien ne devrait pas nous leurrer : si Dalechamps prise le savoir ancien, c'est en l'examinant – parfois pour le corriger – à la lumière des découvertes anatomiques plus récentes.

Dans la préface de *La Dissection de Galien*, qui s'adresse aux « maistres chirurgiens et compagnons estudians en l'eschole de chirurgie à Lyon[29] », il ne manque pas de prôner l'importance des connaissances livresques fournis par Galien – avant d'y apporter lui-même des rectifications. Par exemple, sur le nombre de muscles : « D'avantage il [Galien] n'en a observé plusieurs, qui depuis ont esté recogneus et remarqués par ses successeurs ». C'est l'observation, ce geste foncièrement concret, qui, comme chez Roussat ou Hassard, permet à la médecine de s'évoluer. Quant aux gestes du traducteur, Dalechamps élargit son champ de travail : il ajoute au texte de Galien « quelques adnotations ou corollaires », et rédige « par tables en un bref sommaire les muscles de chacune partie[30] », en s'inscrivant dans la lignée des anatomistes (parmi lesquels il loue surtout Vésale). À l'instar de Roussat, Dalechamps allie l'expérience anatomique du corps avec l'expérience de lire et de comprendre le texte ancien.

De même, sa version des *Administrations anatomiques de Claude Galien*, qui paraît huit ans plus tard, en 1572, dépasse les limites d'une simple

29 *La Dissection des muscles de Claude Galien*, Lyon, Guillaume Rouillé, 1564, f. a2r°.
30 *Ibid.*, f. a3r°.

traduction. La page de titre nous avertit que les *Administrations* ont été « corrigées en infinis passages, avec extreme diligence du traducteur ». La préface, qui s'adresse toujours aux chirurgiens de Lyon, accorde une grande place à la défense de l'anatomie, car il s'agit, comme en 1564, de concilier savoir livresque et découvertes anatomiques. Or, à la fin de la préface, Dalechamps emploie une expression qui nous semble révélatrice, en expliquant qu'il a dû comparer plusieurs manuscrits grecs avec la version latine pour arriver à la meilleure traduction possible du texte de Galien : « conferant divers exemplaires Grecs ensemble, parangonnant la traduction Latine, et qui plus est, examinant le tout sus la verité de la chose meme, ainsi qu'elle se trouve en l'Anatomie du corps de l'homme, et du singe[31] ». C'est donc l'expérience de la dissection qui lui a permis de vérifier « la vérité de la chose meme », car « la chose » désigne à la fois le sujet – le savoir théorique – et la réalité concrète du corps.

Dalechamps n'emploie pas le terme *expérience* dans ces deux préfaces, mais la notion sous-tend, nous semble-t-il, tout son discours. En 1564, ce sont la « pratique » et l'« exercice » qui mènent, à travers l'« observation » et le « jugement », à l'« intelligence » de la médecine ; en 1572, ce sont les actes d'« exercer », « cercher », « operer » et « pratiquer » la médecine qui permettent de « connaître » et d'« apprendre ». Bref, la connaissance de l'anatomie exige une expérience concrète, dans la mesure où l'anatomie dépend de la « vérité de la chose meme ». Qui plus est, le geste du traducteur humaniste, se penchant sur les vieux manuscrits, comme l'anatomiste sur le corps, contribue au portrait littéraire de l'expérience.

L'EXPÉRIENCE DES FEMMES : CELLES QUE LES TRADUCTEURS LOUENT

En dernier lieu, il convient de nous interroger également sur l'expérience des femmes, telle que la reflètent les traductions des livres de médecine. Evelyne Berriot-Salvadore a constaté le nombre croissant de femmes à qui des médecins de la Renaissance choisissent de dédier

31 *Administrations anatomiques de Claude Galien*, Lyon, Benoist Rigaud, 1572, f. *4r°.

leurs ouvrages[32]. Puisque celles-ci n'ont pas de statut professionnel – il s'agit de princesses ou de duchesses –, les traducteurs n'ont guère besoin de s'en méfier, à la différence de leur attitude à l'égard les empiriques ou des membres inférieurs du corps soignant. Or, lorsqu'un traducteur s'adresse à une femme qui s'occupe des malades parmi ses œuvres charitables, comment arrive-t-il à conjuguer l'expérience au féminin[33] ?

Soulignons de prime abord que, dans la plupart de ces textes, nous avons relevé un réseau lexical très marqué (« soin », « soigner », « secours », « secourir », « sollicitude ») autour des attentions proposées par ces femmes charitables. Par exemple, en dédiant sa version de *La grand chirurgie de Paracelse* à la duchesse d'Elbœuf, Claude Darot, médecin à Beaune, parle, en 1589, des « maisons des grands Seigneurs et Dames [...] où la charité est fort pratiquée au soin et solicitude des malades, comme elle est en la vostre, ma dame[34] » ; tout comme Guillaume Chrestien, médecin des enfants royaux, et traducteur d'Hippocrate, a loué chez la « tresillustre et tresprudente dame » Diane de Poitiers, en 1559, « la grande solicitude que vous avez tousjours eue, et avez de jour en jour plus grande de conserver la santé et bonne disposition du Roy et de la Royne[35] ». C'est-à-dire que ces grandes dames ont une expérience quotidienne – comme bien des femmes de toutes conditions, d'ailleurs – des maladies, des soins, et des remèdes. Mais dans quelle mesure cette expérience a-t-elle droit de cité ?

D'une part, un médecin peut souhaiter se démarquer, et garder ses distances par rapport à une telle expérience, surtout si elle risque de se substituer à son savoir professionnel. C'est dans le domaine de la médecine des femmes que nous relevons surtout une mise-en-garde. Aussi Chrestien se croit-il obligé de faire prévaloir ses connaissances professionnelles en s'adressant à Diane de Poitiers. Lui-même a revu soigneusement les écrits des anciens, « conferant avec eulx la quotidiane experience qu'[il] en [a] peu faire en pratiquant par si long temps[36] ».

---

32 « La littérature médicale en français de 1500 à 1600 », novembre 2010. http://www.biusante.parisdescartes.fr/histoire/medica/litterature-medicale-16e.php (consulté le 20/11/20).

33 Voir à ce sujet la synthèse que propose Susan Broomhall, *Women's Medical Work in Early Modern France*, Manchester, Manchester University Press, 2004.

34 *La grand chirurgie de Philippe Aoreole Theophraste Paracelse*, Lyon, Antoine de Harsy, 1589, f. A3r°.

35 Chrestien, Guillaume, *Livre de la nature et utilité des moys des femmes*, Paris, Guillaume Morel, 1559, p. 105-106.

36 *Ibid.*, p. 100.

Il se dote donc des avantages du savoir et d'une longue expérience professionnelle. Cependant, Diane risque de recevoir les confidences de femmes souffrantes lorsqu'elle accepte :

> charitablement [d']ayder et faire secours aux femmes tant pusilanimes et craintifves, qu'il leur sembleroit avoir engagé leur honneur, ou offensé leur pudicité si elles descouvroient leurs griefves passions aux medecins doctes et bien experimentez [...] C'est le tort qu'aujourdhuy se font les femmes trop timides, qui plus tost ont recours aux autres femmes imprudentes, qu'aux sçavants et experts medecins, qui sans fraude les peuvent secourir[37].

Voici le paradoxe : les femmes préfèrent se confier à une femme plutôt qu'à un homme de l'art, aussi expert soit-il. Chrestien semble accorder à Diane de Poitiers un honneur exceptionnel, car il espère qu'en lisant sa traduction elle viendra « à certaine congnoissance de plusieurs maladies et accidents, desquelles la distinction et curation n'est facile qu'à ceux qui journellement y meditent, et s'y exercent attentivement[38] ». Pourtant, c'est une invitation qui souligne toujours l'impossibilité pour une femme d'atteindre le sommet professionnel. En fait, le ton élégant, courtois, de la préface vise à établir un rapport qui ne manque pas d'observer la distinction entre l'expérience du médecin et celle de la grande dame dont il admire les œuvres charitables et l'intérêt scientifiques, mais qui, en fin de compte, fera savoir aux autres femmes qu'elles devraient néanmoins s'adresser à Chrestien et à ses confrères.

Nous avons relevé, d'autre part, un seul exemple d'une épître dédicatoire où le traducteur loue sans ambigüité l'expérience médicale d'une femme charitable. Certains autres traducteurs sont, certes, prêts à reconnaître les soins prodigués par des femmes nobles, mais sans prétendre qu'elles puissent dépasser un stade auxiliaire[39]. En revanche, en 1579, Laurent Joubert, chancelier de la Faculté de Médecine de Montpellier, consacre une partie de la préface de sa traduction de *La grande chirurgie de M. Guy Chauliac* à l'éloge de sa mère, Catherine de Genas. Il souhaite lui épargner l'oubli dans lequel tombent la plupart des femmes[40], car,

37 *Ibid.*, p. 105.

38 *Ibid.*, p. 108.

39 Voir par exemple les remarques de Claude Dariot à l'égard de la duchesse d'Elbœuf, *La grande Chirurgie de Philippe Aoreole Theophraste Paracelse*, 1589, f. A2-A3.

40 « Car il n'est pas raisonnable, que vostre nom soit obscurcy, vos merites effacés de la mémoire des hommes, et vostre reputation ensepvelie par la mort, comme il avient de

selon lui, elle mérite qu'on se souvienne non seulement de ses soins exceptionnels envers les pauvres, mais aussi de certains de ses remèdes, par exemple son « unguent au mal des tetins, duquel [elle a] guery une infinité de pauvres femmes, qui estoient presque en desespoir de douleur et inflammation[41] ». Cependant, s'il valorise ainsi son expérience pratique, il ne manque pas de dresser une distinction entre les soins charitables, offerts au nom de Dieu par Catherine de Genas, et les remèdes vendus par « quelques oultrecuidez et temeraires barbiers, apoticaires et autres presumptueus[42] ».

Aussi l'expérience considérable des femmes est-elle reconnue dans les épîtres dédicatoires de certains traducteurs, eux-mêmes médecins. Dans la mesure où il s'agit d'une activité charitable, non rémunérée, elle peut être accueillie d'une voix plutôt favorable ; voire, les traducteurs peuvent même permettre à ces femmes exceptionnelles de lire, elles aussi, des ouvrages destinés aux chirurgiens. Mais ce sont toujours des médecins qui rédigent les traités médicaux, ou qui en proposent des traductions, gardant leur emprise sur la circulation du savoir, au moins jusqu'à la parution, en 1609, des *Observations* de Louise Bourgeois, sage-femme de la reine. Elle fait de l'observation de son expérience professionnelle le sujet d'un livre destiné à être réimprimé pendant un demi-siècle[43]. Dans l'épître dédicatoire, Bourgeois s'empare de l'expérience comme d'une arme essentielle pour se défendre. Consciente de ne pas maîtriser un beau style propre à rivaliser avec celui qu'affectent les médecins ou même les chirurgiens, elle compte sur ce que Dalechamps a appelé « la vérité de la chose meme » lorsqu'elle affirme n'avoir donné à son livre « pour tout fard que la verité, pour raison que l'expérience, ny pour tesmoin que tout nostre sexe, qui ressentant en soy-mesme ce que j'en escry ne dèmentira jamais ma plume[44] ».

Louise Bourgeois est la première sage-femme en Europe à se faire imprimer, peut-être, en outre, la première femme auteur d'un livre

---

la plus-part des femmes », *La grande chirurgie de M. Guy Chauliac*, Lyon, Etienne Michel, 1579, p. 30.

41 *Ibid.*, p. 28.

42 *Ibid.*, p. 28-29.

43 Voir notre étude *Les Traités d'obstétrique en langue française au seuil de la modernité*, Genève, Droz, 2007, p. 319-360.

44 Bourgeois, Louise, *Observations diverses sur la sterilité, perte de fruict, fœcondité, accouchements et maladies des femmes*, Paris, Abraham Saugrain, 1609, f. A5r°.

professionnel. Il n'est pas étonnant qu'elle ait choisi de se mettre sous l'enseigne des observations, ce nouveau genre, héritier des manuels anatomiques, mais privilégiant un savoir moins systématique, qui laisse une large place à l'expérience[45]. Chez les premiers traducteurs de livres de médecine, comme Roussat, nous avons pu déceler la préhistoire de cette notion, où le savoir ou le raisonnement s'entremêlaient ; chez les anatomistes, elle se mettait déjà au premier plan, accompagnée du savoir dont elle formait un élément indispensable ; chez les paracelsistes, en revanche, l'expérience menaçait déjà de l'emporter sur tout système totalisant ; et au premier XVIIe siècle, à l'ère des observations qui remettaient en cause, de nouveau, les savoirs acquis, c'est l'expérience qui permet à une sage-femme – ayant présidé à quelque deux mille accouchements[46] – de faire des leçons sur les grands champs de la médecine que sont la stérilité, la fécondité, l'accouchement, et les maladies des femmes et des nouveau-nés.

Valérie WORTH-STYLIANOU
Trinity College, Oxford University

45 Voir Pomata, Gianna, « Sharing Cases : the *Observationes* in early modern medicine », *Early Science and Medicine*, n° 15, 2010, p. 193-236.

46 Bourgeois, *Observations diverses sur la sterilité…*, vol. I, chap. 14.

RÉFLEXION SUR LA NOTION D'EXPÉRIENCE

Un censeur méconnu de Montaigne, le médecin Antoine Martin

La médecine est une science dont on a fait profession plus qu'on ne l'a travaillée.
Francis BACON[1]

Ce qui est vrai de Rabelais l'est aussi de Montaigne : on ne compte plus les études consacrées à la thématique de la médecine dans son œuvre. En revanche, un chapitre de l'histoire de la première réception des *Essais* reste à écrire[2], dans lequel seraient suivies de près les trajectoires de l'antimontaignisme médical[3]. Sont à retenir au moins trois noms d'auteurs qui, en raison de leur appartenance à la profession, se sont montrés particulièrement sensibles à divers arguments de Montaigne, en particulier dans le « chapitre de la Medecine[4] », c'est-à-dire celui qui est intitulé « De la ressemblance des enfans aux peres » (II, 37) : il s'agit, pour les deux plus marquants, de *L'Excellence, utilité, necessité et certitude de la medecine* d'Antoine Martin[5] et du *Medicinæ encomium* de Jan van

1 Bacon, Francis, *Du progrès et de la promotion des savoirs* [1605], trad. M. Le Dœuff, Paris, Gallimard, 1991, p. 147.

2 Voir Millet, Olivier, *La première réception des* Essais *de Montaigne (1580-1640)*, Paris, Champion, 1995.

3 La référence aux *Essais* est donnée, successivement, dans l'édition Villey-Saulnier (*Essais*, Paris, P.U.F., 1978) et celle de la collection de la Pléiade (Paris, Gallimard, 2007).

4 Marie de Gournay (1635), citée par Millet, *La première réception*..., p. 111.

5 Martin, Antoine, *L'Excellence, utilité, necessité et certitude de la medecine. Avec la responce aux calomnies contenuës au 37. chapitre du second livre des Essaiz du Sieur de Montaigne*, Vannes, Jan Bourrelier, 1610. Le texte est divisé en deux parties et chacune est introduite de la même façon, sans fausse page de titre pour la seconde. Nous n'avons pu en localiser qu'un seul exemplaire (Bibliothèque Mazarine, Paris), lequel comporte quelques corrections manuscrites à l'encre noire.

Beveerwijck[6] ; accessoirement, Gaspard Bachot[7] et Claude de Sarcilly[8] ; un autre auteur peut être ajouté à cette liste sans doute incomplète, Germain de Bezançon, mais, dans son cas, c'est d'abord la satire de la médecine par Molière qui suscite son prosélytisme orthodoxe[9]. Consacrée à l'ouvrage d'Antoine Martin, la présente étude considère dans un premier temps, les aspects majeurs de sa critique des idées médicales de Montaigne puis, dans un second temps, se focalise sur la notion, centrale dans l'histoire de la philosophie naturelle, d'expérience. Malgré le retentissement réduit de ce traité spécialisé, l'argumentation que l'auteur développe et les lieux qu'il discute mettent en lumière l'étendue mais aussi les paradoxes du schisme/séisme provoqué par les *Essais*.

UN MALADE MAL PENSANT

PHILIÂTRE *VS* MISIÂTRE

Le texte du médecin illustre un cas de réception spécialisée des *Essais*. Il faut signaler, à cet égard, celui de l'artilleur Daniel Davelourt[10],

6 Beveerwijck, Jan van (Johannes Beverovicius), *Medicinæ encomium. Eiusdem Montanus elenchomenos : sive, Refutatio argumentorum, quibus necessitatem medicinæ impugnat Mich. Seigneur de Montaigne*, Dordrecht, 1633 (souvent daté de 1631) ; traduction allemande, 1673 ; traduction française, par Mme de Zoutelandt (*Éloge de la médecine et de la chirurgie. Deffense de la médecine contre les calomnies de Montagne, en forme de dialogue*, Paris, Veuve Rebuffé, 1730) : l'auteur discute vingt-sept lieux en partisan de la « *necessitas medicinæ* ».

7 Bachot, Gaspard, *Les Erreurs populaires touchant la médecine et régime de santé*, Lyon, B. Vincent, pour la Vve de feu T. Soubron, 1626, Préface, f. e7v°. Montaigne est l'un de ses « adversaires » (p. 166) sur ce plan, ce qui n'empêche pas l'auteur de piocher dans les *Essais* sur d'autres sujets (p. 89, 189). Sur cet ouvrage, voir Berriot-Salvadore, Évelyne, « *Les Erreurs populaires touchant la médecine* de Gaspard Bachot ou les leçons d'un médecin bourbonnais », dans Viallon, Marie (dir.), *Médecine et médecins au* XVI*e* *siècle*, Saint-Étienne, Publications de l'université de Saint-Étienne, 2002, p. 131-146.

8 Paracelse, Théophraste, *Les XIV livres des paragraphes de Philippe Theophraste Paracelse Bombast, Allemand*, Paris, Jean Guillemot, 1631, trad. C. de Sarcilly, p. 6-8.

9 Bezançon, Germain de, *Les Médecins à la censure, ou Entretiens sur la médecine*, Paris, L. Gontier, 1677, p. 288-296 ; ouvrage traduit en italien et publié l'année suivante à Lyon. Onze lieux des *Essais* y sont allégués.

10 Davelourt, Daniel, *Arcenal et magazin de l'artillerie*, Paris, [s.n.], 1610 ; voir notre étude « Montaigne, Descartes et les artilleurs : Daniel Davelourt lecteur des *Essais* et Descartes lecteur des *Récréations mathématiques* », XVI*e* *Siècle* 9, 2013, p. 283-298.

dont le traité est publié la même année. Cependant, loin de se limiter comme celui-ci à illustrer son propos à l'aide de Montaigne, Martin est un partisan fort engagé qui répond à un « misiâtre[11] » des plus en vue. Docteur en médecine méconnu[12], il lance une contre-offensive dans la « guerre[13] » menée contre la « science » au chapitre 37 du second livre des *Essais*. La riposte à l'« antimédecine[14] » de Montaigne est conduite dans un texte solidement charpenté. Arguments théologiques, historiques, philosophiques et logiques à l'appui, l'auteur entreprend dans la première partie (douze chapitres en soixante-et-une pages) un éloge de la médecine en vue de faire barrage aux arguments qu'il déconstruit ensuite dans la seconde (vingt-quatre chapitres en quatre-vingt-trois pages). La matière critique l'emporte donc largement. Pour ce faire, Martin se focalise sur le chapitre II, 37, « De la ressemblance des enfans aux peres », mais recourt au besoin à d'autres passages des *Essais*[15]. Il se réfère à trente lieux des *Essais*. Le premier au début du traité, tous les autres dans la seconde partie. Chaque chapitre est intitulé par le début de l'extrait des *Essais* mis à la question. La quantité du texte des *Essais* convoqué par Martin représente environ dix pour cent (le chapitre de Montaigne comporte près de douze mille mots). En bon apologiste, Martin trie et effectue des choix stratégiques. À plusieurs reprises, il redistribue l'ordre des arguments, ce dont il s'excuse[16]. Nous n'avons donc pas affaire à un simple suivi au fil du texte car c'est, à travers la pensée de Montaigne, un ennemi plus nombreux qu'il s'agit de débusquer.

« Et puis, pour qui escrivez vous[17] ? ». Quoique limitée dans ses implications pratiques en raison du tirage probablement réduit de son

11 Bachot, *Les Erreurs populaires...*, 1626, f. e7v°.

12 Les biographes (La Croix Du Maine et Duverdier, Éloy) ne le mentionnent pas. De l'éditeur vannetais ne sont connus que trois titres, le dernier en 1597 (*Répertoire bibliographique des livres imprimés en France au XVIe siècle*, tome 7, p. 251) ; il faut attendre 1618 (Joseph Moricet, libraire imprimeur) pour en trouver une nouvelle dans cette ville (*Répertoire bibliographique des livres imprimés en France au XVIIe siècle*, vol. 11, 1984). Le traité de Martin est précédé de quatre pièces poétiques signées respectivement Ph. D. M. Sieur de Beauregard ; P. Le Maistre. *Regis Med. et in alma paris. Academia Regius Medicinæ professor* ; N. Bertr. *Medic. D.* ; Cl. Goss. *Chir.*

13 Martin, *L'Excellence, utilité...*, p. 5.

14 Starobinski, Jean, *Montaigne en mouvement*, Paris, Gallimard, 1993, p. 310, 314.

15 En particulier, Martin, *L'Excellence, utilité...*, p. 86 (Essais, II, 8) ; p. 147 (III, 9) ; p. 185 (III, 13).

16 Martin, *L'Excellence, utilité, necessité...*, p. 70.

17 *Essais*, II, 17, p. 657/696.

traité, l'interrogation vaut qu'on l'adresse à Martin. Pour les médecins et, plus largement, le lectorat diffus des ouvrages de médecine, mais aussi les lecteurs des *Essais* de Montaigne, autrement dit, une partie du vivier de l'opinion publique. Lus de tous côtés, ils peuvent passer pour une œuvre d'école, du moins l'intervention de Martin tend-elle à confirmer ce statut. Martin entend « imiter » Hippocrate défendant la médecine contre des courants défavorables :

> nous refuterons les objections du sieur de Montagne, et ferons voir la vanité d'icelles, imitans en ce Hippocrate qui a composé le livre *De arte*, pour refuter les calomnies que l'on jettoit de son temps contre la medecine[18].

Son projet mime celui du Grec lorsqu'il annonçait :

> Tout en faisant la démonstration de l'existence de l'art, je ruinerai les arguments de ceux d'entre eux qui s'imaginent le décrier, sur les points où chacun d'entre eux s'imagine précisément obtenir quelque résultat[19].

Il nomme Montaigne mais ce sont aussi « ses adherens » et les « Montagnistes[20] » qu'il tient dans sa visée. C'est la première et seule occurrence, à notre connaisssance, de ce terme, employé dans un contexte polémique. Il faudra attendre l'époque moderne, après l'ironique et sans descendance « montaignologue » de Brunet[21], pour que *montaigniste* entre dans le vocabulaire de la critique historique en étant dénué de signification idéologique. Martin a-t-il conscience que ce néologisme évoque dangereusement *montaniste*, un hérétique du siècle de Tertullien ? Toujours est-il que cet hapax fait référence à l'hétérodoxie des *Essais* en matière de médecine. Par ailleurs, le nom de Montaigne est aussi associé à l'un des débats majeurs de la philosophie au tournant du XVII siècle, la question animale[22]. Si, en 1595, Jean de Champaignac avait fait

18 Martin, *L'Excellence, utilité...*, p. 8-9.

19 *De l'art*, IV, 3 (Hippocrate, *Des vents. De l'art*, éd. et trad. J. Jouanna, Paris, Les Belles Lettres, 1988, p. 227).

20 Martin, *L'Excellence, utilité...*, p. 7 et 42. Faut-il y englober le courant visé par Champaignac, à propos de la question des bêtes, en 1595 ? Voir sur ce point notre étude, *Le Dos de ses livres. Descartes a-t-il lu Montaigne ?*, Paris, Champion, 2014, p. 297-298.

21 Brunet, Gustave, *Les* Essais *de Michel de Montaigne*, Paris, Techener, 1844, p. 50, n. 1. Sainte-Beuve ironisera en 1851 sur « ces mots qui sentent la confrérie et la secte », dans *Les grands écrivains français. XVIe siècle. Les Prosateurs*, éd. M. Allem, Paris, Librairie Garnier frères, 1926, p. 166.

22 Voir Gontier, Thierry, *De l'homme à l'animal. Paradoxes sur la nature des animaux. Montaigne et Descartes*, Paris, Vrin, 1998.

allusion à « certains philosophes[23] », Jean Silhon n'hésite pas à dénoncer Montaigne « et ses sectateurs », et « les autres partisans des Bestes[24] ». En 1613, Jean-Pierre Camus s'est senti en devoir d'innocenter l'auteur des *Essais*, son péché de jeunesse, des accusations d'athéisme[25]. Martin ne dit pas que les « montaignistes » sont des athées mais, pour lui, leur scepticisme médical les range parmi les hétérodoxes que, dans le sillage de la Contre-Réforme, il faut combattre. Ce n'est pas un hasard s'il attaque Montaigne sur la question du suicide : déjà, en 1581, les censeurs romains avaient épinglé ce passage[26]. La question de la « croyance », sur laquelle nous reviendrons, renvoie à la foi, la médecine étant d'origine divine. Il y a donc « blasphème » à la nier. Martin l'accuse d'incrédulité (en matière de médicaments[27]) et le classe, dès la page de titre, parmi les fous (*stulti*)[28]. Qualifiant de « criminelle » l'« ingratitude » de Montaigne, il grossit donc la troupe des « censeurs des *Essais*[29] ». Il ne perd jamais une occasion de recourir à l'argumentaire théologique[30] – comme, par exemple, lorsque pour réfuter le relativisme historique de Montaigne sur les peuples sans médecins, il y voit une même impiété que chez les peuples sans Dieu[31]. D'inspiration théologique, l'antimontaignisme philosophique de la fin du XVIe et du XVIIe siècles (des jansénistes à Bossuet), peut en partie se résumer à l'aide de la formule qui, embrassant l'hétérodoxie sceptique et libertine, condamne les « censeurs de la Providence divine[32] », au premier rang desquels figure l'auteur des *Essais*.

---

23 Champaignac, Jean de, *Physique françoise, expliquant universellement la cognoissance de toutes choses naturelles [...]. Avec un Brief traicté de l'immortalité de l'âme*, Bordeaux, Simon Millanges, 1595, p. 86.

24 Silhon, Jean, *De l'immortalité de l'âme*, Paris, P. Billaine, 1634, p. 467-468.

25 « Athée couvert » (Camus, Jean-Pierre, *Les Diversitez de Messire Jean-Pierre Camus*, Paris, Claude Chappelet, 1613, t. 8, p. 452-454). Voir sur ce point Millet, *La première réception...*, p. 187-189 et Baudry, *Le Dos de ses livres*, p. 248-255, 291-303.

26 Martin, *L'Excellence, utilité...*, p. 68, à propos de II, p. 351/369 ; voir Legros, Alain, « Montaigne face à ses censeurs romains de 1581 », *Bibliothèque d'Humanisme et Renaissance*, n° 71, 2009, p. 12-13.

27 Martin, *L'Excellence, utilité...*, p. 131-134.

28 À la fin du traité (p. 147), Martin cite un lieu commun biblique (*Ecclésiaste*, 38) : « Concluant ce discours, Je dis de la medecine que *Vir sapiens non abhorrebit eam* ».

29 Expression de Marie de Gournay (1595) citée par Millet, *La première réception...*, p. 86.

30 *Essais*, II, 37, p. 774/813, « Les promesses mesmes de la medecine... » / Martin, *L'Excellence, utilité...*, p. 131.

31 *Essais*, II, 37, p. 766/805, « Il n'est nation... » / Martin, *L'Excellence, utilité...*, p. 91-93.

32 Pussel, David, *Le Prolongement de la vie, discours par lequel il se preuve tres-clairement que la vie de l'homme peut estre prolongée par les moyens que Dieu a créés et ordonnés à c'est effect*, Paris, Samuel Thiboust, 1620, p. 27.

Martin se montre volontiers soucieux de porter la critique sur le plan « dialectique » en débusquant ce qu'il tient pour des fautes de logique, contradictions, syllogismes, inférences, chez son adversaire, comme, par exemple, dans le passage suivant :

> car en ce qu'il dit qu'il a comme son pere en haine l'art de Medecine, et au chapitre de l'experience, il dict qu'il a observé une coustume laquelle gardoit son pere par le conseil de son Medecin de tremper souvent son vin long temps au paravant le boire. Or est il qu'avoir un Medecin, et comme Medecin observe[r] jusques aux moindres particularitez ses ordonnances, n'est pas avoir en horreur la Medecine : ains esperer beaucoup d'icelle[33].

Ce défenseur de l'institution soulève une contradiction qui fait de Montaigne un fervent de la médecine qui s'ignore. Mais c'est un mauvais dialecticien incapable de discuter *in utramque partem*, le pour et le contre d'un problème[34]. La posture, ultra-orthodoxe de Martin signale ainsi le fossé béant entre le rationaliste galéniste et le sceptique malade : « La maladie, comme expérience, est particulière », partant « imperméable au précepte logique[35] ». L'écriture même des *Essais*, dont la modernité s'affirmera au cours des siècles, reflète l'incompatibilité entre le gardien de l'institution et le sujet sensible. Le médecin ne pense ni n'écrit comme un patient, témoin le rapprochement entre deux textes décrivant même maladie et même souffrance :

> Il y a une colique appellée nephretique qui est aux reins. [... Elle] procede communément de quelque pierre ou gravier engendrée aux reins, ou estant descendue aux pores urinaires : alors le malade sent douleur à la hanche et aux lombes, lesquels se ramifient autour de la jointure de la hanche, et aux muscles des lombes et de la cuisse. Semblablement les pores ureteres (qui sont nerfs caves), et les muscles suspensoires patissent : et est advis aux malades qu'on leur tire en haut les testicules d'une grande violence, avec douleurs extremes accompagnées de grands vomissemens pituiteux et bilieux, et sueurs universelles qui durent jusques à ce que la pierre ou sable soient descendus en la vessie[36].

---

33 Martin, *L'Excellence, utilité...*, p. 85 ; voir *Essais*, III, 13, p. 1104/1154.

34 *Essais*, II, 37, p. 775/814, « Quant à la varieté et foiblesse... » / Martin, *L'Excellence, utilité...*, p. 136-138.

35 Pender, Stephen, « Examples and experience : on the uncertainty of medicine », *The British Journal for the History of Science*, n° 39/1, 2006, p. 15.

36 Paré, Ambroise, *Œuvres complètes*, Genève, Slatkine Reprints, 1970, tome II, livre XV, ch. 65, « De la colique », p. 514. Quant aux signes de la pierre, ou lithiase, dans la vessie, Paré explique que « le malade sent une pesanteur (sçavoir est si elle est grose) au siege et perineum, avec douleur icctigative et poignante, qui s'estend jusques à l'extremité de la verge, tellement qu'il la tire et frotte tousjours, dont elle vient allongée et relaxée

> Voicy depuis de nouveau, que les plus legers mouvements espreignent le pur sang de mes reins. Quoy pour cela ? je ne laisse de me mouvoir comme devant, et picquer apres mes chiens, d'une juvenile ardeur, et insolente. Et trouve que j'ay grand raison, d'un si important accident : qui ne me couste qu'une sourde poisanteur, et alteration en cette partie. C'est quelque grosse pierre, qui foulle et consomme la substance de mes roignons : et ma vie, que je vuide peu à peu : non sans quelque naturelle douceur, comme un excrement hormais superflu et empeschant[37].

Martin, comme Paré, écrit *il*, Montaigne dit *je*. Son témoignage, inscrit dans le « nous autres coliqueux[38] », suppose un « vous autres médecins ». *A priori*, le fossé pronominal instaure un dialogue de sourds, où prend origine la rupture anthropologique montaignienne : autopathographie contre nosologie, primat de l'expérience[39] contre primat de l'autorité. Bien plus, il donne la mesure de la guerre dont l'issue épistémologique échappe à celui qui prétend y mettre fin en anéantissant l'« adversaire ». Autrement dit, l'apologétique doctrinaire de Martin révèle un mode argumentatif en soi peu surprenant mais dont l'intérêt tient en ce qu'il s'exerce contre un discours original, au sens fort du terme, sans que lui-même ait su prendre toute la mesure de sa puissance critique. Or, la notion d'expérience se situe très précisément dans ces parages, étant à la fois commune aux textes et sans commune mesure entre eux. L'apologie de la médecine sert de révélateur, comme dans le processus photographique : le blanc de l'essai, le degré zéro de l'écriture de la singularité, se voit ainsi révélé dans sa radicale nouveauté.

UN TERRAIN DE (MÉS)ENTENTE

Tout donne à penser que l'opposition entre le patient « récalcitrant et sarcastique[40] » Montaigne et le médecin Martin met aux prises, d'un côté, un ingrat au dire de Joubert[41], et de l'autre, un des « messieurs en

---

outre mesure : et le plus souvent l'a roide, pour la douleur qu'il souffre » (ch. 36, p. 462). L'opération de la taille visait à extraire « les pierres qui sont en la vessie » (ch. 44-50).

37 *Essais*, III, 13, p. 1095/1143-4.

38 *Essais*, II, 37, p. 770/809.

39 Montaigne, proche de Francisco Sanches, lui « fait écho avec ses continuelles professions d'empirisme ». Ils suivent la même démarche en deux temps : importance des sens puis incertitude radicale des sens (Paganini, Gianni, *Skepsis*, Paris, Vrin, 2008, p. 25-26).

40 Brancher, Dominique, « Médecins, Médecine », dans Desan, Philippe (dir.), *Dictionnaire de Michel de Montaigne*, Paris, Champion, 2007, p. 740.

41 Joubert, Laurent, *Segonde partie des erreurs populaires et propos vulgaires, touchant la medicine et le regime de santé*, Paris, Abel l'Angelier, 1580, p. 52.

gros bonnet » qui horripilent tant Marie de Gournay[42]. Mais envisager la relation, qui l'est d'abord entre deux textes, par antithèse cache l'essentiel. Les deux auteurs emploient, chacun pour sa part, le même terme expérience dans des contextes parfois semblables, parfois différents. Il ne s'agit pas ici de revoir le champ, si vaste, que recouvre cette notion dans les *Essais*, lesquels sont, à la limite, le fruit en perpétuelle maturation d'une expérience, à savoir la vie de Michel de Montaigne[43]. Nous savons en outre quelle place décisive la maladie y occupe. Qu'il ait buté sur le problème de l'efficacité de la médecine ne doit pas étonner pour deux raisons : la connaissance de soi est connaissance du corps, cette connaissance est expérience de soi. Et, depuis environ dix-huit mois, avant de rédiger le chapitre 37 vers 1579-1580, Montaigne est atteint de coliques néphrétiques. Nous savons qu'il ne se lamente pas en quête d'un bouc émissaire, contrairement à ce que fait entendre Martin, pour qui il exhale dans ce chapitre les « plainctes d'un malade lequel par l'aspreté de son mal, s'acharne à la Medecine[44] », poussant le culot (ou la simple myopie à l'égard des passages qui le contredisent) jusqu'à lui infliger une leçon de stoïcisme. La maladie est épreuve de la douleur. Si le mot revient à plusieurs reprises dans le chapitre des *Essais*, Montaigne, « atterré[45] », ne fait cependant pas dans le dolorisme. Il recherche la sensation, fût-elle celle de la douleur et des moyens éventuellement employés pour l'en libérer[46]. Cette conduite débouche sur le sauvetage de la chirurgie[47], un argument que Martin préfère ignorer. Pour Montaigne, la douleur aussi est source vive de connaissance :

42 Gournay, citée par Millet, *La première réception*…, p. 111.

43 Sur l'« effet de boucle » entre le titre et le dernier chapitre du livre, voir Tarrête, Alexandre, « Expérience », dans Desan (dir.), *Dictionnaire de Michel de Montaigne*, p. 436. À quoi il faut ajouter ici l'effet de boucle interne : II, 37 closait les *Essais* en deux livres (1580 à 1588), comme III, 13 le fera pour la version en trois livres. Ce sont les deux chapitres autopathographiques clefs de l'œuvre.

44 Martin, *L'Excellence, utilité*…, p. 67.

45 *Essais*, II, 37, p. 762/800, 764/802.

46 Sur l'expérience de la douleur et la connaissance du bien et du mal chez Montaigne, voir Brahami, Frédéric, « Maladie », dans Desan (dir.), *Dictionnaire de Michel de Montaigne*, p. 721.

47 « Je hay aussi ceste consideration de refuser la medecine pour l'aigreur de son goust : Ce ne seroit aysément mon humeur, qui trouve la santé digne d'estre r'achetée, par tous les cauteres et incisions les plus penibles qui se facent », *Essais*, p. 765/803 et 774/813 : « la chirurgie me semble beaucoup plus certaine, par ce qu'elle voit et manie ce qu'elle fait ».

> Les souffrances qui nous touchent simplement par l'ame, m'affligent beaucoup moins qu'elles ne font la pluspart des autres hommes. [...] Mais les souffrances vrayement essentielles et corporelles, je les gouste bien vifvement[48].

Martin n'a pas compris le propos de Montaigne, ou plutôt il ne le comprend qu'à travers son cadre de pensée, ce qui ne l'empêche pas de le lire, de le critiquer voire de l'emporter, contextuellement, sur lui[49], certainement pas de le « goûter[50] ». Une fois, on le prend en flagrant délit de mauvaise foi ou de mécompréhension. Par un renversement relativiste tout à fait montaignien, le gaïac lui paraît ce que le chou peut être à un homme d'un pays lointain, un remède rare, cher et par conséquent efficace. Réaction de Martin : Montaigne « se scandalise de ce que nous nous servons de drogues d'estrange pays[51] ». Il ne conçoit pas l'analogie, le relativisme montaignien précédant la « révolution sociologique » des Persans de Montesquieu[52] et s'en tient à la question du produit afin de promouvoir l'idée de la diversité des drogues dans la nature.

Profonde, inconciliable mésentente ! Le point de départ de Martin, outre les sérieux soupçons qu'il fait peser sur la foi de Montaigne, est que l'auteur des *Essais* parle de ce qu'il ne connaît pas. Le médecin rappelle doctement que « les arts ont en leurs objects certaines formalitez desquelles naissent des principes communs[53] ». Ignare, fou, calomniateur, blasphémateur, Montaigne se voit réduit à un discours sans queue ni tête. Pourtant, Martin, qui se donne beau jeu en niant par principe toute légitimité à son adversaire, prend ses arguments suffisamment au sérieux pour les réfuter en plus grand nombre que ceux qui le suivront

48 *Essais*, II, 37, p. 759-760/797-8. Montaigne pense au rebours de la sentence de Jérôme, « *Satius est stomachum dolere, quam mentem* ». Pour Juste Lipse, *goûter* et *essayer* sont synonymes pour désigner l'expérience de soi.

49 Par exemple lorsque Montaigne écrit que la médecine n'est pas nécessaire puisque des peuples vivent très bien sans elle, Martin rétorque que des peuples étant sans Dieu, il faut se passer de Dieu (*Essais*, II, 37, p. 766/805, « Il n'est nation... » / Martin, *L'Excellence, utilité...*, p. 91-93 ; sur ce passage, voir *supra*, note 31) ; lorsque, citant d'autres auteurs, Montaigne prétend qu'« il n'y a aucune medecine, qui n'ait quelque partie nuisible », Martin réplique, en toute logique, qu'il faut cesser de se nourrir (*Essais*, II, 37, p. 772/812 / Martin, *L'Excellence, utilité...*, p. 117-119).

50 Au sens de Juste Lipse : goût, « essai, ou expérience préliminaire » (voir sur ce point Millet, *La première réception...*, p. 36).

51 *Essais*, II, 37, p. 772/811, « Si les nations... » / Martin, *L'Excellence, utilité...*, p. 110-112.

52 Selon l'expression de Roger Caillois dans Montesquieu, *Œuvres complètes*, Paris, Gallimard, « Bibliothèque de la Pléiade », 1949, Préface, p. XIII.

53 Martin, *L'Excellence, utilité...*, p. 136.

dans le même exercice, Beveerwijck et Bezançon. Sa prise de position est une réponse à ce courant montaigniste qu'il ressent comme menaçant. D'autres raisons, propres à l'institution, peuvent être avancées. Néanmoins, il semble que sa lecture n'ait pas été guidée par la seule intention contre-polémique[54] mais que le propos de Montaigne l'ait perturbé sans pour autant ébranler ses convictions. En ce sens, Martin serait un lecteur ayant fait l'expérience de l'étrangeté des *Essais*, ce « corps monstrueux[55] », par le biais de la question médicale revisitée par le témoignage de leur malade d'auteur. La réaction de Martin constitue ainsi à la fois un révélateur d'incompréhension et de mécompréhension mais aussi de terrains d'entente puisque l'argumentaire de l'expérience est crucial. En cherchant sous quelle forme et suivant quels relais cette notion circule entre les deux textes, celui de l'émetteur et du récepteur, nous serons plus en mesure d'appréhender et la conformité de l'un et l'originalité de l'autre.

UNE NOTION, DEUX MESURES : APPROCHES DE LA NOTION D'EXPÉRIENCE CHEZ MONTAIGNE ET MARTIN

La notion d'expérience, qui, chez Montaigne, a fait l'objet de nombreuses analyses[56], apparaît à de nombreuses reprises sous la plume de son contradicteur. Il convient d'en mener l'analyse à un double niveau : d'une part, celui des emplois du terme chez eux deux ; de l'autre, celui du contexte polysémique auquel chacun l'associe.

54 Telle que la décrit Starobinski : « l'essai II, 37, sa polémique contre les médecins », *Montaigne en mouvement*, p. 289.

55 Voir Mathieu-Castellani, Gisèle, *Montaigne : l'écriture de l'essai*, Paris, P.U.F., 1988, p. 221.

56 Outre les travaux déjà cités, voir Moore, Will G., « Montaigne's notion of experience », dans Moore, Will G. (dir.), *The French mind. Studies in Honour of Gustave Rudler*, Oxford, Clarendon Press, 1952, p. 34-52 ; Sève, Bernard, *Montaigne. Des règles pour l'esprit*, Paris, P.U.F., 2007, p. 105-136 ; Statius, Pierre, *Le Réel et la joie. Essai sur l'œuvre de Montaigne*, Paris, Kimé, 1997, p. 311-316.

« EXPERIENCE » OU « EXPERIENCE » ? : ÉTUDE MONOSÉMIQUE

Circonscrire l'analyse à un seul terme serait condamnable dans la perspective d'une analyse monographique. Dans les *Essais* le champ sémantique de l'expérience accueille notamment de nombreux verbes, comme *éprouver*, *essayer*, *exercer*, *goûter*, *pratiquer*, et substantifs, tels qu'*épreuve*, *exemple*, *exercice*[57], *essai*. Mais, comme il s'agit d'appréhender les contenus de la réaction de Martin, notre tâche est à la fois descriptive et comparatiste. Les statistiques reflètent la centralité du terme *expérience* dans le chapitre II, 37. La moyenne générale de son emploi dans les *Essais* est de 0,03 % ; dans le dernier chapitre, « De l'experience » (III, 13), elle est le double de celle-ci, soit 0,06 % ; mais dans le chapitre combattu par Martin, cette moyenne atteint 0,14 % (dix-sept emplois sur 12 000 mots), soit cinq fois plus que la moyenne générale et plus du double que celle du chapitre homonyme. Cette microstatistique confirme combien, dans l'écriture montaignienne, « l'experience est proprement sur son fumier au subject de la medecine, où la raison luy quitte toute la place[58] ».

Pour sa part, elle apparaît à sept reprises dans les passages critiqués par Martin et dix occurrences surviennent sous sa plume, directement ou dans un contexte proche. Nous prendrons ici le cas, emblématique, de l'expérience du sang de bouc. Passé un exorde de fulminations théologiques, le combat anti-montaignien de Martin s'inaugure par une citation tronquée :

> J'entens bien, qu'il y a quelque simple qui humecte, quelqu'autre qui asseche. Je sçay par experience que les refforts produisent des vents. Je sçay plusieurs telles experiences : comme je sçay que le mouton me nourrit, que le vin m'eschauffe. Je me deffie des inventions de nostre esprit et art[59].

---

57 « Exercitation », synonyme employé en 1635 par Marie de Gournay pour le titre du chapitre 13 du livre III (voir sur ce point Millet, *La première réception*…, p. 111).

58 *Essais*, III, 13, p. 1079/1126.

59 Martin, *L'Excellence, utilité*…, p. 4. Citation complète : « J'entens bien, qu'il y a quelque simple qui humecte, quelque autre qui asseche : je sçay par experience, et que les refforts produisent des vents, et que les feuilles du sené laschent le ventre : je sçay plusieurs telles experiences : comme je sçay que le mouton me nourrit, et que le vin m'eschauffe : Et disoit Solon, que le manger estoit, comme les autres drogues, une medecine contre la maladie de la faim. Je ne desadvouë pas l'usage, que nous tirons du monde, ny ne doubte de la puissance et uberté de nature, et de son application à nostre besoing : Je vois bien que les brochets, et les arondes se trouvent bien d'elle : Je me deffie des inventions de nostre esprit : de nostre science et art », II, 37, p. 765-766/804.

Ce propos est censé illustrer l'ignorance de Montaigne parti en « guerre » contre la médecine : tout ce qu'il sait, il ne le sait que par expérience, ne suit ni règle ni méthode. Tenté de couper court à la discussion sur ce « conte », Martin revient longuement sur la question du sang de bouc, ou bézoard. Ce passage des *Essais* illustre l'incrédulité de Montaigne envers un remède tenu pour admirable et infaillible. Nous y lisons la curiosité d'un sceptique délivré de la naïveté du naturaliste amateur de « merveilles » mais encore loin d'avoir acquis la fermeté d'un empiriste rationnel : d'un côté, Montaigne fait préparer dans les formes pour voir mais, de l'autre, il affirme avoir assisté à l'opération par hasard. Son observation, assez précise, s'effectue dans un lieu que nous pouvons considérer comme un laboratoire improvisé, cuisine ou étal de boucher, parmi mangeaille et tripaille animale, et débouche sur une réflexion d'une fermeté toute moderne nourrie par le refus de l'irrationnel ou, pour parler en termes montaigniens, du fantastique (la « manne celeste »). À propos de ce fameux passage, Dominique Brancher, repoussant à juste titre l'idée d'une expérimentation, a préféré y voir une « expérience personnelle[60] ».

Pour Martin, la conclusion de Montaigne est nulle : « Et s'il est ainsi, c'est une esperance bien vaine aux graveleux, de tirer leur guerison du sang d'une beste, qui s'en alloit elle mesme mourir d'un pareil mal ». Convaincu, sur le plan méthodique, de l'efficace allopathique, il applique le principe des contraires et conclut à son tour : « que dira-il quand il verra le vinaigre cailler le laict et le dissouldre estant caillé, l'exemple qu'il apporte est il plus incroiable que telles experiences notoires aux plus grossiers[61] ». Pour l'un, l'expérience contredit la science, pour l'autre, elle la confirme. La position de Montaigne est postulat personnel : « Tu te fondes sur les contes des Medecins. Regarde plustost l'effect et l'experience », écrivait-il dès 1572[62]. Les bains, partie la moins « artificielle » de la médecine et que Montaigne a le plus volontiers pratiquée, fournissent un bon exemple de sa « confusion et incertitude[63] ». Conte pour conte, celui du lavement *placebo* rapporté par un domestique apothicaire de son père en fournissait la preuve[64].

60 Voir Brancher, « Médecins, Médecine », p. 742.
61 Martin, *L'Excellence, utilité…*, p. 143.
62 *Essais*, I, 20, p. 83/I, 19, p. 86.
63 *Ibid.*, II, 37, p. 777/817.
64 *Ibid.*, I, 21, p. 103-104 / I, 20, p. 106.

La pensée de Montaigne est connue, qui conjugue diversité et singularité : « Chasque nation a des opinions particulieres, touchant leur usage, et des loix et formes de s'en servir, toutes diverses : et selon mon experience l'effect quasi pareil[65] ». Causes diverses, effet semblable : la pluralité des coutumes médicales manifeste ainsi l'inanité de la doctrine[66]. L'expérience singulière de Montaigne se porte ainsi garante de l'effondrement des certitudes, dévoilant l'imposture scientifique. Ce que Frédéric Brahami appelle son « approche du réel par la marge[67] », marge du corps sensible et des « fantaisies » individuelles, fonde une heuristique et une anthropologie, et non pas un système. Or la médecine en est un, fermement adossé au discours théologique universalisant.

L'emploi de la notion d'expérience, qui désigne l'usage et l'observation, sous la plume de Martin est sans surprise. En galéniste orthodoxe, il ne s'affranchit jamais de la tutelle de la raison (nous y reviendrons) puisque l'une confirme ou prouve ce que l'autre démontre[68]. Le charlatan est celui qui ne possède ni savoir (« estude ») ni expérience[69]. Seule, elle peut tout au plus affirmer du probable[70]. Mais elle ne débouche jamais sur la certitude et interdit toute généralisation. C'est pourquoi Martin a beau jeu de dénoncer une inférence de Montaigne[71] : « Ce n'est pas faire bonne consequence que si quelques maladies sont gueries par la force de la nature, de dire que toutes sont de mesmes, *A particulari non concluditur universale* ». Nous voyons donc à quel point c'est une sorte de dialogue de sourds, chronologie à part, qui s'est instauré entre les deux voix, tant ils usent d'un même terme dans des perspectives divergentes. La remarque de Ian Maclean sur les « dires philempiriques, antiautoritaires et antirhétoriques » de quelques médecins[72], s'applique fort bien à l'auteur des *Essais*.

---

65 *Ibid.*, II, 37, p. 777/816-7.

66 Autre notion de mésentente. Montaigne préfère le terme de *doctrine* (II, 37, p. 764/802, 771/810, 781/821) à celui de *science*, mais ne l'emploie pas dans le sens voulu par Martin tel qu'il figure dans la citation des Proverbes en page de titre (voir *supra*). Pour la critique contemporaine, Montaigne « veut communiquer une expérience, non une doctrine » (Baraz, Michaël, *L'Être et la connaissance selon Montaigne*, Paris, José Corti, 1968, p. 29).

67 Brahami, Frédéric, *Le Travail du scepticisme*, Paris, P.U.F., 2001, p. 41-56.

68 Martin, *L'Excellence, utilité…*, p. 90.

69 *Ibid.*, p. 118.

70 *Ibid.*, p. 122-123 (à propos de l'astrologie médicale).

71 *Ibid.*, p. 97, contre II, 37, p. 768/807, « Les occasions qui m'ont guery, moy… ».

72 Maclean, Ian, *Le Monde et les hommes selon les médecins de la Renaissance*, Paris, CNRS Éditions, 2006, p. 20.

L'expérience est terrain de mésentente, avons-nous dit, puisqu'elle fonde l'incrédulité de Montaigne comme, chez Martin, elle prouve l'erreur de ce dernier[73]. Cependant, le carrefour sémantique intéresse aussi en ce qu'il se forme à la convergence de dispositifs notionnels distincts. Sur ce point, Montaigne et Martin ne parlent pas la même langue. Le second temps de l'analyse visera donc, à travers une approche polysémique, à mettre en lumière les notions connexes de celle d'expérience dans l'argumentaire des auteurs.

APPROCHE POLYSÉMIQUE : LA CONSTELLATION DE L'EXPÉRIENCE

« Expérience contre expérience[74] » : Starobinski a ainsi formulé la différence montaignienne par rapport à la *doxa* de son temps. Mais ici nous observons cette différence par le biais d'une saisine de l'orthodoxie et, pour ce faire, lui emprunterons l'opposition entre expérience alléguée (institutionnelle) et intime (ici, montaignienne). Identifiant la coupure sur le terrain monosémantique, elle permet de dégager un réseau de notions communes mais incompatibles que l'on peut établir comme suit :

	Notions communes « terrain de mésentente »	Notions propres
alléguée (Martin)	– raison – diversité – témoin, témoignage	– ignorance
intime (Montaigne)	– autorité – croyance, créance	– fortune – coutume – exemple

Révélatrice, comme nous l'avons vu, la mise en question polémique fait surgir diverses entités parmi lesquelles nous retiendrons celles-ci : *autorité*, *diversité*, *ignorance*, *raison* et *témoignage*. La notion d'expérience est, chez Montaigne, autonome, centripète et agglutinante. En effet, son emploi dans la démarche radicalement critique débouchant sur l'invalidation de son statut officiel, elle est soumise au champ de forces de l'essai, c'est-à-dire à une écriture de l'expérience (le versant « scientifique ») qui est aussi expérience de l'écriture (le versant « littéraire »), la distinction

73 Martin, *L'Excellence, utilité…*, p. 132.
74 Starobinski, *Montaigne en mouvement*, p. 276.

entre le littéraire et le scientifique étant ici seulement opératoire. Chez Martin, par obligation professionnelle, la notion d'expérience se révèle dépendante et institutionnelle. Il reste campé sur sa position tandis que Montaigne ne détruit pas tant qu'il déplace. Ainsi la constellation sémantique qui gravite autour de cette notion reflète-t-elle, dans l'histoire de la notion, la perte de l'orbite de la raison orthodoxe.

Les rapports de l'expérience et de la raison sont historiques et institutionnels. Dans la tradition aristotélico-galénique, ils signalent la place subalterne de la première par rapport à la seconde. Les termes sont coordonnés, l'expérience pensée dans la perspective de la raison. Livrée à elle-même, elle ne produit que des imposteurs et des ignorants. L'histoire traditionnelle de la médecine fixe clairement sa place. Comme l'explique Martin, zélé porte-parole de l'institution[75], à propos des sectes médicales chez les anciens :

> Les premiers [les empiriques] n'avoient que la seule experience sans aucune indication curative, les autres appuyez sur icelle experience, et ne la rejettans sont venuz qui disent, *Medici duo sunt crura : ratio et experientia.* Et à icelle experience chancellante sans la raison, les Methodiques ont adjousté leur methode[76].

Les textes étudiés ici sont quantitativement voisins[77]. Le terme *raison* apparaît plus volontiers dans Martin (dix-sept occurrences) que dans Montaigne (quinze). Mais les emplois ne se recoupent pas et l'un ne se situe pas forcément sur le terrain de l'autre. Martin coordonne, par postulat d'école, l'expérience et la raison; Montaigne brise la relation. Il a parfaitement conscience d'opérer une substitution majeure dans ce jeu de chaises notionnelles lorsqu'il écrit que « la medecine se forme par exemples et experience[78] ». Prenant acte de l'incompatibilité de la médecine et de la raison, la sceptique expérientielle vise à ruiner les prétentions de cette dernière, entraînant par là l'inanité de la médecine et de ses suppôts.

---

75 *Methodus medendi*, III, IX, 6 ; *De compositione pharmacorum*, VIII, 7. Cette paire d'inséparables court toujours sous la plume d'Antoine Louis, chirurgien, mort en 1792, auteur d'un éloge de la guillotine (cité par Foucault, Michel, *Surveiller et punir*, Paris, Gallimard, 1975, p. 20) : « *L'expérience et la raison* démontrent que le mode en usage par le passé pour trancher la tête d'un criminel expose à un supplice plus affreux que la simple privation de la vie » (c'est nous qui soulignons).

76 Martin, *L'Excellence, utilité...*, p. 108.

77 Chez Martin, environ 10 000 mots ; dans les *Essais*, II, 37, environ 12 000.

78 *Essais*, II, 37, p. 764/802.

Le combat de Martin contre Montaigne constitue un vigoureux rappel à l'ordre des autorités. Dans le douzième et dernier chapitre de la première partie[79], « Que les plus excellents hommes ont faict estat de la Medecine », Martin récapitule l'historique de tous ceux qui, d'Orphée à une ribambelle de saints, jusqu'à Cosme et Damien, ont « prisé, honoré et cheri » la médecine. Chez Montaigne, l'unique emploi du terme se rencontre dans l'anecdote satirique de Nicoclès[80] : « Un medecin vantoit à Nicoclés, son art estre de grande auctorité : Vrayement c'est-mon, dit Nicoclés, qui peut impunement tuer tant de gens[81] ».

Substituée à celle d'*auctor*, la notion de *témoin* apparaît au premier plan de l'argumentation des *Essais*. Leur lecteur est vite rompu au mélange des sources livresques et existentielles : paroles et écrits, choses lues, vues ou entendues… Le dispositif de l'enquête se fonde sur des témoignages d'origine tant littéraire[82] que réelle, ce à quoi n'échappe guère le chapitre II, 37. Ils peuvent y être classés en trois catégories : l'intertexte, Montaigne lui-même et son entourage proche. Chacun de ces types de témoignage relate une ou des expériences et fournit des faits à l'appui de l'argumentation antimédicale. Martin l'a bien compris qui, d'emblée dans la seconde partie de son traité, dénonce ses « tesmoins sans authorité[83] ». À ses yeux, ils sont d'autant moins valides qu'il s'agit de « sa chambriere, son valet, ses domestiques ». Comment, en effet, un docteur en médecine convaincu de la sainteté de son art pouvait-il laisser passer, par exemple, ce propos :

> Et à dire vray, de toute ceste diversité et confusion d'ordonnances, qu'elle autre fin et effect apres tout y a il, que de vuider le ventre ? ce que mille simples domestiques peuvent faire[84].

79 Martin, *L'Excellence, utilité…*, p. 53-64.

80 *Essais*, II, 37, p. 768/808.

81 Montaigne manipule sa source : la *potestas* devient *auctoritas* et il généralise la réplique de Nicoclès (« Nicocles cum malus quidam medicus diceret, se magnam habere potestatem : Quid ni (inquit) ista dicere liceat, qui tam multos impune sustuleris », Maximus, *Sermones, sive Loci communes, Collectaneorum Maximi Monachi*, dans *Sententiarum sive capitum, theologicorum præcipue, ex sacris et profanis libris, tomi tres*, Zurich, Christoph Froschauer, 1546, 3e partie, Sermo 50, « De Medicis », p. 245.

82 Que le témoignage littéraire constitue « une source d'expérience », comme le dit Frédéric Brahami (*Le Travail du scepticisme*, p. 37) pour Montaigne ne fait aucun doute mais cela ne l'empêche pas de repousser le culte des « tesmoignages imprimez », *Essais*, III, 13, p. 1081/1128.

83 Martin, *L'Excellence, utilité…*, p. 66 ; voir aussi p. 87.

84 *Essais*, II, 37, p. 766/805.

Martin ignore l'avertissement au lecteur dans lequel Montaigne explique ne s'être « proposé aucune fin, que domestique et privée ». Son détracteur rejoint donc ceux qui se sont sentis choqués par la dérogation montaignienne à la bienséance et au code social[85]. Et de conclure en ces termes son apologie : « tous [...] par l'exercice qu'ils ont faict de la Medecine, tesmoignent icelle n'estre un Affronterie, un Batelage, comme le sieur de Montaigne injurieusement et calomnieusement veut faire acroire[86] ». Véhémence de gardien de l'orthodoxie, certes, et myope. Martin, qui n'a sans doute pas lu tous les *Essais*, se montre particulièrement piqué par l'antiautoritarisme montaignien et la critique de la responsabilité médicale[87] de ce témoin à charge qui ne fait pas que de bons mots : « ils me tuerent un amy », La Boétie[88] ; lui-même a été complice d'un meurtre médical :

> un Evesque qui m'estoit fort amy, avoit esté instamment sollicité par la pluspart des medecins, qu'il appelloit à son conseil, de se faire tailler : j'aydoy moy mesme soubs la foy d'autruy, à le luy suader : quand il fut trespassé, et qu'il fut ouvert, on trouva qu'il n'avoit mal qu'aux reins[89].

Notion connexe du témoignage, l'exemple occupe une place centrale. La sentence citée plus haut, « La medecine se forme par exemples et experience[90] », clôt la liste des « exemples domestiques », l'arbre généalogique des pathologies familiales[91]. Dans les deux passages, Montaigne conclut à la puissance de la « fortune » : hasard et nécessité (hérédité), telle pourrait être la formulation contemporaine de la conception montaignienne. Chez

85 C'est ce dont se font l'écho Baudier (« comme un grief indigne de sa qualité de gentilhomme », cité par Millet, *La première réception...*, p. 157) et Camus (« si a-il tousjours esté messéant de se mettre en jeu », *ibid.*, p. 160).

86 Martin, *L'Excellence, utilité...*, p. 64 : en réponse à « ils vont bastelant ... » (II, 37, p. 776/815). Par exemple, après avoir allégué Platon sur les mensonges des médecins (p. 769/807), Montaigne rapporte le « conte » ésopique du malade (Ésope, *Fables*, II, 107), version reprise par Brécourt, Guillaume Marcoureau de, *L'Ombre de Molière*, Paris, Claude Barbin, 1674, p. 88-90.

87 Martin, *L'Excellence, utilité...*, p. 89 : « L'autre calumnie qu'il nous met sus, est que d'une entiere santé nous prenons argument d'une grande maladie pour tenir les sains et malades en perpetuelle tyrannie », répond à : « ceste authorité tyrannique, qu'ils usurpent sur ces pauvres ames affoiblies et abatuës par le mal », *Essais*, II, 37, p. 769/807.

88 *Essais*, II, 37, p. 774/814.

89 *Ibid.*, II, 37, p. 773-774/813.

90 *Ibid.*, II, 37, p. 764/802.

91 Voir aussi *Essais*, II, 11, p. 427/448 : « Elle m'a fait naistre [...] ».

Martin, l'exemple, employé dans son sens argumentatif courant, désigne un élément représentatif dans une classe d'objets. C'est un auxiliaire argumentatif et non, comme chez Montaigne, un agent cognitif.

L'ignorance apparaît comme un autre terrain de mésentente fécond dans la polémique (différée). Pour Martin, Montaigne ignorant signifie qu'il parle de ce en quoi il n'a reçu aucune formation spécifique ; il n'a pas eu accès au savoir formel institué, d'où les relevés de ses fautes « dialectiques ». Pourtant, l'un de ses contre-arguments tend à faire penser qu'il ne le prend peut-être pas pour si ignare que cela. Du moins est-ce ce que suggère le passage où il relève que, au fil du texte, Montaigne en réalité reconnaît « les trois instruments, les trois parties de la pratique medecinalle », thérapeutique, pharmacie et chirurgie[92]. Poussons plus loin : à supposer qu'il eût eu l'œil de Starobinski, il eût pu conclure que « Montaigne suit très exactement l'ordre méthodique des parties où les traités de l'époque exposent les principes de la médecine[93] ». Sans aller jusqu'à reconnaître son « excessive docilité[94] » au langage des médecins, nous le classerions parmi les bons informés, voire de première main[95]. Brantôme fournit un autre exemple de noble au courant de la médecine de son temps, en particulier pour avoir fréquenté Ambroise Paré et Honoré Castellan[96]. Le paracelsiste Sarcilly trouve en Montaigne un allié dans l'entreprise de critique de la médecine officielle : « ce bon esprit a drapé [*i. e.* critiqué], comme il faut, nos vieux Docteurs Medecins, où il n'a rien oublié jusques à leur jargon, non intelligible qu'à eux[97] ». Mais il se désolidarise juste après de son radicalisme anti-nouveauté qui met en cause Paracelse[98]. Degré le plus bas du savoir selon Galien, l'ignorance

92 Martin, *L'Excellence, utilité…*, p. 98.

93 Il s'agit de la physiologie, hygiène, pathologie, thérapeutique et sémiologie (Starobinski, *Montaigne en mouvement*, p. 285, à propos de II, 37, p. 773/812).

94 Selon Starobinski, Montaigne « n'a pas expulsé le langage de la médecine » (*ibid.*, p. 321 ; p. 348). À propos du dernier chapitre des *Essais*, Deborah Losse explique que Montaigne se raconte en s'appropriant le langage des médecins (Losse, Deborah, « The Old World meets the New in Montaigne's *Essais*. The nexus of syphilis, cannabalism, and empirical medicine », *Montaigne Studies*, °22, 2010, p. 85-99, p. 92).

95 Il aurait assisté aux cours de Jacques Dubois (II, 2, p. 342), cite Jean Fernel et Jules-César Scaliger (III, 13, p. 1087).

96 Voir notre article : « Les Dames et la médecine dans le *Recueil des Dames* de Brantôme » dans *Confluências, Actes du Colloque Le Temps de la Femme : l'imaginaire, l'idéologique*, Coimbra, Institut d'études françaises de la faculté des lettres, 13, 1995, p. 53-68.

97 Voir Paracelse, *Les XIV livres…*, p. 7.

98 *Ibid.*, p. 7-8, contre le passage « Depuis ces anciennes mutations… », *Essais*, II, 37, p. 772/811.

renvoie à ce que Michaël Baraz nomme l'« inscience[99] », ignorance qualifiée par Marie de Gournay de « haute et Philosophique[100] ». Face au savoir, loin d'être périmé, de son contradicteur, cette notion recouvre un mode de connaissance qui contrarie l'hégémonie de la raison savante et se fonde sur les leçons de l'expérience, connaissance de soi à la portée de l'homme commun.

Martin attaque son adversaire sur le terrain de la « creance », le pacte de confiance qui unit le malade à son médecin[101]. La perte de confiance est la conséquence de l'expérience montaignienne du corps mais aussi de la critique du discours médical qui est de l'ordre de la « fantasie ». La médecine est constituée d'« imaginations si mal aisées à croire[102] » et de « promesses incroyables[103] ». Dans l'anthropologie des *Essais*, croyance et confiance sont vus comme les piliers de l'édifice institutionnel. Le « pauvre patient[104] » vit par sa croyance la servitude, au sens de La Boétie, de la médecine.

La phrase de Francis Bacon mise en exergue de cette étude reflète le clivage majeur entre empirisme et rationalisme classique : affaire de mots plus que de choses dans l'esprit de ce lecteur assidu de Montaigne. Mais un fossé sépare les deux penseurs dès lors que l'on considère le progressisme (« *advancement* ») baconien. Ce ne sont pas le conservatisme et le pessimisme montaigniens qui constituent un facteur de progrès dans la perspective de l'histoire des sciences mais l'optimisme paracelsiste, un discours tout aussi destructeur de l'orthodoxie mais constructeur d'une alternative médicale. Le traité d'Antoine Martin reflète une réception négative limitée à un « lopin » des *Essais* constitué en champ de lice du débat médical. De son adversaire, en qui il voit un ignorant blasphémateur, il combat trente propositions à coups d'intimations théologiques, d'arguments d'autorité, de repérages des failles « dialectiques » et défauts de raisonnement. En soi, cette entreprise prouve *a contrario* l'impact que le livre de Montaigne a pu avoir sur un public spécialisé et s'inscrit

99 Baraz, *L'Être et la Connaissance*..., p. 124.
100 Gournay, préface des *Essais*, 1635, p. 26 (cité par Millet, *La première réception*..., p. 112).
101 Martin, *L'Excellence, utilité*..., p. 99-100, contre *Essais*, II, 37, p. 768/807 : « Vrayement, ils ont raison [...] ».
102 *Essais*, II, 37, p. 769/807.
103 *Ibid.*, II, 37, p. 774/813.
104 *Ibid.*, II, 37, p. 772/811.

dans la mouvance de l'anti-montaignisme, souvent virulente et qui sera alimentée tout au long du XVIIe siècle. D'autre part, le point de vue de l'orthodoxie militante de Martin met en lumière, directement ou non, des incompatibilités absolues, dont toutes n'ont pu être analysées dans le présent travail. La notion d'expérience constitue l'une de ces incompatibilités majeures. Simple cheville du discours dans l'argumentaire de Martin, elle traduit la singularité critique de l'essayistique montaignienne et l'irréductibilité, déjà toute moderne, des vérités d'existence. L'apologie de la médecine permet ainsi de mesurer une fausse proximité et la vraie distance d'avec son ennemi par le semblant d'une langue commune travaillée en profondeur par la modernité.

Hervé BAUDRY
Universidade NOVA de Lisboa,
CHAM

ANNEXE
Lieux des *Essais* cités et discutés par Martin

Citations numérotées suivant l'ordre du texte de Martin (1 à 30). La citation des *Essais* dans Martin est en italiques ; le texte correspondant est mis entre crochets. La référence aux *Essais* (II, 37 pour les citations 1 à 29) est donnée dans l'édition de Villey-Saulnier puis dans celle de la Pléiade, 2007.

1. 1re partie, p. 5 : « *J'entens bien, qu'il y a quelque simple qui humecte, quelqu'autre qui asseche. Je sçay par experience que les refforts produisent des vents. Je sçay plusieurs telles experiences : comme je sçay que le mouton me nourrit, que le vin m'eschauffe. Je me deffie des inventions de nostre esprit et art* » (p. 765-766/804).
2. 2e partie, p. 67 : « *Ce fagotage, etc.* » [« Ce fagotage de tant de diverses pieces, se faict en ceste condition, que je n'y mets la main, que lors qu'une trop lasche oysiveté me presse, et non ailleurs que chez moy » (p. 759/797)].
3. Ch. 2, p. 68 : « *il dict que de crainte de s'engager vivant plus longtemps en plus grand mal dès le commencement il deliberoit* De retrancher la vie dans le vif [en italiques dans Martin] » [« Je sentois et protestois assez, qu'il estoit heure de partir, et qu'il falloit trencher la vie dans le vif, et dans le sein, suyvant la regle des Chirurgiens, quand ils ont à coupper quelque membre » (p. 759/797)].
4. Ch. 3, p. 69 : « *En la medecine j'honore bien ce glorieux nom etc.* ; p. 70 : *en la Medecine, j'honore bien ce glorieux nom, sa proposition si utile au genre humain : mais ce qu'il desine entre nous, je ne l'honore, ny l'estime, etc.* » [« en la medecine, j'honore bien ce glorieux nom, sa proposition, sa promesse, si utile au genre humain : mais ce qu'il designe entre nous, je ne l'honore, ny l'estime. En premier lieu l'experience me le fait craindre : car de ce que j'ay de cognoissance, je ne voy nulle race de gens si tost malade, et si tard guerie, que celle qui est soubs la jurisdiction de la medecine » (p. 766/804)].
5. ch. 4, p. 73 : « *Quel monstre ceste goutte de semence de la ressemblance des parants aux enfans* » [« Quel monstre ceste goutte de semence, dequoy nous sommes produits, porte en soy les impressions, non de la forme corporelle seulement, mais des pensemens et des inclinations de nos peres ? » (p. 763/801)].
6. Ch. 5, p. 84 : « *Ceste antipathie que j'ay à leur art etc.* » [« Ceste antipathie, que j'ay à leur art, m'est hereditaire. Mon pere a vescu soixante et quatorze ans, mon ayeul soixante et neuf, mon bisayeul pres de quatre vingts, sans

avoir gousté aucune sorte de medecine : Et entre eux, tout ce qui n'estoit de l'usage ordinaire, tenoit lieu de drogue » (p. 764/802)].

7. Ch. 5, p. 85 : « *au chapitre de l'experience, il dict qu'il a observé une coustume laquelle gardoit son pere par le conseil de son Medecin de tremper souvent son vin long temps au paravant le boire* » [« Je trempe mon vin plus souvent à moitié, par fois au tiers d'eau. Et quand je suis en ma maison, d'un ancien usage que son medecin ordonnoit à mon pere, et à soy, on mesle celuy qu'il me faut, des la sommelerie, deux ou trois heures avant qu'on serve. » (p. 1104/1154)].
8. Ch. 6, p. 87 : « *Les Medecins ne se contentent etc.* » [« Les medecins ne se contentent point d'avoir la maladie en gouvernement, ils rendent la santé malade, pour garder qu'on ne puisse en aucune saison eschapper leur authorité. D'une santé constante et entiere, n'en tirent ils pas l'argument d'une grande maladie future ? » (p. 766/804)].
9. Ch. 7, p. 91 : « *Il n'est nation qui n'ait esté suns* [*sic*] *la Medecine* » [« Il n'est nation qui n'ait esté plusieurs siecles sans la medecine : et les premiers siecles, c'est à dire les meilleurs et les plus heureux : et du monde la dixiesme partie ne s'en sert pas encores à ceste heure » (p. 766/805)].
10. Ch. 8, p. 94 : « *Et à dira* [*sic*] *vray, etc.* » [« Et à dire vray, de toute ceste diversité et confusion d'ordonnances, qu'elle autre fin et effect apres tout y a il, que de vuider le ventre ? ce que mille simples domestiques peuvent faire » (p. 767/805)].
11. Ch. 9, p. 97 : « *Les occasions qui m'ont gueri etc.* » [« Les occasions qui m'ont guery moy, et qui guerissent mille autres, qui n'appellent point les medecins à leurs secours, ils les usurpent en leurs subjects : Et quant aux mauvais accidens, ou ils les desadvoüent tout à fait, en attribuant la coulpe au patient, par des raisons si vaines, qu'ils n'ont garde de faillir d'en trouver tousjours assez bon nombre de telles » (p. 768/807)].
12. Ch. 9, p. 98 : « *il dict, Il faut que ce soit la maniere de vivre qui doucement allenguisse le mal, conduise à sa fin* » [« On va troublant et esveillant le mal par oppositions contraires. Il faut que ce soit la forme de vivre, qui doucement l'allanguisse et reconduise à sa fin. Les violentes harpades de la drogue et du mal, sont tousjours à nostre perte » (p. 767/806)].
13. Ch. 10, p. 99 : « *Vrayement ils ont eu raison etc.* » [« Vrayement ils ont raison de requerir du malade, une application de creance favorable : il faut qu'elle le soit à la verité en bon escient, et bien souple, pour s'appliquer à des imaginations si mal aisées à croire » (p. 768/807)].
14. Ch. 11, p. 100 : « *Le choix de leurs drogues etc.* » [« Le choix mesmes de la plus part de leurs drogues est aucunement mysterieux et divin. Le pied gauche d'une tortue, l'urine d'un lezart, la fiante d'un Elephant, le foye d'une taupe, du sang tiré soubs l'aile droite d'un pigeon blanc » (p. 770/809)].

15. Ch. 12, p. 101 : « *Ils se devroient contenter du perpetuel desaccord etc.* » [« Ils se devoient contenter du perpetuel desaccord, qui se trouve és opinions des principaux maistres et autheurs anciens de cette science, lequel n'est cogneu que des hommes versez aux livres, sans faire voir encore au peuple les controverses et inconstances de jugement, qu'ils nourrissent et continuent entre eux. Voulons nous un exemple de l'ancien debat de la medecine ? Hierophilus loge la cause originelle des maladies aux humeurs : Erasistratus, au sang des arteres » (p. 771/809-810)].
16. Ch. 13, p. 111 : « *Si les nations desquelles l'on nous apporte lu* [*sic*] *Gaiat etc.* » [« Si les nations, desquelles nous retirons le gayac, la salseperille, et le bois desquine, ont des medecins, combien pensons nous par cette mesme recommendation de l'estrangeté, la rareté, et la cherté, qu'ils façent feste de noz choulx, et de nostre persil ? » (p. 772/811)].
17. Ch. 14, p. 112 : « *Qui a jamais veu Medecin se servir de recepte de son compagnon etc.* » [« Qui vid jamais medecin se servir de la recepte de son compagnon, sans y retrancher ou adjouster quelque chose ? Ils trahissent assez par là leur art : et nous font voir qu'ils y considerent plus leur reputation, et par consequent leur profit, que l'interest de leurs patiens. Celuy là de leurs docteurs est plus sage, qui leur a anciennement prescript, qu'un seul se mesle de traiter un malade » (p. 770/809)].
18. Ch. 15, p. 117 : « *Il n'y a medecine qui n'aye quelque partie nuisible etc.* » [« Davantage leurs autheurs [d'ouvrages de médecine] tiennent, qu'il n'y a aucune medecine, qui n'ait quelque partie nuisible » (p. 772/812)]
19. Ch. 16, p. 118 : « *Il faut qu'il cognoisse etc.* » [« Il faut qu'il cognoisse la complexion du malade, sa temperature, ses humeurs, ses inclinations, ses actions, ses pensements mesmes, et ses imaginations. » (p. 773/812-813)].
20. Ch. 16, p. 118 : « *Et touchant ce qu'il dict, qu'une maladie à une infinité de signes (je crois qu'il veut dire plusieurs)* » [« car pour exemple, comment trouvera-il le signe propre de la maladie ; chacune estant capable d'un infiny nombre de signes ? » (p. 773/812-813)]
21. Ch. 17, p. 120, *De l'astronomie* [sans citation] [« Il faut qu'il [le médecin] se responde des circonstances externes, de la nature du lieu, condition de l'air et du temps, assiette des planetes, et leurs influances » (p. 773/812)].
22. Ch. 18, p. 128 : « *Des maladies nouvelles etc.* » [« depuis l'usage de cette medecine, ils se trouvent accablez d'une legion de maladies inaccoustumées, et qu'ils apperçoivent un general deschet, en leur ancienne vigueur, et leurs vies de moitié raccourcies » (p. 779/819)].
23. Ch. 19, p. 131 : « *Les promesses de la medecine sont incroyables* » [« Les promesses mesmes de la medecine sont incroyables : Car ayant à prouvoir à divers accidents et contraires, qui nous pressent souvent ensemble, et qui ont

une relation quasi necessaire, comme la chaleur du foye, et froideur de l'estomach, ils nous vont persuadant que de leurs ingrediens, cettuy-cy eschauffera l'estomach, cet autre refraichira le foye » (p. 774/813)].

24. Ch. 20, p. 134 : « *Les Aegyptiens etc.* » [« De mesme à nous guairir, les Ægyptiens avoient raison de rejecter ce general mestier de medecin, et descoupper cette profession à chasque maladie, à chasque partie du corps son œuvrier. Car cette partie en estoit bien plus proprement et moins confusement traictée, de ce qu'on ne regardoit qu'à elle specialement. Les nostres ne s'advisent pas, que, qui pourvoid à tout, ne pourvoid à rien : que la totale police de ce petit monde, leur est indigestible » (p. 774/814)].
25. Ch. 21, p. 136 : *Quant à la foiblesse des raisons de cest art etc.* [titre du chapitre ; puis, dans le texte :] « *Les choses aperitives sont bonnes à un coliqu'eux, d'autant qu'ouvrant les passages et les dilatant, elles acheminent cette matiere gluante contre bas. Les choses aperitives sont dangereuses, d'autant qu'elles acheminent en dilatant les matieres pour bastir la* [*sic*] *gravier etc.* » [« Quant à la varieté et foiblesse des raisons de cet' art, elle est plus apparente qu'en aucun' autre art. Les choses aperitives sont utiles à un homme coliqueux, d'autant qu'ouvrans les passages et les dilatans, elles acheminent cette matiere gluante, de laquelle se bastit la grave, et la pierre, et conduisent contre-bas, ce qui se commence à durcir et amasser aux reins » (p. 775/814)].
26. ch. 22, p. 138 : « *Le Baron de Caupene etc.* » [« Le Baron de Caupene en Chalosse, et moy, avons en commun le droit de patronage d'un benefice, qui est de grande estenduë, au pied de noz montagnes, qui se nomme Lahontan. [...] L'autre est, qu'avant ma subjection graveleuse, oyant faire cas du sang de bouc à plusieurs, comme d'une manne celeste envoyée en ces derniers siecles [...] Ce n'estoit pas tant pour la crainte de l'advenir, et pour moy, que j'estoy curieux de cette experience » (p. 778-780/817-820)].
27. Ch. 23, p. 143 : « *Au demeurant j'honore les Medecins non pas suivant le precepte etc.* » [« Au demeurant, j'honore les medecins, non pas suivant le precepte [Eccl. 39, 1 ; traduction Joubert, *Erreurs*, 1578, p. 12 : "Honore le medecin, de l'honneur qui luy appartient, pour le besoin que tu an as"], pour la necessité (car à ce passage on en oppose un autre du prophete, reprenant le Roy Asa d'avoir eu recours au medecin) mais pour l'amour d'eux mesmes, en ayant veu beaucoup d'honnestes hommes et dignes d'estre aymez » (p. 780/820)] ;
28. Ch. p. 144 : « *Il dit que Asa à esté puni pour s'estre servi des Medecins* » [« Au demeurant, j'honore les medecins, non pas suivant le precepte, pour la necessité (car à ce passage on en oppose un autre du prophete, reprenant le Roy Asa d'avoir eu recours au medecin) mais pour l'amour d'eux mesmes, en ayant veu beaucoup d'honnestes hommes et dignes d'estre aymez » (p. 780/820)].

29. Ch. 24, p. 145 : « *J'imagine l'homme etc.* » [« J'imagine l'homme, regardant au tour de luy le nombre infiny des choses, plantes, animaux, metaulx. Je ne sçay par où luy faire commencer son essay » (p. 782/822)].
30. Ch. 24, p. 147 : « *il dit puis apres que les Medecins ne se servent de medecine* » [« Les bons estomachs se servent simplement, des prescriptions de leur naturel appetit. Ainsi font nos medecins, qui mangent le melon et boivent le vin fraiz, ce pendant qu'ils tiennent leur patient obligé au sirop et à la panade » (III, 9, p. 990/1036)].

L'EXPÉRIENCE DANS LA LITTÉRATURE MILITAIRE ITALIENNE DE LA FIN DU XVIᵉ SIÈCLE

La rhétorique au service de la légitimation de l'expertise

Les « horribles » guerres d'Italie[1] et leurs conséquences font de l'art de la guerre la préoccupation première des États de la péninsule. Nombreux sont ceux qui offrent alors aux princes et aux républiques leurs services dans le domaine militaire, espérant atteindre la *fama* et assurer leur réussite professionnelle et sociale[2]. Pour y parvenir, la publication d'un ouvrage représente un moyen efficace, à la condition que le discours qu'il contient apparaisse comme légitime aux yeux du lecteur et du dédicataire et à la condition que l'auteur montre qu'il est un expert en la matière. Or, d'un texte à l'autre les conceptions de l'expertise ou, en d'autres termes, de la parfaite maîtrise de la discipline, divergent, notamment en raison du fait que les auteurs des ouvrages militaires de la seconde moitié du XVIᵉ siècle présentent des profils très différents du point de vue du statut social, de la profession et du type de formation qu'ils ont reçue. En simplifiant la situation, on peut distinguer trois conceptions principales de l'art militaire que nous avons élaborées sur la base de la littérature de l'époque : l'approche docte et humaniste qui repose surtout sur des savoirs historiques[3] ; celle des hommes de

---

1 Bussi, Rolando et Bardini, Marco, *Guerre in ottava rima*, III, Modena, Panini, 1989, p. 853-1071. Voir Mallett, Michael Edward et Shaw, Christine, *The Italian Wars 1494-1559 : War, State and Society in Early Modern Europe*, Harlow, Pearson, 2012.

2 Les ouvrages militaires de l'époque servent presque toujours des stratégies d'autopromotion, ainsi que le souligne Marcello Fantoni, « Il "Perfetto Capitano" : storia e mitografia », dans Fantoni, Marcello (dir.), *Il « Perfetto Capitano ». Immagini e realtà (secoli XV-XVII)*, Roma, Bulzoni Editore, 2001, p. 15-66, ici p. 16.

3 C'est l'approche propre aux tenants de l'humanisme militaire : voir Perifano, Alfredo, « Penser la guerre au XVIᵉ siècle : science, art ou pratique ? », dans Boilet, Danielle et Piejus, Marie-Françoise (dir.), *Les Guerres d'Italie. Histoire, pratiques, représentations*, Paris,

guerre – ayant pu recevoir une éducation humaniste – qui connaissent la réalité du terrain ; et l'approche propre aux mathématiciens-praticiens qui appliquent à l'art les principes d'Euclide[4].

La question qui se pose alors est la suivante : pour ces auteurs aux profils si différents, quelles sont les connaissances et compétences qui fondent l'expertise ? Bien que la grande majorité de ceux qui écrivent sur l'art militaire à cette époque s'accordent sur une vision de l'expertise reposant sur l'union de la théorie et de la pratique, la nature des connaissances qui forment ces deux pôles ainsi que la manière de les acquérir varient selon les auteurs. C'est vrai pour la *theorica*[5] et, de façon encore plus nette, pour la *practica*, laquelle est déterminée en grande partie par la notion d'expérience. Au vu de son importance centrale et de la fréquence avec laquelle elle est évoquée dans la littérature militaire, cette notion demande à être analysée en détail. Nous nous proposons d'étudier les définitions diverses de l'expérience dans les ouvrages d'art de la guerre afin de mettre en lumière la manière dont ces différences influent sur les conceptions de l'expertise et de l'art militaires que leurs auteurs défendent, notamment dans la perspective des stratégies de promotion professionnelle et sociale qu'ils mettent en œuvre.

Dans les ouvrages d'argument militaire de la fin du XVIe siècle, le mot *esperienza* – et ses équivalents comme *sperienza* ou *isperienza* – est employé dans des acceptions diverses. Il recouvre des significations parfois très spécialisées, mais on lui confère souvent une valeur sémantique plus générale, pour en faire l'équivalent de la *prattica* elle-même. Il n'est pas

---

Presses de la Sorbonne Nouvelle, 2002, p. 237-257, ici p. 238 ; Verrier, Frédérique, *Les Armes de Minerve. L'humanisme militaire dans l'Italie du XVIe siècle*, Paris, 1997.

4 Biagioli, Mario, « The social status of Italian mathematicians, 1450-1600 », *History of Science* 27-1, 1989, p. 41-95 ; Taylor, Eva Germaine Rimington, *The Mathematical Practitioners of Tudor and Stuart England*, Cambridge, Cambridge University Press, 1970 ; Boas, Marie, *The Scientific Renaissance. 1450-1630*, London, Collins, 1962. Ces catégories répondant avant tout à des nécessités pratiques ne sont pas étanches et l'on pourra trouver dans les écrits d'un seul et même auteur des éléments provenant de conceptions différentes de l'art. Voir Pretalli, Michel, *Du champ de bataille à la bibliothèque. Le dialogue militaire italien au XVIe siècle*, Paris, Classiques Garnier, 2017.

5 Aux yeux des lettrés de formation, le pôle théorique comprend surtout des savoirs érudits que l'on acquiert par l'étude des textes, notamment anciens, tandis que les mathématiciens praticiens comme Girolamo Cataneo (*Tavole brevissime per sapere con prestezza quante file vanno a formare una giustissima battaglia*, Brescia, Thomaso Bozola, 1567, épître aux lecteurs) considèrent que la *teorica* consiste en l'application rationnelle des principes mathématiques d'Euclide.

rare que les deux termes soient utilisés de façon indifférenciée, formant parfois des dittologies synonymiques, ornement stylistique récurrent dans la littérature militaire[6]. Dans ce sens, l'expérience désigne un ensemble de connaissances et de savoir-faire que l'on acquiert à travers la pratique, c'est-à-dire en participant aux opérations militaires – ou, pour certains, en y assistant. Il s'agit alors de ce que l'on appellera l'expérience « directe ». Dans son dialogue de la *Militia maritima* (1548), Cristoforo da Canal (1510-1567) souligne avec emphase l'importance de cet apprentissage aussi indérogeable que difficile lorsqu'il précise que les nombreuses choses dont un chef militaire doit :

> *havere l'esperienza [...] non s'imparano nelle piume o sedendo con le robbe lunghe nei tribunali, ma avvezzandosi dagli anni teneri a dormir sopra la terra et sudar fra le armi*[7].

Les auteurs qui évoquent l'*esperienza* selon cette définition proposent une vision de l'expertise qui repose sur la pratique continue des activités militaires : elle permet au soldat d'accumuler une somme d'acquis utiles et exploitables à l'avenir, tout en légitimant les discours qu'il produit. Jusqu'ici, donc, l'expérience demeure étroitement liée à la pratique directe de la guerre. Or, un nombre important d'auteurs d'ouvrages militaires du XVIe siècle l'évoquent pour désigner un ensemble de connaissances qui ne découlent pas de la pratique mais de la lecture[8]. Dans ce cas particulièrement intéressant – celui de l'expérience que nous qualifierons d'indirecte –, les savoirs théoriques et pratiques se rapprochent l'un de l'autre sur la base d'une source commune : l'étude des textes, et plus

6 Ferretti, Francesco, *Diporti notturni*, Ancona, Francesco Salvioni, 1580, I, p. 4 ; Gentilini, Eugenio, *La real instruttione di Artiglieri*, Venezia, Gio. Antonio et Giacomo de' Franceschi, 1606, f. 19r°, 107v° ; Marzari, Giacomo, *Scelti documenti in dialogo a' scholari bombardieri*, Vicenza, Heredi di Perin Libraro, 1595, p. 43 ; Mora, Domenico, *Tre quesiti in dialogo*, Venetia, Giovanni Varisco et compagni, 1567, III, f. 67v°.

7 Da Canal, Cristoforo, *La Militia maritima*, Venezia, Filippi Editore, 2010, I, p. 42 ; II, p. 85. Le soldat lettré Imperiale Cinuzzi affirme que le simple fait d'assister ou de prendre part aux faits de guerre n'est pas suffisant pour atteindre la parfaite maîtrise de la science militaire : l'entraînement constant – base de la formation militaire selon Végèce que Cinuzzi devait bien connaître – en serait la véritable clé (Cinuzzi, Imperiale, *La vera militar disciplina antica e moderna*, II, Siena, Salvestro Marchetti, 1604, p. 27).

8 Une forme d'expérience indirecte, acquise par la lecture, existait au Moyen Âge, voir Benatouïl Thomas et Draelants, Isabelle, « Introduction », dans Benatouïl Thomas et Draelants, Isabelle (dir.), *Expertus sum. L'expérience par les sens dans la philosophie naturelle médiévale*, Firenze, Sismel – Edizioni del Galluzzo, 2011, p. 6-7.

particulièrement des *istorie*, ces récits des faits de guerre des capitaines du passé.

Le cas de Francesco Patrizi (1529-1597), auteur des *Paralleli militari* (1594), est exemplaire à cet égard. Celui-ci est convaincu que la légitimité de l'approche érudite de l'art militaire repose non seulement sur la vision cyclique de l'histoire propre à l'Antiquité – et révérée par les lettrés humanistes qui puisaient dans le passé les enseignements à suivre dans la conduite des affaires du présent –, mais également sur le principe de l'immutabilité de l'art militaire emprunté à l'Empereur Maurice[9]. La *theorica* n'exclut pas l'expérience mais elle est, chez Patrizi, le résultat d'une construction logique, fondée sur l'étude des textes et la réflexion. Dans les *Paralleli*, le terme *sperienze* est parfois employé dans un sens équivalent à celui d'*istorie*, c'est-à-dire pour désigner des récits exemplaires du passé. En atteste la dédicace de l'ouvrage, où l'auteur affirme combien les enjeux capitaux de la guerre font de l'art militaire une discipline de première importance en prenant pour preuves « *le sperienze tutte, in tutte le nazioni, che da' tempi di Nembrote a noi si sono continuamente fatte vedere, e vedere si fanno tuttavia*[10] ». La vision de l'art propre à l'auteur des *Paralleli*, qui est celle d'un érudit et d'un philosophe, soulève toutefois des critiques : ainsi l'ingénieur milanais Gabriele Busca n'accepte-t-il pas l'idée qu'un philosophe tel que Patrizi puisse prétendre être un expert de l'art de la guerre. Busca, auteur d'un traité intitulé *Della architettura militare* (1601), critique notamment la manière dont Patrizi exploite les *exempla* du passé pour en extraire des règles à valeur universelle qui, en réalité, n'auraient aucune validité[11]. Busca ne nie pas l'importance des *istorie* – il fait preuve lui-même d'une érudition certaine[12] – mais il affirme que seule l'expérience directe de la guerre donne les moyens de les appréhender correctement afin d'en extraire des enseignements utiles[13]. Néanmoins, nombreux sont les auteurs

9 Patrizi, Francesco, *Paralleli militari*, I, Roma, Luigi Zanetti, 1594, p. 25.

10 *Ibid.*, dédicace à Giacomo Boncompagni. Pour d'autres exemples, voir *ibid.*, Proème, p. 1 ; I, p. 20 ; p. 46 ; p. 54.

11 Busca, Gabriele, *Della architettura militare*, Milano, Girolamo Bordone et Pietro Martire Lorcarni, 1601, I, cap. 3, p. 29.

12 Busca est un auteur particulièrement intéressant dans le panorama de la littérature militaire de son époque car en lui se fondent les courants principaux de l'art de la guerre : la conception érudite, celle des hommes de terrain et l'approche mathématicienne et rationnelle. À son sujet, voir aussi Perifano, « Penser la guerre au XVIe siècle », p. 251.

13 Busca, *Della architettura militare*, p. 30.

d'ouvrages militaires qui, comme Patrizi, entendent les *esperienze* comme des données fournies par l'histoire. De l'avis de Giovanni Botero, du reste, cette dernière peut conduire à elle seule à l'expertise militaire[14]. En effet, ce type d'expérience indirecte – ou « par procuration[15] » – n'était pas qu'un succédané de l'expérience directe. Botero affirme que « *l'historia, madre della prudenza* », permet à ceux qui n'ont pas vécu les dangers de la bataille de s'y trouver « *con l'animo* », de voir « *quietamente l'ira ed il furore, le ferite e le morti* » des soldats et d'atteindre, de fait, un niveau de maîtrise de la discipline équivalent voire supérieur à celui de ceux qui en ont la *pratica*[16]. Pour nombre d'auteurs, l'expérience indirecte est supérieure à la connaissance par la pratique, car les livres recueillent et transmettent l'expérience pluriséculaire des généraux les plus vertueux : en comparaison, ce qu'un seul homme – qui ne jouit ni du don d'ubiquité ni de celui d'éternité – peut apprendre au cours de sa brève existence ne représente qu'un maigre savoir[17] et, d'un point de vue même qualitatif, un savoir qui n'était pas toujours tel qu'il faisait de son détenteur un bon guerrier[18].

Cette analyse succincte suffit à montrer la complexité du concept d'expérience ainsi que son importance dans les préoccupations des auteurs militaires : il représente une clef de voûte dans la définition de l'expertise – qui légitime l'action et l'écriture militaires. La diversité qui caractérise les champs sémantiques couverts par le terme *esperienza* et ses équivalents se reflète dans la variété des conceptions de l'art de la guerre, telles qu'elles sont exposées dans les textes. Sur cette toile bigarrée, on distingue un certain nombre de constantes et d'attitudes partagées par rapport au problème de l'expertise militaire, lesquelles

14 Botero, Giovanni, *I Prencipi con le aggionte alla ragion di stato*, Venezia, Gio. Battista Giotti all'Aurora, 1601, II, f. 16v°.

15 Zucker, Arnaud, « *Expertine sunt antiqui ?* », dans Benatouïl et Draelants, *Expertus sum…*, p. 24. A. Zucker utilise ce qualificatif en relation à l'expérience dans la culture médiévale et la pensée de Roger Bacon.

16 Botero, *I prencipi*, II, p. 16.

17 Dans un chapitre consacré au choix du capitaine général, le lettré florentin Cosimo Bartoli signale cette limite de l'expérience directe et la difficulté – voire l'impossibilité – de trouver toutes les qualités requises en une seule et unique personne (Bartoli, Cosimo, *Discorsi historici universali*, Venezia, Francesco de' Franceschi, 1569, XIV, p. 91-92). Gabriele Busca mentionne cet apport de l'expérience directe (*Della espugnatione et difesa delle fortezze*, Torino, Giovan Dominico Tarino, 1598, p. 5).

18 Patrizi, *Paralleli militari*, p. 7.

s'avèrent être souvent liées aux stratégies mises en œuvre par les auteurs pour atteindre leurs objectifs d'évolution professionnelle et sociale. Il était généralement admis que l'homme de guerre idéal devait maîtriser la théorie et la pratique[19], même si on relève des conceptions de l'art ne reposant, pour certains auteurs, que sur des connaissances théoriques ou, pour d'autres, sur des savoirs exclusivement pratiques[20]. Il s'agit toutefois de cas rares, des extrêmes entre lesquels sont réunis la plupart des auteurs qui adoptent une vaste gamme de positions plus équilibrées[21]. L'équilibre en question, entre théorie et pratique, n'est pas toujours parfait, tant s'en faut : les textes étudiés mettent au jour une variété de conceptions de l'art qui reposent sur une union asymétrique des deux pôles, où l'un prend souvent l'ascendant sur l'autre[22].

La vision la plus équilibrée de l'expertise militaire – fondée sur l'association des différents types de connaissances et d'expériences – est celle exposée par ceux qui avaient à la fois reçu une instruction de type humaniste et effectué un apprentissage sur le terrain. Un ingénieur tel que le Florentin Giovan Francesco Fiammelli (1565-1613), qui se présente comme « *matematico, teorico e pratico*[23] », illustre bien cette position. Entré

19 C'était le cas depuis des siècles pour la plupart des autres disciplines relevant des *artes*. Vitruve préconisait l'union de savoirs théoriques et pratiques (*De architectura*, I, 1) ; il fit des épigones au Moyen Âge (Halleux, Robert, *Le Savoir de la main. Savants et artisans dans l'Europe pré-industrielle*, Paris, Armand Colin, 2009) et à la Renaissance (Rossi, Paolo, *La Naissance de la science moderne en Europe*, Paris, Seuil, 1999, p. 63 et 68).

20 Battista della Valle revendique la paternité du premier traité fondé non pas sur les *auctoritates* du passé mais sur sa propre expérience de la guerre : *Il Vallo. Libro continente appertinente à Capitanij*, Venezia, Vettor q. Pietro Ravano della Serena e Compagni, 1539, f. 2v°. Nous verrons d'autres exemples qui reflètent une semblable tendance mais notons que certains auteurs évoquent l'impossibilité ou, au moins, la difficulté à transmettre la pratique par les mots, laissant entendre que le livre représente un instrument inadéquat pour l'enseignement des savoirs liés à l'expérience pratique (Gentilini, *Instruttione de' bombardieri*, p. 89 ; Capobianco, Alessando, *Corona, e palma militare di artiglieria*, Venetia, Francesco Bariletti, 1618, f. 50v°).

21 On trouve nombre d'affirmations génériques de ce genre sous la plume d'auteurs aux profils socio-professionnels différents : le mathématicien praticien Girolamo Cataneo (*Modo*, f. 3r° ; *idem*, *Tavole brevissime*, épître aux lecteurs), le gentilhomme Francesco Ferretti (*Diporti notturni*, I, p. 2 ; *ibid.*, III, p. 39), Alessandro Capobianco, chef artilleur de Vicence (*Corona, et palma militare*, f. 1v°), l'historien Giacomo Marzari (*Scelti documenti*, p. 65) ou l'ingenieur Giovanni Francesco Fiammelli (*Il principe difeso*, V, p. 80).

22 Philippe Contamine, conscient de la difficulté à évaluer avec précision le poids des connaissances théoriques sur la pratique de la guerre, revendique toutefois la primauté de l'expérience concrète dans la formation militaire (Contamine, Philippe, *La Guerre au Moyen Âge*, Paris, Presses universitaires de France, 1980, p. 361).

23 Fiammelli, Gio. Francesco, *Modo di ben mettere in ordinanza gli eserciti*, Roma, Luigi Zanetti, 1603, page de titre.

dans les ordres après une carrière militaire intense[24], il publie différents ouvrages techniques et traduit en langue vulgaire un texte latin écrit par son père, lui-même homme de guerre de profession[25]. Sa conception de l'art se distingue par un déséquilibre sensible en faveur du pôle pratique. Fiammelli montre même un certain dédain envers les théoriciens « purs », visible par exemple en conclusion d'un passage du *Modo di ben mettere in ordinanza gli eserciti* (1603) où il évoque différentes manières de disposer les soldats. Selon lui, celles-ci ne méritent pas que l'on s'y attarde car il est impossible de les mettre en pratique, ce qui fait dire à l'auteur : « *lascierò tali speculazioni a gli speculativi, i quali discorrono le cose in camera senza intervenire nelle imprese, con le persone loro*[26] ». D'une manière générale, Fiammelli est convaincu que les principes militaires doivent être éprouvés avant que l'on puisse les proposer et les appliquer[27]. Il prend en compte les enseignements des Anciens mais le critère principal demeure l'applicabilité dans les conditions actuelles de la guerre : c'est l'expérience qui détermine la validité d'un précepte quel qu'il soit et peut définir les modalités de son application raisonnée[28].

L'archétype de ces auteurs qui mêlent savoirs érudits et connaissance de la réalité de la guerre s'incarne dans la figure du soldat lettré[29], acteur majeur de la vie et de la littérature militaires de l'époque qui offre un profil dans lequel l'union de théorie et de pratique peut se réaliser parfaitement. Imperiale Cinuzzi (1556- ?), homme de guerre d'extraction noble[30], correspond à ce modèle. Il propose une vision équilibrée de l'expertise tout en montrant un penchant pour la dimension pratique de la guerre. À l'instar de Botero et d'autres humanistes, il insiste sur l'importance de l'étude des livres anciens afin de suppléer aux limitations objectives de l'expérience directe qui ne peut dépasser la courte durée

---

24 http://www.treccani.it/enciclopedia/giovanni-francesco-fiammelli_(Dizionario_Biografico) (consulté le 20/11/20) /; Negri, Giulio, *Istoria degli scrittori fiorentini*, Ferrara, Bernardino Pomatelli, 1722, p. 255.

25 Cette traduction figure dans les *Quesiti militari*, Roma, Carlo Vullietti, 1606.

26 Fiammelli, *Modo di ben mettere in ordinanza*…, p. 3.

27 *Ibid.* Cette validation de l'efficacité par l'expérience nous renvoie vers la notion médiévale d'*experimentum* (Halleux, *Le Savoir de la main*, p. 56 et p. 128-129).

28 Fiammelli, *Modo di ben mettere in ordinanza*…, p. 9.

29 Ce modèle correspond aussi au soldat idéal dans l'Angleterre du XVIIe siècle : Lawrence David R., *The Complete Soldier. Military Books and Military Culture in Early Stuart England*, Leyde, Brill, 2009, p. 1.

30 http://www.treccani.it/enciclopedia/imperiale-cinuzzi_(Dizionario_Biografico)/ (consulté le 20/11/20).

de vie d'un homme[31]. Malgré une utilisation parfois contradictoire de termes comme *scienza*, *esperientia* ou *pratica* dans la *Vera militar disciplina antica e moderna* (1604)[32], on peut affirmer que le capitaine doit, selon Cinuzzi, maîtriser une *scienza militare* qui consiste en une série de savoir-faire – ou, tout du moins, de savoirs destinés à une application pratique – davantage qu'en des connaissances théoriques[33].

D'une façon générale, c'est dans les écrits de ceux qui ont vécu la guerre que l'on trouve les éloges les plus marqués de l'expérience et les critiques les plus acerbes envers les *teorici* et ceux qui cachent leur totale méconnaissance de l'art sous une éloquence trompeuse[34]. Giulio Cesare Brancaccio, par exemple, qui passa presque toute sa vie à combattre sur les champs de batailles du continent et à chercher d'une cour à l'autre l'opportunité de mettre ses talents militaires au service d'un prince, insiste fortement sur sa propre expérience de la guerre pour mettre ses compétences en valeur. Le proème de son traité *Della nuova disciplina et vera arte militare* (1585) débute par l'affirmation implicite de l'utilité de l'étude des *istorie* dans l'instruction militaire – ce qui n'a rien d'étonnant puisque l'ouvrage est une sorte de commentaire élaboré des récits de César – mais l'accent se place résolument, ensuite, sur l'expérience directe de la guerre. En quarante ans, il a vu :

> *hor con carichi e hor senza, sotto gran re ed imperatori, molte diversità di militie di varie nationi, infiniti alloggiamenti di campo, squadronamenti pur assai d'esserciti reali, e per concluderla trovato anco mi sia in dodici tra fatti d'arme e altre gran fattioni di campagna con più di cinquanta assalti, prese ed assedi di terre*[35].

31 Cinuzzi, *La vera militar disciplina…*, II, p. 34.

32 Le texte contient des exemples très représentatifs des difficultés que l'on rencontre dans l'étude de la notion d'expérience dans la littérature renaissante, en raison des variations nombreuses qui caractérisent l'emploi des termes. Cinuzzi n'est pas le seul auteur concerné : Alfredo Perifano relève une certaine confusion dans l'établissement de définitions semblables chez Patrizi par exemple (Perifano, « Penser la guerre au XVIe siècle », p. 241).

33 Dans un discours où l'érudition joue un rôle de premier plan, la mise en pratique des savoirs semble prévaloir nettement sur ce qui relève de la théorie pure (Cinuzzi, *La vera militar disciplina…*, II, p. 34-35). Cinuzzi rejoint ici en partie les critiques que certains adressaient aux théoriciens purs, en reprenant l'exemple topique de la dispute entre Hannibal et Phormion.

34 On retrouve ce type de critiques dans d'autres domaines comme la médecine : Fioravanti, Leonardo, *Della fisica*, « Ragionamento dell'autore sopra diverse materie importanti ».

35 Brancaccio, Giulio Cesare, *Della nuova disciplina et vera arte militare*, Venezia, Aldo, 1585, Proème, p. 17.

L'insistance de Brancaccio sur cet aspect de sa formation est symptomatique de sa vision de l'expertise qui repose sur l'union des deux pôles de connaissances tout en penchant radicalement du côté de la pratique[36]. On retrouve cette préférence dans l'épître dédicatoire rédigée par Francesco Salvioni, éditeur des *Diporti notturni* (1580) de Francesco Ferretti[37]. Salvioni insiste sur l'importance de l'expérience directe de la guerre, qui confère leur légitimité et leur autorité aux discours tenus par des hommes de guerre accomplis tels que celui dont il publie l'ouvrage : l'étude assidue des livres ne suffit pas à la maîtrise de l'art et l'on ne devra pas prêter attention à l'opinion de quelqu'un qui n'aurait jamais « *intorno a lui udito rumore di tromba o di tamburo o d'altro bellico instromento*[38] ». C'est avec une grande véhémence qu'Eugenio Gentilini, spécialiste d'artillerie[39], incite ses lecteurs à ne pas se fier aux ouvrages d'art militaire qui sont le fruit de la seule éloquence des prétendus experts qui les ont écrits[40]. D'autres encore suivent cette tendance : Gabriele Busca, dont nous avons évoqué les critiques adressées à Patrizi[41], ou Giacomo Marzari qui revendique l'inutilité d'une connaissance indirecte de la discipline – comme celle acquise par l'étude – qui ne serait pas suivie d'une mise en pratique, seule source véritable de l'expertise[42]. Il propose ainsi une union originale de théorie et de pratique, non pas tant en raison du déséquilibre qui la caractérise effectivement en faveur de la seconde, qu'en vertu du caractère non simultané de l'association : l'étude, préalable, permet d'assimiler des savoirs que seuls l'exercice et la pratique valideront, faisant de l'apprenti un vrai artilleur[43]. Bien qu'ils soient avant tout des hommes d'action – tout au moins est-ce là

36 Cette conception de l'expertise transparaissait déjà clairement de son ouvrage précédent, *Il Brancatio. Della vera disciplina et arte militare*, Venezia, Vittorio Baldini, 1582, VI, p. 126.

37 Ilari, Virgilio, *Scrittori militari italiani del XV-XVIII secolo*, Litos Roma, 2011, p. 177.

38 Ferretti, *Diporti*, épître dédicatoire de l'éditeur.

39 Vedova Giuseppe, *Biografia degli scrittori padovani*, I, Padova, coi tipi della Minerva, 1832, p. 460 ; Ilari, *Scrittori militari italiani del XV-XVIII secolo*, p. 202-203.

40 Gentilini, *Real instruttione*, Épître aux lecteurs.

41 Voir *supra*, p. 4.

42 Marzari, *Scelti documenti*, p. 60. Historien de Vicence, Marzari est décrit comme « capitano e maestro dei bombardieri » par Virgilio Ilari (Ilari, *Scrittori militari italiani del XV-XVIII secolo*, p. 257). Dans la dédicace qui ouvre ses *Scelti documenti*, toutefois, Marzari dit avoir fait appel au « *consiglio, e parere d'alcuni nell'arte e professione isperimentatissimi* » pour choisir les aspects à traiter dans son ouvrage, ce qui laisse penser qu'il n'était peut-être pas un homme de métier (Marzari, *Scelti documenti*, dédicace).

43 *Ibid.*, p. 64-65.

la facette de leur expertise qu'ils mettent en relief dans leurs écrits –, les auteurs que nous venons de mentionner n'hésitent pas à recourir aux atours de la rhétorique et du style pour défendre leur opinion sur la prévalence de l'expérience directe : sous leur plume, celle-ci est tour à tour *maestra*[44], *madre*[45] ou *specchio*[46] de l'art militaire. Les mathématiciens praticiens tels que Giacomo Lanteri[47], pour qui l'expert doit posséder les savoirs théoriques qui découlent des *Éléments* d'Euclide, ne sont pas en reste de ce point de vue. En puisant dans un répertoire métaphorique similaire, ils affirment être guidés par la lumière de la *theorica*, contrairement à ces aveugles que sont les praticiens purs[48]. Cette image, du reste, pourrait être partagée par les tenants de l'humanisme militaire à la condition que la *theorica* qui éclaire la pratique soit avant tout constituée de savoirs érudits, de nature historique et littéraire et non mathématique comme pour Lanteri.

De même que les hommes de métiers se montrent les plus prompts à critiquer une vision de l'expertise fondée sur une connaissance purement livresque de l'art, les lettrés contestent parfois de façon catégorique la légitimité de ceux qui ne possèdent que l'expérience directe de la guerre. C'est le cas de Scipione Ammirato (1531-1600)[49], lettré et juriste de for-

44 Cristoforo da Canal, patricien vénitien ayant été chargé d'offices importants dans l'armée et la marine vénitiennes (Ilari, *Scrittori militari italiani del XV-XVIII secolo*, p. 138 ; http://www.treccani.it/enciclopedia/cristoforo-canal_(Dizionario_Biografico) (consulté le 20/11/20), a par exemple recours à cette image dans son dialogue manuscrit de la *Militia maritima*, probablement daté de 1548 (Da Canal, *Militia Maritima*, II, p. 76). La métaphore de l'expérience comme *maestra* est reprise par l'expert en artillerie Eugenio Gentilini (*Real instruttione*, LXII, f. 82v°), par Giacomo Lanteri (*Due dialoghi di M. Iacomo de' Lanteri da Paratico, Bresciano ; ne i quali s'introduce messer Girolamo Catanio Novarese, e messer Francesco Trevisi ingegnero Veronese, con un Giovene Bresciano, à ragionare del modo di disegnare le piante delle fortezze secondo Euclide ; et del modo di comporre i modelli, e torre in disegno le piante delle Città*, Venezia, Vincenzo Valgrisi e Baldessar Costantini, 1557, II, p. 65) et par Imperiale Cinuzzi (*La vera militar disciplina…*, II, p. 34).

45 Gentilini, *Breve discorso in dialogo sopra le fortezze*, Venezia, Gio. Antonio e Giacomo de' Franceschi, 1606, f. 123r° ; *idem*, *Real instruttione*, XVII, f. 28r°.

46 *Ibid.*, XV, f. 25r°.

47 Ilari, *Scrittori militari italiani del XV-XVIII secolo*, p. 225.

48 Lanteri, *Due dialoghi*, I, p. 23-24. Busca parle également de la lumière de la connaissance et de l'expérience – directe et indirecte – qui guide l'expert (*Della espugnatione*, p. 5). Fiammelli utilise la métaphore de la cécité pour décrire l'état de ceux qui ne sont pas guidés par la science des mathématiques dans la pratique des disciplines militaires (Fiammelli, *Il principe difeso*, VI, cap. XVIII, p. 127).

49 http://www.treccani.it/enciclopedia/scipione-ammirato_(Dizionario_Biografico)/ (consulté le 20/11/20).

mation, auteur des *Discorsi sopra Cornelio Tacito* (1594). L'auteur ne néglige pas l'importance de l'expérience, tant s'en faut, et l'expertise militaire véritable est bien constituée à ses yeux des deux pôles traditionnels : d'une part, des connaissances qui peuvent s'acquérir en temps de paix, de l'autre, la capacité à les mettre en pratique[50]. Ammirato affirme toutefois que l'expérience directe de la guerre, à elle seule, est limitée et ne peut en aucun cas suffire pour légitimer une maîtrise véritable de l'art. En effet, l'auteur entend :

> *mostrar quanto s'ingannan coloro i quali stimano di saper l'arte militare perché cingono spada, o perché habbian veduto una o due guerre, non sapendo quanto importi di poter dire che un soldato sia sperimentato, che è il perfettamente sapere, e anche haverlo posto in pratica, tutto quello che appartiene alla militar disciplina*[51].

En outre, certains auteurs érudits proposent une division des prérogatives entre, d'un côté, une élite qui dirigerait l'armée sur la base de savoirs universels et atemporels acquis à travers l'étude et, de l'autre, des soldats pouvant se contenter de l'expérience du terrain et d'une discipline de fer. Cosimo Filiarchi, qui n'était pas un homme de terrain mais étudia plutôt la théologie, propose ainsi une sorte de compromis capable de résoudre le conflit entre théorie et pratique. Il établit une distinction entre deux façons d'aborder l'art militaire. La première concerne les aspects les plus techniques et pratiques de la discipline : elle est l'apanage des capitaines aguerris. La seconde, ouverte à des érudits tels que lui, implique de traiter de la guerre selon une perspective bien plus globale. Filiarchi admet que la solution qu'il propose implique une certaine relativisation de l'importance et de la pertinence de son discours, lequel ne peut qu'être général[52].

Francesco Patrizi ne fait pas cette concession. Le philosophe de Cherso entend redonner aux philosophes la gloire qui leur est due en matière

---

50 Ammirato, Scipione, *Discorsi sopra Cornelio Tacito*, Venezia, Matthio Valentino, 1607, XIV, Discorso VI, p. 323.

51 *Ibid.*

52 « *Non voglio descendere al particolare, nelle cose della guerra, per non essere la mia professione di soldato, né havermi mai trovato nel campo, acciò non m'intervenga quel che intervenne a Formione filosofo, che hebbe ardire di disputare delle cose della guerra, dinanzi a quel gran capitano Annibale, imperoche dimandato Annibale quel che gli pareva d'uno così eccellente filosofo, rispose haver visto molti pazzi, ma niuno che impazzisse più di Formione : lasciando dunque il particolare a gl'esperti capitani, solo tratterò di cose commune e ad ogn'uno manifeste* », Filiarchi, Cosimo, *Trattato della guerra*, Giolito di Ferrarii, 1572, cap. XXI, p. 118-119).

de guerre[53]. Patrizi, du reste, compte sans doute parmi ceux qui ont exprimé de la façon la plus claire et la plus complète l'approche humaniste des disciplines guerrières. Telle qu'il la décrit dans ses *Paralleli militari*, cette conception repose sur l'union de théorie et de pratique mais permet au lettré qu'il était, et qui ne pouvait se vanter d'aucune expérience directe de la réalité de la guerre, de s'attribuer malgré cela un rôle décisif dans les affaires militaires. Le compromis élaboré par Patrizi prévoit une division chronologique de l'association entre les deux pôles, la théorie précédant la pratique comme le pied droit – prétendument plus fort – précède le gauche lorsque l'on se déplace : « *così la teorica in tutte l'arti de far il primo moto, e la prattica accompagnarlo*[54] ». Mais il repose surtout sur une séparation asymétrique des tâches : il revient ainsi aux philosophes, forts de leurs connaissances universelles, de déterminer les principes de l'art, d'en traiter par écrit et d'en assurer la transmission et l'enseignement, tandis que les soldats, avec leur maîtrise pratique acquise par l'expérience directe, s'occupent de conduire les opérations et de conseiller le prince[55].

En analysant plus en détail le discours de Patrizi, qui s'appuie comme à l'accoutumée sur l'autorité des Anciens, on constate que l'union de pratique et de théorie dans la *scienza militare*[56] peut en fait être atteinte de différentes façons. C'est dans l'œuvre de Polybe, qu'il connaissait bien[57], que Patrizi trouve les trois premières de ces voies : l'étude des

53 Patrizi écrit en effet à Giacomo Boncompagni, dédicataire des *Paralelli*, que non seulement les hommes d'état, les hommes de guerre et les hommes de lettres lui seront reconnaissants pour cet ouvrage, mais surtout « *obligo senza fine gliene terranno i filosofi i quali, per vili e da nulla che al presente sono stimati, per me in iscritto e per lei in opera si vederanno ritornati nell'antica gloria loro ne' fatti della guerra* », Patrizi, *Paralleli militari*, I, épître dédicatoire à Giacomo Boncompagni.

54 *Ibid.*, p. 8.

55 *Ibid.*, p. 9. Le capitaine, surtout lorsqu'il est jeune, doit être entouré d'hommes expérimentés : des hommes de métier dont l'expérience est bel et bien fondée sur la pratique concrète et directe de la guerre (l'auteur parle d'un savoir « *acquistato in prattica* », *ibid.*, III, cap. VI, p. 56-58).

56 *Ibid.*, p. 65. La *scienza militare* – propre au capitaine – est mère de la *disciplina militare* qu'il faut enseigner aux soldats, et l'*arte* serait leur fille à toutes les deux, *ibid.*, I, Libro II, cap. V, p. 39.

57 Patrizi avait en effet publié quelques années auparavant *La Militia romana di Polibio, di Tito Livio e di Dionigi Alicarnaseo* (Ferrara, Domenico Mamarelli, 1583). Sur la transmission des œuvres de Polybe à la Renaissance, voir Dubuisson, Michel, « Polybe et la *Militia Romana* », dans Colson, Bruno et Coutau-Bégarie, Hervé (dir.), *Pensée stratégique et humanisme. De la tactique des Anciens à l'éthique de la stratégie*, Paris, Economica, 2000,

textes, l'expérience pratique de la guerre et la *metodica* qu'il interprète comme l'union des deux premières[58] et qui peut être transmise par un capitaine capable de mettre en application les enseignements qu'il a lui-même acquis dans les livres[59]. Patrizi complète son discours en faisant appel à Plutarque qui écrit que Philopœmen[60] est devenu un général valeureux par l'étude des textes : les textes de tactique d'Évangelus[61], des œuvres poétiques telles que celles d'Homère[62], des livres de philosophes[63] et des *istorie*, notamment celles qui racontent les exploits d'Alexandre[64]. Ces trois sources constituent les quatrième, cinquième

p. 1-23, ici p. 16 ; Momigliano, Arnaldo, « Polybius' reappearance in Western Europe », *Entretiens sur l'Antiquité classique (Hardt)*, 20, 1973, p. 347-372.

58 Patrizi, *Paralleli militari*, p. 64 ; Perifano, « Penser la guerre au XVIe siècle », p. 241. Polybe ne présente pas le *modo metodico* (ἐμπειρίαν μεθοδικὴν) comme l'union de l'expérience pratique (τριβῆς) et des histoires (ἱστορίας) : les trois représentent des voies distinctes pour accéder à la maîtrise de certains aspects de l'art du commandement militaire (*Histoires*, IX, 14, 1). Le concept de ἐμπειρίαν μεθοδικὴν est évoqué à d'autres reprises en relation au fait militaire dans le texte de Polybe (notamment I, 84, 6 et XI, 8) mais reste difficile à cerner avec certitude, comme le dénote la variété de traductions proposées en partant de celle de Lodovico Domenichi qui, comme Patrizi, parle d'*esperienza methodica* (*Undici libri di Polibio*, Venezia, Gabriel Giolitto de' Ferrari e Fratelli, 1553, p. 68) pour aller vers des propositions plus récentes : « *the study of scientific strategy* » (Shuckburgh, Evelyn S. ; http://data.perseus.org/citations/urn:cts:greekLit:tlg0543.tlg001.perseus-grc1:9.14, consulté le 20/11/20) ; « une compétence systématiquement acquise » (Weil, Raymond, t. VII, Paris, Les Belles Lettres, 2003, p. 140) ; « uno studio regolare » (Schick, Carla, vol. II, Milano, Mondadori, 1955, p. 186).

59 Patrizi, *Paralleli militari*, p. 8. Notons que pour Polybe, ces façons d'atteindre l'expertise ne concernent pas l'art militaire dans son entier mais quelques facettes seulement du commandement militaire que le chef doit garder à l'esprit : le silence – il ne doit rien révéler de ses idées ou émotions qui pourraient trahir ses plans –, la connaissance des déplacements des troupes, celle du passage du temps et des saisons, celle du lieu où les opérations seront menées et, enfin, la connaissance des signaux et des hommes choisis pour lui obéir ou l'épauler (*Histoires*, IX, 13).

60 Plutarque, *Comparaison de Philopœmen et de Titus Quintius Flamininus*, 2, 1. Voir Magnino, Domenico, *Vite di Plutarco*, Torino, UTET, 1995, p. 11-17.

61 Patrizi ne s'attarde pas sur les écrits de tactique d'Évangelus car ils relèvent de la première manière dont parlait Polybe (Patrizi, *Paralleli militari*, p. 65). Les écrits d'Évangelus ne nous sont pas connus et il semble que les hommes du XVIe siècle ne le connaissent qu'à travers les références qui y sont faites dans d'autres ouvrages de l'Antiquité comme ceux de Plutarque.

62 *Ibid.* Patrizi précise : « *E s'altro poeta fosse, che inventioni militari prendesse a cantare sotto a questa maniera di imparare milizia, mettere si dovrebbe* », *ibid.*

63 C'est-à-dire « *in alcun tanto i morali, e i politici, e i naturali, ma più i matematici, de' numeri, de geometri, e geografi, e sopra tutti i machinari. E più quelli che per via di teorica parlarono di milizia, quali forse furono quelli di Democrito e di Anacarsi, ma certo Platone nel III della sua Republica ; e Senofonte nel III parimente de' detti de Socrate e nello Equestre, e nello Ipparchico, e parte in quello della caccia* », *ibid.*

64 *Ibid.*

et sixième façons d'apprendre l'art pour Patrizi, qui utilise le texte de Plutarque avec une certaine liberté pour y puiser surtout ce qui lui sert à montrer l'importance de la lecture dans la formation des chefs de guerre.

En effet, outre ce que Patrizi écrit sur la base du texte de l'historien grec, il faut aussi considérer ce qu'il omet : il n'évoque pas, par exemple, les passages où l'historien grec écrit que Philopœmen s'est constitué une expertise militaire en commençant par un apprentissage précoce sur le terrain, renforcé par une activité physique constante[65] : des éléments, en somme, qui tendraient à faire pencher la balance du côté de la pratique. Patrizi ajoute enfin trois autres voies qui conservent une base érudite mais dans lesquelles, cette fois, l'auteur met clairement en lumière le rôle décisif de la pratique. Ces manières d'atteindre l'expertise sont annoncées comme distinctes des premières, ce qui est vrai pour la septième – « *il Ciro maggiore di Senofonte [...] però che a me sembra una teorica militare vestita di prattica eccellente*[66] » – et pour la neuvième et dernière – « *quella che racconta Diodoro di Nino, che egli gran tempo essercitò li suoi soldati a casa, e loro insegnò tutto ciò che in su veri fatti havessero a fare*[67] » – mais pas pour la huitième. Celle-ci, en effet, devrait faire partie des trois évoquées précédemment puisqu'elle provient du récit de Plutarque, qui raconte comment Philopœmen se rendait sur le terrain pour l'étudier et mettre « *in pruova le regole di Evangelo, variando in più maniere l'ordinanze secondo che i luoghi n'erano capaci, e questo fu un porre in prattica la teorica di quell'uomo, avanti che alla guerra da dovero egli s'uscisse*[68] ». De ces neuf différents types de formation, Patrizi déduit une échelle d'évaluation de l'expertise militaire d'où il ressort que la pratique seule – même si elle est le fruit d'une longue expérience – peut conduire au mieux à une maîtrise moyenne (« mediocre ») de l'art : le plus haut grade d'expertise est atteint par ceux qui ont suivi toutes les neuf voies de l'apprentissage théorique et pratique et qui savent en outre s'assurer l'amour de leurs troupes[69]. Malgré une autre échelle d'évaluation légèrement différente décrite quelques lignes seulement

---

65 Plutarque, *Philopœmen*, 4, 1. En outre, Plutarque dit seulement que Philopœmen cherchait dans les textes des philosophes et d'Homère ce qui pouvait stimuler en lui la vertu et le courage (*ibid.*, 4, 3-4).

66 Patrizi, *Paralleli militari*, p. 65.

67 *Ibid.* Voir Diodore de Sicile, *Bibliothèque historique*, II, I.

68 Patrizi, *Paralleli militari*, p. 65.

69 *Ibid.*, p. 68.

auparavant[70] – et qui rend son discours plutôt confus – l'auteur donne indéniablement l'avantage à la théorie et à l'érudition, ce qui lui permet de légitimer sa propre revendication de l'expertise militaire, de même que son initiative littéraire.

En conclusion, la notion d'expérience, essentielle dans la définition de l'expertise, joue un rôle déterminant dans la légitimation des ouvrages qui traitent de l'art de la guerre ainsi que de leurs auteurs. Quelle que soit la catégorie à laquelle ils appartiennent – lettrés, hommes de terrain ou mathématiciens –, ces derniers doivent se confronter au problème de l'*esperienza* et tenter d'élaborer une définition de l'expertise qui leur permette de prétendre au statut d'expert. Le traitement de la question de l'expérience met ainsi en lumière la façon dont les experts – ou prétendus tels – manient les idées et les mots afin de légitimer leur discours et défendre leur position professionnelle et sociale. Ceux qui ont connu la réalité des champs de bataille, bien qu'ils puissent faire appel eux-aussi à des connaissances érudites, insistent sur l'importance de l'expérience directe comme fondement de l'expertise. Les lettrés, qui n'avaient quant à eux jamais manié l'épée ou l'arquebuse sur un champ de bataille, doivent alors excogiter des solutions alternatives pour justifier leur propre revendication de l'expertise militaire : ils valorisent les connaissances théoriques aux dépens de l'expérience directe ; ils élaborent des conceptions originales de l'art, telles la séparation des tâches pensée par Patrizi ; ils affirment la supériorité de l'expérience indirecte, acquise exclusivement par l'étude des textes. Les lettrés font preuve ici d'une grande ingéniosité, exploitant notamment le flottement lexical et sémantique qui caractérise la langue de l'époque, particulièrement en ce qui concerne les termes fondamentaux du rapport théorie/pratique. Ils proposent une vision de l'expertise qui leur permet de contourner l'obstacle majeur à leur crédibilité et à leur légitimité dans le domaine militaire, c'est-à-dire l'absence totale d'une instruction pratique dans leur formation. L'expertise que les hommes de lettres revendiquent est faite de théorie et de pratique, certes, mais ces deux éléments ne souffrent plus de la nette distinction entre des connaissances qui s'acquièrent par la lecture et des savoirs que l'on ne peut posséder qu'en ayant participé aux opérations militaires : pour eux, la *prattica* comme la *teorica* peuvent

70 *Ibid.*

s'acquérir à travers l'étude des sources littéraires. En fonction de la formation et des compétences propres de chaque auteur, la définition donnée de l'expérience, la vision de l'expertise et la conception même de l'art militaire sont donc différentes. Une corrélation existe entre, d'une part, le discours sur l'essence de la discipline et, d'autre part, le profil de l'auteur ainsi que les objectifs socio-professionnels qu'il entend atteindre en rédigeant un ouvrage militaire. Cette corrélation doit conduire ceux qui étudient ces textes à les appréhender avec une grande précaution, notamment pour distinguer ce qui relève d'un discours rhétorique – finalisé à la légitimation de l'expertise et, en dernière analyse, à l'autopromotion – de ce qui relève d'une réflexion désintéressée sur la nature de la discipline, laquelle présente un intérêt considérable à une époque décisive pour la définition des disciplines techniques – *arte* ou *scienza* ? – à l'aube de l'avènement de ce que l'on a coutume d'appeler la science moderne.

Michel PRETALLI
Université de Franche-Comté,
ISTA – EA 4011

L'EXPÉRIENCE ET LE SYSTÈME DES PRIVILÈGES D'INVENTION AU XVIIe SIÈCLE

Au cours de l'époque moderne, les « inventeurs » parviennent à se faire reconnaître des droits spécifiques. Cette histoire, qui touche au régime de la propriété intellectuelle ou au cadre juridique de l'industrialisation, n'est pas sans liens avec le grand récit de la Révolution scientifique. Il n'est que de penser aux mathématiciens ou ingénieurs de premier plan qui sollicitent et obtiennent des privilèges d'invention dans différents États d'Europe : Galilée, Simon Stevin, Blaise Pascal, Christiaan Huygens, pour ne relever que les plus fameux. Au moment même où émerge la méthode expérimentale moderne, les États européens délivrent des protections juridiques à de supposées inventions. Quelles étaient les interférences entre les deux phénomènes ? Les procédures d'expertise parfois mobilisées lors de la délivrance des privilèges trahissent-elles le rôle croissant de la méthode expérimentale ? Nous nous proposons d'esquisser une réponse à ces questions à partir de deux terrains étudiés à l'occasion d'une thèse récente, la France et l'Angleterre du premier XVIIe siècle[1].

QU'EST-CE QU'UN PRIVILÈGE D'INVENTION ?

Le système des privilèges d'invention relève d'une histoire européenne. Celle-ci débute à Venise au XVe siècle : en 1474, la Sérénissime établit un droit des inventeurs, l'assortissant de la possibilité pour ceux-ci d'un monopole d'exploitation. Cette innovation juridique, portée par les artisans

1 Ruellet, Aurélien, *La Maison de Salomon. Histoire du patronage scientifique et technique en France et en Angleterre au XVIIe siècle*, Rennes, P.U.R., 2016.

vénitiens, a tôt fait de se diffuser dans les autres États italiens, en France, en Angleterre, dans certaines principautés de l'Empire, aux Provinces-Unies[2]. Pendant deux siècles, à l'échelle du continent, artisans, ingénieurs et entrepreneurs peuvent opérer au sein d'un contexte institutionnel et juridique qui présente une remarquable homogénéité, même s'il n'est pas exempt de différences significatives[3]. Dans ce texte, l'expression « privilège d'invention » est employée par commodité, dans le sillage d'historiens qui tendaient à en faire l'ancêtre de nos modernes brevets[4]. En réalité, le privilège d'invention n'est pas une catégorie archivistique autochtone, mais un artefact historiographique. Une telle expression n'existait pas pour les acteurs du temps qui connaissaient seulement des lettres patentes portant privilège. Ce qui sera ici désigné comme « privilège d'invention » recouvre des statuts particuliers, portés par lettres patentes et octroyés à des individus ou des groupes d'individus et accordant une forme de protection : il s'agit le plus souvent du monopole d'exploitation, pour une durée limitée, d'un dispositif, d'une technique ou d'un objet présentés comme une invention. Le recours au terme invention, fréquent dans les lettres de privilège, ne doit pas faire illusion : il s'agit d'une stratégie rhétorique, à laquelle l'État apporte largement son concours, visant à justifier le statut dérogatoire à la règle commune. Beaucoup des « inventions » privilégiées ne sont pas des inventions au sens moderne, mais des dispositifs déjà connus auparavant ou parfois inopérants.

LES PROCÉDURES D'OCTROI ET L'EXPÉRIENCE

Les procédures menant à l'octroi de privilèges diffèrent selon les espaces mais présentent de nombreux points communs : elles impliquent de nombreux officiers des appareils monarchiques français et anglais,

2 Pour l'acclimatation aux Pays-Bas, voir Buning, Marius, *Privileged Knowledge. Inventions and the Legitimization of Knowledge in the Early Dutch Republic (ca. 1581-1621)*, thèse de l'IUE de Florence, 2013, p. 35.

3 Pour cette histoire, voir Hilaire-Pérez, Liliane, *L'Invention technique au siècle des Lumières*, Paris, Albin Michel, 2000, p. 39-42.

4 Un exemple : Isoré, Jacques, « De l'existence des brevets d'invention en droit français avant 1791 », *Revue historique de droit français et étranger*, n° 16, 1937, p. 94-130.

lesquels sont chargés de réceptionner les placets des inventeurs et de les transmettre au souverain. Si la décision finale est toujours dans la main de ce dernier, dans les faits, son choix est préparé et orienté par ses conseillers ou par des commissions collégiales. C'est dans le cadre de ces dernières que se déploient des formes d'expertise dont l'objet est d'abord de juger de la licéité du monopole octroyé ou de son opportunité.

L'expertise technique est très secondaire lors de la procédure d'octroi, en France comme en Angleterre. Il y a plusieurs raisons à cela : la principale est d'ordre logistique. Les monarchies française et anglaise ne disposent pas encore d'un personnel *ad hoc* en nombre suffisant capable de juger sur le fond des propositions techniques de leurs sujets. L'enjeu est celui du nombre : les requêtes pour privilèges d'invention ne forment qu'une part infime de la masse de placets adressés au souverain. Celui-ci, faiblement épaulé par une administration encore bien frêle, ne peut pas soumettre chaque demande à une expertise approfondie. De plus, l'octroi d'un privilège ne coûte rien à la monarchie et était au contraire susceptible de contribuer aux finances royales, par le biais des taxes administratives coutumières (les épices) et par des redevances sur les usagers qu'établissent les privilèges, notamment en Angleterre. Il était donc de l'intérêt de l'État de répondre à de nombreuses demandes sans discriminer scrupuleusement entre les demandes farfelues et les autres.

Lorsqu'elle a lieu, l'expertise ne mobilise pas toujours de véritables experts techniciens, mais souvent des hommes de loi ou des représentants des usagers. L'enjeu principal n'est pas technique mais bien juridique. Il s'agit de s'assurer que le procédé privilégié ne lèse pas les droits existants. Lorsqu'ils examinent par exemple des propositions de machines à remonter les bateaux, le Conseil du roi, puis les cours souveraines, s'inquiètent surtout de ce que les machines pourraient léser les droits et les pratiques des bateliers, meuniers ou maîtres des ponts[5]. En 1644, une telle machine, lors de la procédure d'examen qui précède l'octroi, est pourtant présentée à un technicien, Thomas Francine, l'ingénieur hydraulicien de Louis XIII. Celui-ci discute des principes et de la faisabilité, mais ne fait pas procéder à une expérience : « Apres que ledit [inventeur] luy a representé et explicqué sadite machine », Francine recommande en effet d'accorder le privilège, se contentant d'exiger

5 Ruellet, Aurélien, « Les "machines à remonter les bateaux en France" au XVIIe siècle », *Artefact*, n° 1, 2013, p. 201-218.

une démonstration dans un délai d'un an après enregistrement de la lettre patente au Parlement de Paris. Après avoir reçu l'approbation de Francine, l'invention est renvoyée au prévôt des marchands de Paris, qui sollicite l'avis « d'experts et gens trouvés à ce cognoissant travaillans sur la rivière[6] ».

La procédure d'expertise est segmentée : à Francine, il revient d'examiner la faisabilité technique de la machine ; au prévôt des marchands et aux experts qu'il désigne, il revient de juger « sur la commodité ou incommodité que pourroit apporter à sa navigation l'usage desdites machines ». Le prévôt des marchands est en effet en charge du commerce fluvial et il doit s'assurer que l'innovation ne porte pas préjudice aux coutumes instituées. Les experts désignés reconnaissent d'ailleurs leur incompétence technique et sont d'abord sollicités en tant que garants des libertés des gens de rivière. À l'image d'autres experts, René Montier :

> l'un des maitres des ponts de cette ville de Paris aagé de XLVII ans ou environ lequel ayant veu le modelle et figure de l'invention et industrie dudit [inventeur] et icelluy ouy sur icelle [...] a dit qu'il ne peult quand a present comprendre comme celle se pourra faire, mais que la chose pouvant avoir lieu qu'elle estoit fort utille au publicq pourveu qu'il ne plante aucuns poteaux le long de la riviere ny proches les pontz[7].

La même logique a cours en Angleterre. Dans de très nombreux cas, c'est au procureur général, un grand officier de justice, que le placet de l'inventeur est renvoyé. Ce circuit administratif atteste du caractère d'abord juridique de l'expertise, la monarchie devant s'assurer que la lettre patente ne viole pas le statut des monopoles, qui, depuis 1624, réglait la délivrance des lettres patentes de privilège.

Mais l'examen porte parfois plus loin. Le placet relatif aux inventions mécaniques de Christopher de Berg est renvoyé par un secrétaire d'État au procureur général Bankes qui rend son avis après avoir sollicité l'avis de « ceux qui avaient plus d'expérience [que lui] pour ces facultés et après plusieurs auditions », ce qui sous-entend qu'une expertise technique avait été diligentée[8]. Un autre exemple confirme le caractère parfois

---

6 *AN* (Archives Nationales), H² 1901, dossier du 7 décembre 1644, non folioté et non numéroté.

7 *Ibid.*

8 *Bodl.* (Bodleian Library, Oxford), Bankes 11/67, A. : « *I have taken consideration of this petition and of the particular of the inventions annexed and for my better information therein I*

composite de l'arbitrage gouvernemental. Une société qui cherche à faire privilégier une machine de dragage soumet une première requête au roi vers 1631. Le maître des requêtes Aylesbury reçoit la demande, qui est renvoyée au Conseil Privé conformément à la requête[9]. Celui-ci la renvoie aux maire et échevins de Londres, qui examinent un modèle réduit et se déclarent incompétents pour juger de l'effet de la véritable machine. Le procureur général Noy est chargé d'un nouvel examen. Il conclut qu'il « a vu un modèle de la machine [et qu'il lui] semble qu'elle va demander une très grande force[10] ». Dans ce cas, s'il y a bien expertise technique à l'aide d'un modèle réduit, elle est effectuée par un officier qui ne paraît pas avoir de compétence particulière en ingénierie.

L'expertise parait parfois diligentée *a posteriori*. En 1646, cinq ans après la délivrance du privilège, l'intendant des fortifications et ingénieur Pierre Petit contrôle la véracité des prétentions de Jacques Barrier de Pradines au sujet d'une machine permettant de rester sous l'eau plusieurs heures. Dans une fameuse « lettre sur le vide » adressée à l'ambassadeur Chanut, le physicien Pierre Petit évoque un voyage à Dieppe :

> l'affaire pour laquelle j'y allais [...] était pour m'assurer de la vérité des propositions que fait depuis cinq ans un homme de Marseille de descendre au fond de la mer, et y demeurer cinq ou six heures par le moyen d'une certaine machine, en considération de quoi le roi et feu Monseigneur le Cardinal de Richelieu lui firent le don d'y pêcher et en tirer toutes les choses perdues et abandonnées[11].

Dans ce cas, si expérience il y a, elle est bien postérieure à l'attribution du privilège et ne revêt peut-être même pas de dimension légale ou

---

did call unto me those whoe were better experienced in theis faculties and after severall hearinge I am of opinion that the inventions and instruments exposed may be usefull and beneficiall to the commonwealth ».

9 La fin de la requête des pétitionnaires est ainsi résumée dans les *Trinity House of Deptford Transactions* : « *The king is asked to instruct the privy council to summon the petitioners to outline their experience and plans* ». Voir « Transactions – vol. 2, 1631 », *Trinity House of Deptford Transactions, 1609-1635, London Record Society* 19, 1983, p. 112-117.

10 « *They pray for a grant of the sole use of the said engines for 14 years as an encouragement to noble disposed persons to become adventurers with petitioners* » ; « *Has seen a model of the engine. It seems it will require a very great strength. How profitable it will be he knows not* », *CSPD*, Charles I-251, november 20-30, 1633, p. 304-305.

11 Pascal, Blaise, *Œuvres Complètes.* II : *Œuvres diverses 1623-1654*, éd. J. Mesnard, Paris, Desclée de Brouwer, 1970, p. 351. Pour le privilège délivré à Barrier de Pradines, voir *AN*, MAR G 111 et E159b f. 237 pour l'arrêt du Conseil du roi du 26 janvier 1641.

officielle. C'est peut-être par simple curiosité personnelle que Pierre Petit inspecte l'invention.

Marius Buning, plaçant le terrain néerlandais dans le cadre plus large du système européen des privilèges d'invention, affirme que le recours à la preuve expérimentale était pratiqué en Espagne et aux Pays-Bas espagnols, à Venise ou encore en Angleterre. Aux Provinces-Unies, les placets des inventeurs font souvent allusion à des documents techniques – descriptifs, dessins – voire à des modèles réduits, lesquels peuvent être soumis à des formes de tests expérimentaux. Cela pouvait également être le cas pour trancher les contentieux : Marius Buning évoque le cas d'un véritable protocole expérimental mis en œuvre pour juger des revendications d'un soi-disant producteur de fil d'argent, prétentions à la nouveauté contestées par des rivaux. Une véritable analyse métallurgique est conduite, au terme de laquelle la qualité de l'alliage est testée[12]. Ce qui est en cause, toutefois, n'est pas tant la composition de l'alliage que la revendication de priorité.

L'administration de la preuve par les pratiques expérimentales n'est qu'un aspect de la culture juridique qui prévalait en Europe à l'époque moderne. Les traditions et les procédures, dans les différentes juridictions, qu'il s'agisse de basse justice ou de haute justice, laissaient une place importante à la mobilisation d'experts ou aux témoignages oculaires. Les cours d'Europe étaient accoutumées depuis plusieurs siècles à la convocation d'arpenteurs pour trancher les conflits fonciers. L'expérience et la mise en pratique relèvent peut-être davantage de la culture juridique que de la culture expérimentale émergente. Toutes ces pratiques dessinent les contours d'une « culture du fait » ainsi que l'a montré de façon convaincante Barbara Shapiro[13].

Contrairement à un legs de l'historiographie, il nous semble donc qu'il faille minorer l'importance des procédures d'expertise, lesquelles, il est vrai, servent bien le récit téléologique de l'émergence de l'État techno-scientifique[14]. L'expertise technique nous paraît secondaire par rapport à l'expertise juridique, en Angleterre comme en France[15]. Lorsqu'il

---

12 Buning, *Privileged…*, p. 202-205.

13 Shapiro, Barbara, *A Culture of Fact : England, 1550-1720*, Ithaca, Cornell University Press, 2000, p. 8-33 ; Buning, *Privileged…*, p. 197-198.

14 Prager, Frank D., « Examination of inventions from the middle ages to 1836 », *Journal of the Patent Office Society*, n° 46, 1964, p. 268-291, ici p. 268.

15 Sur cet aspect, nous renvoyons à notre argumentation dans Ruellet, *La Maison de Salomon…*, p. 225-251.

y a expertise technique, elle est souvent exécutée sur plan ou à la vue d'un modèle réduit dont on ne cherche pas toujours à tester l'action. Pour autant, on ne saurait nier la dimension de plus en plus pratique et expérimentale de la « culture du projet », ainsi que l'a nommée Koji Yamamoto[16]. Il n'est que de lire les préambules des lettres patentes anglaises pour constater la centralité du registre lexical de l'expérience dans les textes relatifs aux privilèges d'invention. Ainsi, les lettres patentes octroyées pour une technique de préparation du charbon de terre invoquent-elles l'expérience pour justifier la grâce :

> *Sir John Hackett Knight and Octavio de Strada Gentleman Bohemian have by their greate travaill and industrie and after many chargeable experiments founde out the arte misterie wayes or meanes of preparinge and makinge of seacole and pitt coale as usefull and charcoale aswell for meltinge*[17]

Une lettre patente française délivrée pour un nouveau type de moulin mobilise également ce registre lexical :

> Pierre de Bompar chevallier sieur d'Antibes nous a tres humblement remonstré que le dezir qu'il a de proffiter au publicq luy en ayant fait rechercher les moyens avec soin et travail il a trouvé l'invention de certaine machine et moulin pour mouldre avec beaucoup moings d'eaue que ceux quy sont en uzage quantité de bled ayant ja esté expérimenté au grand advantage et sous l'agrement des habitans et communaulté du village de Vallette[18].

De fait, si les procédures d'attribution qu'on a décrites réservent une place finalement faible à l'expérience, celle-ci n'est pas complètement absente. Il est cependant bien difficile d'en apprécier l'étendue et la nature, notamment en raison de la variabilité du vocabulaire utilisé.

---

16 Yamamoto, Koji, *Distrust, Innovations, and Public Service : "Projecting" in Seventeenth and Early Eighteenth-Century England*, PhD de l'Université de York, 2009.

17 *TNA* (The National Archives, Kew), PRO, C66 2386, 2. Formules similaires dans C66/2511/4.

18 *AD*13, B3349, f. 27r.

UNE PETITE ENQUÊTE TERMINOLOGIQUE

Rappelons que le sens des termes *expérience* ou *experiment* n'était pas encore bien fixé et variait selon les auteurs. Le sens du mot anglais *experiment* n'avait ainsi pas son sens moderne de « dispositif expérimental destiné à tester la validité d'une hypothèse ». Cet usage restreint était désigné, à la fin du siècle, par les locutions *experimentum crucis* chez Newton ou *instantia crucis* chez Boyle et Hooke. De façon générale, *experiment* désigne l'observation locale de la conduite du monde naturel en certaines circonstances singulières et parfois artificielles, que cette conduite soit adossée ou non à une théorie. Chez Bacon, le terme *experiment*, assez fréquent dans *La Nouvelle Atlantide* par exemple, désigne l'observation du monde dans des situations délibérément cherchées, par opposition à l'observation banale et passive. Dans l'épistémologie inductive de Bacon, c'est l'accumulation d'*experiments* qui peut aider à comprendre le monde. Comme l'écrit Lisa Jardine, « toute observation illustrant un certain aspect du sujet considéré qui peut se révéler utile dans le futur pour la construction d'une théorie est un *experiment*[19] ». La confusion qui régnait dans l'usage anglais reconduisait le manque de précision des termes latins *experientia* et *experimentum*, lesquels présentaient aux dires de Charles Schmitt un caractère interchangeable[20]. Bref, le concept d'expérimentation, comme les mots qui le désignent, n'avait rien d'établi. Il n'est donc guère étonnant que cette indécision affecte également le monde des officiers, experts et juristes qui ont à connaître des privilèges d'invention.

Il paraît difficile, au vu des sources hétéroclites générées par le système des privilèges, de se prononcer de façon générale sur le sens des termes relevant du registre lexical de l'expérience. Les lettres patentes de

19 Jardine, Lisa, *Francis Bacon : Discovery and the Art of Discourse*, Cambridge, Cambridge University Press, 1974, p. 136-138.

20 Schmitt, Charles B, « Experience and experiment : a comparison of Zabarella's view with Galileo's in *De Motu* », *Studies in the Renaissance*, n° 16, 1969, p. 80-138, spécialement p. 90-92. Voir aussi Christian Licoppe, qui s'est intéressé à l'usage plus particulier des termes *experientia* et *experimentum* sous la plume de Pascal ou Mersenne : Licoppe, Christian, *La Formation de la pratique scientifique. Le discours de l'expérience en France et en Angleterre (1630-1820)*, Paris, La Découverte, 1996, chap. 1.

privilège suscitent en effet de multiples formes de textes : placets, littérature grise des écritures administratives intermédiaires, actes notariés formalisant des partenariats entrepreneuriaux, correspondances, brochures imprimées à caractère promotionnel, etc. Toutes ces sources mettent en jeu le terme expérience lui-même ou des termes qui lui sont souvent associés : essai, *experiments*, *espreuves* pour le français ; *tryall*, *experiments*, *experience* pour l'anglais. Chacun de ces termes se trouve affecté d'une connotation particulière : le terme *essai* désigne à l'évidence une forme d'événement présentant bien plus d'incertitude que le terme *expérience* et la banale quotidienneté qu'il suggère. Le terme *espreuve* est très fréquent. Le dictionnaire de Richelet lui donne comme synonyme *expérience*. Le dictionnaire franco-anglais de Cotgrave le traduit par *proofe, tryall, experiment, essay, attempt*. Le terme condense parfois des significations relativement diverses. Il y a l'acception judiciaire, l'*espreuve* comme moyen de déterminer la vérité et la culpabilité d'un accusé par des procédés plus ou moins spectaculaires. L'univers de la métallurgie, de l'artillerie ou du monnayage fait de l'*espreuve* le moment de la détermination de la qualité d'un alliage. L'usage dans le contexte du système des privilèges condense ces significations empruntées au registre judiciaire autant que métallurgique.

Prenons le cas de l'avocat Charles de Lamberville, qui à partir des années 1620, entreprend d'introduire dans le royaume de France les techniques de tourbage en usage aux Provinces-Unies et dans les Flandres. Pour accréditer son entreprise et la parer des vertus de la nouveauté, il prend toujours soin de la présenter comme une invention. Dans les opuscules qu'il publie, les termes *espreuves* et *experiences* semblent parfois employés indifféremment. Alors qu'il participe à une conférence du bureau d'adresses de Théophraste Renaudot, le compte-rendu de son intervention affirme qu'il « offre de continuer à ses despens, devant ceux qui en seroient curieux, l'experience qu'il en a faite[21] ». Tout un opuscule est consacré aux *Espreuves et advis sur icelles donnés au roy et à Nosseigneurs de son Conseil*[22]. Dans cet ouvrage, sur lequel nous reviendrons, le terme d'épreuve condense le sens de *démonstration publique*, d'*essai* et se rapproche

21 Renaudot, Théophraste, *Première centurie des questions traitées ez conferences du bureau d'adresse*, Paris, Au bureau d'adresse, 1638, p. 86.

22 [Lamberville, Charles de], *Espreuves et advis sur icelles donnés au roy et à Nosseigneurs de son Conseil*, Paris, Melchior Mondière, 1627, p. 5.

du sens métallurgique. Charles de Lamberville doit en effet soumettre le charbon de tourbe à « l'espreuve », qui consiste en l'occurrence à tester ses qualités calorifiques pour forger une clé, une roue dentée et un fer à cheval[23]. Le terme d'*espreuve* oscille ici entre plusieurs sens flottants ; souvent, il se trouve suppléé sans altération majeure du sens par les termes *expériences* ou *essais.*

Le même usage flottant prévaut en Angleterre, où les sources mentionnent indifféremment *experiments* et *tryalls.* Le terme *experience* est surtout réservé, suivant l'usage du temps, à l'observation banale et routinière comme source de connaissance. Mais parfois, le sens glisse, comme lorsque le huguenot Nicolas Briot présente au roi d'Angleterre son invention de moulin à monnaie. Il adresse son placet « *after diverse experiences*[24] ». L'usage de ces termes place donc souvent l'expérience, *espreuve*, *essay* ou *experiment*, au carrefour indécis de plusieurs types de pratiques : l'observation routinière accessible à tout un chacun, la démonstration publique, l'épreuve judiciaire permettant de trancher une question, les techniques d'expertise mobilisées par les artisans…

Que fallait-il entendre par ces termes ? Dans tous les cas, les expériences, démonstrations, essais auxquels se soumettent les inventeurs ne paraissent pas reposer sur des protocoles expérimentaux modernes.

DE QUELLE EXPÉRIENCE S'AGIT-IL ?

La réalisation d'expériences ou de démonstrations n'exige pas un environnement scientifique normalisé du même ordre que celui des laboratoires modernes. Lorsque les arrêts du Conseil ou des chambres d'enregistrement mentionnent des expériences, ils ne font pas état d'une instrumentation spécifique ; le site de démonstration et ses propriétés ne sont jamais l'objet de descriptions détaillées ; l'expérience ne donne lieu à aucune mesure quantitative. Le seul critère qui apparaît est celui de

23 « Estre procédé à l'espreuve dudit charbon de terre Tourbe par experts qui seroit convenus ; Ensemble nous ont lesdits expers promis de rapporter l'effect que produire ledict charbon de terre et l'espreuve d'iceluy », *ibid.*, p. 16-18.

24 *TNA*, SP 16/174/4.

la publicité de l'événement. Ainsi, lors de la procédure pour la machine à remonter les bateaux de l'invention d'Antoine Faucher, un rapport recommande l'octroi de la lettre patente :

> à condition que dans un an apres qu'elles auront esté veriffiées, il rendra une desdites machines entierement faicte et parfaicte, de grandeur et force suffizante pour remonter par experiance publicque sur la riviere de Seyne, un des grandz batteaux qui viennent chargez de Rouen en cette ville a faulte de quoy il demeurera descheu dudit privillege[25].

Les démonstrations et « épreuves » ne paraissent pas toujours donner lieu à des procès-verbaux circonstanciés, ou alors ceux-ci ne sont pas systématiquement conservés et ont disparu parmi les écritures grises de la monarchie. Concernant une invention de moulin, un arrêt du Conseil du roi de 1648,

> auparavant faire droict a ordonné et ordonne que pardevant le prevost de Paris ou son lieutenant civil en présence des maitres boulangers et marchandz de farine de ceste ville de Paris qui seront par luy nommez d'office il sera faict essay de l'un desdits moulins pour scavoir quelle quantité de farine il peut rendre dans un jour et si elle sera de la bonté et qualité requise dont sera dressé procès verbal pour ce faict et rapporté au Conseil estre pourveu au suppliant ainsi qu'il appartiendra par raison[26].

En guise de procès-verbal, les archives de la prévôté de Paris ne mentionnent qu'un bref rapport de la démonstration. Si la machine est décrite avec quelque précision, il est bien difficile à sa lecture d'en inférer une quelconque rigueur expérimentale chez les administrateurs et les experts :

> Auquel lieu avons veu un moulin garny de deux meules chacunes, de six pieds huict poulces de diametre tournant par le moyen d'un seul Roüet, et d'une lanterne, lesdit Rouët, meules et lanternes poussées par le moyen des grandes rouës qui sont aux deux costez dudit moulin de chacune 15 pieds de diametre garniez chacune d'un ballancier et tirées chacunes de 2 hommes et ayant faict mettre un septier de bled froment dans ledit moulin lesdits jurez boulangers et autres nommez d'office et le frere Joseph nous ont rapporté que le mouvement dudit moulin estoit suffisament viste et esgal ayant considéré la farine provenant dudit moullage nous ont rapporté qu'elle est bonne et laquelle capable de produire du bon pain[27].

25 *AN*, E 198b, 25 janvier 1645.
26 *AN*, E 229ᵃ, f. 317, 11 mars 1648.
27 *AN*, Y 17, f. 27rº.

UNE ÉPISTÉMOLOGIE DE LA PREUVE MONDAINE

Le point commun de toutes les expériences et démonstrations publiques est qu'elles prenaient place face à un public choisi. En cela, les privilèges d'invention s'inscrivent pleinement dans la « culture du fait » de l'époque moderne[28]. Beaucoup a déjà été écrit à ce sujet ; notre propos n'est pas de contribuer à ce débat, dont les grandes lignes peuvent être rappelées, mais plutôt de voir comment il s'applique au domaine des privilèges d'invention.

Steven Shapin a montré que la culture expérimentale de l'âge de Boyle lie étroitement crédibilité, confiance et statut social par le recours aux témoignages visuels. En cela, les pratiques expérimentales du XVIIe siècle anglais sont proches des pratiques judiciaires qui tendent à valoriser les témoins de qualité : le témoignage d'un duc prime celui d'un comte, celui d'un comte prime celui d'un baronet[29], etc. Selon Schaffer et Shapin, cette « technologie sociale » associée à la science mondaine et à la civilité aristocratique, contribue, au même titre que la « technologie littéraire » du compte-rendu expérimental et la « technologie matérielle » de l'instrumentation standardisée, à générer de la confiance, tellement essentielle à l'établissement des fameux *matters of fact*[30]. Barbara Shapiro a contesté certains aspects de cette thèse séduisante et a souligné que les pratiques expérimentales de la Royal Society ne valident pas intégralement la *gentlemanly thesis* de Shapin. Dans les procédures judiciaires comme dans les pratiques expérimentales, la parole des artisans, des professions à talent ou des membres du clergé n'était pas toujours considérée avec dédain. L'expérience, la moralité, le savoir sont d'autres critères de crédit qui rentrent en jeu et concurrencent la hiérarchie sociale.

À l'interface du droit et de la technique, les privilèges d'invention fournissent un bon terrain d'observation des jeux de la confiance. La mention du public lors des expériences reconduit globalement l'observation de Barbara Shapiro. Tandis qu'un public profane, mais de qualité, est

---

28 Shapiro, *A Culture of Fact…*, spécialement p. 12-33.

29 Shapin, Steven, *A Social History of Truth. Civility and Science in Seventeenth-Century England*, Chicago, The University of Chicago Press, 1994.

30 Schaffer, Simon, Shapin, Steven, *Leviathan and the Air-Pump. Hobbes, Boyle and the Experimental Life*, Princeton, Princeton University Press, 1985, p. 25-26 ; *Léviathan et la pompe à air. Hobbes et Boyle entre science et politique*, Paris, La Découverte, 1993.

toujours mentionné, les procès-verbaux ou les allusions au déroulement des expériences évoquent aussi des « personnes expérimentées ». L'ingénieur dauphinois Étienne de Villebressieu, ami de Descartes, préfère ainsi pointer l'approbation d'experts dans l'opuscule qu'il publie pour défendre sa machine hydraulique :

> Ce qu'il propose, non sur de vaines imaginations ou de foibles coniectures, comme il est arrivé à beaucoup d'autres, mais sur des raisons solides, verifiées par une infinité d'experiences, et par divers essays sur plusieurs figures de cette Machine, tant en grand qu'en petit, en presence mesme de grands Ingenieurs et autres personnes tres intelligentes dans ces choses qui l'ont veuë avec admiration et en ont esté pleinement satisfaits[31].

Le roi constitue évidemment le meilleur témoin possible et on le trouve parfois mentionné dans le cours de la procédure. On sait par exemple que Louis XIII en France et Charles Ier en Angleterre nourrissent une véritable curiosité pour les armes[32]. Il n'est dès lors pas étonnant que des démonstrations leur soient offertes, lesquelles vont fonctionner à la fois comme spectacle et comme tribunal de l'invention. Le jugement supérieur du roi se trouve doublé par son expertise pour faire de son témoignage un gage de crédit. Le jeune Charles, encore prince de Galles, assiste ainsi au début de l'année 1625 à la démonstration de pistolets de nouvelle fabrication : « *the prince hath made triall of this invention and doth approve thereof* », précise un document intermédiaire dans la procédure d'octroi[33]. Quant à Louis XIII, il assiste à la démonstration d'une arquebuse à répétition de l'invention d'un horloger :

> une harquebuse de nouvelle Invention tirant quatre coupz consecutivement ou tout a la fois par un seul Canon et une seule detente avec telle distance et intervalle d'un coup a l'[h]auteur que l'on veult pour s'en servir utilement et selon la necessité de laquelle apres en avoir faict l'espreuve devant sa Majesté Il luy en auroit faict presens qu'elle auroit faict mettre au cabinet de ses armes de sa maison roialle du Louvre pour y estre gardée avec les aultres pieces rares qu'elle y faict conserver[34].

---

31 Villebressieu, Etienne de, *Estienne de Villebressieu, Ingénieur du Roy, de la Ville de Grenoble*, [s. l. n. d.], BM Grenoble, n°V56.

32 Ruellet, *La Maison de Salomon…*, p. 159-160.

33 *TNA*, SO3/8, Mars 1625 [1624].

34 *AN*, P3418, f. 4 v°, lettres patentes du 25 février 1635, enregistrées à la Chambre des comptes.

La plupart des expériences publiques, toutefois, mêlent les deux publics, aristocratique et bourgeois ; expert et profane. En témoigne la démonstration de Louis Caquey pour sa machine à élever les eaux. Elle se déroule devant le jeune Louis XIV, dont le jeune âge – à peine sept ans – ne vient pas annuler son droit de préséance :

> L'experience que [Caquey] a faite sur le grand Rondeau qui est au Jardin du Palais Royal, en presence du Roy, conduit par Madame la Marquise de Senecey Gouvernante de sa Majesté, de Monseigneur le Duc d'Anjou, Monsieur le Mareschal de la Force, et autres Seigneurs de la Cour : En presence aussi des Messieurs les Conseillers, Commissaires à ce deputez par Nosseigneurs de la Cour de Parlement, assistez d'un Substitut de Monsieur le Procureur General, et de quatre notables Bourgeois de Paris, ayant receu l'approbation de sa Majesté, et de tous les assistans, sert d'un illustre témoignage pour ne pas revocquer en doubte l'utilité de ses Machines, et l'arrest de verification de ses Lettres Patentes en forme de privilege pour trente années, donné tant en consequence de son experience, que sur le rapport des quatre notables Bourgeois nommez en execution d'Arrest, par Monsieur le Procureur pour y assister, la confirment suffisamment[35].

Charles de Lamberville, évoqué plus haut, multiplie avec efficacité les « épreuves » devant des publics variés qui sont autant de sites de légitimation de ses prétentions. Artisans, juristes, médecins, princes et grands officiers viennent assister à la démonstration. S'agit-il encore, avec ces épreuves omniprésentes, de produire un *experimentum*, un fait singulier digne d'enregistrement ? À l'évidence non, puisque l'utilisation de tourbe à des fins combustibles était fort banale dans le nord de la France : les épreuves auxquelles se soumet Lamberville, mais dont il est lui-même l'organisateur, ne sont que des opérations de promotion de son entreprise.

Témoins des « épreuves » et date

– Magistrats de la Table de marbre [juridiction des eaux et forêts]. 29 décembre 1621[36].

– Le roi, princes et officiers de la couronne. Château de Fontainebleau, 17 juillet 1625.

– Présidents trésoriers de France généraux des Finances à Paris, conseillers du roi en la justice du Trésor. Paris, 9 Janvier 1626.

– Docteurs en Médecine de la Faculté de Paris. Paris, 22 janvier 1626.

35 Caquey, Louis, *Les Machines de Louis Caquey [...] pour eslever les eaues*, [S. l.], 1646.

36 Lamberville, Charles de, *Discours politiques et œconomiques dédiés au roi*, Paris, Samuel Thiboust, 1626.

– Parlement de Paris, prévôts et échevins de la ville de Paris. Paris, 5 Janvier 1626.

– Magistrats du siège de la Table de Marbre, accompagnés d'un serrurier, d'un maître-horloger, et d'un maître-maréchal de forge. Paris, 13 octobre 1626[37].

– Bourgeois, Maréchaux, Serruriers, Taillandiers de Corbeil. 22 novembre 1627[38].

– Maître du pont de Corbeil, buissonnier de la rivière d'Étampes ; Charles Chérier, escuyer sieur de la Porte, Villabé et Villoison. Corbeil, 29 mars 1628.

– Jacques de Chaulnes, Lieutenant General des Eaux et Forests de France au Siege General de la Table de Marbre du Palais à Paris, et plusieurs notables personnages et bourgeois de cette ville de Paris. Paris, 9 juillet 1628[39].

– Roi. Près de l'Essonne, 28 avril 1634.

Ce cas illustre bien la tension entre deux usages différents de l'expérience publique : il s'agit certes d'un moment d'administration de la preuve et d'accréditation, mais il s'agit aussi d'une démonstration publique susceptible de promouvoir un dispositif ou un produit commercialisable. Ces événements laissent une large place à la civilité aristocratique et à la science-spectacle. En cela, l'expérience telle qu'elle apparaît mobilisée lors des procédures de délivrance de privilège rencontre les mêmes écueils que les pratiques expérimentales qui se déroulent par exemple à l'académie de Montmor à la fin des années 1650. Ainsi, le secrétaire de l'académie Samuel Sorbière se plaint-il d'un public en quête de spectaculaire :

> je crains qu'on ne traite les experiences de mesmes que l'on a fait les raisonnemens. Car il y a des gens qui ne demandent que des choses inouies, et qui mesprisant tout ce qu'ils ont leu ou entendu, se rebuteront aussi de ce qu'ils auront desia veu. Et ainsi il sera mal-aise de les contenter, ou d'arrester leur impatience[40].

Le cadre épistémologique qui est celui du premier XVIIe siècle faisait du parterre de qualité une condition de la production de savoir authentifié ; dans le même temps, il tendait à avilir les pratiques scientifiques en les

37 Lamberville, Charles de, *Verbal de l'invention du vray charbon de terre par toute la France.*, [s. l. n. d.] (BNF 8S-PIECE 9579). Même source pour les quatre « épreuves » précédentes.

38 Bouchel, Laurent, *La Biblioteque ou tresor du droit français*, Paris, Jean Girin et Barthélémy Riviere, 1671, p. 773-777.

39 *Ibid.*

40 Cité dans Bigourdan, Guillaume, « Les premières réunions savantes de Paris au XVIIe siècle », *Comptes-rendus hebdomadaires des séances de l'Académie des sciences*, 1917, p. 217.

déplaçant vers le registre du spectacle mondain. Parce qu'elle n'intègre pas encore de protocole, parce qu'elle ne se déroule pas dans un site dédié coupé du public, l'épreuve expérimentale souffre du même travers que l'ordalie dans l'ordre judiciaire : elle est un spectacle avant d'être le moment de détermination de la vérité.

Aurélien RUELLET
Le Mans Université,
TEMOS-UMR 9016-CNRS

TROISIÈME PARTIE

UNE SCIENCE DU REGARD

VOIR POUR SAVOIR ?

Il peut sembler curieux que, dans l'ordre choisi pour ce livre, *observation* vienne après *expérience*. Ce choix est cependant guidé par une logique précise : au XVIe siècle, et tout particulièrement dans sa seconde moitié, on assiste à une autonomisation croissante des mots et des concepts d'*observatio* par rapport à *experientia*. Durant toute la période médiévale en effet, si *observatio* se rencontre et se traduit par *observation* et *observance*, tous deux polysémiques, il semble moins fréquent et moins déterminant qu'à la Renaissance, et l'ensemble de la science empirique est plus nettement portée par *experientia* et sa famille. Les travaux décisifs de Gianna Pomata ont bien décrit l'autonomisation croissante d'*observatio*[1], qui devient à la fois un moyen d'affirmer et de désigner un nouveau geste épistémique, plus fort que celui indiqué par *videre* (voir *infra* la revendication d'une *observation oculaire*), mais aussi d'affirmer l'existence d'un personnage nouveau dans le paysage scientifique, l'observateur, qui n'est pas seulement celui qui observe, mais aussi celui qui organise et ordonne le savoir dans un livre issu de ses observations.

L'OBSERVATEUR, OU L'HOMME EN SON THÉÂTRE

> Il n'y a persone de bon sens qui ne confesse, que l'univers ne soit crée pour l'home, aussi que l'home ne soit fait pour la gloire de Dieu. Pource l'home estant mis en ce beau domicile, ou plus tost en ce tres magnifique theatre,

1 Pomata, Gianna, « Sharing Cases : the *Observationes* in early modern medicine », *Early Science and Medicine*, n° 15, 2010, p. 193-236 ; « Observation rising : Birth of an epistemic genre *ca.* 1500 – 1650 », dans Daston, Lorraine et Lunbeck, Elizabeth (dir.), *Histories of Scientific Observation*, Chicago, The University of Chicago Press, 2011, p. 45-80 ; « A word of the Empirics : the ancient concept of observation and its recovery in early modern medicine », *Annals of Science*, n° 68-1, 2011, p. 1-26.

> doit contempler le ciel : les estoiles, l'ær, l'eau, la terre, les animaux, les plantes le tout fait de si grand artifice, orné de si excellente beauté, assemblé é composé de si grande harmonie, doué de si grande vertu, tant bien ordonné qu'il n'est possible de plus. E ce premierement afin que en quelque part qu'il jette sa veüe toutes ses choses lui servent de beaux é certains tesmoniages, pour estre toujours asseuré en bonnes opinions de l'ouvrier qui est Dieu, tres bon : tres sage, veritable, juste, bien faisant, é estre incité de l'aimer de plus en plus, é l'adorer. Secondement affin que connoissant le tout estre fait pour soi qu'il en use en sa necessité é commodité, raportant le tout à la gloire de Dieu. Or persone ne pourroit bien user de ce qu'il ne connoit bien. Parquoi tous homes de son esprit doivent metre toute leur estude, peine, industrie en ce qu'ils puissent connoistre les especes é diversités, les causes vertus é effets de toutes choses qui sont en la terre, en l'eau, en l'ær[2].

Ce texte de Guillaume Rondelet, qui ouvre la « Preface sur tout l'œuvre » de son *Histoire entiere des poissons* est emblématique d'une forme d'humanisme savant propre au XVIe siècle : la correction de « domicile » en « tres magnifique theatre », qui transforme le monde créé par Dieu en un dispositif d'observation, assigne à l'homme la connaissance par la vue pour principale obligation. Cet homme « *doit* contempler le ciel : les estoiles, l'ær, l'eau, la terre, les animaux, les plantes » s'il veut accomplir son rôle ici-bas. « Curieuse » façon d'expliquer la finalité de la Création et habile moyen de concilier la science et la foi. Le naturaliste Pierre Belon était tout aussi catégorique :

> combien que les aveugles puissent philosopher et contempler les choses, les pensant en leurs esprits, si est-ce qu'il y a des choses en nature qu'il fault necessairement avoir veuës pour en avoir la science[3].

Son *Histoire de la nature des oyseaux* s'orne, comme il est souvent de mise, d'un portrait qui, comme celui de Vésale dans la *Fabrica* ou plus tard celui de Juan Valverde dans son *Historia de la composición del cuerpo humano*, le représente avec un œil particulièrement aigu. Il est surplombé de ce quatrain :

> Voy ce portraict, et di qu'en le voyant
> Tu vois encore de celluy la semblance

---

2 Rondelet, Guillaume, *Histoire entiere des poissons*, Lyon, Macé Bonhomme, 1558, Preface, f. a3r°.

3 Belon, Pierre, *L'Histoire de la nature des oyseaux*, Paris, Gilles Corrozet et Guillaume Cavellat, 1555, livre I, p. 2.

Qui seul fait voir ores en nostre France
tout ce qu'en soy voit le ciel tournoyant[4].

À l'orée du texte, le naturaliste impose son image de savant en tant qu'il est celui qui voit et qui fait voir. L'omniprésence du verbe *voir* fait l'unité du quatrain et souligne avec insistance la primauté de ce geste, posé dans une invitation à être partagé, comme le montre l'impératif initial. C'est l'acuité du regard qui définit, pour Belon, l'homme de science, et non le fait, « comme le vulgaire pense », de savoir « un peu de Grec, de Latin, ou d'Hebrieu[5] ». L'image de l'observateur s'est ainsi imposée, littéralement autant que métaphoriquement, dans le livre. On note parallèlement que l'article « Sçavoir » du dictionnaire d'Estienne comporte une ligne « Sçavoir quelque chose pour l'avoir veu » dont la glose latine est intéressante : « *Rem oculis, non conjectura tenere* ».

Au début du tout premier livre de son *Histoire de la nature des oyseaux*, dans un chapitre à valeur préfacielle, Belon distingue les « deux seules voyes » de la connaissance, qui, point capital, sont aussi, fondamentalement, les voies de l'enseignement[6] : par l'esprit – c'est-à-dire par le raisonnement et l'intellect – et « par ce qu'il s'offre tout manifeste à noz sens[7] ». Ces deux aspects complémentaires, par la pensée et l'usage de la raison d'une part, et par la perception sensible du réel d'autre part, sont pour lui également nécessaires si l'on veut accéder à une saisie scientifique des objets que l'on étudie. Cette conviction, très marquée chez Belon, est très largement partagée par les savants renaissants, en particulier les anatomistes et les naturalistes, pour lesquels l'alliance de l'habileté de la main, qui touche et dissèque, et de l'acuité du regard est un outil qui précède l'écriture. Rondelet en effet, après avoir défini le monde comme un théâtre, referme sa préface en affirmant qu'il a « ouvers, é decoupés » et qu'il a « diligemment contemplé toutes les parties interieures et exterieures » des poissons dont il a traité. Un homme qui fonde une histoire naturelle sur la dissection de poissons

4 *Ibid.*, f. a1v°.
5 *Ibid.*, p. 2.
6 « Ainsi toutes les choses qui peuvent entrer en l'intelligence de l'homme, ne peuvent estre comprinses de celui qui les apprend d'autruy, ou bien estre rendues intelligibles par quelqu'un qui les veult enseigner à un autre, que par raison, ou par choses sensibles », *ibid.*, p. 2.
7 *Ibid.*

qu'il se faisait envoyer par l'ancêtre de la poste (« mes amis m'en ont envoié aucuns[8] ») mérite un éternel respect.

Comme nous l'avons souligné pour le cas de l'expérience, par ailleurs, cette volonté marquée de s'appuyer sur l'autopsie (la vue par soi-même), y compris en regardant à l'intérieur des êtres, n'est pas l'apanage d'une nouvelle science qui se dresserait contre la tradition aristotélicienne. On y retrouve ici la dialectique que Zabarella développera entre le rôle du philosophe et celui du commentateur dans leur manière d'utiliser Aristote : disséquer des poissons ou des oiseaux, c'est être un vrai aristotélicien. Toujours dans le même texte, ainsi, Belon oppose deux figures majeures, dont il fait des symboles : Démocrite et Aristote. Or c'est Démocrite le contre-modèle, parce qu'il :

> se priva voluntairement de la lumiere de ses yeulx, sans avoir aucune autre occasion evidente de ce faire, sinon que se voulant delivrer des empeschemens qui adviennent à ceulx qui voyent clair, pensa que les discours qu'il pretendoit faire à son plaisir, en seroyent plus hautains et exquis, et auroit son esprit plus à delivre, s'estant osté l'empeschement qui provient par la lumiere des yeux[9].

Aristote, au contraire, constitue une référence pour Belon, parce qu'il est l'archétype d'un philosophe qui se fonde d'abord sur l'observation :

> Aristote a reduit toute maniere de Philosophie jusques à son hault poinct, et mise à son dernier but, mais nous ferons voir plus à plain en nos suyvants chapitres en la description des oiseaux, qu'il ne l'eust sçeu faire, sans l'observation oculaire du naturel des animaux[10].

À une époque où l'on ne se contente plus, dans les disciplines savantes, de la lecture des sources antiques, mais où celles-ci sont souvent passées au crible de l'observation personnelle *in situ* jugée toujours plus fiable qu'une connaissance reçue par « ouï-dire », et où l'on n'hésite pas à effectuer de longs voyages pour se rendre compte « par soi-même » et « au vif » des réalités que l'on souhaite étudier ou que l'on est chargé d'observer pour le compte d'un roi ou des premières institutions et collections, les mots qui définissent le regard du savant ou du curieux sont donc amenés à jouer un rôle crucial, non seulement pour « dire »

8 Rondelet, *Histoire entiere des poissons*, f. a4v°.
9 Belon, *L'Histoire de la nature des oyseaux*, p. 1.
10 *Ibid.*, p. 1-2.

mais pour permettre à celui qui n'a pas vu de partager ce savoir et de l'acquérir par les mots (*innutrire* disait Montaigne). L'apparent pléonasme « observation oculaire » qu'utilise Belon est révélateur du fait qu'il ne peut plus s'agir d'une observation rapportée, de seconde main : est savant celui qui emploie ses propres yeux. Une figure nouvelle de savant se dessine ainsi, celle de l'observateur.

Enfin, la promotion de l'observation remotive une très vieille topique, celle de la valeur de la stature droite de l'homme et de son regard tourné vers le ciel. Ce lieu commun ne doit pas être négligé pour cause de banalité : les savants renaissants le prennent au pied de la lettre et le nourrissent et de leurs découvertes anatomiques, et de leur passion pour l'autopsie ; les éloges de l'œil et de la vue que l'on trouve par exemple chez les anatomistes sont de ce fait également des textes extrêmement importants pour comprendre la valeur accordée à l'observation. André Du Laurens remonte lui aussi à la source aristotélicienne pour rappeler le rôle fondamentalement philosophique de l'œil, soulignant que la vue est le seul sens universel, alors qu'on ne peut toucher ni entendre les astres, ni appréhender tous les éléments par le goût ou l'odorat (les « corps mols ne font point de son, la terre et le feu n'ont point de goust, et tout cela pourtant est visible[11] ») :

> C'est pourquoy le Philosophe en sa Metaphysique l'appelle sens de l'invention, d'autant que par son moyen toutes les plus belles sciences ont esté inventées. C'est par le moyen de ce noble sens que nous avons commencé à philosopher : car la philosophie ne vient que de l'admiration, l'admiration procede de la veüe des choses belles[12].

La vue est d'autant plus précieuse qu'elle fournit à l'intellect les images qui, peuplant la mémoire, seront la source de l'activité mentale. Il ne faut jamais oublier que toute théorie de la connaissance procède, pour un médecin ou un philosophe de la Renaissance, comme pour un médecin ou un philosophe de l'Antiquité, d'une théorie physioligico-anatomique de la vue, et l'on ne doit pas séparer théories de la vision et rôle de l'imagination. Charles Estienne, qui a non seulement fait comme tout un chacun l'éloge de la vue, mais aussi proposé une étude anatomique

11 Du Laurens, André, *Discours de la conservation de la veue [...]*, Paris, Jamet Mettayer, 1597, f. 17v°.

12 *Ibid.*, f. 18r°.

précise de l'œil et défendu, dans sa *Dissection du corps humain*, le rôle du théâtre d'anatomie en expliquant comment en construire un, a un mot admirable :

> L'endroit par lequel il estoit mestier de regarder a esté mignonnement vestu et envelopé de propres tayettes : lesquelles vers la pupille ou poincte de la veue ont esté faictes reluysantes : a fin de recepvoir les images ou representations des choses proposées à l'œil, resplendissantes dens les humeurs comme dens ung beau miroer duquel penetrent et sont transportées par les nerfz optiques au sens interieur et siege de la raison. Et de ce dict lieu, par les mesmes conduictz sort le jugement des choses veues et apperceues exterieurement, lesquelles pouvons puis apres exprimer de bouche, ou manuellement escripre[13].

Les travaux que nous avons menés ont ainsi permis de souligner, d'une part, que le sens de la vue demandait souvent, dans sa mise en œuvre, le secours et l'assistance des autres sens et d'autre part, que voir, loin d'être une opération anodine, supposait un apprentissage, une méthode et des précautions. Tout un apparat intellectuel et scientifique conditionne l'acte de voir et lui donne sa légitimité. En ce sens, l'observation est un acte non fortuit mais pesé, pensé, volontaire, entrant dans une démarche scientifique qui engage le sujet, qui suppose la focale d'un point de vue mais aussi une mise en perspective. Au même titre que d'autres formes d'expériences, la vision suppose la parole d'un sujet, qui le place face aux autorités antiques ou contemporaines, et qui fonde la vérité de ses dires sur l'expérience vécue. Dans le domaine des textes de savoir, ainsi, on peut considérer qu'expérience et observation sont également des notions qui ont contribué à faire évoluer la notion même d'auteur[14].

Comme on le lit dans le texte de Rondelet, par ailleurs, c'est toute la conception du monde qui s'en trouve modifiée, la métaphore du théâtre substituant à la valeur de perfection traditionnellement attachée à la notion de la sphère, l'idée que le monde est un dispositif optique, dont les modèles réduits, les microcosmes, ne sont plus tant les corps eux-mêmes que ces nouveaux lieux d'observation et de savoirs que sont

---

13 Estienne, Charles, *La Dissection des parties du corps humain*, Paris, Simon de Colines, 1546, p. 316. Pour la description du théâtre d'anatomie, voir *ibid.*, livre III, chap. 40, « De l'appareil du theatre anatomique », et 41, « De la situation et position du corps que l'on doibt dissequer au devant du theatre anatomique », p. 373-375.

14 Voir Giacomotto-Charra, « “Je, au contraire” : *Figura* du savant et transformation de la notion d'auteur au XVIe siècle », dans Gavoille, Élisabeth (dir.), *Qu'est-ce qu'un auctor ? Auteur et autorité, du latin au français*, Pessac, Ausonius, 2019, p. 235-250.

le théâtre d'anatomie ou le « théâtre de terre » – le jardin botanique – dont la construction circulaire, comme à Padoue, correspond aussi bien à la miniaturisation du monde-théâtre[15] qu'à la conception technique d'un instrument d'optique. Rappelons en effet que Rafael Mandressi a émis l'hypothèse d'un lien direct entre la forme ellipsoïdale du théâtre anatomique et celle de l'œil :

> Fabrizi avait fait de son théâtre, de ce « lieu d'où l'on voit », une gigantesque métaphore concrète du regard. À Padoue, on disséquait à l'intérieur d'un œil, d'une machine à percevoir, d'un observatoire de la fabrique du corps qui permettait à un public nombreux de participer à la consécration de l'expérience visuelle comme pierre angulaire de la connaissance anatomique[16].

François Dupuigrenet-Desroussilles, quant à lui, a mis en lumière le dessein nouveau que traduit le jardin botanique de Padoue, créé en 1545 :

> Il manifeste une intention totalisante tout à fait nouvelle dans l'histoire des jardins. Enfermés dans un cercle à l'image de l'univers, quatre grandes divisions (*spaldi*) représentent les quatre continents dont proviennent les plantes des jardins. Cette interprétation est confortée par le commentaire de Girolamo Porro indiquant que les plantes sont été réparties dans les *spaldi* en fonction de leur origine géographique[17].

Qu'il soit image de l'œil ou image du monde, dans les deux cas, le dispositif optique est ouvert au public (ce qui distingue l'*orto botanico* de Padoue des jardins privés déjà existants) : il permet au savant de voir et de faire voir à tous.

Ajoutons qu'une lecture attentive du commentaire de Girolamo Porro révèle le lien intrinsèque explicitement prévu par le concepteur entre les formes et leur représentation : si le lieu est nommé *théâtre*, c'est qu'il s'agit certes d'une forme destinée à figurer le monde afin d'offrir au visiteur le « spectacle » de toutes les merveilles de la nature[18]. Et cette forme-même mérite d'autant mieux son nom de « quasi monde »

---

15 Dupuigrenet-Desroussilles, François, « Regards et savoirs : images du jardin botanique de l'Université de Padoue au XVIe siècle », *Revue d'histoire des sciences*, n° 42-3, 1989, p. 281-291.

16 Mandressi, Rafael, *Le Regard de l'anatomiste. Dissections et invention du corps en Occident*, Paris, Seuil, 2003, p. 94.

17 Dupuigrenet-Desroussilles, « Regards et savoirs … », p. 286.

18 « *E in questo picciolo Theatro, quasi in un picciol' mondo si fara spettacolo di tutte le meraviglie della Natura* », Porro, Girolamo, *L'Horto dei semplici di Padova*, Venetia, Girolamo Porro, 1591, f. 4r°-v°.

qu'elle désigne en fait un ensemble complexe, non limité au jardin, tout universel soit-il : dans son voisinage immédiat, Porro signale plusieurs ateliers, fonderies, distilleries propres à préparer les plantes, ainsi qu'un lieu destiné à « garder » d'autres spécimens naturels, non nécessairement botaniques, pour les exposer au visiteur, lieu que l'auteur appelle un « musée » :

> Et dans d'autres pièces destinées spécialement à cet effet, on gardera les minéraux, les terres, les pierres, les joyaux. Dans d'autres, on gardera les poissons et animaux marins, et tous les monstres merveilleux que fournit la mer, les sels, les éponges, les coraux et autres objets semblables. D'autres serviront pour les animaux terrestres, d'autres encore pour les volatiles qui y seront à sec et bien conservés. Si bien que de ces choses d'ordres tellement variés et divers se formera un très beau et merveilleux Musée à usage et bénéfice des praticiens de ce savoir rare. Et dans ce petit théâtre, comme si c'était un petit monde, on verra le spectacle de toutes les merveilles de la Nature[19].

Le mot « théâtre », ici conclusif, désigne donc en réalité l'ensemble des dispositifs destinés à exposer les merveilles de nature : non pas seulement le jardin circulaire, mais également la totalité des pièces d'un vaste musée. La promotion de l'observation engage ainsi de nouvelles pratiques et engendre de nouveaux lieux pour l'exercice des savoirs, dans lesquels le rôle du regard est essentiel. De nouveaux publics y affluent, puisque si ce savoir est nommément destiné, selon le guide padouan, à l'utilité des *studiosi*, on sait qu'il attire des visiteurs de toutes origines, curieux venus de l'Europe entière, comme le feront à son exemple d'autres lieux comparables créés autour des grandes universités de médecine, à Leyde et à Montpellier, où fleurissent conjointement jardin botanique, musée et théâtre anatomique (tous fondés dans les années 1590). Et, de même que nous soulignions plus haut que cette nouvelle façon de faire de la science se réclame hautement d'un retour à la « vive fontaine » aristotélicienne, il faut ici insister sur le fait que ces nouveaux lieux de savoirs, fondés sur la vue, ne sont ni des manifestations isolées, ni le fruit des efforts de savants marginaux. François Dupuigrenet-Desroussilles insistait déjà sur ce point fondamental au sujet de l'*orto botanico* padouan, et posait des questions qui demeurent essentielles :

19 « …*Talche da cosi vario, e diverso ordine di cose si formera un bellissimo, e meraviglioso Museo a pro, e beneficio de gli Studiosi di questa rara professione* », *ibid.*, traduction en français de Pomian, Krzysztof, *Des saintes reliques à l'art moderne*, Paris, Gallimard, 2003, p. 80.

> Je constatais que ce jardin était voulu par tout un milieu culturel et me trouvais contraint de poser deux questions nouvelles. Pourquoi précisément à ce moment avait-il paru si important de donner à voir les plantes médicinales, pourquoi cette sorte de didactique du regard dans un univers voué à la parole et au texte ? pourquoi, ensuite, donner à voir de cette façon, en construisant ce que le naturaliste et voyageur français Pierre Belon devait appeler en 1558, dans son *Advertissement à notre republicque sur les richesses d'aucuns estrangers en la culture des plantes*, un « theatre de terre » grâce auquel « la Seigneurie de Venise s'acquit plus grande recommandation d'honneur que si elle eust fait fabriquer un theatre de marbre bien enrichi d'or et d'argent[20] ».

Avec le théâtre anatomique, construit au cœur de la ville dans le *Palazzo del Bò* nouvellement acquis, l'espace urbain de Padoue est remodelé par ces dispositifs invitant à la vue, à l'instigation de la tutelle politique autant que des autorités universitaires aristotéliciennes. Il garantit à Padoue une renommée européenne que d'autres facultés de médecine vont lui envier et lui disputer. Un tel dispositif, dans sa conception comme dans sa philosophie, n'échappe pas à l'attention du grand Ulisse Aldrovandi, qui décide en 1568 de fonder à Bologne deux lieux de cet ordre : un jardin botanique universitaire situé au cœur du Palazzo Pubblico, projet commandité par les édiles, et un cabinet ou *studio* personnel, qu'il baptise précisément « Théâtre de la Nature » – et qu'il lèguera par testament à la ville. Dans le manuscrit où il explicite son projet de musée, il insiste dès le titre sur la notion de théâtre :

> *Discours naturel d'Ulisse Aldrovandi, philosophe et médecin, où l'on traite des raisons de son Musée en général, et des efforts par lui employés pour avoir réuni des différentes parties du monde toutes les choses qui y sont, comme dans un Théâtre de la Nature ; qui décrit brièvement la manière par laquelle on peut rassembler facilement chacune des choses du monde sublunaire, comme les plantes, les animaux et les divers minéraux*[21]…

20 *Ibid.*, p. 282.

21 *Discorso naturale di Ulisse Aldrovandi, philosopho e medico, nel quale si ragiona in generale del suo museo et delle fatiche da lui usate per raunare da varie parti del mondo, quasi in theatro di natura, tutte le cose che in quello sono : et brevemente si discrive il modo di potersi raccorre insieme facilmente da ciascuno tutte le cose sublunari, come piante, animali et varie cose minerali ; et insiem tocca il modo di scopiri la cognition d'alcuni medicamenti incerti e dubbii on non poca utilità non solo de medici, ma d'ogn'altro studioso. All'Ill.mo et Ecc.mo S.or Giacomo Boncompagni castellano di S. Angelo.* Le manuscrit est adressé à Giacomo Boncompagni (1548-1612), fils naturel du pape Grégoire XIII à qui sont dédiés de nombreux traités à cette époque ; il est conservé à la Biblioteca Universaria Bologna (ms. Aldrovandi, 91 / f. 503v°-559r°). Sur ce texte, voir Tugnoli-Pattaro, Sandra, qui en donne une transcription commentée dans *Metodo e Sistema nel pensiero scientifico di Ulisse Aldrovandi*, Bologne, Clueb, 1981, p. 175-232. Voir

Disant cela, il désigne le dessein élevé qui permet à la vision d'être privilégiée non seulement parce qu'elle rend possible une saisie sensorielle des choses, mais aussi parce qu'elle offre une compréhension intellectuelle de ce qui est vu ; l'auteur garde présent à l'esprit le modèle des théâtres de mémoire, où chaque chose, selon la place qui lui était assignée, permettait de comprendre l'enchaînement de la Création tout entière, et l'ordre de la Nature[22]. De même, le « Musée » d'Aldrovandi, puisqu'il est surnommé « Théâtre », s'affirme comme un révélateur, voire un instrument d'optique porté sur le monde, offrant une saisie du sens des choses autant que leur appréhension par les sens.

Cette fonction conférée au « théâtre », celle d'une mise en ordre savante, donne à l'acte d'accumuler des curiosités naturelles toute son utilité pédagogique et épistémologique[23], dans le cadre d'un travail d'enquête qu'Aldrovandi à son tour place sans réserves – n'en soyons pas surpris – dans la lignée de la philosophie d'Aristote :

> Ces objets, pour la plus grande partie, sont rassemblés et présentés devant les yeux, non seulement les objets réels, mais encore les objets peints, dessinés d'après le vivant dans mon petit monde de nature, que nuit et jour, sans céder ni à la dépense ni à la fatigue, de toutes mes forces, je cherche à enrichir et embellir, certain que cette partie du savoir a toujours été désirée par notre grand philosophe [Aristote] comme une partie très rare et très précieuse entre tous les autres sujets qu'il traita dans sa philosophie universelle des choses produites par la nature riche et ingénieuse[24].

---

aussi Boutroue, Marie-Elisabeth, « Le cabinet d'Ulisse Aldrovandi et la construction du savoir », dans Moncond'huy, Dominique et Martin, Pierre (dir.), *Curiosité et cabinets de curiosités*, Neuilly, Atlande, 2004, p. 43-63, également disponible en ligne : https://curiositas.org/le-cabinet-dulisse- aldrovandi-et-la-construction-du-savoir#identifier_14_78 (consulté le 20/11/20).

22 Voir sur ce point Bolzoni, Lina, *La Chambre de la mémoire*, Genève, Droz, 2005.

23 Sur Aldrovandi et plus largement sur la légitimation de la collection par le nom qui lui est donné, voir Marrache-Gouraud, Myriam, *La Légende des objets. Le cabinet de curiosités réfléchi par son catalogue*, Genève, Droz, 2020, chap. 2.

24 « *Delle cose naturali, quali per la maggior parte si vedono raunate et poste innanzi a gl'occhi, non solo realmente, ma anchora in pittura, al vivo ritratte, nel mio picciol'mondo di natura, nel qual giorno e notte non perdonando né a spesa né a fatica, con ogni mio potere cerco di abbellirlo et arrichirlo, sapendo al certo che questa parte, come nobilis- sima et praeclarissima fu sempre bramata dal nostro gran'philosopho [Aristotele] come parte rarissima et preciosissima fra tutte l'altre cose da lui trattata nella sua filosofia universale delle cose prodotte dalla ricca et ingeniosa natura* », *Discorso*, f. 504 ; traduction M.-E. Boutroue, « Le cabinet d'Ulisse Aldrovandi… ».

OBSERVATIONS DE PAPIER

Belon, nous l'avons vu, insiste sur l'importance de la vue pour l'enseignement de la science, et pas uniquement pour sa construction. C'est un autre *leitmotiv* des textes de savoirs renaissants que de s'attacher à « faire voir » et pas uniquement à voir. Les travaux se sont ainsi multipliés ces dernières années sur le rôle de l'illustration scientifique[25], que les savants eux-mêmes avaient, à l'époque, nettement souligné. Ainsi Charles Estienne dit-il bien dans son avis « À ses estudians en anatomie » que le livre est bâti « comme si lesdictes parties estoyent encore de present exposées devant [leurs] yeulx[26] », l'image gravée se substituant à la leçon réelle d'anatomie en en gommant les aspects les plus désagréables (elle est en particulier inodore et propre). C'est encore Belon qui trouve une magnifique formule pour dire que « les demonstrations par figures et la peinture des matieres escrites, peuvent contenter l'œil de la chose absente, quasi comme si elle estoit presente[27] ».

Belon souligne surtout le rôle essentiel des illustrations dans l'acquisition des connaissances. Dans son ouvrage sur les cétacés, à

25 Voir en particulier : Cazes, Hélène, « "Démonstrer à l'œil" : l'ombre d'une dissection », *Cahiers de recherches médiévales et humanistes*, n° 29, 2015, p. 305-343 ; *ead.*, « Anatomie de l'image répétée chez André Vésale et Charles Estienne », *Textimage, onglet : «* Le Conférencier », 2012 ; *ead.*, « Théâtres imaginaires du livre et de l'anatomie : *La Dissection des parties du corps humain*, Charles Estienne, 1545-1546 », *Littératures, n° 47, Fictions du savoir à la Renaissance*, 2002, p. 11-30 ; Egmond, Florike, *Eye for Detail : Images of Plants and Animals in Art and Science, 1500-1630*, Londres, Reaktion Books, 2017 ; Gimaret, Antoinette, « Représenter le corps anatomisé aux XVIe et XVIIe siècles : entre curiosité et vanité », *Études Épistémè, Curiosité(s) et Vanité(s) dans les Îles britanniques et en Europe (XVIe-XVIIe siècles)*, n° 27, 2015 [En ligne] ; Kusukawa, Sachiko, *Picturing the Book of Nature : Image, Text, and Argument in Sixteenth-Century Human Anatomy and Medical Botany*, Chicago, University of Chicago Press, 2012 ; Kusukawa, Sachiko et MacLean, Ian (dir.), *Transmitting Knowledge : Words, Images, and Instruments in Early Modern Europe*, Oxford, Oxford University Press, 2006, p. 73-96 ; Ogilvie, Brian, *The Science of Describing : Natural History in Renaissance*, Chicago, The University of Chicago Press, 2006 ; Van Den Abeele, Baudouin, « Les albums ornithologiques de Jacques Dalechamps, médecin et naturaliste à Lyon (1513-1588) », *Archives internationales d'histoire des sciences*, n° 148, 2002, p. 3-45 ; *idem*, « L'inventaire par l'image : les albums de planches zoologiques de la Renaissance », dans Ford, Philip (dir.), *L'Animal sauvage à la Renaissance*, Cambridge, Cambridge University Press, 2007, p. 263-288.

26 Estienne, *La Dissection des parties du corps humain*, f. a2r°.

27 Belon, *L'Histoire de la nature des oyseaux*, « Au lecteur », f. ã4r°.

propos de créatures marines comme le dauphin, qu'il est bien difficile de voir par soi-même mais dont tout le monde se fait une idée malgré tout, il juge indispensable d'en donner au lecteur de « vives images » afin de détromper les représentations erronées :

> Et cognoissant qu'il n'est animal plus vulgaire, ne plus commun dans la memoire des hommes, qu'est le Daulphin : et que toutesfois il ne s'est trouvé homme qui le cognoisse : j'ay entrepris d'en bailler les vives images, et de faire qu'il soit cogneu de touts[28].

Coûteuse et complexe dans sa réalisation, l'entreprise de « bailler les vives images » n'a rien de gratuit. Elle est pensée comme pédagogique, si ce n'est démocratique, afin d'assurer un accès plus large et plus fiable aux faits de nature. Ce souci louable de diffusion et de partage de savoirs justes fait du lecteur un personnage nouveau dans les textes de science, un acteur à part entière, à qui l'on s'adresse, que l'on nomme en tant qu'observateur second et destinataire idéal des images proposées. Le lecteur est exhorté à regarder ce que lui montre le naturaliste observateur, de façon à ce que devant l'image, leurs yeux puissent se rencontrer, et *in fine* leurs connaissances s'accorder. Il s'agit bien de préconiser, dans le texte, une nouvelle conduite de lecture ; adressé au lecteur, l'impératif « voy » n'était-il pas le premier mot du quatrain surmontant le portrait de Belon – et du livre, par conséquent ? Allant plus loin, et nommant son lecteur *in fabula*, le naturaliste Clusius spécifie régulièrement que l'image est un objet matériel et imprimé – nommé par sa matérialité technique de *tabella*, *exprimenda* – qui est produit expressément, selon sa formule récurrente, *Lectoris oculis* : « pour les yeux du Lecteur ».

Pour autant, l'image scientifique n'en est pas moins un outil d'affirmation de soi : dans les gloses de ses planches, Clusius se fait démonstrateur et polémiste : il emploie des verbes comme *propono*, *curabam, existimabam*, *subjicio*, revendiquant ainsi un rapport personnel et nouveau aux savoirs grâce à l'apport d'une image inédite : c'est le cas par exemple pour la tête d'un oiseau pérégrin, qu'il estime juste de montrer pour se demander s'il s'agit du pélican d'Oviedo ou d'un corbeau marin, même s'il ne dispose pas de l'image de l'oiseau entier : « *istam picturam, licet integrae avis non esset, quia tamen non minus forsitan*

28 Belon, *L'Histoire naturelle des estranges poissons marins*, Paris, Regnaud Chaudiere, 1551, f. 3r°.

peregrina, quam quae superiore capite exhibita, dignam existimabam cujus exemplar in tabella expressum Lectoris oculis proponeretur[29] ». En somme, c'est à la première personne qu'il affirme la nécessité de faire graver une image pour figurer un détail, une forme, une taille que les autres naturalistes n'avaient pas décrits ni montrés avant lui, n'avaient pas inventoriés, n'avaient tout simplement pas *vus*. Il revendique ainsi une relation originale et personnelle à l'acte de voir, ne se contentant pas de regarder et de rediffuser les images de ses prédécesseurs – pratique courante en son temps – mais ne décidant de commander une image que si elle apporte quelque chose de nouveau. L'exemple du melon épineux, ou *Echinomelocactos*, est assez révélateur, puisqu'il montre que L'Écluse, arrivant après les descriptions de Pena et L'Obel, décide de faire graver quant à lui une représentation différente orientée en contre-plongée, de manière à faire voir le dessous de la plante que personne n'avait montré jusqu'alors dans un ouvrage de botanique : il explique avoir fait appel à un peintre expérimenté (*a perito pictore*) pour faire apparaître ce qu'il avait lui-même pu observer avec un soin particulier (*diligentiore cura observare*)[30]. Fruit d'un acte réfléchi, l'image est profondément originale, puisqu'elle ne vaut que par sa nouveauté. Elle est donc véritablement pensée par le naturaliste comme un outil problématisant les savoirs ; voir et surtout faire voir, c'est-à-dire décider de faire réaliser une illustration, c'est pour Clusius une manière d'œuvrer pour l'avancée des savoirs, et donc d'engager son intégrité. Il s'en explique dans une lettre à Joachim II Camerarius, où il affirme que les images sont révélatrices du sérieux de l'ouvrage ; il assure pour sa part qu'il ne pourrait jamais en introduire une qui soit suspecte, fantaisiste ou imaginaire, parce que cela nuirait selon lui à l'autorité de l'ensemble de son œuvre[31].

29 L'Écluse, Charles de, *Exoticorum libri decem*, Anvers, Christophe Plantin, 1605, l. v, chap. xii (voir aussi chap. ix et x).

30 « [...] *unius, quæ præ reliquis singularis inter illas quas mihi videre contigit, iconem a perito pictore delineatam et in tabella expressam, Lectoris oculis propositam volui* », *Exoticorum...*, l. iv, chap. xxiv, p. 92 ; voir sur cette question Marrache-Gouraud, Myriam, « Épineux exotisme. Considérations sur une nature poignante », dans Benedettini, Riccardo (dir.), *Feuillages Francophones. Dire et écrire le végétal dans les Pays francophones*, Verona, Gruppo di Studio sul Cinquecento Francese, « Feuillages » n° 3, 2018 (en ligne http://www.cinquecentofrancese.it/index.php/feuillages/23-feuillages-n-3-feuillages-francophones-dire-et-ecrire-le-vegetal-dans-les-pays-francophones/356-epineux-exotisme-considerations-sur-une-nature-poignante, consulté le 20/11/20).

31 Lettre du 7 janvier 1583 conservée à la bibliothèque universitaire d'Erlangen à Nuremberg.

Il ne suffit donc pas de souhaiter diffuser et faire voir, il convient aussi, pour le faire avec sérieux, d'adopter une méthode irréprochable. Clusius la fonde sur l'exemplaire singulier qu'il a eu en main et qu'il a fait expressément dessiner pour ses particularismes propres. De son côté, pour établir les « vives images » du dauphin, Belon disait s'être appuyé sur un ensemble de données : « laquelle chose je pretens faire par les vrais portraicts, et par les observations que j'en ay faictes : non pas seulement de luy, mais aussi de plusieurs especes de son genre[32] ». Le rapport entre la chose vue et la chose représentée se révèle ainsi d'une infinie complexité, et des querelles font rage, en zoologie comme en botanique, pour savoir ce que signifie représenter « au vrai » : doit-on peindre une plante stéréotypée, parfaite, ou une plante comme on la voit[33] ? Vésale, par exemple, représente un *homo absolutus*. L'image peut alors se faire trompeuse tout en étant paradoxalement rendue plus vraie par son mensonge, mais il n'est pas un savant de la Renaissance, ou presque[34], qui ne prétende décrire une plante ou un animal tel qu'il les a vus, « au vrai » ou « au vif », parfois ne décrire strictement que ce qu'il a vu (« ne proposant en tout ce que j'en escri, mettre chose que je n'aye premierement veue[35] ») et, bien souvent, appuyer ce témoignage par l'image.

Les planches de la *Fabrica* de Vésale ont fait couler beaucoup d'encre[36], l'on s'arrêtera donc plutôt, à nouveau, sur le cas du jardin botanique de

32 Belon, *L'Histoire naturelle des estranges poissons marins*, f. 3r°.

33 On sait ainsi que Léonard Fuchs, comme Vésale, utilise l'adjectif *absolutus* pour qualifier des illustrations dans lesquelles il montre une plante qui, sur la même image, exhibe des caractéristiques qui se manifestent en différentes saisons (le bourgeon, la fleur et le fruit) ou représente diverses variétés d'une même espèce sur un même rameau. Il qualifie alors l'image ainsi construite d'*absolutissima*, voir sur ce sujet Kusukawa, « The uses of pictures… ».

34 Presque, parce que comme le souligne Rafael Mandressi dans le chapitre « Le regard scientifique : cultures visuelles des sciences », dans *L'Histoire des sciences et des savoirs*, certains savants renaissants rejettent fortement le rôle de l'image, parce que précisément, elle peut être trompeuse (voir p. 232-233) et l'on s'aperçoit vite que son caractère reproductible peut avoir pour effet secondaire néfaste de divulguer largement une représentation erronée (il suffit de penser au succès inouï du rhinocéros de Dürer).

35 Belon, *Les Observations de plusieurs singularitez et choses memorables*, Paris, Gilles Corrozet, 1553, « Epistre », f. a4v°.

36 Voir Saunders, John B. et O'Malley, Charles D., *The Illustrations from the Works of Andreas Vesalius*, Cleveland, The World Publishing Company, 1953 ; Hahn, André, Dumaître, Paule et Samion-Contet, Jeanine (dir.), *Histoire de la médecine et du livre médical*, Paris, Pygmalion, 1978 ; Siraisi, Nancy, « Vesalius and human diversity

Padoue, dont François Dupuigrenet-Desroussilles a bien montré qu'après être né des besoins du monde du livre, il « donna naissance à son tour à de nouveaux livres, les livres-jardin », puisque c'est en s'appuyant en bonne partie sur le tout nouveau jardin de Padoue que Mattioli fit dessiner les planches qui, gravées, servirent à illustrer les grandes éditions de son commentaire à Dioscoride imprimées par Alde, à Venise[37]. Le prolongement le plus abouti de l'interaction entre l'observation et l'illustration est certainement le surgissement d'objets de papier, comme les volvelles insérées dans les traités d'astronomie, nommément désignées comme « instruments » et que le lecteur est invité à utiliser pour mieux comprendre ou pour refaire la démonstration donnée par le texte. Dans la traduction française que Gemma Frisius donne de la *Cosmographie* de Pierre Apian, par exemple, une addition du traducteur explicite la notion de zénith. Sous le petit paragraphe ainsi ajouté est insérée une volvelle permettant de comprendre que l'angle de la ligne d'horizon avec le zénith est toujours identique, où que l'on se trouve sur le globe, et la légende précise, selon les éditions : « On peut voir ceci plus clairement par l'instrument » ou « laquelle chose à plus plain vous verrez en cest instrument[38] ».

---

in *De humani corporis fabrica* », *Journal of the Warburg and Courtauld Institutes*, n° 57, 1994, p. 60-88 ; Moe, Harald, *The Art of Anatomical Illustration in the Renaissance and Baroque Periods*, Copenhagen, Rhodos, 1995 ; Carlino, Andrea, *La Fabbrica del corpo, libri e dissezione nel Rinascimento*, Torino, Piccola Biblioteca Einaudi, 1994 (*Books of the Body. Anatomical Ritual and Renaissance Learning*, Chicago, The University of Chicago Press, 1999) ; Sawday, Jonathan, *The Body Emblazoned, Dissection and the Human Body in Renaissance Culture*, London and New York, Routledge, 1995 ; Zinguer, Ilana et Martin, Isabelle (dir.), *Théâtre de l'anatomie et corps en spectacle. Fondements d'une science à la Renaissance*, Peter Lang, Berne, 2006 ; Kusukawa, « The uses of pictures… » art. cité, 2006 ; Cazes, Hélène, « Anatomie de l'image répétée chez André Vésale et Charles Estienne », art. cité, 2012 ; Gimaret, Antoinette, « Les ambiguïtés de l'imaginaire anatomique (XVIe-XVIIe siècles) », *Cahiers en ligne du GEMCA*, 2011, *ead.*, « Représenter le corps anatomisé aux XVIe et XVIIe siècles : entre curiosité et vanité », art. cité, 2015 [En ligne] ; Cuir, Raphaël, *Renaissance de l'anatomie*, Paris, Hermann, 2016 ; Vons, Jacqueline, « Variations anatomiques et philologiques chez André Vésale », *Histoire des sciences médicales*, n° 46-4, 2012, p. 425-434, *ead.*, « La fonction des images dans les traités d'anatomie et de chirurgie au XVIe siècle », dans Giacomotto-Charra, Violaine et Vons, Jacqueline (dir.), *Formes du savoir médical à la Renaissance*, Pessac, Presses de la MSHA, 2017, p. 43-60.

37 Voir Dupuigrenet-Desroussilles, « Regards et savoirs … », p. 288-291.

38 Voir les nombreuses éditions de *La Cosmographie de Pierre Apian […] traduicte de latin en françois par Gemma Frisius*, ici dans l'édition parisienne de Vivant Gaultherot, 1553, f. 10v°.

Le statut de l'illustration comme outil de vérification des savoirs, considéré à l'aune des noms qui lui sont donnés, mérite amplement qu'on s'y intéresse également sur le plan lexical. Les dénominations *portrait*, *peinture*, *au vif*, *au naturel* traduisent des nuances quant aux intentions du rédacteur vis-à-vis de la conception et de la fonction de juste vision qu'il entend donner à ses illustrations, selon une ambition de véridicité qui oriente aussi sans doute la technique de l'illustrateur, du graveur, autant que du coloriste le cas échéant. Par ailleurs, on sait qu'à la Renaissance le livre lui-même se fonde sur le rôle nouveau que jouent l'œil et la perspective pour forger quelques-uns de ses beaux titres métaphoriques, dont l'usage est aujourd'hui perdu pour les traités scientifiques : le mot *théâtre*, dont nous parlions plus haut pour des lieux réels, sert aussi de titre à des livres (au fil des années, au XVIe et au siècle suivant, et dans tous les pays, on peut trouver pêle-mêle un *Teatro farmaceutico*, le célèbre *Theatrum orbis terrarum*, le *Theatre d'agriculture*, un *Theatrum chimicum britannicum*, un *Theatrum botanicum or the theater of plants*, un *Insectorum sive minimorum animalium theatrum*, le *Theatrum urbium italicarum*, un *Theatrum instrumentorum*, ou encore un *Theatrum universale omnium animalium*) qui, comme les *Miroirs*, de tradition plus ancienne, confèrent explicitement au livre la fonction de montrer. Supposent-ils que la vision soit indissolublement liée au discours scientifique, lequel garantit une saisie directe du monde par le livre, l'un étant donné à voir par l'autre ? La nature, rendue « visible », en devient-elle plus « lisible » ?

Le cas désormais le plus connu est celui de la naissance des genres épistémiques qui se constituent sur la base d'un rapport direct à la vision[39], comme les *Observationes* ou même les *Singularités*. Le mot *observatio* lui-même entretient, comme l'a montré précisément Gianna Pomata, des liens très étroits avec diverses pratiques textuelles. D'abord doublet de *Consilia* ou utilisé dans les marges des manuscrits scientifiques, il devient un genre autonome fondé sur la collecte d'observations, qui sont d'abord des « remarques » sur les choses vues. L'œuvre de Pierre Belon, qui combine *observations* et *singularités* dans un même titre, est un exemple typique de la manière dont l'observation minutieuse d'une

39 Le terme est anachronique et pas tout à fait satisfaisant, mais il permet de nommer commodément une réalité : celle de l'existence de formes textuelles particulières liées à des gestes scientifiques et des modes précis de transmission du savoir. Pour une discussion de cette catégorisation, voir Giacomotto-Charra, « Quelques réflexions sur la notion de genre épistémique à la Renaissance », *R.H.R.*, n°86, 2018, p. 185-198.

chose jusque là mystérieuse, traduite par une illustration qui permettra de la reconnaître sans se tromper, vient dénouer un savoir problématique ou confus (comme de reconnaître à coup sûr l'apios, dont il fournit un « vray portraict », une plante aux vertus laxatives qui pourraient être gênantes[40]).

ÉPIPHANIES OCULAIRES

On peut penser que ces genres nouveaux, les *Observations* et les *Théâtres*, fondent également des stratégies énonciatives et des modes de classement. Dans ses *Observations*, Belon met en scène des épisodes de « reconnaissance » des plantes et des animaux, par exemple pour les oiseaux égyptiens, et reproduit, voire amplifie, ces récits de découverte dans son *Histoire de la nature des oyseaux*[41] ; quant au classement, il lui faut démontrer que l'autruche est bien observable en Europe (ce qui exige une certaine mauvaise foi) pour justifier qu'elle occupe la première place de l'un de ses livres[42].

40 « Et pource que je voy plusieurs grands personnages avoir esté trompez en prenant une autre pour elle [...] il m'a semblé bon en bailler le pourtraict, que j'ay faict retirer d'une que j'avoye gardé VIII. mois sans estre enterrée », Belon, *Observations des singularitez*, f. 38v°.

41 L'article consacré au « Sacre egyptien » est un exemple typique. C'est l'un des rares articles narratifs de l'*Histoire de la nature des Oyseaux* ; Belon y raconte, sur le modèle utilisé dans ses *Observations*, l'observation minutieuse qui lui a permis d'identifier l'animal avec certitude : « Lors que arrivasmes en Egypte, prinsmes nostre chemin par dessus le Nil pour arriver au Caire [...]. Encor estions à plus de six lieuës du Caire, quand commençasmes à voir les Pyramides : c'estoit de ce costé là que nous apperceusmes les oyseaux dont parlerons maintenant. [...] Nous voyons de moult grandes trouppes de Vautours en compagnie, et d'autres oyseaux, qui pour lors nous estoyent incogneus : mais les voyants si frequents... », *Histoire de la nature des oyseaux*, Paris, Guillaume Cavellat, 1555, p. 110. On observe exactement le même mode de rédaction pour « l'oyseau nommé *Crex* », un autre oiseau égyptien que Belon observe sur les bords du Nil, caché « derriere une haye », ce qui lui permet de voir l'oiseau « d'assez pres », *ibid.*, p. 207.

42 « Pource que les Autruches vivent es campagnes d'Afrique, nous n'en voirrions aucunes en noz contrées, n'estoit qu'on leur fait passer la mer. Les paisans des regions de Lybië, et d'Afrique sçachants y avoir profit, prennent les sauvages en diverses manières, et après les avoir apprivoisées, les vendent aux marchants, qui les chargent sur navires pour les nous apporter en nostre Europe [...]. L'autruche est ja si commune qu'en oultre ce qu'on la cognoist de nom, aussi y a peu de gens qui n'en ayent veu », *ibid.*, p. 231.

Dans un tel contexte, où l'enquête voyageuse et la collecte d'objets à voir ou à montrer sont placés au centre de l'investigation scientifique, on ne s'étonnera pas que les collections de curiosités aient bénéficié d'un élan et d'une crédibilité qui leur ont donné une place de choix dans les sociabilités savantes, tout en les préservant du reproche de vanité qui les menaçait. Elles ont donc vocation à être utiles, ces collections où le visiteur devient un spectateur certes, mais un spectateur attentif, qui apprend, compare, palpe, manipule, regarde de tous ses yeux, et pour qui cette observation approfondie des choses pourra tenir lieu de « lecture » du monde, mieux encore qu'une centaine de livres – du moins est-ce l'argument avancé par les curieux pour attirer le visiteur pressé d'apprendre. Les gravures des frontispices mettent en scène ces discussions animées, controverses ou conversations savantes, en montrant des personnages en petite assemblée, des guides qui désignent des objets du bout d'une baguette, de jeunes démonstrateurs qui apportent un crâne afin qu'il soit regardé de plus près, d'autres visiteurs qui songent, en regardant. Dans les cabinets de curiosités, lieux propices à l'étude par l'observation, comme dans les catalogues qui les décrivent, se retrouvent tous les gestes du polymathe philologue : le collectionneur doit en effet ranger et classer, c'est-à-dire qu'il s'agit pour lui de penser la présence matérielle des choses, d'une part dans le cadre d'une scénographie éloquente, qui sous couvert de profusion copieuse, sait organiser les spécimens afin de rendre la vision d'ensemble intelligible et signifiante, d'autre part dans le cadre discursif du catalogue qui ouvre un espace de texte propre au débat, à la description approfondie, à la compilation de données et aux éventuels récits d'expérimentation.

Dès lors, si la découverte du Nouveau Monde a bien permis une expansion immense des choses à connaître, le cabinet qui les rassemble en un seul lieu microcosmique permet de voyager à peu de frais, regroupant le Midi avec le Septentrion, l'Orient avec l'Occident, tout en évitant les « fantaisies des poètes » puisque l'objet vu ne ment pas : c'est en voyant le bec d'un toucan qu'on peut reconnaître qu'il s'agit d'une véritable curiosité. Le cabinet prend donc d'une certaine façon le relais tangible de la bibliothèque de récits de voyage, apportant des preuves visuelles à ceux qui sont accusés de maquiller la vérité, et même pour certains de mentir « cosmographiquement », selon l'accusation lancée par Léry à Thevet.

Le cosmographe royal pensait pourtant se prémunir d'un tel reproche en annonçant en préface de grands principes autoptiques, qui fondaient pour lui sans conteste l'autorité sur le témoignage oculaire : « J'ay bien voulu reduire par escrit, et deduire par le menu, ce que diligemment j'ay veu et observé en mes navigations loingtaines, par moy faictes ès quatre parties du monde[43] ». À la fin de sa vie, il fait même réaliser un blason argusien, où flottent douze yeux regardant la sphère du monde : blason « de gueules à la sphère d'or, entourée d'yeux au naturel qui la regardent ». Mais dans ses écrits, ce sont souvent les « mots de gueule » qui l'emportent sur la vision « au naturel » : c'est notamment lorsqu'il passe l'équateur que le voyageur, emporté par ses enthousiasmes, expose une vision épiphanique quasi hallucinatoire : « C'estoit là, où en peu d'heure je veis les deux Poles ». Extraordinaire par son ubiquité, cette formulation fondée sur le verbe *voir* permet à l'auteur de démontrer que c'est grâce à cette vision toute neuve que nos connaissances dépassent celles des Anciens :

> En cela Dieu m'avoit fait plus heureux qu'Aristote, Platon, Pline, ou autres, qui s'estoient meslez de parler des corps celestes : car ce qu'ils en ont dit, n'estoit que par imagination, ce qui m'a esté rendu aspectable, et subjet à ma veuë. Voyons aussi lever et coucher toutes les estoiles, tant les deux Ourses au Pole Boreal, que celles qui accompaignent et avoisinent le Pole Austral. J'ay aussi observé, comme les ombres y tendent, selon que le Soleil fait son cours, et comme les saisons y sont disposees tout autrement que nous ne les avons depardeçà[44].

Savoureuse remarque ! Doit-on y voir l'arrogance désinvolte du moderne à l'égard des Anciens, l'*ubris* du curieux qui avec ses douze yeux tend à chercher sa place, à l'instar d'un Argus, parmi les géants, ou mieux encore qui s'élève par ce regard surplombant à la hauteur de son Créateur, ou bien l'optimisme mélancolique de l'expérience cosmographique[45] ? On

---

43 Thevet, André, *Cosmographie Universelle*, Paris, Guillaume Chaudière, 1575, t. 1, Preface, f. a4. A contrario, le cosmographe qui se vante d'avoir parcouru les quatre parties du monde se plaint ensuite des « rapetasseurs et reblanchisseurs de vieilles paroys » qui font « parade de leurs livres » bien qu'ils « n'ayent jamais party de leur païs, ne savouré une goutte de l'amertume de l'eauë de la mer, ains seulement veu filer les araignes dans leurs chambres et estudes » (*ibid.*, a4v°).

44 Thevet, *ibid.*, t. 2, l. XXII, chap. X, f. 975r°.

45 Hypothèses formulées pour gloser le blason aux douze yeux par Lestringant, Frank, *Sous la leçon des vents. Le monde d'André Thevet, cosmographe de la Renaissance*, Paris, Presses de l'université de Paris Sorbonne, 2003, p. 351-367.

constatera que le texte détourne magnifiquement l'idéal de l'autopsie, en empruntant tous ses marqueurs lexicaux, ainsi que ses mécanismes logiques – il faut voir pour savoir – afin d'en faire une utopie triomphante et outrancière, une baudruche, une vanité. Léry aura beau jeu d'imposer une limitation du point de vue à ce qu'il aura strictement observé lui-même au cours de son unique voyage, dans l'*Histoire d'un voyage en terre de Brésil*. L'autopsie, confrontée à la délicieuse et tentante variété du monde, peut se transformer en clause de style, voire en imposture aventureuse : elle n'« autorise » pas tout.

L'autopsie est donc fille de prudence durant tout le XVIe siècle, et mère de vérité si l'on excepte certains abus de langage (relativement isolés quoique réels), qui font de « j'ai observé », comme chez Thevet, une expression douteuse. Étudier de près la diversité du lexique spécifique de la vision s'impose donc pour ne pas s'y laisser tromper : voir, en tant que geste d'appropriation et de compréhension du monde, est un acte de recherche, qui constitue une étape centrale du raisonnement scientifique, de l'enquête de terrain autant que de la construction du discours. Selon les auteurs, la fonction qui lui est dévolue est changeante : voir permet tantôt de vérifier des dires, de les réfuter, d'entendre (de comprendre), de pouvoir témoigner, de savoir, de se faire une place parmi les savants, de faire figure d'homme de science, d'afficher les principes d'une bonne foi.

Pour saisir ces nuances dans leur variété, on ne saurait trop examiner les contextes d'écriture, et prendre en considération l'usage de verbes plus précis que le générique *voir*, choisis pour désigner l'action de l'observateur dans toute sa possible complexité. Les différences sémantiques subtiles entre les verbes *examiner*, *noter*, *observer*, *scruter*, *contempler*, *apercevoir*, *apparaître*, *reconnaître*, voire *considérer* ou *spéculer*, *réfléchir*, *discerner* ou *distinguer*, traduisent des revendications diverses, autant de gestes qui témoignent en effet d'une volonté spécifique de saisie de l'objet, qui engagent non seulement l'œil mais aussi l'esprit. Chacun de ces verbes dénote l'intention d'un regard orienté vers l'acquisition d'une connaissance, mais parce qu'ils n'envisagent pas de la même manière l'accès aux secrets de la nature, il reste à délimiter leur contexte d'emploi. Pour cela, on peut aussi considérer les co-occurrences adverbiales : *attentivement*, *curieusement*, *diligemment*, *discrètement*, *méthodiquement*, *minutieusement*, *clairement*… L'ensemble induit un questionnement sur la place allouée à l'observation : est-elle pensée comme complémentaire ou opposée à la lecture, comme semble le supposer la radicalité de la phrase de Palissy citée par Juliette Ferdinand, « Je n'ay point eu d'autre livre que le ciel et la terre » ?

Les études ici réunies s'attachent à comprendre le ou les sens des différents mots liés au regard selon leur contexte d'apparition, que ce soit dans les récits de voyages, les ouvrages de médecine, les traités d'astronomie, de botanique, de zoologie et plus généralement tout ouvrage lié à l'exposé textuel de la science. Tous ces termes, qui impliquent des méthodes nouvelles qui s'inventent et s'expérimentent texte après texte, bousculent les hiérarchies existantes dans les techniques des savants autant que dans la révérence due aux catégories antiques, et prennent une valeur opératoire pour définir ou remettre en question la notion même de vérité, d'une manière dont nous sommes aujourd'hui sans doute les héritiers. Le choix du lexique attaché à la vision fait en effet non seulement émerger un regard individuel, posant la connaissance comme le fruit indissociable d'une ou de plusieurs expériences vécues, mais encore un regard averti, prudent et construit lui-même selon une méthode ; le fait de voir prétend ainsi, en tant que critère de véridicité et dans son rapport profond à la question de la preuve ou du témoignage, fonder l'autorité de celui qui écrit, transmettre « au vrai », et donner enfin une certaine « image » du savoir.

Violaine GIACOMOTTO-CHARRA
Université Bordeaux Montaigne,
Centre Montaigne, EA 4195-TELEM

Myriam MARRACHE-GOURAUD
Université de Poitiers,
Équipe FoReLLIS (EA 3816)

DU RESPECT DES COUTUMES À L'AFFIRMATION DE L'AUTOPSIE

Le statut des « observations » dans la littérature de voyage de la Renaissance

Le 19 aout 1610, en pleine polémique contre le mathématicien Martin Horky qui conteste les thèses de son *Sidereus Nuncius*, Galilée écrit à Kepler la lettre suivante : « Tu demandes d'autres témoins, mon très cher Kepler. Je produis le grand-duc de Toscane qui, [a] fréquemment observé avec moi, à Pise, les planètes médicéennes il y a quelques mois[1] ». L'observation semble d'emblée intégrée à un dispositif de validation de l'expérience par la confirmation et l'allégation d'autres témoins[2] : on aura reconnu ici le principe dit de *concordance*, qui permet la communication et la répétition d'une expérience par d'autres agents. Il apparaît à la Renaissance, bien avant Galilée et Kepler, dans d'autres dispositifs scientifiques qui associent l'observation à la communication de l'expérience individuelle, comme dans *Mantice* de Pontus de Tyard (1558), à propos des contradictions entre les tables astronomiques et les éphémérides : « Ce que j'ai observé, et pense avoir esté observé de plusieurs autres, aux conjonctions dernières Mars et de Venus[3] » écrit Pontus, avant de citer les calculs de Johannes Stadius, Copernic ou d'Érasme Reinhold.

Tel est le point de départ de cette enquête : comment l'observation s'impose-t-elle, à partir de la fin des années 1540, comme un nouveau principe d'autorité scientifique dans des textes qui aboutiront à Galilée et

1 Cité par Isabelle Pantin : Galilei, Galileo, *Sidereus Nuncius / Le Messager céleste*, trad. et éd. I. Pantin, Paris, Les Belles Lettres, 1992, « Introduction », p. LXXIII.

2 Sur cette question, voir entre autres Licoppe, Christian, *La Formation de l'esprit scientifique, le discours de l'expérience en France et en Angleterre (1630-1820)*, Paris, La Découverte, 1996.

3 Tyard, Pontus de, *Mantice ou Discours de la vérité de divination par astrologie*, Lyon, Jean de Tournes, 1558, p. 90. Tyard déclare aussi à propos de l'astronomie que « l'observation des saisons » est utile « à l'entretien des Republiques », *ibid.*, p. 96.

Kepler, mais qui ne se limitent pas au corpus astronomique ? Comment partager ses observations ? Peut-on les faire vérifier et répéter par d'autres témoins ? Selon quel protocole, mais aussi en fonction de quelles limitations ? Est-ce que l'apparition puis la généralisation du terme *observation* et de ses dérivés induit et/ou produit une nouvelle forme d'échange scientifique ? On tentera de répondre à ces questions en les adressant à un corpus d'écrits empiriques où le statut de l'observation est privilégié, les récits de voyages, qui fleurissent dans le siècle des premières circumnavigations et de la première colonisation. Quelques remarques préliminaires s'imposent cependant sur les limites de cette analyse qui feront dialoguer l'histoire de la langue et l'histoire des sciences[4]. Tout d'abord, le choix des récits de voyages s'imposait de lui-même pour explorer cette mode de l'observation : ce sont des récits d'expérience, beaucoup moins érudits que les écrits astronomiques ou médicaux, et où l'emploi des observations comme pratique et comme catégorie générique triomphe à partir des années 1550. Ce phénomène apparaît aussi dans le titre-même des *Observations de plusieurs singularitez* de Pierre Belon qui, en 1553, célèbrent cette tendance empirique. De nombreuses études ont établi la tension fructueuse et complexe que le témoignage visuel du voyageur entretient avec son complément livresque[5] : si l'observation est souvent assimilée à l'autopsie (ou vue par soi-même), on sait qu'elle n'est pas dénuée de tout contact avec la lecture et le savoir imprimé. Plus épineuse est la question de la circulation des observations, dont parlaient Galilée et Pontus de Tyard, et qui sera au cœur de notre analyse. En effet, les limites de la toute-puissance des observations apparaissent dans la

4 Sur le croisement fécond entre ces deux domaines de recherche, nous ont été particulièrement utiles les ouvrages suivants : Pantin, Isabelle, et Péoux, Gérald (dir.), *Mise en forme des savoirs à la Renaissance. À la croisée des idées, des techniques et des publics*, Paris, Albin Michel, 2013 ; Thomasset, Claude (dir.), *L'Écriture du texte scientifique au Moyen Âge*, Paris, PUPS, 2006 ; Bertrand, Olivier, Gerner, Hiltrud et Stumpf, Béatrice (dir.), *Lexiques scientifiques et techniques : constitution et approche historique*, Palaiseau, Éditions de l'École Polytechnique, 2007 ; Selosse, Philippe, « Traduire la nomenclature botanique néo-latine de la Renaissance : la linguistique au secours de l'histoire des sciences », dans Duris, Pascal (dir.), *Traduire la science. Hier et aujourd'hui*, Pessac, Presses de la Maison des Sciences de l'Homme d'Aquitaine, 2008, p. 25-43.

5 Voir, entre autres, Hartog, François, *Le Miroir d'Hérodote. Essai sur la représentation de l'autre*, Paris, Gallimard, 1980 ; Lestringant, Frank, *L'Atelier du cosmographe ou l'image du monde à la Renaissance*, Paris, Albin Michel, 1991 ; Tinguely, Frédéric, *L'Écriture du Levant à la Renaissance. Enquête sur les voyageurs français dans l'Empire de Soliman le Magnifique*, Genève, Droz, 2000.

difficulté à les communiquer et à en assurer la validité. À la différence du corpus médical, et surtout des écrits astronomiques qui bénéficient des nouveaux instruments d'optique, les imprimés géographiques reposent sur la foi accordée au seul témoignage du voyageur : on s'interrogera donc sur les nouveaux dispositifs de légitimation qui accompagnent l'affirmation des observations dans la littérature de voyages.

DE L'OBSERVANCE À L'OBSERVATION : HISTOIRE DU MOT ET HISTOIRE DES SCIENCES

Il faut tout d'abord rappeler que, lexicalement, le terme *observation* et ses dérivés – *observer* et bientôt *observateur* – sont d'un emploi assez rare avant les années 1550, alors que le sens visuel est lui bien promu dès le début du XVIe siècle, comme l'a montré Rafael Mandressi[6] (en particulier par des expressions latines comme « *ante oculos habere* » ou surtout « *videre* »). Le sens empirique et visuel de l'*observation*, qui implique à la fois une attention (la « diligence ») et un examen approfondi, est alors réservé à l'étude des cieux comme c'était déjà le cas chez Cicéron et Pline. Cependant ce sens, qui va devenir dominant avec Tycho Brahé, Galilée et Kepler, est encore peu présent dans la première moitié du XVIe siècle, si ce n'est dans un contexte divinatoire où observer les cieux permet de prédire l'avenir. En revanche, le sémantisme qui est de loin le plus répandu est associé à une valeur juridique : *observer* une coutume, une loi ou une religion, revient à la respecter. Tel est l'emploi premier de l'observation, qui se décline aussi par son doublon *observance* – très présent chez Rabelais par exemple[7], chez qui le sème empirique n'est jamais actualisé. L'observation

6 Voir Mandressi, Rafael, *Le Regard de l'anatomiste. Dissections et invention du corps en Occident*, Paris, Le Seuil, 2003 ; et du même auteur, « Preuve, expérience et témoignage dans les "sciences du corps" », *Communications*, n° 84, 2009, p. 103-118.

7 On citera par exemple dans le *Tiers Livre* : « Mais en lieu de guarder et observer les loix coenaires et sumptuaires des Romains » (chap. 2) ; les chanoines « observent diligemment un proverbe claustral » (chap. 14). Dans le *Quart Livre* : « Telz coups seront donnez en riant, scelon la coustume observée en toutes fiansailles » (chap. 12) ; « Telle manière de prognosticquer par noms n'est moderne. Elle feut iadis celèbre et religieusement observée par les Pythagoriens » (chap. 37) ; « Si le temps permettoit que puissions discourir par les sacres bibles des Hebreux, nous trouverions evidemment cent passages insignes nous

au XVIe siècle a d'abord en français ce sens prescriptif, qu'on retrouve dans les recueils de coutumes, dans les textes de polémique religieuse et dans le corpus juridique ou d'édits royaux, comme dans la *Declaration du Roy, sur l'observation de ses edicts d'union de ses subjects Catholiques, pour l'extirpation de l'heresie*, publiée à Lyon en 1589. Ce sémantisme juridique affleure encore chez Montaigne, lorsqu'il déclare : « Je suis delicat à l'observation de mes promesses jusques à la superstition[8] ».

Comme le montre Gianna Pomata dans sa riche analyse de l'observation dans les écrits médicaux[9], l'émergence du sème empirique de l'observation apparaît tous azimuts dans un nombre impressionnant d'écrits empiriques au tournant des années 1540/1550. Ainsi, dans son célèbre ouvrage *De revolutionibus orbium cœlestium* (1543), Copernic prétend dès la page de titre faire part de ses observations (« *ex recentibus observationibus restitutos* »). Un peu plus loin, l'astronome polonais définit ainsi sa méthode : « En effet, c'est le propre de l'astronome de colliger, par une observation diligente et habile, l'histoire des mouvements célestes[10] ». Cependant, l'affirmation du sème empirique de l'observation dépasse le cadre du corpus astronomique pour gagner massivement les écrit des naturalistes : c'est ainsi que l'*Historia stirpium* de Leonhart Fuchs est traduite par Guillaume Gueroult en 1550 comme l'*Histoire des plantes [...] avec vraye observation de l'Auteur, en telle diligence que pourra tesmoigner ceste Œuvre presente*[11]. C'est surtout dans le champ médical que le concept d'observation est abondamment utilisé[12] : l'émergence massive de cet

monstrans evidemment en quelle observance et religion leurs estoient les noms propres avecques leurs significations » (chap. 37).

8 Montaigne, Michel de, *Essais*, III, 9, « De la vanité ».

9 Pomata, Gianna, « Observation rising : Birth of an epistemic genre *ca.* 1500 – 1650 », dans Daston, Lorraine et Lunbeck, Elizabeth (dir.), *Histories of Scientific Observation*, Chicago, University of Chicago Press, 2011, p. 45-80. Voir aussi du même auteur, « A word of the Empirics : the ancient concept of observation and its recovery in early modern medicine », *Annals of Science*, n° 68-1, 2011, p. 1-26 ; « Sharing Cases : the *Observationes* in early modern medicine », *Early Science and Medicine*, n° 15-3, 2010, p. 193-236.

10 Copernic, Nicolas, *Des révolutions des orbes célestes*, trad. Alexandre Koyré, Paris, Alcan, 1934, p. 28 : « *Est enim astronomi proprium, historiam motuum caelestium diligenti et artificiosa observatione colligere* ».

11 Fuchs, Leonhart, *De historia stirpium commentarii insignes*, Bâle, Michel Isingrin, 1542 ; *L'Histoire des plantes mise en commentaire par Leonart Fuchs [...]*, trad. Guillaume Gueroult, Lyon, Balthazar Arnoullet, 1550.

12 Gianna Pomata a montré ailleurs comment l'émergence du genre des *observationes* est parallèle à l'évolution sémantique de l'*historia* : Pomata, Gianna, « *Praxis historialis* : the uses of *Historia* in early modern medicine », dans Pomata, Gianna et Siraisi, Nancy

emploi est telle que Gianna Pomata y décèle la création d'un véritable genre, le recueil d'*observationes* (qu'elle nomme un « genre épistémique »), lequel fonctionne avec son complément symétrique, le recueil de *curationes*. Ces recueils d'observations médicales sont publiés dans toute l'Europe savante, par Amatus Lusitanus, Antonio Musa Brasavola, Giovanni Battista da Monte, François Valleriole, Rembert Dodoens ou Peter van Foreest ; ces recueils délimitent aussi le champ d'expression des polémiques médicales qui se développent autour de l'expertise empirique, comme celle qui poussa Fallope à publier ses *Observationes anatomicæ* (1561) pour répondre à Vésale.

Fait significatif, le substantif *observatio* et ses dérivés étaient totalement absents des écrits naturalistes d'Aristote, dans les traductions latines et les commentaires de Théodore Gaza, où il n'est question que d'*experientia*. L'observation implique ainsi une recherche, un examen de la nature et surtout un savoir empirique qui se différencie de l'héritage aristotélicien, et surtout scolastique, de l'expérience, comprise dans un sens à la fois plus général, moins visuel et surtout moins interprétatif. Contre la tradition de la scolastique médiévale, l'observation se nourrit du retour aux sources aristotéliciennes, mais aussi de la redécouverte des écrits sceptiques, en particulier ceux de Sextus Empiricus, qui privilégiaient déjà l'*observatio* et qui eux aussi sont promus par les lettrés dans les mêmes années[13]. C'est dans ce cadre à la fois médical et philosophique que l'observation fait une entrée en force dans le lexique savant des humanistes, mais il faut d'emblée noter que cette réapparition de l'observation dans un sens empirique est complexifiée par sa richesse sémantique : en effet, l'observation désigne à la fois l'examen visuel attentif, mais aussi la collection de remarques, l'anthologie d'extraits tirés de médecins anciens et récents. Le sens empirique de l'autopsie rencontre donc le sens humaniste de l'*ars excerpendi*, celui des miscellanées

---

(dir.), *Historia. Empiricism and Erudition in Early Modern Europe*, Cambridge, MIT Press, 2005, p. 105-146. Selon elle, c'est dès le début du XVIe siècle que le sens d'*historia* comme « connaissance basée sur la perception des sens ou l'observation » (« *knowledge based on sense perception or observation* », p. 111) apparaît dans des commentaires de Galien ou de Celse : Galien employait ce terme pour parler des comptes rendus que faisaient les empiriques antiques.

13 Sur cette question, voir Naya, Emmanuel, « Traduire les *Hypotyposes pyrrhoniennes* : Henri Estienne entre la fièvre quarte et la folie chrétienne », dans Moreau, Pierre-François (dir.), *Le Retour des philosophies antiques à l'âge classique*, t. 2, *Le Scepticisme au* XVIe *et* XVIIe *siècle*, Paris, Albin Michel, 2001, p. 48-101.

et de la collection d'observations que certains médecins, comme Gaspard Bauhin ou Joachim Camerarius, invitent à reproduire. Les naturalistes et les mathématiciens demandent au lecteur diligent, non seulement de répéter la même observation visuelle (sur le même objet), mais aussi d'imiter le même processus dynamique de l'expérience, qui s'inscrit dans un protocole scientifique soumis à certaines conditions – par exemple, le mathématicien Milles de Norry détaille les conditions dans lesquelles le compas optique doit être utilisé pour que les mesures longitudinales soient exactes[14].

L'observation gagne son autorité à la fois comme concept mais aussi comme méthode empirique. Or, cette nouvelle autorité se fonde précisément sur le transfert du sémantisme juridico-politique de l'observation comme « loi à respecter » à l'observation comme « expérience visuelle à communiquer ». Alors que Gianna Pomata souligne la coprésence des deux sémantismes, il est possible d'aller plus loin en affirmant que ce transfert d'autorité de la loi – religieuse ou politique – permet de légitimer une expertise empirique. Nous passons d'un sujet qui respecte à l'observateur qu'on respecte. Cette appropriation de la valeur prescriptive dans un nouveau contexte scientifique est riche de conséquences : à la valeur passive de l'observation – ou *observance* – d'une loi ou coutume, répond désormais la valeur active et individuelle de celui qui observe. L'apparition et la floraison de l'observation dans les écrits empiriques rappelle aussi une évidence méthodologique : l'appropriation d'un terme comme *observation* ne peut pas être paresseusement pensée comme le reflet d'une nouvelle pratique, comme si le concept suivait – à la traîne – une nouvelle démarche scientifique. Le choix d'un mot savant n'est en aucun cas le reflet d'une démarche empirique, il répond plutôt à la production intentionnelle d'un nouveau sens : il en est ainsi avec les *observations* qui cherchent à assurer une nouvelle expertise scientifique, choisie en pleine conscience de la valeur pragmatique du langage.

---

14 « Mais si la distance proposée est plus que la hauteur, ouvrez le compas tant que par le centre et par l'une des pinulles droicte ou gauche vous puissiez voir la chose proposée, observant tousjours que la branche moyenne soit perpendiculaire » (Norry, Milles de, *L'Usage du compas optique, instrument propre à prendre toutes les longueurs*, Paris, Guillaume Linocier, 1588, f. 8r°). On voit dans cet exemple comment un mathématicien articule encore le protocole de son expérience visuelle au sens juridique d'*observer*.

L'OBSERVATION DANS LES RÉCITS DE VOYAGES : LE TOUR DE FORCE DE PIERRE BELON DU MANS

Dans ce contexte, comment *observation* et ses dérivés apparaissent-ils en synchronie dans la langue des récits de voyages ? Il faut ici parler d'appropriation seconde de l'observation, laquelle s'est d'abord développée dans les corpus astronomiques et médicaux, avant d'être reprise dans le corpus géographique. Le passage du terme dans la littérature de voyages semble avoir suivi deux voies principales : la première est en rapport avec les textes de cosmographie et d'astronomie, comme ceux de Gemma Frisius[15], où le calcul des longitudes et le repérage des astres sert la navigation. Ce corpus, auquel il faut ajouter celui de la cartographie, analysé par Jean-Marc Besse dans *Les Grandeurs de la terre*[16], s'inscrit dans le genre hyperonyme de l'astronomie et de l'examen des cieux. Les observations y répondent bien à une valeur empirique, mais elles n'impliquent pas le corps et l'esprit d'un témoin qui, comme dans les récits de voyages, se trouve déplacé dans un contexte culturel radicalement différent.

La seconde voie de transmission des observations concerne plus directement les témoignages individuels des voyageurs, à savoir le « rapport » qu'ils font de leur expérience selon le sens étymologique de l'*historia*. Cette émergence mérite d'être analysée précisément dans sa chronologie, puisque le sème empirique de l'observation est absent des publications antérieures aux années 1550. Nulle trace du terme dans le *Novus Orbis* de Simon Grynaeus (1532), dans les traductions partielles des écrits de Pierre Martyr et de Cortès, chez Ludovico Varthema, ou dans les récits de pèlerinage de la première moitié du siècle. L'apparition de l'observation dans les relations de voyages publiées dans les années

15 Apian, Pierre, *Cosmographia* [1524], éd. Gemma Frisius, Paris, Vivant Gaultherot, 1551. On remarquera que le lexique de l'*observatio* n'est pas présent sous la plume du géographe saxon Apian, mais qu'il apparaît dans les commentaires de Frisius sur l'astronomie (« *Usus annuli astronomica per Gemmam Frisium* ») qui achèvent l'ouvrage. Voir, par exemple, sur l'heure solaire : « *Observatis rursus mensibus (ut dictum est) suo ordine* », *Cosmographia*, « *Usus annuli…* », chap. 2, f. 68r°. Sur Gemma Frisius, voir Hallyn, Fernand, *Gemma Frisius, arpenteur de la terre et du ciel*, Paris, Champion, 2008.

16 Besse, Jean-Marc, *Les Grandeurs de la terre. Aspects du savoir géographique à la Renaissance*, Lyon, ENS Éditions, 2003.

1550 n'est en rien systématique, le terme est absent des traductions de Marco Polo (1556), de la *Cosmographie* de Münster (1553) ou même de la collection des *Navigationi et viaggi* de Ramusio, traduits et publiés à Lyon chez Temporal en 1556, qui diffuse les récits de Francisco Alvares et de Léon l'Africain– le seul sens d'*observer* qui y soit actualisé est bien celui du respect d'une tradition, Ramusio dans sa dédicace à Fracastor déclarant vouloir *observer* la coutume de dédier sa publication à un personnage savant[17]. L'intrusion du sens empirique des observations dans le corpus géographique français semble être le fait d'un homme, lui-même médecin (mais médecin médiocre, qui n'obtient son diplôme que sur le tard), Pierre Belon du Mans. La publication en 1553 de ses *Observations de plusieurs singularitez et choses mémorables* s'impose comme un tour de force qui introduit dès l'amorce de son titre, puis de manière massive dans le texte même, la valeur empirique de l'observation. Ses pièces liminaires sont ainsi saturées des termes *observer* et *observation*, de même que l'incipit de son premier chapitre :

> Combien que j'aye entreprins de mettre les choses memorables et les singularitez des pays estranges par escrit en ce livre, ainsi que les ay observées, neantmoins je ne pretens soubs l'ombre de ce tiltre, forclore un autre qui pourra faire mieux, ains l'inciter d'avantage à son devoir. Et ja-soit que plusieurs anciens et modernes ayent par cy devant escrit telle ou semblable matiere en leurs voyages et navigations, toutesfois pource que j'ay observé tout le contenu de ce présent traicté, je l'ay hardiment osé mettre en lumiere, sans avoir crainte des calumnies d'autruy[18].

Cette importation du lexique de l'observation dans les récits de voyage à partir de la relation de Belon ne va pas de soi. La publication des *Observations* de Belon a été très influente si on la compare en synchronie avec la production d'un André Thevet, qui publie un premier récit

17 Ramusio, Giovanni Battista, *De l'Afrique*, Lyon, Jean Temporal, 1556, vol. I, dédicace à J. Fracastor, f. *3r° : « La coustume a esté de toute ancienneté, et continuée jusques à present, que ceux qui desirent mettre en lumiere leurs compositions […] les ont toujours dediées à tels personnages, qui en peussent faire jugement […]. Ce que voulant observer en ce mien petit labeur […], je ne trouve homme, à qui je le doive plus convenablement recommander […] que vous ».

18 Belon, Pierre, *Les Observations de plusieurs singularitez et choses memorables* [désormais cité comme *Observations*], Paris, Gilles Corrozet, 1553, f. 1r°-v°. Pour l'édition en orthographe moderne, voir : Belon, Pierre, *Voyage au Levant (1553). Les Observations de Pierre Belon du Mans*, éd. A. Merle, Paris, Éditions Chandeigne, 2001, p. 59. Pour ce texte et celui de Thevet, nous donnons la pagination dans les deux éditions.

de voyage, *Cosmographie de Levant* (1554), où l'apologie du témoignage visuel est écrite sans recours au lexique de l'observation. En revanche, le second récit de voyage de Thevet, les *Singularitez de la France antarctique* (1557/58), est nourri de références aux observations – entretemps le récit de Belon a été réédité dans une version augmentée en 1555, chez Corrozet et Cavelat, et il connaît alors un immense succès de librairie européen grâce à l'édition anversoise de Plantin. Thevet semble avoir appris la leçon de Belon : à son tour il articule la méthode de l'observation au domaine des singularités, déclarant ici « voyager et descouvrir les païs lointains, y observant les choses singulieres[19] » et là présenter « plusieurs choses notables qu'[il a] diligemment observées en [sa] navigation[20] » ou encore s'en prendre, avec son libraire Maurice de La Porte, aux « modernes observateurs[21] » (une des premières occurrences du terme en français, la première étant de Belon dans sa *Nature des oiseaux*, parue deux ans plus tôt).

Il est aussi intéressant de noter dans quel contexte social et savant cette apparition du sème empirique de l'observation se fait dans la langue française. Thevet n'a rien d'un érudit – on sait qu'il se fait aider par plusieurs rédacteurs, dont l'helléniste Mathurin Héret – et il est dans ce sens assez proche de Belon qui, selon le témoignage contemporain de Denis Lambin et l'analyse récente de Philippe Glardon, était connu pour ses déficiences philologiques[22]. Dans ce sens, le primat de l'observation vient suppléer un manque, une ignorance. Ainsi, la revendication de l'observation pouvait aussi classer un auteur qui se piquait d'empirisme non pas uniquement dans la nouvelle génération scientifique, mais plutôt dans la caste des demi-savants, de ceux qui ont recours à la mode de l'observation pour combler une carence philologique. C'est ce que montrent les écrits de l'ancien maître de Belon, Guillaume Rondelet, extrêmement respecté de son vivant comme un des plus grands naturalistes européens, et qui se plaint à mots couverts des emprunts que

19 Thevet, André, *Les Singularitez de la France antarctique*, Paris, Veuve Maurice De La Porte, 1558, f. 3r°. Pour l'édition en orthographe moderne, voir Thevet, André, *Le Brésil d'André Thevet. Les Singularités de la France Antarctique (1557)*, éd. F. Lestringant, Paris, Éditions Chandeigne, 1997, p. 46.

20 Thevet, *Singularitez...*, « Préface au lecteur », n. p. / p. 321.

21 *Ibid.*, « Avertissement au lecteur » par le libraire M. De la Porte, n. p. / p. 322.

22 Cité dans Glardon, Philippe, *L'Histoire naturelle au XVIe siècle. Introduction, étude et édition critique de* La nature et diversité des poissons *de Pierre Belon (1555)*, Genève, Droz, 2011, p. 316.

lui aurait fait son ancien élève. Or, Rondelet dans le texte latin emploie relativement rarement le terme *observare* et ses dérivés[23], mais bien plus *videre*, *admirare* ou d'autres synonymes, tandis que le traducteur de son *Histoire des poissons* (1558) sera lui aussi réticent à employer le lexique de l'observation, préférant un verbe comme « contempler » dont la connotation est bien plus noble[24].

Que Rondelet n'ait pas publié en français n'est pas gratuit. Il semble en effet que le triomphe des observations soit indissociable de la nouvelle place prise par le vernaculaire dans les imprimés français. Chez Belon encore, la promotion de l'observation est indissociablement liée à la valorisation de la langue nationale et à la recherche des termes adéquats en français pour identifier et traduire les lexèmes antiques. Quant à sa relation de voyage, elle ne sera traduite en latin que dans un second temps, après sa mort, par Charles de l'Écluse (1589)[25]. Le choix du vernaculaire semble intrinsèquement associé chez Belon à l'application du concept d'observation au régime d'écriture des « singularitez » et des « antiquitez ». Avec ces dernières, réapparaît le sens humaniste de l'*ars excerpendi* et de la collection d'observations : Belon, et à sa suite

23 Un relevé des quatre premiers livres du *Libri de Piscibus marinis* montre en effet que Rondelet utilise plus de quatre fois plus un verbe comme *videre* qu'*observare* (et son dérivé *observatio*). Les 75 occurrences de *videre* (sans compter les synonymes tels que *discernere*, *spectare*, *mirari* ou certaines périphrases) contrastent avec les 17 occurrences d'*observare*. Il est vrai que l'idée d'*observer* est présente chez Rondelet, même si le terme y est plus rare. Ceci explique par exemple qu'Alice Vintenon traduise la périphrase « *spectator esse potest* » de Rondelet par *observer* : « Qui peut, dans un élément qui nous est si étranger, [...], observer les poissons avec assez d'assiduité pour connaître et comprendre complètement leur manière de vivre ? », (Vintenon, Alice, « Fictions sous-marines : comment représenter un monde inaccessible ? », dans Pantin et Péoux, *Mise en forme des savoirs à la Renaissance*, p. 153-176, ici p. 154) ; texte original : « *Quis enim est, qui in tam alieno à nobis elemento, [...], tam assiduus piscium spectator esse potest, ut eorum mores penitus cognoscat discernatque* ? », Guillaume Rondelet, *Libri de Piscibus marinis*, Lyon, Matthieu Bonhomme, 1554, p. 109.

24 C'est ainsi qu'est par exemple traduit le propos liminaire de Rondelet sur les poissons : « je les ai ouvers, é découpés j'ai diligemment contemplé toutes les parties interieures é exterieures », *L'Histoire entiere des poissons*, Lyon, Macé Bonhomme, 1558, vol. 1, « Preface sur tout l'œuvre », f. a4v°. La plupart des occurrences d'*observare* et d'*observatio* (par exemple aux chapitres 3 et 12 du livre III) ne sont pas traduites en français par le lexique de l'observation. Sur l'ouvrage de Rondelet, voir l'analyse de Philippe Glardon, *L'Histoire naturelle au* XVI*e siècle*, chap. X, p. 287-326.

25 Belon, Pierre, *Plurimarum singulari et memorabilium rerum in Græcia, Asia, Ægypto, Judæ, Arabia, aliisq. exteris provinciis ab ipso conspectarum observationes : Tribus libris expressæ ; De neglecta stirpium cultura, atque earum cognitione libellus*, trad. Charles de L'Écluse, Anvers, Christophe Plantin, 1589.

d'autres voyageurs, traquent les singularités[26], ces raretés naturelles ou culturelles qui attirent l'œil et que les voyageurs répètent les uns après les autres. L'inventaire des *Observations de plusieurs singularitez* de Belon annonce celui proposé dans les mêmes années par Gabriele Symeoni, *Les illustres observations antiques* (1558), composées en français et en toscan[27], et publiées à Lyon chez Jean de Tournes. Symeoni y énumère les tombes, monuments et inscriptions visibles dans l'Italie contemporaine, au fil d'un récit qui révèle le fonctionnement à l'œuvre d'un réseau d'érudits européens, au nombre desquels figure Guillaume du Choul[28]. Pour Belon et Symeoni, l'observation des « singularitez » et des « antiquitez » implique une transmission qui peut prendre deux formes[29], soit la communication directe des objets (telle est la tradition naissante des cabinets de curiosité[30]), soit la communication indirecte

26 Voir l'étude classique de Frank Lestringant, « Fortunes de la singularité à la Renaissance : le genre de l'*Isolario* », dans Lestringant, Frank, *Écrire le monde à la Renaissance. Quinze études sur Rabelais, Postel, Bodin et la littérature géographique*, Caen, Paradigme, 1993, p. 17-48.

27 Symeoni, Gabriele, *Les illustres observations antiques du seigneur Gabriel Symeon, Florentin, en son dernier voyage d'Italie l'an 1557*, Jean de Tournes, Lyon, 1558 ; Gabriele Symeoni est aussi l'auteur d'*Observations militaires* (*César renouvelé par les observations militaires du S. Gabriel Symeon*, Paris, Vincent Sertenas, 1558).

28 Voir Guillemain, Jean, « L'exposition chez Guillaume du Choul », dans Du Crest, Sabine et Lestringant, Frank (dir.), *Le Théâtre de la curiosité*, *Cahiers V. L. Saulnier*, n° 25, 2008, p. 167-182. Sur le contexte de redécouverte archéologique des antiquités romaines, voir Cooper, Richard, *Roman Antiquities in Renaissance France, 1515-1565*, Burlington, Ashgate, 2013.

29 Cette tension entre deux modes de transmission, matérielle et visuelle, apparaît aussi dans le premier chapitre des *Observations* de Belon : « Ceulx qui entreprennent un voyage loingtain en estrange pais pour leur affaire particulier, sont plus curieux de chercher les choses necessaires pour mettre fin à leur delibération, que d'employer leur temps à quelques autres observations dont ilz n'ont congnoissance, comme il appert par le trafic d'un marchand, lequel combien qu'il ait faict plusieurs voyages en Indie & Terre-neusve, neantmoins n'ayant autre but que bien employer son argent en achat de marchandise, ne se soucie d'acquerir infinies singularitez qu'un homme curieux pourroit bien observer », *Observations…*, f. 1r° / p. 59.

30 Parmi l'abondante bibliographique sur les cabinets de curiosité, on lira : Marrache-Gouraud, Myriam, *La Légende des objets. Le cabinet de curiosités réfléchi par son catalogue*, Genève, Droz, 2020 ; Martin, Pierre et Moncond'huy, Dominique (dir.), *Curiosité et cabinets de curiosité*, Neuilly-sur-Seine, Atlande, 2004 ; Marrache-Gouraud, Myriam, « Montrer et cacher : scénographie de quelques collections de curiosité », dans Du Crest et Lestringant, *Le Théâtre de la curiosité*, p. 139-148 ; Pomian, Krzysztof, *Collectionneurs, amateurs et curieux. Paris-Venise : XVI*e*-XVIII*e *siècles*, Paris, Gallimard, 1987 ; Schnapper, Antoine, *Collections et collectionneurs dans la France du XVII*e *siècle*, Paris, Flammarion, 1988-1994.

par le texte qui demande au lecteur d'imiter la même expérience ou de croire ceux qui ont pu la reproduire (tel est le sens de l'observation mentionné au début de cet article, dont se réclament Pontus de Tyard et Galilée). Mieux, pour Belon et Symeoni, la pratique de l'observation se distingue de la simple référence à la vue : observer implique une analyse et une interprétation, donc une opération de l'entendement ; l'observation n'est pas un simple exercice de la sensibilité – comme la vue, elle est déjà analyse, identification, classement.

Or, cet appel à la répétition de la même expérience n'est possible que par le caractère extrêmement fragmenté des « singularitez » et des « antiquitez ». La méthode de l'observation est ici indissociable de l'objet perçu qui relève déjà d'une fragmentation et qui est détaché du *continuum* de l'expérience par le gros plan qu'en donne le voyageur avec un soin extrême, telle est la valeur de « diligence » sur laquelle reviennent tous les auteurs. Si les singularités précédent la mode de l'observation dans l'histoire les récits de voyages, elles s'adaptent particulièrement bien à ce nouveau régime de l'écriture de l'expérience. Pour paraphraser l'étude de Philippe Hamou qui porte sur les instruments d'optique au XVIIe siècle, l'observation des singularités propose, dès les années 1550, une « mutation du visible[31] », c'est-à-dire un nouveau découpage de ce qui peut être vu et transcrit, puis répété par d'autres témoins. Par cette mutation du visible, le voyageur s'affirme pour la première fois comme un *observateur*, tant au niveau du lexique que de sa pratique. Là encore l'observateur devient un analyste capable de voir, mais surtout d'interpréter et de concentrer son esprit sur ce qu'il regarde afin de l'identifier et de le catégoriser.

31 Hamou, Philippe, *La Mutation du visible : Essai sur la portée épistémologique des instruments d'optique au XVIIe siècle*, 2 vols., Villeneuve d'Ascq, Presses universitaires du Septentrion, 1999-2001.

DE LA CHAÎNE DE TRANSMISSION DES OBSERVATIONS À L'IDÉAL DE TRANSITIVITÉ DE L'EXPÉRIENCE

À partir de la publication des *Observations* de Belon, nombreux sont les récits de voyages qui vont mettre en avant la collecte d'observations, comme le montrent les écrits de Jean Palerne, Nicolas de Nicolay ou de Jean de Léry. Si cet emploi n'est pas encore systématisé (on ne retrouve par exemple aucune mention d'observations dans la relation du chevalier de Villamont[32]), il tend à devenir commun dans la littérature de voyages. Dans certains textes, les deux valeurs de l'observation, les sèmes juridique et empirique, sont parfois actualisés en concurrence. C'est le cas des voyages en Inde de Pierre-Olivier Malherbe résumés par le *ghost-writer* Pierre Bergeron : ici « Malerbe en ses voiages, a esté curieux d'observer tous les ports, costes, descentes, emboucheures des rivieres[33] » ; là il signale la sévérité de la loi perse contre les voleurs : « Et mesme le Roy d'Arabie deserte amy du Perse commence à faire observer la mesme en son pais[34] ». La coprésence des deux valeurs de l'observation ne cache cependant pas l'affirmation progressive du sens empirique destiné à s'imposer dans l'usage courant.

Plus problématique est la question de la mise en forme de l'observation, appelée à être répétée et partagée par d'autres témoins, qui rappelle notre interrogation initiale sur le partage des observations. Il est connu que la plupart des voyageurs de la Renaissance mettent en avant la fonction cognitive de la vue, comme cela apparaît dans leurs devises, celle de Thevet qui s'inspire d'Aristote (« voir, puis savoir[35] »), comme celle de Léry (« plus voir qu'avoir[36] »). Or, la prééminence affichée du

32 Réédités sept fois de 1595 à 1609, les *Voyages* du chevalier de Villamont sont le best-seller des récits de voyages de la fin du siècle : Jacques de Villamont, *Voyages du Seigneur de Villamont*, Paris, Claude de Monstr'œil, 1595.

33 Nous citons d'après le manuscrit (sans titre) dans lequel sont insérées les notes de Bergeron sur le voyage de Malherbe : Bnf, ms fr 13423, f. 283r°.

34 *Ibid.*, f. 283v°.

35 Thevet, André, *Cosmographie de Levant*, Lyon, Jean de Tournes, 1556, « Preface », p. 13.

36 Léry, Jean de, *Histoire d'un voyage en terre de Brésil*, [1578-1611], éd. F. Lestringant, Paris, LGF-Le Livre de Poche, 1994, p. 600. Cette devise a été ajoutée à la fin de l'« Advertissement de l'Autheur » dans la dernière édition (1611) que Léry a supervisée de son vivant.

sens visuel pose surtout la question de la possibilité même de pouvoir communiquer ces observations. À tout seigneur, tout honneur, il revient à Pierre Belon d'avoir synthétisé cette aporie de la communication de l'expérience du voyageur :

> L'excuse y est que telles choses ne luy duisent en rien, & aussi que les esprits & affections humaines sont tellement differentes, que si plusieurs mesmement d'une compaignie cheminent ensemble par quelque pays estrange, à grand peine en trouvera lon deux qui s'adonnent à observer une mesme chose : car l'un sera enclin à noter ceci, & l'autre cela, joinct qu'il n'est homme, tant soit diligent, qui puisse suffisamment examiner toutes choses par le menu, & toutesfois les choses memorables doibvent estre fort considerées avant que d'en faire certain jugement. Car il fault necessairement que les marques escriptes conviennent avec la chose qu'on descript[37].

Ce passage célèbre, situé à l'incipit de son récit de voyage, a souvent été lu comme la profession de foi du regard moderne et relativiste, voire comme une première forme de subjectivisme. Une autre interprétation peut en être faite, si on comprend que cette déclaration souligne surtout l'impuissance du regard humain et l'impossibilité à épuiser par le seul témoignage visuel l'infinité de la création. Les observations sont par nature différentes parce qu'elles sont insuffisantes par rapport à l'omniscience du regard divin, insuffisance patente dans les choix lexicaux de Belon (« ne luy duisent en rien » ; « il n'est homme qui puisse suffisamment examiner… »). Ce constat essentiellement négatif souligne non seulement l'impossibilité à dégager une synthèse– puisque le revers de l'observation est d'être trop pointilleuse et partiale –, mais il questionne aussi la possibilité de répéter des observations conformes à celles qui ont déjà été consignées. Par là-même, Belon ne se contente pas d'affirmer le respect des Anciens et des *auctoritates*, il met radicalement en question la pertinence épistémologique de l'observation : on ne peut pas tout voir, on ne peut pas tout observer par soi-même, d'où le recours au livre et à l'imprimé (« les marques écrites ») pour corroborer son expérience. Or, les marques renvoient aux *notæ*, ce concept essentiel aux naturalistes de la Renaissance, sur lequel Ph. Glardon a écrit des pages décisives : les marques désignent les empreintes laissées par le Créateur, c'est-à-dire les traces permettant de reconnaître « des plantes ou des animaux que

37 Belon, *Observations…*, f. 1v° / p. 60.

l'on convoque pour démontrer[38] » leur identification. Chez Belon, la référence aux « marques écrites » va dans le sens d'une recherche de conformité ou d'adéquation avec le *thesaurus* des autorités livresques, mais aussi dans celui d'un questionnement sur les limites du langage et la fragmentation des différentes langues vernaculaires.

Cette diversité des *observations*[39] pose donc un problème de médiation : infiniment différentes et nombreuses, les observations doivent être confirmées et autorisées par l'écriture, puis par la publication, qui les fixent et les diffusent auprès du public savant. C'est dire que les voyageurs devenus observateurs doivent mettre en place un protocole de communication de leur expérience visuelle qui réponde à la nécessité d'assurer la transition entre ce qui a été vu et ce que le lecteur va pouvoir lire. On citera ici deux protocoles établis par des voyageurs pour légitimer le passage de leur expérience d'observateur à sa diffusion par l'écriture. Le premier protocole, développé par Nicolas de Nicolay dans ses *Quatre premiers livres des navigations et pérégrinations* (1568), explicite les étapes dans la progression et la communication du regard : « je n'ay voulu faillir à l'imitation des sus aleguez Romains, de soigneusement voir, et observer, escrire, designer et representer, toutes les choses plus memorables de ces barbares nations[40] ». À travers une chaîne de transmission, l'expérience passe par la vue, puis par l'observation (c'est-à-dire un examen et un approfondissement par l'entendement du témoignage visuel), ensuite par l'écriture et enfin par l'opération de « désigner et représenter » laquelle fait référence aux nombreuses illustrations qui assureront la fortune de son récit de voyage (les gravures de la relation de Nicolay, produites par le graveur Léon Davent, seront encore vendues dans les recueils de costumes au début du XVIIIe siècle[41]). Ces quatre étapes balisent la progression du regard du lecteur, amené à voir à travers le texte, puis à admirer les bois gravés de l'ouvrage, pour imiter l'observation du voyageur.

38 Glardon, *L'Histoire naturelle au XVIe siècle*, p. 207.

39 La pluralité des observations est bien celle que notera Jean Palerne un peu plus tard en « laissant au reste la carte blanche à ceux qui voudront effectuer ledict voyage », Palerne, Jean, *Pérégrinations du S. Jean Palerne*, Lyon, Jean Pillehotte, 1606, « Avant-propos de l'auteur », p. 6.

40 Nicolay, Nicolas de, *Quatre premiers livres des navigations*, « A très-haut… Charles de Valois IX », Lyon, Guillaume Rouillé, 1568, f. *3v°. Quelques lignes plus haut, Nicolay cite ses « perégrinations et observations estranges ».

41 La Chapelle, Georges de, *Recueil de divers portraits des principales dames de la Porte du Grand Turc* [1648], Paris, Le Blond, 1700.

Un second type de protocole, de nature génétique, apparaît dans le récit de Jean de Léry (1578). Le voyageur commence par établir la genèse de son récit de voyage : « les memoires que j'avois, la pluspart escrits d'ancre de Bresil, et en l'Amerique mesme, contenans les choses notables par moy observées en mon voyage[42] ». Ici, la diffusion de l'observation s'inscrit entre les différentes étapes de la genèse de son texte, de la perte des manuscrits au récit de bouche, jusqu'à la reprise de ses « brouillards » que le voyageur va de nouveau coucher par écrit[43]. Tout comme chez Nicolay, l'observation est une étape intermédiaire entre la vue première et la diffusion finale du témoignage, ce que Léry indique ailleurs : « [j'ai voulu] seulement déclarer ce que j'ay pratiqué, veu, ouy & observé tant sur mer, allant et retournant, que parmi les sauvages Ameriquains[44] ». Chez Léry, le protocole de communication de l'observation prend une tournure plus collective par le processus de vérification et de confirmation de l'expérience par un pair, comme il le déclare à propos de sa rencontre avec un voyageur flamand :

> je le priai de faire une memoire de tout ce qu'il jugeroit digne d'estre observé, comme au reciproque je lui baillai la presente histoire ja imprimée pour la seconde fois, laquelle ayant leuë, il me dit quelques jours apres, qu'il estoit tesmoing oculaire des choses que j'avois deduites[45]

Grâce à l'échange des relations de voyages imprimées, la réciprocité des observations est au cœur du dispositif de validation de l'expérience : là encore la déduction soulignée par Léry rappelle l'exercice de l'entendement.

Au terme de cette chaîne de transmission de l'expérience, réside toujours l'idéal de transitivité du récit qui sert de fenêtre transparente par laquelle le lecteur peut répéter l'expérience du voyageur. Cet idéal de transitivité de la relation de voyage est la réponse que Belon propose au problème de la communication des observations qu'il avait lui-même soulevé : la publication de ses *Observations* doit permettre au lecteur de reproduire son expérience, parfois relayée par les illustrations. Il déclare ainsi à propos des singularités qui lui ont « semblé memorables, les represent[er] à [s]on possible, et mett[re] quasi devant

42 Léry, *Histoire d'un voyage…*, p. 61.

43 Sur ce point, voir mon article « "Je le mis par mémoire à mon retour" : genèses éditoriales du récit de voyage à la Renaissance », *Seizième siècle*, n° 10, 2014, p. 129-143.

44 Léry, *Histoire d'un voyage…*, p. 105.

45 *Ibid.*, p. 442.

les yeux des Lecteurs, ainsi que [lui]-mesme les [a] veues[46] ». Cet idéal de transitivité de l'observation relève d'une construction rhétorique qui vise à convaincre le lecteur, tout comme la revendication d'un « style nu[47] » et les protestations de bonne foi qui font partie des conventions de légitimation du récit de voyage à la Renaissance[48].

CONCLUSION
Critiques de l'observation : la nécessité des hypothèses et la persistance des préjugés

Si l'observation semble pouvoir être partagée comme le souhaitent les voyageurs et comme le déclareront Pontus de Tyard ou Galilée, on peut cependant apporter des nuances, voire des critiques, au pouvoir qui lui est accordé. On a souvent identifié les récits de voyages du XVIe siècle au triomphe de l'autopsie qui, depuis Hérodote, célèbre le primat d'une observation directe, limitée à la seule expérience du témoin. Dans cette perspective, Montaigne a raison de déclarer sa préférence pour les topographes sur les cosmographes. Très souvent alléguée, cette citation tirée de l'essai « Des Cannibales » présente cependant l'inconvénient d'opacifier le statut problématique de l'observation à la Renaissance. En effet, si les récits de voyages du XVIe siècle célèbrent le pouvoir du témoignage visuel, ces mêmes récits disent tout autant la difficulté qu'il y avait à pouvoir établir un consensus sur la validité de ces observations. Ces limites de l'observation apparaissent elles-mêmes dans la genèse

46 Belon, *Observations...*, dédicace au cardinal de Tournon, f. a4r° / p. 53.

47 Sur ce point, voir Holtz, Grégoire, « Le *stile nu* des récits de voyage », dans Jourde, Michel et Monferran, Jean-Charles (dir.), *Le Lexique métalittéraire français (XVIe-XVIIe siècles)*, Genève, Droz, 2006, p. 165-185.

48 Cet idéal de transitivité de l'observation façonne les témoignages des voyageurs modernes comme ceux des naturalistes anciens. Ainsi, Antoine du Pinet dans sa traduction de l'*Histoire naturelle* affirme que Pline « nous met devant les yeux toutes les somptuositez de son temps, pour ce regard » (Pline, *L'Histoire du monde*, trad. Antoine Du Pinet, Lyon, Claude Senneton, 1562, t. I, « Au Roy tres-chrestien... », f. a2r°). Du Pinet déclare par ailleurs que « cest univers a esté produit pour le seul regard de l'homme » (*ibid.*, f. a2v°) et que les lecteurs « peuvent à veuë d'œil, remarquer les assiettes et commoditez des pays » (*ibid.*, f. a2v°). Enfin, l'ode liminaire (de Nicolas Rapin ?) indique que Pline « nous met devant les yeux / Les contrées estrangeres » (*ibid.*, f. a3v°).

des récits de voyages, où apparaît une tension entre l'affirmation de la valeur définitive de l'expérience et la validation problématique du récit empirique. Cette tension peut se manifester quand le témoignage du voyageur entre en conflit avec le protocole d'approbation de l'expérience partagée par la communauté scientifique. Tel est le cas du marin marseillais Vincent Leblanc, dont l'histoire est symptomatique de cette crise accompagnant l'écriture de l'observation. Leblanc a parcouru toutes les mers du monde dans les années 1580-1610, mais il refuse de voir ses mémoires récrits par un rédacteur que lui recommande l'érudit Peiresc. La raison en est simple : Leblanc ne croit que ses propres observations de marin… lesquelles le persuadent que la terre n'est pas ronde, mais bien plate[49] ! La carte du monde, des cieux et des mers, semble être en effet très limitée pour Vincent Leblanc, qui n'a pas eu accès à la bibliothèque et au savoir imprimé de la communauté scientifique. Est-ce à dire que Leblanc, fidèle à ses observations empiriques, serait aussi un moderne « topographe », selon la distinction de Montaigne ? Outre la question sociale des connaissances astronomiques ou géographiques accessibles aux marins, l'anecdote assez exceptionnelle de Vincent Leblanc indique aussi comment, à la fin du XVIe siècle, l'observation ne peut pas être communiquée publiquement sans la présence d'hypothèses validées scientifiquement. Gianna Pomata dans son article rappelait à quel point, « Observatio *and* hypothesis *stood as two firmly separated and indeed antithetical concepts*[50] ». Leblanc en se fondant sur ses seules observations a refusé une hypothèse scientifique largement accréditée à l'époque, laquelle provient d'un savoir lettré qui se trouve être aussi le savoir du « cosmographe ». Comme le disait Belon dans la citation analysée plus haut, on ne voit que ce qu'on veut voir ou ce qu'on peut voir : dans le cas de Leblanc, la déficience d'une certaine culture savante dont dépend la capacité à formuler certaines hypothèses invalide la qualité de ses observations.

Si l'affaire du marin marseillais fait sourire, elle montre aussi à quel point l'accréditation du témoignage visuel ne va pas de soi, parce que celui-ci engage des agents dont la formation scientifique est aléatoire. Il n'en reste pas moins que dans les récits de voyages du XVIe siècle émerge

---

49 Sur l'affaire Vincent Leblanc, je me permets de renvoyer à mon analyse dans *L'Ombre de l'auteur, Pierre Bergeron et l'écriture du voyage à la fin de la Renaissance*, Genève, Droz, 2011, p. 337-364.

50 Pomata, « Observation rising… », p. 67.

une première forme d'observation participante, appelée à connaître de beaux jours en sociologie et en ethnologie, et qui confère à l'expérience du voyageur une nouvelle autorité : la page de titre de la traduction du récit de Linschoten (1610) présente ainsi les « observations des coutumes des nations de delà, [...] des arbres, fruits, herbes et autres singularitez[51] ». Dans ce titre apparaît bien l'inversion complète du syntagme, puisque l'observation ne correspond plus au sens juridique du respect mais à celui, empirique et pré-ethnologique, de description compréhensive des rites étrangers. Enfin, on peut s'interroger sur la réciprocité anthropologique des observations : à partir de quand apparaît une forme d'observation partagée dans les récits de voyages ? Peut-on dès la Renaissance, évoquer une « observation à part égales » pour paraphraser l'ouvrage de Romain Bertrand[52] ? Si Galilée ou Pontus de Tyard communiquent leurs observations, les peuples observés en font-ils de même avec ceux qui viennent les observer ? Cet autre partage des observations apparaît peut-être timidement sous la plume d'un Jean de Léry, lorsqu'il précise à propos d'un patriarche tupi : « il y eut un vieillard qui ayant observé que nous avions prié Dieu au commencement & à la fin du repas, nous demanda, Que veut dire ceste manière de faire[53] ? ».

Grégoire HOLTZ
Victoria College,
Université de Toronto

51 Linschoten, Jan Huygen van, *Histoire de la navigation de Jean Hugues de Linscot* [1596], Amsterdam, Henry Laurent, 1610, page de titre.

52 Bertrand, Romain, *L'Histoire à parts égales. Récits d'une rencontre Orient-Occident* (XVIe-XVIIe *siècles)*, Paris, Le Seuil, 2011.

53 Léry, *Histoire d'un* voyage..., p. 411.

« EN CONTEMPLANT TU CONNAÎTRAS »

Voir contre savoir dans les écrits de Bernard Palissy

Durant la Renaissance, la question de la vue se trouve au cœur de la réflexion sur les arts et les techniques, que ce soit en architecture, en peinture, ou dans le domaine des sciences naturelles[1]. Cette réflexion est intimement liée aux transformations contemporaines du rapport entre l'homme et la nature, le monde physique devenant l'objet de l'observation directe de la part des philosophes naturels[2]. L'œil et ses possibilités fascinent alors les hommes, de Léonard de Vinci, qui s'exclame :

> Qui croirait qu'un si petit espace peut contenir les images de l'univers entier ? [...]. Ici les figures, ici les couleurs, ici toutes les images de toutes les parties de l'univers sont concentrées en un point. Ô quel point est aussi merveilleux[3] ?,

aux recherches passionnées sur la perspective de Filippo Brunelleschi. Dans le domaine artistique, le caractère crucial de la vue se traduit

---

1 Voir Kemp, Martin, *The Science of Art : Optical Themes in Western Art from Brunelleschi to Seurat*, Yale, Yale University Press, 1990 ; Péoux, Gérald, « *Opticæ thesaurus* (1752) : la renaissance par l'imprimé de l'optique médiévale », dans Pantin, Isabelle et Péoux, Gérald (dir.), *Mises en forme des savoirs à la Renaissance, à la croisée des idées, des techniques et des publics*, Paris, Armand Colin, 2013, p. 41-62 ; Summers, David, *Vision, Reflection, and Desire in Western Painting*, Chapel Hill, University of North Carolina Press, 2007.

2 Les transformations qui se produisirent pendant le XVIe siècle concernant l'étude et l'observation de la nature ont évidemment été l'objet de nombreuses publications. Je me limiterai ici à en citer certaines qui ont guidé ma réflexion : Callot, Émile, *La Renaissance des sciences de la vie au XVIe siècle*, Paris, Presses universitaires de France, 1949 ; Boas, Marie, *The Scientific Renaissance 1450-1630*, Londres, Fontana, 1970 ; Olmi, Giuseppe, *L'Inventario del mondo : catalogazione della natura e luoghi del sapere nella prima età moderna*, Bologne, Il Mulino, 1992 ; Bloch, Olivier (dir.), *Philosophies de la nature*, Paris, Presses de l'université Paris-Sorbonne, 2000 ; Clericuzio, Antonio, *La Macchina del mondo : teorie e pratiche scientifiche dal Rinascimento a Newton*, Rome, Carrocci, 2005 ; Findlen, Paula, *Possessing Nature : Museums, Collecting, and Scientific Culture in Early Modern Italy*, Berkeley, University of California Press, 1994, p. 82-92.

3 Leonardo da Vinci, *Codice Atlantico*, f. 345v. b, dans *Les Carnets de Léonard de Vinci*, Tome I, éd. E. Maccurdy, trad. L. Servicen, Paris, Gallimard, 2004, p. 250.

aussi par l'émergence de la représentation dite *naturaliste*, c'est-à-dire tendant à représenter ce que l'œil voit effectivement. Soulignant le lien entre la recherche scientifique et l'art, David Summers a défini le naturalisme comme la tentative de faire coïncider l'œuvre picturale avec l'expérience optique[4]. L'idée d'une vérité de l'œil s'impose clairement dans le domaine de l'illustration naturaliste, où l'on trouve par exemple de manière répétée, associée à la représentation imagée, l'expression *ad vivum*, dont le sens, complexe, s'approche de « sur le vif » ou de « selon le vivant[5] ».

La correspondance entre ce que l'œil observe, ce que l'artiste représente et ce que le naturaliste expose est au cœur des écrits de Bernard Palissy, dont on a vu plus haut qu'il privilégie la pratique au détriment de la théorie, aussi bien dans le domaine de l'art que dans celui des sciences[6]. Ses œuvres d'art s'inspirent presque exclusivement de la nature observée, qu'il reproduit la plupart du temps par la technique du moulage d'après nature, et ses intérêts scientifiques concernent les phénomènes qu'il peut observer à l'œil nu et vérifier par l'expérience. Ainsi l'approche qu'il revendique tout au long de ses écrits engage-t-elle deux types de relations à la nature et aux matériaux : l'observation directe et l'expérimentation manuelle. Nous examinerons, dans les lignes qui suivent, le rôle joué par le sens de la vue dans l'acquisition des connaissances sur la nature, un thème présent en filigrane dans les

---

4 Summers, David, *The Judgment of Sense, Renaissance Naturalism and the Rise of Aesthetics*, Cambridge, Cambridge University Press, 1987, p. 3.

5 Cette expression qui se décline dans toutes les langues européennes, et que l'on trouve aussi dans les arts visuels et la poésie a des enjeux particulièrement complexes. Sur ce sujet voir : Ogilvie, Brian W., *The Science of Describing : Natural History in Renaissance Europe*, Chicago, The University of Chicago Press, 2006 ; Kusukawa, Sachiko, « The uses of pictures in the formation of learned knowledge : the cases of Leonhard Fuchs and Andreas Vesalius », dans Kusukawa, Sachiko et Maclean, Ian (dir.), *Transmitting Knowledge. Words, Images, and Instruments in Early Modern Europe*, Oxford, Oxford University Press, 2006, p. 73-96 ; Daston, Lorraine et Galison, Peter, *Objectivity*, New York, Zone Books, 2010 ; Glardon, Philippe, *L'Histoire naturelle au XVIe siècle : introduction, étude et édition critique de* La nature et diversité des poissons *de Pierre Belon (1555)*, Genève, Droz, 2011 ; Egmond, Florike, *Eye for Detail. Images of Plants and Animals in Art and Science 1500-1630*, Londres, Reaktion Books, 2017 ; Balfe, Thomas, Woodall, Joanna et Zittel, Claus (dir.), *Ad vivum ? Visual Materials and the Vocabulary of Life-Likeness in Europe before 1800*, Leyde, Brill, 2019.

6 À ce propos, voir notre autre article sur Palissy dans le présent volume, et le deuxième chapitre de notre ouvrage : Ferdinand, Juliette, *Bernard Palissy artisan des réformes entre art, science et foi*, Munich, De Gruyter, 2019, p. 17-54.

écrits de Palissy dédiés à la philosophie naturelle, mais aussi dans son premier écrit de caractère artistique, l'*Architecture et ordonnance de la grotte rustique* (1563)[7].

VOIR POUR CONNAÎTRE

Dans ses deux premières publications, l'*Architecture* et la *Recepte véritable* (1563), Palissy met en scène des personnages anonymes, identifiés seulement comme Demande et Response ; dans les *Discours admirables* (1580), nous l'avons vu, leur dénomination est plus précise, il s'agit de Theorique et Praticque. Dans les deux cas, le principe est identique : celui qui pose la question, Demande ou Theorique, joue le rôle de l'ignorant, et fait part de son scepticisme quant aux réponses fournies par son interlocuteur. Ce dernier, porte-parole du céramiste saintais, est celui qui, dans la majeure partie des cas, utilise le vocabulaire relatif à la vision, soit parce qu'il narre ses expériences et observations personnelles, soit parce qu'il exhorte l'autre à observer, pour constater la vérité de ses propres yeux. L'analyse du vocabulaire relatif à la vision et de ses nuances dessine non seulement la fonction attribuée au sens de la vue, mais aussi la conception du savoir selon le potier saintais, ses enjeux méthodologiques mais aussi éthiques.

Dans la *Recepte véritable* et les *Discours admirables*, les théories scientifiques exposées par Palissy ont toujours recours à l'expérience visuelle, déclinant son champ lexical. Le verbe *voir* est utilisé comme un *leitmotiv* de deux façons. Le premier sens est celui de *regarder*, et Palissy l'emploie aussi bien pour décrire ses propres expériences que pour exhorter l'interlocuteur sceptique à se rendre compte par ses propres yeux. Ainsi le trouvons-nous par exemple dans les questions, souvent rhétoriques, posées par Responce : « Je te demande, As-tu pas veu certains laboureurs[8] ? » ; « As-tu jamais veu faire verre[9] ? ». Il utilise également le

7 Palissy, Bernard, *Architecture et ordonnance de la grotte rustique*, dans Palissy, Bernard, *Œuvres Complètes*, éd. M. M. Fragonard, 2e édition revue et augmentée, Paris, Champion, 2010.

8 Palissy, *Recepte véritable*, *Œuvres complètes*, p. 119. Dans les notes suivantes ce texte, dans la même édition, sera abrégé de cette manière : *R. V.*

9 *Ibid.*, p. 143.

verbe à la forme affirmative en prenant pour acquise l'approbation de Theorique-Demande : « Tout ainsi que tu vois que les eaux[10] ». Dans tous les cas, la vision est utilisée pour se référer à des expériences quotidiennes, appartenant à un vécu commun, aisément vérifiable, et qui ne saurait être remis en question. Le protagoniste porte-parole se réfère par exemple aux travaux des champs des laboureurs, en invitant Demande à observer les procédés de brûlis, preuve selon lui que la paille contient des sels utiles à fertiliser les terres. À la fin de la description de ces procédés, rythmée par le verbe *voir*, il affirme la conséquence cognitive de l'acte visuel : « Par là tu peux aisement cognoistre[11] ». Cette utilisation de la vision, comme expérience pratique, au sein d'un raisonnement qui, lui, est théorique, renvoie aussi à la notion, fréquente dans la rhétorique classique, d'*evidentia*, c'est-à-dire la capacité de l'orateur à *montrer* une chose plus que la *dire*, de sorte que « l'auditeur ne sera pas moins ému que s'il était témoin de la chose même[12] ».

Palissy reconnaît à la vision un pouvoir tel qu'il évoque le risque d'être distrait par ce sens. Il narre ainsi ses efforts pour ne pas être troublé par la vision de quelque chose qui pourrait le détourner de ses réflexions. À propos de l'origine des fossiles, il écrit : « je commençay à baisser la teste, le long de mon chemin, à fin de ne voir rien, qui m'empeschast d'imaginer qui pourroist être la cause de cela[13] ». Il avait utilisé la même image à propos de la fortification des villes, pour laquelle il recherchait le meilleur modèle : « j'estois presque hors d'esperance, et estois tous les jours la teste baissée, craignant de voir quelque chose, qui me fist oublier les choses, que je voulois penser[14] ». Ces témoignages montrent le pouvoir qu'il confère à la vue et font également écho, à un autre niveau, aux débats moraux sur la vision comme source de tentation ou de tromperie, qui se firent extrêmement vifs à partir des critiques de

10 *Ibid.*, p. 120.

11 *Ibid.*, p. 119.

12 *Cf.* Quintilien, *Institution oratoire*, trad. D. Nisard, Paris, Firmin Didot, 1875, VI, 2, 30 : « Les Grecs se servent ici d'un terme, φαντασία, que nous ne pouvons guère rendre que par celui de *vision*, *imagination*. Or, par le moyen de cette faculté, les images des objets absents frappent notre âme, comme si ces objets étaient présents et que nous les eussions sous les yeux. [...] De là naîtra cette qualité que les Grecs appellent ἐνάργεια et Cicéron, *illustration* ou *évidence*, laquelle ne semble pas tant dire une chose que la montrer ; et l'auditeur ne sera pas moins ému que s'il était témoin de la chose même ».

13 *R. V.*, p. 135.

14 *Ibid.*, p. 223.

l'image sacrée avancées par les mouvement protestants[15]. Sans pouvoir entrer ici dans le détail de cette question qui nous éloignerait de notre sujet, signalons que cet aspect ne pouvait être absent de l'esprit du céramiste, étant donnée sa foi protestante, et son implication – même s'il nie toute culpabilité – dans des actes d'iconoclasme[16].

Palissy utilise une grande variété de termes qui complètent et précisent le verbe *voir* pour décrire l'activité d'observation. On trouve fréquemment, dans les écrits du céramiste, les verbes *considérer* et *regarder*. Le terme *considérer*, dès son origine latine, implique non seulement une action physique, c'est-à-dire l'observation attentive et prolongée de quelque chose, mais également un acte intellectuel, relatif au jugement[17]. Palissy l'utilise souvent en combinaison avec le verbe *voir* comme s'ils se complétaient : *considérer* comme une première étape de l'observation, et

15 Sur cette question, la bibliographie est étendue, et je me limiterai ici à renvoyer à l'excellente et vaste réflexion de Freedberg, David, *The Power of Images*, Chicago, The University of Chicago Press, 1989.

16 Le précieux document du tribunal de Bordeaux du 24 mars 1563 témoigne que Palissy fut accusé d'avoir pris part à la destruction des ornements de l'église justement cette année-là, accusation qui lui valut d'être incarcéré à Bordeaux. Sur ce point, voir Patry, Henry, « La captivité de Bernard Palissy pendant la première guerre de Religion (1562-1563) », *Bulletin de la société de l'histoire du protestantisme français*, n° 69, 1920, p. 21-25. Sur le rapport de Palissy avec la contestation protestante des images sacrées voir Ferdinand, *Bernard Palissy…*, p. 55-86.

17 L'étymologie donnée concernant le mot *considérer*, en latin *considerare*, est souvent celle d'un composé de *cum*, et *sidus, sideris*, « astre », « étoile ». Plus vraisemblablement, comme l'a montré Adrian Pârvulescu, la deuxième partie du terme provient de *sido*, c'est-à-dire ce qui est immobile, fixe, et par-là « regarder fixement quelquechose », Parvulescu, Adrian, « Considerare et Desiderare », *Zeitschrift für vergleichende Sprachforschung*, n° 94, 1980, p. 159-165. On le trouve déjà utilisé par Cicéron dans plusieurs sens : au sens propre de « contempler », « regarder » avec attention un objet « *contemplari unumquodque otiosè, et considerare cœperit* » (Cicéron, *In Verrem actio secunda*, dans *Œuvres complètes*, Vol. 7, trad. M. Binet, Paris, Fournier, 1837, p. 43), mais aussi au sens figuré, par la pensée : « *Primum igitur quidque considera quale sit ; arripere enim uidemini quasi uestro iure rem nullo modo probabilem* » (Cicéron, *De natura deorum*, Livre 1, éd. et trad. C. Auvray-Assayas, Caen, Presses universitaires de Caen, 2019. Cette polysémie est toujours présente au XVIe siècle : l'observation attentive d'une chose concrète (« Il s'approcha à cheval le plus près qu'il peut du cousteau pour le recognoistre et considerer de près la nature du lieu », Amyot, *Sertor.* 23), mais aussi un acte abstrait relatif à la pensée : « À la lecture des histoires, j'ay accoustumé de considerer qui en sont les escrivains », Montaigne, *Essais*, I, 58). Dans le *Dictionnaire du Seizième siècle* d'E. Huguet, on ne trouve pas le verbe employé à l'infinitif, mais ses composés. Par exemple « considérateur » qui est donné pour équivalent d'« observateur », « considératif » ou « considéré » c'est à dire « réfléchi, prudent ». De même, dans le Furetière, on trouve ces deux sens de « s'attacher à regarder avec attention, à examiner quelquechose », « faire reflexion », et « estimer une chose pour sa valeur, pour son mérite », Furetière, Antoine, *Dictionnaire universel*, La Haye, A. et R. Leers, 1690.

voir comme la conséquence de cette observation attentive, c'est-à-dire en réalité *comprendre*[18]. Il écrit par exemple « considere un peu les fumiers des laboureurs, et tu verras[19] », ou encore « considere un peu les pierres qu'on appelle gelices, [...] et tu verras[20] ». On observe le même mécanisme avec le verbe *regarder*, qui apparaît quant à lui relativement rarement : dans *Des pierres*, il est employé pour impliquer l'interlocuteur dans le raisonnement, avec le sens d'« observer », puis il est suivi du verbe *voir* au futur : « si tu as regardé autrefois des ais, ou du plancher [...] tu verras que l'eau qui degoute[21]... ».

Ces verbes correspondent tous à des étapes du processus cognitif, comme le montrent d'autres passages où *considérer* est suivi du verbe *connaître*, puis de *juger* :

> un homme qui a hanté les minieres, fossez et tranchées, et qui a considéré les diverses especes des terres argileuses, et qui a voulu connoistre les diverses especes de sels et autres choses fossiles, il peut aysément juger de la cause[22]...

Non seulement ils sont toujours liés à l'acquisition d'un savoir, mais comme nous le verrons à présent, ils contribuent à le définir.

---

18 On trouve cette insistance sur la vision directe comme condition de la connaissance de la nature dans d'autres textes du XVIe siècle. Dans l'*Histoire de la nature des oyseaux*, Pierre Belon affirme qu'« il y a des choses en nature qu'il fault necessayrement avoir veuës pour en avoir la science ». Il emploie également le verbe *voir* – « faire veoir » – dans le sens de « démontrer », « faire comprendre » : « Aristote à réduit toute manière de Philosophie iusques à son hault poinct, et mise à son dernier but, mais nous ferons voir plus à plain en nos suyvants chapitres en la description des oiseaux, qu'il ne l'eust sçeu faire, sans l'observation oculaire du naturel des animaux : car combien que les aveugles puissent philosopher & contempler les choses, les pensant en leurs esprits, si est-ce qu'il y a des choses en nature qu'il fault nécessairement avoir veuës pour en avoir la science », *L'Histoire de la nature des oyseaux*, Paris, Gilles Corrozet, 1555, p. 1-2.

19 *R. V.*, p. 112.

20 *Ibid.*, p. 131.

21 *Ibid.*, p. 453.

22 Palissy, *Discours admirables*, *Œuvres Complètes*, p. 268. Dans les notes suivantes ce texte, dans la même édition, sera abrégé de cette manière : *D. A.*

CONNAÎTRE CONTRE SAVOIR : LA SUPÉRIORITÉ DE L'OBSERVATION SUR L'ORAL ET L'ÉCRIT

Dans la dédicace au Duc de Montmorency qui introduit l'*Architecture et ordonnance de la grotte rustique* (1563), Palissy affirme que la grotte décrite dans le texte a été vue par un grand nombre de personnages haut-placés. Il les cite par leurs noms afin de donner plus de crédibilité à cette affirmation, en commençant par les plus importants : « Aussi ont veu ledict œuvre feu le Roy, et la Reyne de Navarre, accompagnés des seigneurs et dames de Rohan », et termine en assurant que les nombreux personnages cités peuvent témoigner de la vérité de la description qui se trouve à l'intérieur du dialogue :

> Et plus de quatre mille gentils-hommes, avec presidents, et conseillers, thesauriers, receveurs, et autres de bon sens qui attesteront et certifiront qu'il n'y a rien en ce petit dialogue qui ne contienne vérité[23].

On note que l'autorité de la vue dépasse celle de l'écrit, en l'occurrence le dialogue décrivant l'œuvre, de la main de l'artiste lui-même. L'anecdote du seigneur de la Roche-sur-Yon, qui bien que mal portant, « se fit porter par quatre gentils-hommes à [s]on hastelier, pour voir ledit œuvre[24] », sert à mettre en valeur l'acte personnel de voir. Dans le dialogue, le personnage appelé Response affirme l'infériorité du langage poétique pour la compréhension d'un phénomène (« entendre »), par rapport à son observation directe :

> Quand tous les poetes de l'Europe, Asie, et Afrique se seraient emploiez pour en escrire, et te le faire entendre, il est impossible que par leur escript tu peusses entendre la centiesme partie dudict œuvre[25].

Cette affirmation n'est pas sans évoquer le débat autour de l'*Ut pictura poesis* d'Horace, qui devient un thème incontournable de la théorie

---

23 Palissy, *Architecture...*, p. 57. Précisons que Palissy utilise cette liste du nombre de personnes qui ont vu la grotte pour demander la protection du connétable contre ses ennemis, c'est-à-dire contre les catholiques de Saintes qui veulent détruire son atelier.

24 *Ibid.*, p. 55.

25 *Ibid.*, p. 62.

artistique renaissante[26]. Dans le domaine de l'art comme dans celui de la philosophie naturelle, Palissy affirme la supériorité, et la nécessité de la vision directe pour connaître véritablement un phénomène ou un objet, qu'il s'agisse d'une œuvre d'art ou d'un élément du monde physique.

Palissy dénigre de manière récurrente la théorie écrite, « les livres des philosophes », mais aussi les enseignements oraux et les croyances populaires, qui sont les références de Theorique dans les *Discours admirables*. Ainsi dans le discours intitulé *Des pierres*, ce dernier demande à Praticque : « Et où est-ce que tu as trouvé cela par escript, ou bien dis moy en quelle escole as-tu esté, où tu puisses avoir entendu ce que tu dis[27] ? ». C'est à la suite de cette question que le porte-parole du céramiste énonce la célèbre maxime qui résume sa conception de la philosophie naturelle : « Je n'ay point eu d'autre livre que le ciel et la terre, lequel est conneu de tous[28] ». Cette opposition entre *lire* et *entendre* d'une part, et *voir de ses propres yeux* de l'autre, ici parfaitement bien exprimée, se traduit par l'opposition répétée entre le verbe *voir* et les verbes *lire* et *dire* : « Tu m'as dit [...] toutefois j'ay veu[29] », ou encore toujours dans le discours *Des pierres*, à propos des fossiles, l'opposition entre les écrits de Jérôme Cardan[30], « plusieurs livres en langue latine », et les obser-

26 Sur cette vaste question, je renvoie à deux ouvrages de référence : Praz, Mario, *Mnemosyne. The Parallel between Literature and the Visual Arts*, Oxford, Oxford University Press, 1970 et Lee, Rensselaer W., *Ut pictura poesis. Humanisme et théorie de la peinture : XVe-XVIIIe siècles*, trad. M. Brock, Paris, Macula, 1991.

27 *D. A.*, p. 427. Cette phrase n'est pas sans rappeler les attaques d'un autre défenseur de l'expérience pratique, André Thevet qui assure à son lecteur que les connaissances s'acquièrent « sur le terrain », en l'occurrence sur le pont d'un navire, et non par l'enseignement théorique : « Tout ce que je vous discours et recite, ne s'apprend point és escoles de Paris, ou de quelle que ce soit des universitez de l'Europe, ains en la chaise d'un navire, soubz la leçon des vents », *Cosmographie Universelle*, Paris, Guillaume Chaudiere, 1575, f. 906v°. Passage commenté par F. Lestringant dans *L'Atelier du Cosmographe ou l'image du monde à la Renaissance*, Paris, Albin Michel, 1991, p. 31-32. Voir aussi du même auteur, *Sous la leçon des vents : le monde d'André Thevet, cosmographe de la Renaissance*, Paris, PUPS, 2003, p. 269.

28 *D. A.*, p. 427.

29 *R. V.*, p. 123.

30 En l'occurrence Palissy conteste la théorie de Cardan selon laquelle les fossiles résulteraient du déluge, et soutient que les coquilles fossiles ne sont pas d'origine marine mais se trouvaient dans des lacs et des rivières qui se sont asséchés. Sur la connaissance du traité *De la Subtilité* (1556) de Cardan de la part de Palissy, voir Duhem, Pierre, « Léonard de Vinci, Cardan et Bernard Palissy », *Bulletin italien*, n° 4, 1906, p. 289-320. L'hypothèse de ce dernier a été rejetée par François Ellenberger qui affirme l'originalité des déclarations du céramiste sur deux points : les espèces disparues et les fossiles de type tropical trouvés

vations de Praticque, qui n'a « que la langue de [sa] mère » mais oppose à ces écrits ce que « l'on voit communement » et ce qui « se voit tous les jours[31] ». On voit se dessiner l'opposition entre les informations obtenues directement et celles de seconde main, grâce aux deux termes *connaître* et *savoir.* Chez le potier, *connaître* est toujours utilisé en relation avec l'expérience directe, liée aux sens de la vue mais aussi du goût et du toucher : « Et pour bien cognoistre cela va à un ruisseau » ; « Pour bien cognoistre ces choses, quand tu passeras pres des murailles qui sont gastées par l'injure du temps, taste sur la langue[32] ».

Quand Palissy utilise le verbe *savoir,* en revanche, il le met dans la bouche du personnage qui pose les questions. Lorsque Demande s'oppose aux théories exposées par Responce, il entend conférer de la crédibilité à ses affirmations en affirmant qu'il « sait », sans toutefois donner d'autres explications, comme s'il s'agissait d'une preuve en soi, une vérité tellement évidente qu'elle ne nécessite pas d'être justifiée. Dans certains cas il fait référence à l'opinion commune, ou encore aux écrits des philosophes, des alchimistes, ou encore à la sagesse populaire. Toutes ces références sont évidemment en opposition avec la philosophie de Palissy qui ne donne foi qu'à l'observation ; à ces arguments, Responce répond justement par les verbes *voir* et *connaître.*

Un exemple illustre bien cette opposition : à propos de sa théorie sur l'origine des sources, qui proviennent selon lui non pas de la mer comme on le croyait à l'époque, mais de l'eau de pluie, le lexique des deux personnages s'oppose clairement. Theorique déclare qu'il ne peut mettre en doute l'opinion d'« un grand nombre de philosophes, qui disent que toutes les eaux viennent de la mer et qu'elles y retournent », ajoutant, comme s'il s'agissait d'une preuve irréfutable de son opinion, qu'« il n'y a pas jusques aux vieilles, qui ne tiennent un tel langage[33] ». Il s'agit pour lui d'une sagesse à la fois antique et populaire, opposée à la « doctrine toute nouvelle » exposée par Praticque. Ce dernier répond à ces arguments

---

en Europe : Ellenberger, François, *Histoire de la géologie*, Ire partie *: Des anciens à la première moitié du XVIIe siècle*, Paris, Lavoisier, 1988, p. 143. Voir aussi Plaziat, Jean-Claude, « Les fossiles du Tertiaire parisien dans l'œuvre scientifique et artistique de Bernard Palissy (1510-1590), en commémoration du quatrième centenaire de sa mort », *Travaux du Comité français d'histoire de la géologie*, Cofrhigeo, 3e série, t. 4, 1990, p. 79-84.

31 *D. A.*, p. 440.

32 *R. V.*, p. 125.

33 *D. A.*, p. 281.

de manière exhaustive, commençant par citer la *Bible*, le seul livre qu'il accepte[34], mais il parvient à concilier les Saintes Écritures avec ses observations, affirmant que les écrits bibliques peuvent être vérifiés par la vue : « nous voyons par les effects cela estre veritable » ou encore « nous avons de forts bons tesmoings de ces choses » et « regarde à present si tes beaux philosophes ont quelque raison suffisante pour convaincre la mienne[35] ».

À travers la revendication de l'usage de la vue, ce sont deux types de connaissances qui s'opposent : les écrits de la tradition et l'opinion commune d'une part, et d'autre part l'observation de la Nature et la lecture de la *Bible* ; lire et écouter contre voir et considérer. En d'autres termes, Palissy établit ici une grande différence en termes de qualité entre les informations directes – vécues – et indirectes – connues à travers lectures ou par ouï-dire. Toutefois les connaissances issues de l'observation sont toujours subordonnées à la foi dans les Saintes Écritures, qu'il évoque pour mieux montrer leur concordance avec ses observations de la Création.

CONTEMPLER : LES ENJEUX SCIENTIFIQUES ET RELIGIEUX DE LA CONNAISSANCE

Le verbe *contempler* mérite d'être analysé plus spécifiquement : il est utilisé de manière répétée par Palissy avec de multiples connotations, à la fois religieuses et scientifiques. Il est souvent accompagné de la notion de répétition, d'insistance, qui illustre le désir d'approfondir l'observation, et la persévérance du philosophe : « et ainsi que j'estois arresté, pour contempler la nature de la terre susdite, j'aperçeu un grand nombre [...] et ayant contemplé plus outre je cogneus[36] », ou encore « En passant par les taillis, j'ay contemplé plusieurs fois la manière de couper les bois[37] », ou encore « Et pour mieux te faire entendre ces choses, contemple un peu les aubiers[38] ». Le verbe dénote aussi le pur plaisir que Palissy éprouve à observer la Nature : « Quand j'ay contemplé les diverses œuvres et

34 *Ibid.*, p. 282.
35 *Ibid.*, p. 282-283.
36 *R. V.*, p. 146.
37 *Ibid.*, p. 121.
38 *Ibid.*, p. 122.

le bel ordre que Dieu a mis en la terre, je me suis tout emerveillé de l'outrecuidance des hommes[39] ». De nombreux passages de la *Recepte* et des *Discours* révèlent sa profonde admiration envers la Création, du point de vue de l'artiste qui apprécie sa beauté, et du point de vue du philosophe naturel qui s'émerveille de l'ingéniosité dont Dieu a doté plantes et animaux[40].

La foi de Palissy transparaît ainsi de manière claire dans les écrits, non seulement dans son *Histoire* de la naissance de la Réforme en Saintonge[41], mais aussi dans les références constantes aux Saintes Écritures et à la Providence divine visible dans la Création. Nous avons montré ailleurs qu'il ne se contentait pas de décrire une méthode d'acquisition des connaissances en philosophie naturelle, mais qu'il définissait aussi une éthique de celle-ci[42]. Sa revendication de n'avoir pour seul livre que la Nature visible, observable, que le Créateur nous a donnée à connaître, fait écho à Saint Paul, qui concevait la Nature comme une manifestation du Saint Esprit :

> Ce qu'on peut connaître de Dieu est manifeste pour eux, Dieu le leur ayant fait connaître. En effet, les perfections invisibles de Dieu, sa puissance éternelle et sa divinité, se voient comme à l'œil, depuis la création du monde, quand on les considère dans ses ouvrages. (*Rom.*, I, 19-21)

Jean Calvin, dont Palissy connaissait les écrits grâce à la présence à Saintes de Philibert Hamelin[43], décline à plusieurs reprises ce thème dans l'*Institution de la religion chrétienne.* Il affirme par exemple que :

> il y a des enseignemens infinis tant au ciel qu'en la terre pour nous testifier sa puissance admirable : je ne dy pas seulement des secrets de nature qui

39 *Ibid.*, p. 341.

40 En particulier les passages qui suivent la description du projet de jardin dans la *Recepte véritable*, où il narre une promenade qui le conduit à admirer plusieurs espèces animales et végétales. *Cf. R. V.*, p. 189-194.

41 Il s'agit d'une dizaine de pages dans lesquelles le céramiste narre l'arrivée de la Réforme dans sa région, et les persécutions dont furent victimes les premiers prédicateurs et fidèles : *R. V.*, p. 206-221.

42 Voir notre précédent article dans ce recueil.

43 Palissy était très proche de ce personnage, dont il fait l'éloge dans la *Recepte véritable.* Hamelin fut l'un des premiers pasteurs de Saintonge. Favorable aux idées luthériennes dès les années 1530, il part pour Genève en 1546 où il devient imprimeur, puis il est envoyé par Jean Calvin en Saintonge pour diffuser la foi réformée. Voir Sauvin, Jean-Daniel, *Philibert Hamelin, martyr huguenot*, Genève-Paris, Labor et fides, Librairie protestante, 1957.

> requièrent estude spéciale, et savoir d'Astrologie, de Medecine et de toute la Physique, mais j'enten de ceux qui sont si apparens que les plus rudes et idiots y connoissent assez : en sorte qu'ils ne peuvent ouvrir les yeux qu'ils n'en soyent tesmoins[44].

La vertu pédagogique de l'observation de la Nature est d'ailleurs un thème récurrent chez Calvin, que l'on trouve à plusieurs reprises dans l'*Institution* où il écrit que la Nature est :

> la première instruction de nostre foy, selon l'ordre de nature, combien que ce ne soit point la principale, de recognoistre que toutes les choses que nous voyons sont œuvres de Dieu, et de reputer avec reverence et crainte à quelle fin il les a creées[45].

Palissy décline ces mêmes idées, et les utilise pour justifier son rejet des autorités antiques et des philosophes modernes, les alchimistes étant les premiers visés. À propos des marcassites, une espèce minérale composée de disulfure de fer présentant des teintes métalliques, il affirme qu'elles l'ont :

> instruit en la philosophie beaucoup plus que non pas Aristote : Et c'est d'autant que je ne puis lire en Aristote et j'ay bien leu ausdites marcasites et ay entendu par icelles que les matieres generatives des metaux estoyent fluides, liquides et aqueuses, et cela ay-je conneu en contemplant leurs formes[46].

Dans ce cas précis, le céramiste oppose l'autorité de la Création, donc de Dieu, à celle de l'homme, Aristote en l'occurrence, introduisant une dimension morale, qui apparaît à travers l'usage de *contempler*. Nous en avons parlé *supra* à propos de l'insistance de Palissy à se référer aux connaissances acquises « sans forcer la nature », contrairement aux alchimistes, qui ont l'audace de vouloir créer la matière, une prérogative exclusivement divine. De même, la notion de contemplation implique celle de respect de la nature, engageant une valeur morale à l'étude des sciences naturelles. Le verbe *contempler*, comme c'était le cas de *considérer*, engage non seulement l'œil, mais aussi l'esprit, cette fois-ci non plus seulement le jugement mais la foi également.

---

44 Calvin, Jean, *Institution de la religion chrestienne*, Genève, Conrad Badius, 1561, I, 5, 2.
45 *Ibid.*, I, 14, 20.
46 *D. A.*, p. 452.

LA SOCIABILITÉ DE L'OBSERVATION : DES CONFÉRENCES AU CABINET MINÉRALOGIQUE

Enfin, un aspect fondamental de l'acte d'observer selon la philosophie naturelle de Palissy, est la sociabilité qu'il implique. Notons tout d'abord que le céramiste construit ses démonstrations sous forme dialogique, un choix qui indique déjà une conception de la science comme un partage et une confrontation d'opinions. Cette notion d'observation collective des phénomènes lui sert également à légitimer son appartenance à un réseau de philosophes naturels. Ainsi, la vision de spécimens chez d'autres naturalistes est un moyen d'affirmer sa place active au sein d'un milieu d'amateurs qui regroupe nobles et non nobles, lettrés et artisans. Il recourt à de nombreuses anecdotes qui mettent en scène des échanges avec des amateurs, des curieux et des collectionneurs de raretés, citant les noms de ces interlocuteurs, et employant principalement le verbe *montrer* et la locution *faire voir*[47]. Nombreux sont les personnages cités, de l'abbé de Turpenay[48], avec qui il alla observer les stalactites de la grotte de Savonnières, à Monsieur Rasse, possesseur d'un cabinet dans lequel Palissy admira des coquillages[49], Pierre Guoy, qui offrit à Palissy une ammonite[50], ou encore un orfèvre angevin nommé Marc Thomaseau, qui lui montra « une fleur reduite en pierre, chose fort admirable[51] ». D'autres fois, le montreur reste anonyme comme dans le cas de la coupe qui éveilla le désir de devenir potier chez Palissy : « il me fut monstré une coupe de terre, tournée et esmaillée d'une telle beauté que j'entray en dispute avec ma propre pensée[52] ».

47 Le verbe *montrer* est employé dans le sens de *démontrer*, toujours étroitement lié au sens de la vision. Dans les *Discours admirables*, à propos des aqueducs romains il écrit : « Et si tu veux savoir pourquoi je te mets devant les yeux ces arcades aux vallées, c'est pour te monstrer l'ignorance des modernes » ; « [je] te diray encores une autre preuve plus asseurée, pour te montrer combien il faut que les matières métalliques soyent subtiles », *D. A.*, p. 266.

48 Identifié comme Jean de Selve, cité dans la *Recepte véritable*. Voir *R. V.*, p. 147, n. 248.

49 Vraisemblablement Nicolas ou François Rasse des Nœuds, médecins et chirurgiens protestants renommés : *D. A.*, p. 342, n. 66.

50 Cité dans la *Recepte*, *R. V.*, p. 136. Il était maire de Saintes et défenseur de la Réforme.

51 *D. A.*, p. 451. Personnage non identifié.

52 *Ibid.*, p. 487.

Le sommet du partage visuel fut atteint dans la carrière du céramiste à Paris à partir de 1575, lorsqu'il tint des conférences de philosophie naturelle devant un auditoire prestigieux qu'il n'hésite pas à citer. Cette liste – qu'il appelle *catalogue* – fait écho à la liste de puissants venus visiter sa grotte vers 1560[53]. Cette fois ces noms sont prestigieux non pas tant pour leur titre de noblesse que pour leur renommée à la cour et dans les milieux lettrés de la capitale : il s'agit de médecins et chirurgiens, le plus connu étant Ambroise Paré, d'apothicaires, de juristes, de sculpteurs, et de gentilshommes savants. Les conférences sont au cœur du traité *Des pierres*, dans lequel les deux protagonistes sont clairement le maître et l'élève, un élève qui aurait assisté aux leçons parisiennes de Palissy. Soulignons le terme employé par le potier pour qualifier l'endroit où est exposée sa collection : il s'agit de la « petite Académie », qui ne peut manquer de faire écho à l'Académie du Palais, fondée sous Charles IX en 1570, et continuée par Henri III[54]. Le dialogue illustre comment l'exhibition de spécimens sert à prouver les théories aux élèves[55], par exemple : « J'ay prouvé ce point devant mes auditeurs, en leur faisant monstre d'une grande pierre que j'avois fait couper à un rocher pres de Soubize[56] ». L'enseignement de Palissy se fonde sur l'observation directe qui seule permet de prouver ce que la parole ne peut démontrer de manière convaincante.

C'est dans cette optique, outre la passion de collectionner, que le céramiste constitua un cabinet, dont la particularité est d'être exclusivement dédié à la minéralogie. Il y fait plusieurs fois référence dans les *Discours admirables*, comme étant la preuve ultime, irréfutable, grâce à laquelle nul ne peut plus s'opposer à lui : « Cela ne se peut aisément entendre sans voir la chose mesme : parquoy tu la pouras venir voir en

---

53 *D. A.*, p. 436-439.

54 L'Académie du Palais était une réunion de proches du roi, intellectuels, artistes ou scientifiques, qui avait lieu deux fois par semaine au Louvre à partir de 1576. Les membres étaient des nobles et des lettrés, comme Henri d'Angoulême, la reine de Navarre, le duc de Nevers, Agrippa d'Aubigné, Pierre de Ronsard, Pontus de Tyard, etc. Durant les séances, le roi invitait ses hôtes à débattre de questions philosophiques, dont les « choses de nature » comme les minéraux, leurs propriétés et origines, des thèmes pour lesquels il nourrissait un grand intérêt. À ce sujet voir Sealy, Robert John, *The Palace Academy of Henry III*, Genève, Droz, 1981 et Boucher, Jacqueline, *Société et mentalités autour de Henri III*, Paris, Champion, 1981, p. 913-942.

55 *D. A.*, p. 359, ou encore p. 444 : « Ne te souvient-il pas que quand je faisois montre dedit bois, je leur disois, comment seroit il possible que le bois se fut réduit en metal ».

56 *Ibid.*, p. 444.

mon cabinet[57] ». Non par hasard, le traité *Des pierres* est le seul dans lequel Theorique est « vaincu », cédant devant l'évidence des pierres montrées.

Dès les dédicaces préliminaires, la valeur de ce cabinet est au centre d'une argumentation au ton polémique :

> pour couper broche à toutes calomnies et embusches, j'ay dressé un cabinet auquel j'ay mis plusieurs choses admirables et monstrueuses, que j'ay tirées de la matrice de la terre, lesquelles rendent tesmoignage certain de ce que je dis et ne se trouvera homme qui ne soit contraint confesser iceux veritables, apres qu'il aura veu les choses que j'ay preparées en mon cabinet, pour rendre certains tous ceux qui ne voudroyent autrement ajouster foy à mes escrits[58].
>
> [...]
>
> Par practique je prouve en plusieurs endroits la theorique de plusieurs philosophes fausse, mesmes des plus renommez et plus anciens, comme chascun pourra voir et entendre en moins de deux heures, moyennant qu'il vueille prendre la peine de venir voir mon cabinet, auquel l'on verra des choses merveilleuses qui sont mises pour tesmoignage et preuve de mes escrits, attachez par ordre ou par estages, avec certains escriteaux au dessouz : afin qu'un chacun se puisse instruire soy-mesme[59].

À l'issue des *Discours*, Palissy livre la liste des légendes, ou « escriteaux », qui accompagnent les pierres exposées. La spécialisation minéralogique et le soin méthodique pris à classer et signaler les différents spécimens est un cas très précoce[60] de ce que l'on pourrait appeler rétrospectivement un « système muséographique[61] ». Les pierres sont mises « par ordre » selon les différents points d'argumentation, et commentées

57 *D. A.*, p. 452.

58 *Ibid.*, p. 247-248.

59 *Ibid.*, 250.

60 L'un des premiers musée minéralogique documenté est celui de Johannes Kentmann, qui a compilé une grande collection de roches et minéraux, principalement de la région saxonne. En 1565, Conrad Gessner en publie le catalogue dans le recueil intitulé *De omni rerum fossilium genere, gemmis, lapidibus, metallis et huiusmodi libri aliquot* (Zurich, 1565). Cette publication est la première représentation complète d'une collection de minéraux et de roches. Sur les premières collections naturalistes voir Findlen, Paula, *Possessing Nature...*, p. 82-92.

61 Cette expression est utilisée par Delphine Trebosc dans sa thèse de doctorat : Trebosc, Delphine, *Confronter l'art : les collections de raretés de la Renaissance française*, thèse de doctorat sous la direction de M. le Professeur Philippe Morel, Université Paris I-Panthéon-Sorbonne, 2004, p. 159. Sur la collection d'Aldrovandi voir : Boutroue, Marie-Élisabeth, « Le cabinet d'Ulisse Aldrovandi et la construction du savoir », dans Martin, Pierre et Moncond'huy, Dominique (dir.), *Curiosité et cabinets de curiosités*, Neuilly, Atlande, 2004, p. 43-63.

par des didascalies. L'exposition suit les différentes théories exposées dans les *Discours*, en présentant les spécimens sélectionnés et montrés pour convaincre d'éventuels sceptiques. Les premiers exemplaires cités illustrent les théories du céramiste sur les différents modes de génération des pierres ; Palissy mentionne ensuite les pétrifications de matières organiques, des « bois » et « poissons » « pétrifiés dans l'eau congélative[62] », qui prouvent sa théorie sur les fossiles ; suit enfin une liste d'exemplaires que l'on pourrait regrouper comme « choses merveilleuses[63] », qui illustrent divers points développés par l'auteur dans ses écrits : une ardoise emplie de marcassites, des pierres cristallines qui sont « l'attestation de la plus rare et difficile demonstration qui soit en mon livre[64] », une grosse ammonite, des poissons fossiles, les « availlons », des fossiles de plantes, des géodes, etc.[65].

L'insistance du céramiste sur ces preuves visuelles sert probablement à résoudre un paradoxe que le lecteur ne peut s'empêcher de formuler : bien que Palissy critique sans trêve la théorie et les livres, il expose lui-même ses opinions de manière théorique dans des publications écrites. C'est peut-être conscient de cette apparente contradiction qu'il fait référence de manière insistante à une pluralité de procédés visuels pour exposer son savoir : le dialogue qui engage l'expérience personnelle du lecteur, l'exposition de spécimens réels lors des conférences qui visaient à instaurer un dialogue *in progress* avec son auditoire, et enfin la présentation, par un texte très original, de sa collection de minéraux pour compléter et prouver les raisonnements contenus dans les *Discours admirables*.

Juliette FERDINAND
Università degli Studi di Verona

62 *D. A.*, p. 543.
63 *Ibid.*, p. 541.
64 *Ibid.*, p. 546.
65 Delphine Trebosc propose de voir une division quaternaire de la collection minéralogique (voir thèse citée, p. 159-160).

IMAGES
ET DESCRIPTIONS ÉCRITES

Éléments discursifs dans les traités d'histoire naturelle du XVIe siècle

Paradoxalement, les éléments les plus neufs et les plus frappants des traités d'histoire naturelle du milieu du XVIe siècle sont ceux qui ont le plus desservi une interprétation pertinente de leur contenu : on a ainsi opéré une dichotomie entre les illustrations, perçues comme réalistes et contribuant à la naissance de la science moderne, descriptive et classificatoire, et un contenu écrit dépeint comme obsolète, lourd et redondant. Le développement de la stratégie éditoriale des traités a pu renforcer cette interprétation hâtive : de nombreux ouvrages se sont vu réimprimer, mais sans une grande partie de leur commentaire textuel, que ce soit dans les traductions en vernaculaire ou dans des albums ou *epitomen*. On a cru déceler là encore une évolution vers la modernité, qui tendait vers l'abandon des lourds apparats philologiques, au profit d'un regard épuré sur les *realia*.

Depuis quelques années, des analyses pertinentes, relevant de l'histoire du livre, ont pris en compte les aspects éditoriaux et les données économiques[1]. Ces nouvelles approches ont mis en lumière les contraintes pratiques qui dictent les choix éditoriaux : les rééditions abrégées constituent souvent un moyen expéditif de rentabiliser les bois. Pour éviter les schématisations hâtives, tendant volontiers

---

1 Sur ce vaste sujet, on se réfèrera aux « classiques » de Roger Chartier et Henri-Jean Martin. Plus récemment, voir par exemple un ouvrage général de base : Pittion, Jean-Paul, *Le Livre à la Renaissance, Introduction à la bibliographie historique et matérielle*, Turnhout, Brepols, 2013 et sa riche bibliographie ; des études thématiques, comme Réach-Ngô, Anne (dir.), *Genèses éditoriales*, *Seizième siècle*, n° 10, 2014 ; des études de cas, par exemple Vanautgaerden, Alexandre, *Érasme typographe*, Genève, Droz, 2012 ; Rouget, François, *Ronsard et le livre. Étude de critique génétique et d'histoire littéraire*, Genève, Droz, 2 t., 2010-2012.

vers l'anachronisme, il convient donc de se livrer à un examen serré de l'histoire matérielle des images. Dans ce domaine, deux thématiques principales ont retenu l'attention des chercheurs jusqu'ici. La première rassemble des recherches centrées sur les aspects techniques et artistiques de la production des illustrations qui se comptent par centaines dans les traités d'histoire naturelle : quels sont les étapes et les coûts de leur exécution, quels en sont les auteurs, comment ces images sont-elles élaborées, avant d'être dessinées, gravées, après diverses étapes de copiage parfois, puis intégrées dans les ouvrages, pour enfin, de temps à autre, être coloriées[2] ? Le second point, lié au premier, est la question passionnante de la circulation des images ; la découverte récente, parfois fortuite, de fonds encore inédits dans diverses bibliothèques a permis de mieux connaître encore le réseau d'échanges de matériel, et de souligner l'intensité du transfert d'objets entre les médecins naturalistes[3].

Il ressort de ces contributions que beaucoup reste encore à faire à différents niveaux : au stade élémentaire de la détection des albums encore inconnus, mal classés ou non identifiés[4], puis sur le plan des différents axes d'analyse : structure première de chaque collection, filiation entre les collections et les ensembles stylistiques, pôles

2 Pinon, Laurent, *Les Livres de zoologie de la Renaissance : objets de mémoire et instruments d'observation (1460-1605)*, thèse de doctorat, université de Tours, Centre d'études supérieures de la Renaissance, 2000, 2 vol. Je tiens à remercier ici l'auteur, qui m'a envoyé un exemplaire de sa thèse inédite. Voir en particulier le chap. 8, p. 398-423. Du même auteur, un abrégé sur le sujet : *Livres de zoologie de la Renaissance*, Paris, Klinksieck, 2000.

3 Van Den Abeele, Baudouin, « Les albums ornithologiques de Jacques Dalechamps, médecin et naturaliste à Lyon (1513-1588) », *Archives internationales d'histoire des sciences*, 2002, n° 148, p. 3-45, *id.*, « L'Inventaire par l'image : les albums de planches zoologiques de la Renaissance », dans Philippe Ford (dir.), *L'Animal sauvage à la Renaissance*, Cambridge, Cambridge University Press, 2007, p. 263-288 ; Enenkel, Karl A. E. et Smith, Paul J. (dir.), *Early Modern Zoology : the Construction of Animals in Science, Literature and the Visual Arts*, Leyde, Brill, 2007 ; Egmond, Florike, « A collection within a collection : rediscovered animal drawings from the collections of Conrad Gessner and Felix Platter », *Journal of the History of Collections*, n° 25-2, 2013, p. 149-170 ; *ead.*, *Eye for Detail : Images of Plants and Animals in Art and Science, 1500-1630*, Londres, Reaktion Books, 2017 ; Glardon, Philippe, « Gessner Studies : state of the research and new perspectives on 16th-century studies in natural history », *Gesnerus*, n° 73-1, 2016, p. 7-28.

4 Les albums de Dalechamps identifiés par Baudouin van den Abeele figuraient par exemple parmi le fonds des manuscrits de textes latins du Moyen Âge à la Bibliothèque nationale de France.

catalyseurs principaux, milieux dans lesquels ces albums sont produits, commanditaires, puis possesseurs ou, du point de vue de l'histoire de la zoologie enfin, dates d'apparition des espèces inconnues, processus d'appellation mis en œuvre, regroupements en genres classificatoires… La présente contribution se veut complémentaire de ces démarches : il s'agit en quelque sorte, dans une perspective qu'on pourrait qualifier d'holistique, de tenter de reconstituer le facteur de cohésion qui existe entre le texte et l'illustration, lien mis à mal par notre regard moderne. Pour ce faire, nous nous attacherons à l'étude de ce que notre regard d'aujourd'hui pourrait être tenté d'interpréter comme des « erreurs » picturales dans les traités d'histoire naturelle de la Renaissance.

À dire vrai, la traque des prémices de la biologie dans les traités d'histoire naturelle risque d'amener, après l'éviction pure et simple des textes, à un tri entre les illustrations elles-mêmes au nom de critères qui nous sont propres, mais qui mettent à mal la cohésion de l'approche naturaliste de la Renaissance. En vertu de nos critères scientifiques, on peut certes dresser une liste de quelques incohérences, mais leur examen devrait au contraire contribuer à rendre à l'ensemble des illustrations leur rôle dans le discours descriptif, selon des critères pertinents car basés sur l'analyse historique.

Pour mesurer l'écart qui s'est creusé, en dépit des apparences, entre la conception de l'image naturaliste dans son rapport avec le texte descriptif au XVIe siècle, et la nôtre, on peut revenir à Buffon, très disert sur le rapport qu'il conçoit entre l'image et le texte :

> Nous avons agrandi [le format] de quelques pouces dans la vue de donner à un plus grand nombre d'oiseaux leur grandeur réelle ; tous ceux dont les dimensions n'excèdent pas celles du format des planches y sont représentés de grandeur naturelle ; les oiseaux plus grands ont été réduits sur une échelle ou module tracé au-dessus de la figure : ce module est partout la douzième partie de la longueur de l'oiseau mesuré depuis le bout du bec jusqu'à l'extrémité de la queue ; si le module a trois pouces de longueur, l'oiseau aura trois pieds.
>
> L'une des principales difficultés est de donner par le discours une idée des couleurs, car malheureusement les différences les plus apparentes entre les oiseaux portent sur les couleurs encore plus que sur les formes. […] J'ai donc pris le parti de faire non seulement graver, mais peindre les oiseaux à mesure que j'ai pu me les procurer vivants ; et ces portraits d'oiseaux, représentés avec

> leurs couleurs, les font connaître mieux d'un seul coup d'œil que ne pourrait le faire une longue description aussi fastidieuse que difficile.
>
> Nous aurons donc, au moyen de ces gravures enluminées, la représentation exacte d'un très grand nombre d'oiseaux ; nous aurons, au moyen des couleurs, une description aux yeux plus parfaite et plus agréable qu'il ne sera possible de la faire par le discours, et nous renverrons souvent, dans tout le cours de cet ouvrage, à ces figures coloriées dès qu'il s'agira de description, de variétés et de différences en grandeur, de couleurs, etc.[5].

À l'évidence, les contributions respectives du texte et de l'image sont dûment balisées, et rappellent nos guides d'identification, où les mensurations, la reproduction des couleurs et la description sont liées à l'espèce selon un protocole très strict. Dans *L'Ornithologie*, toutes les planches dont les oiseaux représentés excèdent les dimensions de la page comportent donc un module qui permet d'en extrapoler la taille, pour tendre vers la « reproduction exacte » des « oiseaux vivants » recherchée par Buffon. Si un lien direct entre notre vision de la représentation zoologique avec une approche ancienne existe, il est à chercher au XVIIIe siècle, quoique là encore, il faille se garder de raccourcis trop hâtifs. Ce n'est donc pas la quête de similitudes, parfois troublantes il est vrai, à l'exclusion des différences incompréhensibles, mais bien, au contraire, la mise en évidence d'écarts irréductibles, qui donne lieu à une compréhension historique du regard sur la nature des siècles passés.

Confortée par la maladresse, par le schématisme des figures des premiers imprimés naturalistes, comme par exemple dans les éditions de l'*Hortus sanitatis*, l'histoire des sciences a longtemps étudié l'illustration zoologique selon une perspective guidée par l'idée de progrès, et sous la forme de grandes phases définies à l'emporte-pièce : le développement de l'illustration zoologique et botanique figurative jusqu'à Buffon, puis au XIXe siècle, « triomphe de l'illustration », « âge d'or de l'illustration naturaliste[6] ». Cette perspective est certes intéressante du point de vue de l'histoire des avancées techniques ; elle procède cependant à une

---

5 Buffon, Georges-Louis Leclerc de, *Histoire naturelle, Ornithologie*, Paris, De l'Imprimerie Royale, 1771-1786, t. I, p. 3-5.

6 Chansigaud, Isabelle, *Histoire de l'illustration naturaliste. Des gravures de la Renaissance aux films d'aujourd'hui*, Paris, Delachaux et Niestlé, 2009, p. 95, 114. Pour une perspective plus large et en phase avec la recherche actuelle, voir Kususawa, Sachiko, Maclean, Ian (dir.), *Transmitting Knowledge : Words, Images, And Instruments in Early Modern Europe*, Oxford, Oxford University Press, 2006.

compression, pourrait-on dire, selon un angle d'analyse unidirectionnel : et les motivations de chaque temps fort, matérialisées par des périodisations et les transitions conceptuelles, restent en grande partie à établir, notamment pour le XVIIe siècle.

Dans cette perspective déterministe, les commentateurs ont beau jeu de stigmatiser l'incohérence apparente des illustrations des traités d'histoire naturelle : d'une part, l'engagement explicite des naturalistes est clair, à l'instar de Rondelet qui déclare « j'ai nommé é rep[r]esenté les poissons à la verité[7] », mais d'autre part, un certain nombre de manquements évidents permettent de douter du sérieux de ces proclamations, surtout lorsque les commentateurs accusent la naïveté, mieux, l'immaturité du regard « prémoderne ». Le cas le plus connu est la présence de monstres improbables, parfois grotesques, au côté de poissons bien réels et tout à fait reconnaissables, nous y reviendrons, ne serait-ce que pour ajouter quelques remarques sur un sujet déjà amplement commenté par des spécialistes de la culture de la Renaissance. Pour l'heure, mentionnons quelques autres cas d'anomalies, ou de dérogations à l'engagement premier cité plus haut. Leur examen servira de fil conducteur, et mènera à une redéfinition des liens heuristiques qui unissent image et texte dans le processus descriptif des naturalistes. Nous analyserons successivement :

- Les gravures reflétant les « erreurs » de classement ou d'identification par rapport à la zoologie moderne : la chauve-souris décrite parmi les oiseaux, comme chez Belon et Gesner, les cétacés parmi les poissons, ou des espèces fossiles prises pour des espèces encore actuelles.
- Les images erronées explicites : je nomme ainsi les illustrations présentant des animaux mal exécutés, illustrations annoncées comme fallacieuses par les auteurs, et qui apparaissent donc superflues selon nos critères.
- Les images erronées non signalées : certaines gravures semblent donner satisfaction à l'auteur, alors qu'elles sont médiocres, de seconde main, ou constituent des montages de toutes pièces, élaborées sur la base d'une description écrite, elle aussi de seconde main.

7 Rondelet, Guillaume, *Histoire entiere des poissons*, Lyon, Macé Bonhomme, 1558, Preface, f. a4r°.

- Les images redondantes : l'auteur présente plusieurs illustrations de la même espèce, qui n'apportent en apparence aucune information complémentaire.
- Les images absentes : au contraire, certaines espèces nommées dans le texte ne sont pas du tout représentées.
- Les images qu'on pourrait qualifier de généralisantes : certaines gravures représentent plusieurs espèces données comme proches et peu différenciables.

GRAVURES REFLÉTANT LES « ERREURS » DE CLASSEMENT OU D'IDENTIFICATION PAR RAPPORT À LA ZOOLOGIE MODERNE

Ce cas est facile à expliciter et nous permet d'illustrer le principe fondateur de cet article : sur le fond, les discordances que nous observons entre image et texte n'en sont pas et n'existent que par la force des préjugés que nous appliquons à l'histoire naturelle de la Renaissance. La présence de la chauve-souris et des cétacés dans des regroupements d'animaux qui ne sont pas des mammifères est le reflet de la classification aristotélicienne, en vertu de laquelle le milieu naturel est un facteur de regroupement d'espèces parmi bien d'autres, dans une parfaite connaissance pourtant du mode de respiration et de reproduction des cétacés, comme de celui des chiroptères. Ce premier exemple révèle les écueils qui peuvent entraver notre bonne compréhension du *Systema naturæ* précontemporain : on ne peut pas privilégier l'un des aspects comme moderne et dénoncer l'autre comme dépassé et archaïque. Tous deux sont constitutifs de l'objet historique à analyser.

Deuxième point méthodologique qui paraît tomber sous le sens, on ne peut se passer d'une lecture attentive du texte des traités, fût-il en latin, y compris et surtout lorsqu'il porte sur l'image. Nous verrons ainsi se reformer la cohérence mise à mal par une lecture sélective. Prenons une métaphore un peu triviale, mais parlante : un archéologue peu soigneux met au jour quelques rangées de clous alignés à distance égale. Si, voulant inconsciemment privilégier les objets identifiables et immédiatement suggestifs, il se contente de récolter les objets dégagés, il ne lui restera au final qu'un sachet de clous, là où un relevé soigneux lui aurait indiqué l'emplacement d'une cloison et peut-être la structure d'un bâtiment entier…

LES IMAGES ERRONÉES EXPLICITES

À quoi bon insérer dans un traité une gravure d'animal mal exécutée, qui plus est en l'annonçant ? (fig. 1)

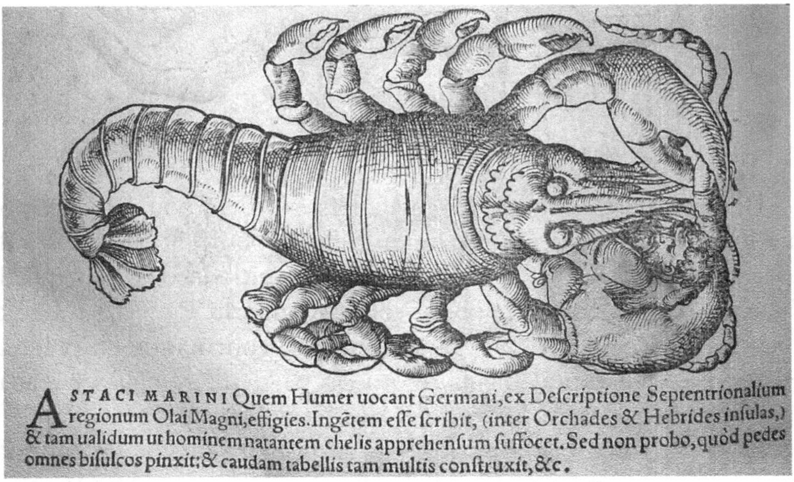

FIG. 1 – « Astacus marinus », Gesner, Conrad, *Historiæ animalium liber IV*, Zurich, Christoph Froschauer, 1558, p. 118. Cliché de l'auteur.

> Figure de l'*Astacus marinus*, que les Allemands nomment *Humer*, tiré de la *Description des régions septentrionales* d'Olaus Magnus. Il écrit qu'il est immense (entre les îles Orchades et Hébrides) et si fort qu'il peut étouffer un nageur pris entre ses pinces. Mais je n'approuve pas cette figure, parce qu'il a représenté toutes ses pattes munies de pinces, et parce qu'il a muni sa queue de tant de plaques, etc.[8].

8 C'est nous qui traduisons.

Il est important de traiter de ce cas rapidement, car là encore il est représentatif et nous place d'emblée dans le registre d'analyse adéquat. Sur quoi la critique de Gesner porte-t-elle ? Il ne s'agit pas ici d'identification ou de mensuration. Gesner accepte sans sourciller de présenter un homard de taille démesurée, c'est la rhétorique qui est ici en jeu : la critique d'une illustration erronée est présentée dans une description argumentée. Il s'agit de « demonstrations par les figures » : l'image est ici partie prenante d'un système d'affirmation et de réfutation. Nous avons montré ailleurs la force de la rhétorique comme agent structurant dans les traités d'histoire naturelle du XVIe siècle[9]. Les images sont impliquées de manière décisive dans ce processus. Belon le dit clairement, et les exemples suivants vont le confirmer.

LES IMAGES ERRONÉES NON SIGNALÉES

Une première catégorie de « maladresses » tient non à des approximations ou à des erreurs zoologiques, mais pourrait être dues à des contraintes de mise en page : gravures mal positionnées si bien qu'elles deviennent peu vraisemblables, comme celle du Pic verd rouge ou Épeiche de Belon (fig. 2), gravure étroite, gourmande en place, et positionnée horizontalement, ce qui est particulièrement gênant en raison de la position du tronc et des branches, exécutés pour être verticaux[10]. Toutefois la position de la gravure du Pic de Muraille (Tichodrome échelette, *Tichodroma muraria*), « espece congneuë de peu de personnes », est correcte (fig. 3). Cela pourrait simplement attester une forme de précipitation du compositeur, inattentif devant les éléments végétaux qui entourent le pic et la sittelle, mais qui ne pouvait manquer de noter la verticalité du perchoir du tichodrome.

9 Belon, Pierre, *Histoire de la nature des oyseaux*, Paris, Guilaume Cavellat, 1555, f. a4r°. Sur l'importance de la rhétorique, voir Glardon, Philippe, *L'Histoire naturelle au XVIe siècle. Introduction, étude et édition critique de* La nature et diversité des poissons *de Pierre Belon (1555)*, Genève, Droz, 2012 ; sur le point particulier de « *nota* », voir *ibid.*, p. 207-240.

10 C'est également le cas pour le Torchepot (Sittelle, *Sitta europæa*, *ibid.*, p. 304).

Le cas amène un autre questionnement, plus large, autour du triangle auteur, dessinateur-graveur, compositeur-imprimeur. Belon aurait sans doute corrigé la position erronée de la première gravure, si c'était lui qui avait pu intervenir. Or quel est, au cas par cas, le droit de regard de l'auteur sur l'élaboration de son ouvrage, le temps imparti à des corrections intermédiaires, la marge de manœuvre financière pour opérer des modifications en cours d'impression ? D'autre part, en amont, en ce qui concerne le passage de l'espèce observée par l'auteur à l'illustration par un artiste tiers, tous les éléments qui composent la gravure du Pic de muraille apparaissent dans le texte, ce qui révèle la manière dont l'illustration a été exécutée, en l'absence manifeste pour l'artiste de tout modèle figuratif : peau, animal naturalisé ou aquarelle préalable. Comme pour nombre d'espèces des Amériques, par exemple, nous assistons ici au processus de reconstitution de l'image sur la foi du verbe, rendue possible à la condition que l'auteur du texte soit digne de confiance.

FIG. 2 – « Pic verd rouge », Belon, *Histoire de la nature des oyseaux*, Paris, Guilaume Cavellat, 1555, p. 301. Cliché de l'auteur.

FIG. 3 – « Pic de muraille », Belon, *Histoire de la nature des oyseaux*, Paris, Guilaume Cavellat, 1555, p. 303. Cliché de l'auteur.

L'emprise potentielle de la description écrite sur la création de l'image sera encore plus évidente si l'on se prête à une petite expérience facile à réaliser : elle consiste à lire la description écrite du Loup marin et d'en imaginer la figure avant de regarder la gravure donnée par Belon (fig. 4). On se fera ainsi une idée du travail du graveur, qui a réalisé son œuvre d'après la description écrite d'un animal né littéralement des bribes d'informations envoyées à Belon par un médecin anglais de ses relations :

> D'autant que les Angloys n'ont point de Loups sur leur terre, nature les a pourveuz d'une beste au rivage de leur mer si fort approchante de nostre Loup, que si ce n'estoit qu'elle se jecte plustost sur les poissons que sur les oailles, l'on le diroit du tout semblable à nostre beste tant ravissante : consideré la corpulence, le poil, la teste (qui toutesfois est fort grande) et la queue fort approchante au Loup terrestre : mais parce que cestuy cy (comme dict est) ne vit que de poisson, et n'a esté aucunement cogneu des anciens, il ne m'a semblé moins notable, que les animaulx de double vie cy dessus alleguez. Parquoy j'en ay bien voulu mettre le pourtraict[11].

FIG. 4 – « Le Loup marin », Belon, *La Nature et diversité des poissons*, Paris, Guilaume Cavellat, 1555, p. 29. Cliché de l'auteur.

La gravure de l'édition latine est accompagnée d'une légende qui mérite d'être citée : « *Quemadmodum ex pictura, quæ nunc tibi proponitur, facile cernes* », « ainsi que tu le percevras facilement grâce à l'image qui t'est offerte maintenant[12] ».

Peu importe si le résultat visuel confine à l'absurde : le Loup marin, dont on déduit qu'il doit s'agir d'un phoque, devient une espèce d'hyène, que le graveur, pour en signifier les mœurs aquatiques, a représenté marchant sur l'eau, selon un schématisme conventionnel déjà en usage dans les premiers imprimés d'histoire naturelle[13]. La créature obtenue est la somme

11 Belon, *La Nature et diversité des poissons*, Paris, Guillaume Cavellat, 1555, p. 28 (nous soulignons).

12 Belon, *De aquatilibus*, Paris, Charles Estienne, 1553, p. 33.

13 Nous pensons ici par exemple au Lyevre marin de l'*Hortus sanitatis*, représenté comme l'animal terrestre, mais au-dessus de l'eau, figurée avec les mêmes raies horizontales,

d'indices textuels dont la cohérence n'est pas le fruit d'une vérité biologique antérieure. Elle naît de la méthode descriptive, qui n'est pas remise en doute du moment qu'elle est validée par l'auteur, de même que le monstre, tout improbable qu'il apparaisse au bon sens, est accrédité par l'autorité divine, qui a permis son émergence, puis par le médecin autorisé qui dresse le constat de son apparition, à moins qu'une supercherie ne soit dévoilée.

Le texte n'est pas là pour renforcer ou expliciter une image, primordiale dans le déroulement de l'identification. L'image résume le texte ; elle lui est subordonnée, mais en est à la fois la confirmation et la matérialisation. Le verbe latin au double sens selon le contexte, est tout à fait adéquat : *cernere* peut signifier soit « distinguer », « reconnaître *nettement avec les yeux* », soit « distinguer par l'intelligence », ce qui est volontiers un sens cicéronien. Ce n'est pas qu'il y ait ambiguïté entre les rôles respectifs de l'image et du texte : tous deux sont sollicités en même temps et, au gré des informations disponibles, visuelles ou textuelles, l'un prend provisoirement le pas sur l'autre. À ce point de la réflexion, on pourrait émettre un jugement de valeur négatif ; pourtant il faut souligner la complémentarité variable entre l'image et le texte non comme une faiblesse, mais comme une caractéristique intangible de l'heuristique de la Renaissance, dont la justification profonde apparaîtra au fil de notre exposé.

Le second aspect à souligner est l'importance du témoignage écrit. Nous avons déjà mentionné le rôle de la biologie aristotélicienne pour les médecins naturalistes. C'est à la *Rhétorique* du Stagirite qu'il faut faire appel pour saisir le rôle essentiel du témoignage dans la démonstration identificatoire, que ce soit d'une nouvelle espèce que l'on cherche à isoler des espèces connues ou dans le cadre d'une argumentation contradictoire, lorsqu'il y a désaccord avec un confrère sur l'identité d'une plante ou d'un animal. Pline ou Dioscoride, un correspondant ou un médecin de sa connaissance, chacun, vivant ou mort, sera convoqué dans le but d'emporter la conviction, à condition que son autorité soit reconnue. Pour Aristote, les témoignages font partie des cinq types de « preuves extra-techniques ». Or, comme nous venons de le voir, il y a deux sortes de témoins, « les anciens et ceux de fraîche date, les premiers étant les poètes et tous les hommes illustres, dont les jugements sont de notoriété publique, les plus dignes de foi, car incorruptibles » (*Rhétorique* I, 15). Si l'on conteste la

---

Johann von Kaub (Jean de Cuba), *Jardin de santé*, Paris, Antoine Verard, vers 1500, livre IV, f. 111r°.

valeur d'une phrase de Pline ou de Théophraste, les auteurs ne sont pas eux-mêmes en cause : ce sont les artistes ou les traducteurs qui peuvent être pris à partie. Il est inutile, donc, et même contre-productif, de s'en prendre au zèle exégétique des médecins naturalistes : les écrits des anciens sont le soutènement même de l'histoire naturelle, les modèles structurels et philologiques de toute démarche descriptive de l'univers au XVIe siècle.

On lit bien ce tiraillement entre autorités reconnues et imposteurs potentiels dans les remarques de Rondelet, qui hésite à présenter le « monstre leonin » (fig. 5) :

> Le monstre ici pourtrait est perfait animal n'aiant aucunes parties propres pour nager. Parquoi j'ai souvent douté si c'estoit monstre marin. Mais on m'asseure à Rome que tel fut pris en la mer non guieres devant la mort du Pape Paule [*sic*] III, é comme on le m'a baillé par asseurance ainsi l'ai je fait pourtraire. [...] Encore que cette description m'ait esté baillée par gens de scavoir, é dignes de foi, si est ce que je pense que le peintre, i ait adjousté quelque chose. [...] En plusieurs austres monstres é bestes marines, les peintres i adjoustent é ostent beaucoup[14].

FIG. 5 – « Du monstre Leonin », Rondelet, *Histoire entiere des poissons*, Lyon, Macé Bonhomme, 1558, p. 360. Cliché de l'auteur.

14 Rondelet, *Histoire entiere des poissons*, p. 360-361.

Ailleurs, et bien plus fréquemment, l'autorité du texte entraîne des anamorphoses visibles, mais peu préjudiciables à l'identification de l'espèce. Une fois encore, ces modifications du rendu strictement figuratif ne sont pas à juger comme des maladresses : elles sont très symptomatiques du rapport au texte, essentiel en raison des données tirées de l'Antiquité, qui se voient restaurées par les soins des philologues, convaincus que leurs efforts, menés selon une méthode rigoureuse, sont fiables. Au contraire, si la nature est désormais digne d'être observée et dessinée dans toute sa diversité et sa beauté, loin s'en faut que tous ceux qui s'y essaient le fassent avec rigueur et honnêteté. Comme l'écrit Rondelet, les œuvres peintes sont à tout moment susceptibles d'être contaminées, par maladresse ou par malveillance. C'est pourquoi la liberté revendiquée par Léonard de Vinci n'est pas de bon aloi pour les médecins naturalistes auteurs des traités que nous examinons :

> Si le peintre veut voir des beautés [...], il est leur maître et Dieu. Le caractère divin de la peinture fait que l'esprit du peintre se transforme en une image de l'esprit de Dieu ; car il s'adonne avec une libre puissance à la création d'espèces diverses : animaux de toutes sortes, plantes, fruits, paysages, campagnes, écroulements de montagnes, lieux de crainte et d'épouvante, qui terrifient le spectateur, ou encore lieux charmants, suaves et plaisants[15].

Vis-à-vis des illustrations, le rôle du médecin naturaliste est de mettre au point une méthode pour juguler les débordements fantaisistes de toutes origines. Cela explique que la procédure parte autant que possible du texte, lui-même structuré par l'outil de la rhétorique : il s'agit de collationner des « marques », *notæ* en latin, qui sont autant de signes distinctifs disposés par le Créateur à l'usage de l'homme, pour lui permettre de s'y retrouver parmi la confusion des êtres innombrables. De cette façon, les plantes médicinales peuvent être distinguées les unes des autres, les animaux utiles ou comestibles reconnus et identifiés. On observe donc une transposition vers le visuel d'un protocole créé pour le textuel. L'aspect disproportionné de certaines parties du corps des animaux s'explique par là, et véhicule une double symbolique : celle de l'emprise du texte, qui contraint l'image, et celle de l'homme qui prend, par la connaissance, la mesure de la nature mise à sa disposition.

---

15 Léonard de Vinci, *Traité de la peinture*, vers 1485, éd. et trad. A. Chastel, Paris, Berger-Levrault, 1987, p. 89.

Sur les gravures, les « marques » des rapaces sont les serres, souvent disproportionnées, et le Lagopus (Lagopède alpin) a des pieds de lièvre, *stricto sensu* (fig. 6).

FIG. 6 – « *Lagopus* » (Lagopède alpin), Gesner, *Historiæ animalium liber III*, Zurich, Christoph Froschauer, 1555, p. 555. Cliché de l'auteur.

Y a-t-il prééminence du verbe sur l'image ? On serait tenté de le croire au vu des exemples abordés dans cette rubrique, où les indices textuels dictent la composition de tout ou partie de la fabrication du « portrait ». Mais nombreux sont les cas où l'auteur présente l'image, la peau, voire la dépouille, d'un animal « inconnu aux Anciens », dont l'authenticité est toutefois incontestable en vertu de son origine, ou en raison de sa simple présence physique. Dans ce cas, ce sera au discours de s'adapter, d'extirper de l'animal les éléments, les marques qui le distingueront d'autres espèces proches, tout en l'assimilant à un genre déjà connu, au sens aristotélicien. C'est cette tension qui rend l'étude de l'histoire naturelle de la Renaissance passionnante : comment faire face à la profusion des êtres découverts, en particulier en provenance des Amériques, à l'exigence de ranger ces êtres dans le *systema naturæ*, garant de la cohérence du monde, et à la fois satisfaire à la mission chrétienne dont le médecin naturaliste se sent investi ? La catégorie suivante va nous en apprendre davantage.

LES IMAGES REDONDANTES

On le sait, les gravures sont des éléments déterminants dans les frais éditoriaux des traités que nous examinons. Or il existe de nombreux exemples de redoublements d'images qui représentent la même espèce. Cela montre bien que le procédé est considéré comme de première importance, puisqu'il l'emporte sur les contraintes matérielles. Quelques exemples sont nécessaires ici. Le premier nous est fourni par *Balæna*, la baleine, le plus gros animal marin, qui mérite la première place dans les écrits ichthyologiques de Belon, et un long développement chez Gesner. Il existe selon ce dernier, qui suit Rondelet, une *Balæna vera* dont on découvre quatre gravures : une image sobre où l'animal est détouré, et surmonte un harpon ; la seconde montre le cétacé en train d'allaiter un baleineau, et aux prises avec un *orca* (p. 137) ; la troisième, une attaque de bateau de pêche, une scène de dépeçage, et des marins accostant sur une baleine qu'ils prennent pour une île. Enfin la dernière gravure présente des marins qui jouent d'instruments à vent et d'autres qui jettent des tonneaux vides en direction de deux cétacés menaçants, méthodes censées éloigner les monstres (p. 139). Le cas de la baleine illustre une première catégorie d'images superflues : outre le fait que plusieurs planches montrent le même monstre, celles-ci cèdent au pittoresque, voire au dramatique, et font la part belle à des *topoi* de la tératologie, sans doute attendus par le lecteur du XVIe siècle[16]. Mais il y a plus. Le processus s'emballe rapidement, la *balæna* se révèle un monstre polymorphe, et le discours se poursuit à l'entrée *Cetus* ou *Cetaceus*, dont l'intitulé complet est parlant : « *De cetis vel cetaceis piscibus, et beluis marinis in genere*[17] ». Le phénomène se manifeste aussi dans la polysémie : la profusion de monstres, de noms « *ex veteribus* », « *ex recentioribus* », et de provenances géographiques, fait éclater le cadre dans lequel le naturaliste cherche à enfermer les

16 William B. Ashworth cite un cas semblable, celui d'un requin de grande taille, *Canis carcharias* ou *Lamia* (Gesner, *Historia animalium*, 1558, p. 204-210) : « The persistent beast : recurring images in early zoological illustration », *Acta Universitatis Upsaliensis. The Natural Sciences and the Arts. Aspects of Interaction from Renaissance to the 20th Century*, Stockholm, Almqvist & Wiksell International, 1985, p. 46-66.

17 Gesner, *Historiæ animalium liber IIII*, Zurich, Christoph Froschauer, 1558, p. 229-256.

espèces. D'ailleurs, on passe du *cetaceus*, qui correspond à une réalité zoologique, celle des mammifères marins, à *bellua*, « gros animal », voire « monstre », indistinct dans tous les cas. Dans ce long chapitre, les dénominations rigoureuses ne sont plus possibles. Gesner énumère des bribes de descriptions de « *ceti diversi innominati* » (p. 237), et fournit encore quinze gravures en général fantaisistes, mais où l'on reconnaît des fragments anatomiques récurrents, narines tubulaires, dents démesurées, ailerons et queues pisciformes schématiques, visibles jusque chez le morse, « *Bellua binis dentibus* », « *Morz* de nom vulgaire » (p. 250). À force de répétitions, les redondances donnent lieu à une certaine stylisation, qui empêche toute classification définitive. Image et texte sont ici tous deux sur un pied d'égalité, dans leur impuissance à exprimer la puissance créatrice de la nature.

Le cas se présente aussi pour les animaux moins spectaculaires, mais importants en raison de leur place dans l'échelle des êtres, dont chaque groupement (mammifères, oiseaux, animaux aquatiques) est marqué par des espèces dominantes. L'exemple de l'aigle est caractéristique : Gesner en présente une magnifique planche, presque en pleine page, puis trois nouvelles dans ses *Icones* : une première d'un « *Aquilæ genus*[18] », une seconde qui figure une scène de prédation par l'aigle (*ibid.*) et une troisième représentant une « *Figura sive aquilæ sive majoris cujusdam avis* » (p. 5). Il y a là une illustration non seulement de la perception de la puissance reconnue à une espèce-phare, mais aussi de la stratégie du XVIe siècle pour tenter d'en rendre toutes les facettes. Le travail descriptif ne s'arrête pas au terme des *Historiæ* : le médecin zurichois y apporte des compléments, des correctifs, au fil des correspondances avec ses pairs. Le procédé est celui de l'accumulation, à défaut de pouvoir cerner l'animal d'un seul trait. Il y a tout un travail de recherche à faire sur les *accessiones*, *addendæ* et autres *paralipomena*, disposés en fin d'ouvrages, et comme nous l'avons dit, sur les *Icones*, réimpressions parfois enrichies d'additions, dont les exemplaires personnels de Gesner, conservés à la Bibliothèque universitaire de Zurich, sont à leur tour annotés de la main de l'auteur[19]. Non seulement ces *Icones* apportent une part non négligeable d'informations, mais elles font aussi fonction de prolongement, voire d'amplification du travail. La démultiplication

18 Gesner, *Icones animalium* II, Zurich, Christoph Froschauer, 1560, p. 4.

19 Voir Glardon, « Gessner Studies… ».

de l'image, comme le redoublement du texte, sont sans fin. Il faut y voir une manière métaphorique d'exprimer les limites humaines dans quelque tentative que ce soit de cerner la richesse de la Création. En fait, tout se passe comme si Gesner cherchait à abolir les frontières physiques des ouvrages imprimés, à décloisonner les diverses formes du récit naturaliste. L'ampleur, la typographie, l'illustration, la mise en page, tout est disposé pour montrer au lecteur que le travail continue sous tous ses aspects, de recherches, d'échanges, de nouvelles gravures commanditées en permanence. On voit par exemple les *paralipomena* du deuxième volume des *Historiæ* présentés sous forme d'ouvrage séparé, avec frontispice : ils tendent ainsi à gagner leur autonomie[20].

Si l'on prend du recul et si l'on considère le projet gesnérien dans son ensemble et dans son devenir, il sera judicieux de suivre le contenu et le volume des additions. Leur contenu se modifie-t-il ? Entretiennent-elles toujours le même rapport avec le volume principal ? Gagnent-elles en ampleur ? Ou à l'inverse, vont-elles en s'amincissant dans les rééditions ? Ce dernier fait pourrait indiquer un ralentissement du dynamisme dans la prospection des faits de nature, voire une tendance à la sclérose de l'histoire naturelle au cours du XVIIe siècle, qui s'est abondamment servi des écrits du siècle précédent. Mais ces spéculations méritent une recherche qui n'a pas sa place ici. Du vivant de Gesner et sur la fin du XVIe siècle, par contre, une autre évolution est peut-être observable : il semble que, peu à peu, l'accent porte davantage sur les curiosités, les raretés, les espèces exotiques, marquant peut-être une inclination vers la zoologie de cour, qui accompagne la constitution de ménageries, et des collections des *Wunderkammern*, les fameux cabinets de curiosités. Dans sa dédicace à Hans Steiger pour l'*Appendix* du second volume des *Historiæ*, Gesner avance qu'il offre au lecteur les éléments les plus remarquables (« *singula aliquando animalia perigrina* », « *cornua egregia et raritate sua pretiosa* ») tirés des *Historiæ animalium*. En 1605, les êtres de provenance lointaine détermineront la parution d'un ouvrage à part entière, mais que l'on peut considérer comme un *Appendix* de plus aux œuvres de ses prédécesseurs, les *Exoticorum libri decem*, de Charles

20 Le premier frontispice annonce déjà les additions : *Historiæ animalium liber II. de quadrupedibus oviparis. Adjunctæ sunt etiam novæ aliquot figuræ, in primo libro de quadrupedibus viviparis desideratæ, cum descriptionibus plerunque brevissimis : item oviparorum quorundam appendix.* Le titre de l'*appendix* est le suivant : *Appendix historiæ quadrupedorum viviparorum et oviparorum*, Zurich, Christoph Froschauer, 1554.

de L'Écluse, lui-même proche de Rondelet et éditeur d'un ouvrage de Belon[21]. Ainsi le principe de l'empilement des additions transcende les limites des ouvrages et les individualités des médecins naturalistes.

IMAGES ABSENTES

À l'inverse, certaines espèces nommées dans le texte ne sont pas du tout représentées. Si paradoxal que cela puisse paraître après ce que nous venons d'évoquer, ce cas en est pourtant complémentaire. Il existe une telle multiplicité d'êtres que toute tentative d'en épuiser la liste serait non seulement oiseuse, mais aussi presque sacrilège, dans la mesure où elle impliquerait une limitation du pouvoir divin. La rhétorique vient alors au secours du naturaliste, là où la représentation graphique est impossible. L'énumération est un bon procédé pour laisser imaginer la profusion naturelle. La *copia* verbale est mimétique de l'abondance des êtres. Légitimé par l'autorité de Pline l'Ancien, Rondelet reprend l'inventaire spectaculaire des coquilles de l'*Histoire naturelle* :

> Le mot Concha est pris par Pline en general pour toutes sortes de coquilles, [...] desquelles Nature se jouant ha fait une grande varieté, en tant de diversité de couleurs, et de figures. Aucunes sont plates, aucunes sont creuses, aucunes sont longues, aucunes faites en croissants, aucunes toutes rondes, les autres à demi, les autres bossües, les autres lizes, les autres ridées, les autres dentelées, les autres canelées, les autres tournées en vis. Des autres le bord est jetté en dehors en pointe, en aucunes replié par le dehors, en d'autres replié par le dedans. Elles sont aussi deschiquetées en diverses sortes. Aucunes par raies, les autres en façon de cheveleure, les autres crespées ou regredillées, les autres undées en façon de tuiles creuses les unes sur les autres, les autres bigarrées en façon de rets ou de treillis. Aucunes estendues tout droit, les autres obliquement, aucunes serrées et pressées, les autres alongées, les autres courbées, les autres attachées, d'un court lien, les autres tout le long d'un costé, les autres asses ouvertes pour en sonner, les autres tortües pour en corner[22].

21 L'Écluse, Charles, *Exoticorum libri decem, quibus Animalium, Plantarum, Aromatum, aliorumque peregrinorum fructuum historiæ describuntur. Item Petri Belonii Observationes, eodem Carolo Clusio interprete*, Anvers, Plantin-Raphelingen, 1605.

22 Rondelet, *Histoire entiere des poissons* II, p. 11-12.

Il est évident que, pour une raison elle aussi rhétorique, il ne saurait être question de tout évoquer, même dans une simple énumération : une des limitations que l'homme apporte à son entreprise descriptive se justifie par la nécessité de ménager le plaisir de la lecture, qui pourrait s'émousser au contact de listes trop répétitives. La *copia* n'est donc pas toujours de bon aloi et c'est à l'auteur de rendre son texte équilibré, en faisant des choix judicieux. Belon le déclare à propos du Loup marin, dont nous avons fait la connaissance plus haut, certaines espèces sont indispensables :

> On ne peut passer outre ici ni la description ni le portrait du Loup marin, même si rien n'a été livré à son sujet par les anciens à ce jour, pour autant que je le sache. Cependant l'apparence de ce pillard, ou de ce monstre marin, est si remarquable et si différente du poisson nommé Loup [de mer], qu'une description propre m'a paru avoir sa place ici[23].

En quelque sorte, on joint l'utile à l'agréable en proclamant les restrictions à ses ambitions. Il est intéressant aussi de constater la même humilité devant la perfection jusque dans les moindres détails, avant qu'ils ne deviennent accessibles grâce au microscope :

> Si tu luy ouvres la bouche, et contemple chasque chose par le menu, tu trouveras tant de petits secrets, pellicules, autres petits fatraz, qu'en despit de toy diras que l'artifice de nature est quasi incredible[24].

Étrangère à notre idée de la classification élaborée par Linné, la hiérarchie naturelle des êtres rend également non pertinent le projet d'un inventaire complet des créatures existantes. Si certains êtres dominent les autres, jusque dans la société humaine, d'autres, à l'opposé, sont insignifiants jusque dans leur mode de reproduction, par génération spontanée :

> Aux estangs de mer naissent des Pouls, comme en la mer, qui tourmentent les poissons, ne differens en rien de ceux de mer. Y naissent aussi des Puces, comme celles de mer, et des petits vers, comme aux eaux douces[25].

---

23 « *Non prætermittenda hoc loco lupi marini pictura ac descriptio ; de quo, etsi a veteribus nihil, quod sciam, hactenus traditum fuerit ; tam insignis est tamen ejus, sive prædonem, sive monstrum marinum dicere volueris, forma a Labrace longe diversa, ut particularem sibi descriptionem promereri videatur* », Belon, *De aquatilibus*, p. 33.

24 Belon, *La Nature et diversité des poissons*, p. 375.

25 Rondelet, *Histoire entiere des poissons* p. 99.

Indistincts, indifférenciables, leur pullulation n'est pas vaine, Dieu ne peut pas produire quelque chose d'inutile. Elle démontre la force vitale de la nature. Par contre, les représenter n'amène rien au propos.

Si l'on en revient au texte, les médecins naturalistes évoquent explicitement la difficulté à traiter de la profusion des êtres, qui implique une triple contrainte, structurelle, esthétique et théologique ; là encore, la rhétorique vient au secours de l'auteur. L'hyperbole est la figure de style la plus adéquate pour qualifier l'abondance des êtres :

> Il y a plusieurs autres bestes marines à nous inconneües, hors mis que de nom, comme Beliers, Elephans, Pantheres, Melanthyus, Hyenes, Roües, Dromons, é autres infinies[26].

Dans ces conditions, l'image n'a plus lieu d'être.

IMAGES GÉNÉRALISANTES

Il faut donc savoir mesure garder : une image peut résumer toutes les autres. Parmi toutes les merveilles « infinies » de la Création, célestes, terrestres et maritimes, les plus nombreuses étant ces dernières, Rondelet choisit un exemple qui prend une fonction emblématique et métonymique, l'extraordinaire *Stella arborescens*[27]. Ce recours à l'image généralisante se retrouve chez Belon à propos des plus petits oiseaux :

> Qui coucheroit le portrait d'un oysillon, pourroit facilement le faire tenir à trente autres, moyennant qu'on y adjoustast les couleurs propres : car touts ont quasi les jambes, ongles, yeux, becs et plumes de mesmes : et n'apparaissoient differents à la veuë, qu'en la seule couleur[28].

Notons au passage qu'on identifie ici une problématique picturale fondamentale de la Renaissance, la querelle du trait et de la couleur,

---

26 *Ibid.*, p. 99-101.

27 « *Immensa et summa admirabilis Dei potentia atque solertia in rebus cælestibus, iisque quæ in aëre et terra fiunt, maxime vero in mari, in quo tam variæ et stupendæ rerum formæ conspiciuntur, ut quarendi et contemplandi nullusquam futurus sit finis. Harum exemplum esse potest, quod hic propono* », Rondelet, *Libri de piscibus marinis*, Lyon, Macé Bonhomme, 1554-1555, II, p. 121.

28 Belon, *Histoire de la nature des oyseaux*, f. ã4r°.

développés par les théoriciens de la peinture, Vasari, Cennino Cennini, Giovanni Lomazzo, largement analysée par les historiens de l'art[29]. Dans les limites de notre sujet, contentons-nous de rapprocher la position de Belon de celle, néo-platonicienne, selon laquelle le dessin transmet l'essentiel, l'Idée, tandis que la couleur secondaire, cosmétique, reste du domaine de l'apparence. Il y a là coïncidence avec la notion d'échelle naturelle évoquée plus haut : les espèces dominantes, significatives, sont caractérisées sans équivoque par les « marques » diagnostiques, reproductibles au trait, au contraire des espèces moindres, qui varient peu, si ce n'est au niveau des coloris[30].

Là encore, on le voit, notre conception de l'image scientifique est inadéquate pour évaluer la complexité du processus descriptif de la nature, partagé, tiraillé même entre le recours à l'image et celui qui est fait au texte. La tension est perceptible à tous les niveaux d'analyse : à celui des équivoques terminologiques entre les deux approches ; dans les contentieux théoriques et techniques, par exemple entre Fuchs et Mattioli, ou Rondelet et Salviani[31] ; autour de la reproduction des planches, de l'échelle adéquate, du passage en couleur, de la qualité d'exécution des trames pour rendre les volumes ; et jusque dans les controverses sur l'agencement général des ouvrages. La quête du vrai en tant qu'œuvre divine, et sa mise en forme de manière séduisante, pour être convaincante, telles sont les deux contraintes parfois contradictoires qui sous-tendent toute la stratégie descriptive des médecins naturalistes :

> Qui enseigne de bien dire toute chose qu'on saurait mettre en avant avec grand apparat, magnificence, ornement et abondance de parolles. Il ne faut point penser, que personne sans ses deux puisse bien é eureusement aquerir la connaissance de toutes autres choses, en bien dire, ou coucher par escrit ce qu'il en pense[32].

---

29 Cennini, Cennino, *Traité de la peinture*, éd. C. de Tambroni, Paris, Renouard, Lille, éd. L. Lefort, 1858, rééd. en fac-similé : Maxtor France, 2012 ; Lee, Rensselaer Wright, *'Ut Pictura Poesis'. Humanisme et théorie de la peinture* : XVe-XVIIIe *siècles*, Paris, Macula, 1991 ; Alberti, Leon Battista, *De Pictura (1435), De la Peinture*, éd. J.-L. Schefer et S. Deswarte-Rosa, Paris, Macula, 1992.

30 « Qui coucheroit le portrait d'un oysillon, pourroit facilement le faire tenir à trente autres, moyennant qu'on y adjoustast les couleurs propres : car touts ont quasi les jambes, ongles, yeux, becs et plumes de mesmes : et n'apparaissoient differents à la veuë, qu'en la seule couleur », Belon, *Histoire de la nature des oyseaux*, f. ã4r°.

31 Voir Glardon, *L'Histoire naturelle au* XVIe *siècle*, p. 95-103.

32 Rondelet, *Histoire entiere des poissons*, Preface, f. a3v°.

Pour terminer, relisons une citation de Belon, reprise à l'envi par les historiens des sciences désireux de saluer ce qu'ils considèrent comme le passage à la prépondérance de l'image en histoire naturelle :

> Il n'y a description ni portrait d'oyseau en tout cest œuvre qui ne soit en nature, et qui n'ait esté devant les yeux des peintres[33].

En apparence, cette déclaration est proche de celle de Buffon dans le rapport qu'elle instaure entre l'image, le texte et l'animal reproduit, dans sa revendication d'immédiateté avec la réalité. Mais comprenons-la bien. Le principe affirmé n'est pas que les peintres peignent directement d'après nature, car à son habitude, Belon use d'une réduplication, *description* et *portrait*, selon une pratique bien étudiée de la Renaissance, et qui est à mettre en relation avec un complexe des auteurs face au latin[34]. Il faut bien comprendre *description* et *portrait* comme un duo synonymique de termes substitutifs, relatifs à l'approche de la nature par le verbe. Ainsi le peintre n'intervient que dans un second temps, une fois les termes significatifs de l'animal ou de la plante dûment attestés. La médiation de l'écrit est essentielle : toute la panoplie des stratégies rhétoriques, métaphore, synecdoque, *copia*, hyperbole, comparaison, servent à convaincre le lecteur de la pertinence du propos. Mais ils doivent surtout être reconduits dans le traitement de l'image, car ils fonctionnent, dans une forme de mise en abyme, comme une reconduction, une *peinture*, métaphorique à son tour, de la rhétorique naturelle, l'harmonie divine, *lisible* au sens strict du terme dans la nature.

Philippe GLARDON
Université de Lausanne

33 Belon, *Histoire de la nature des oyseaux*, f. a4r°.

34 Buridant, Claude, « Les binômes synonymiques. Esquisse d'une histoire des couples de synonymes du Moyen Âge au XVIIe siècle », *Bulletin du Centre d'Analyse du discours*, n° 4, 1980, p. 5-79 ; Billotte, Denis, Brossel, Philippe, Hicks, Éric, « Jean de Meun lexicographe : usage de la réduplication synonymique dans deux traductions », *Traduction, transposition, adaptation au Moyen Âge, Bien dire et bien aprandre*, t. 14, 1996, p. 141-157.

« DILIGEMMENT CONTEMPLER »

L'histoire entiere des poissons, de Guillaume Rondelet

Guillaume Rondelet est l'auteur du traité sur les poissons le plus exhaustif et le plus détaillé de la Renaissance et qui constitue l'une des contributions les plus significatives à l'humanisme expérimental et à l'ichtyologie moderne[1]. Recensant près de trois cents espèces de poissons, de mammifères marins et de formes de vie aquatique diverses[2], les deux parties constitutives de ce traité, les *Libri de piscibus marinis* (*Livres des poissons de mer*) et l'*Universæ aquatilium historiæ pars altera* (*Seconde partie de l'histoire universelle des animaux aquatiques*), furent publiées respectivement en 1554 et 1555[3]. Le traité parut également en français en 1558 sous le titre

1 Sur la vie et l'œuvre de Rondelet, voir Dulieu, Louis, « Guillaume Rondelet », *Clio Medica*, n° 1, 1965, p. 89-111. Sur sa contribution à l'ichtyologie, voir la préface de Meunier, François et D'Hondt, Jean-Loup à la réédition en fac-similé de la traduction française de son traité, Guillaume Rondelet, *Histoire entière des poissons*, Paris, Éditions du CTHS, 2002, p. 7-26. Sur sa contribution aux sciences de manière plus générale et notamment à l'histoire naturelle et à la botanique, voir Planchon, Jules-Émile, *Rondelet et ses disciples ou la botanique au XVIe siècle*, Montpellier, Boehm et fils, 1866 ; Belin-Milleron, Jean, « Les naturalistes et l'essor de l'humanisme expérimental (fin du XVIe, début du XVIIe siècle) de Rondelet au conseiller Peiresc », *Revue d'histoire des sciences et de leurs applications*, t. 5, n° 3, 1952, p. 222-233 ; Delaunay, Pierre, *La Zoologie au seizième siècle*, Paris, Hermann, 1963 et Glardon, Philippe, *L'Histoire naturelle au XVIe siècle. Introduction, étude et édition critique de* La nature et diversité des poissons *de Pierre Belon (1555)*, Genève, Droz, 2011.

2 Rondelet surpasse ainsi ses deux prédécesseurs, Salviani, Ippolito, *Aquatilium animalium historia*, Rome, Ippolito Salviani, 1554, et Belon, Pierre, *Histoire naturelle des estranges poissons marins*, Paris, Regnaud Chaudiere, 1551 ; *De aquatilibus libri duo*, Paris, Charles Estienne, 1553. Ces trois ouvrages décrivaient respectivement 92, 109 et 112 espèces marines (Dulieu, « Guillaume Rondelet », p. 105). Pour Cuvier, la supériorité de Rondelet n'est pas seulement quantitative : « L'ichtyologie de Rondelet parut de 1554 à 1555. C'est la plus parfaite, sans comparaison ; les dessins sont meilleurs et les espèces plus nombreuses que dans les deux autres. L'exactitude de ses figures est même étonnante, quoique gravées sur bois, et par conséquent manquant un peu de finesse », Cuvier, Georges, *Histoire des sciences naturelles depuis leur origine jusqu'à nos jours chez tous les peuples connus*, Paris, Fortin, Massons et Cie, 1841, t. II, p. 78.

3 Louis Dulieu (« Guillaume Rondelet », p. 103) prétend que le traité latin serait la traduction d'un original en langue vernaculaire perdu. La page de titre des deux parties attribue cependant clairement le traité latin à Rondelet, de même que le privilège d'imprimer

d'*Histoire entiere des poissons*, dans une traduction anonyme faite avec l'accord de Rondelet et sans doute revue par lui[4]. Ce traité d'ichtyologie en deux parties constitue la première grande compilation de l'âge moderne sur les poissons et les animaux aquatiques, en raison de la finesse des observations autant que du réalisme des gravures donnant à voir « leurs pourtraits au naïf ». Dans sa préface, Rondelet revendique d'ailleurs l'observation directe comme fondement de sa démarche, en insistant sur la nouveauté d'une telle exigence épistémologique désormais incontournable et comparable à l'autopsie prévalant dans l'écriture de l'histoire depuis Thucydide. Comme le docteur régent de Montpellier s'en explique dans sa préface, après avoir réuni tous les poissons qu'il a pu trouver dans le Languedoc, en France et en Italie, il a procédé à leur minutieuse observation et dissection :

> *dissecui, internas et externas partes diu multúmque sum contemplatus [...] ita expressimus, ut non solùm eos, qui his libris dipinguntur, sis cogniturus, sed etiam ad aliorum omnium qui sese offerent notitiam*[5].

(octroyé pour le traité d'ichtyologie, le *De formis remediorum*, un commentaire à Dioscoride et le *De officina pharmacopolorum*) concède au médecin l'exclusivité de la publication de ces titres tant dans leur langue originale qu'en traduction française, ce qui revient à faire de l'édition latine la version originale. Par ailleurs, Laurent Joubert, disciple de Rondelet, dans la biographie qu'il consacre à son maître, lui attribue sans hésitation le traité ichtyologique dont il considère aussi l'édition latine comme la version originale : « *Anno 1554. in lucem emisit piscium historiam, opus elaboratissimum, et maximo cum labore, nec minori impensa, absolutum* » (« En 1554, il publia son histoire des poissons, ouvrage très élaboré et achevé au prix de beaucoup de travail et de dépenses »). Il ajoute, du reste, que le maître a dicté son ouvrage à deux secrétaires et disciples, Charles de l'Écluse et Jean des Moulins : « *Usus est multos annos manu Caroli Clusi (hodie maximi nominis viri) in conscribenda piscium historia : cui tandem extremum addidit ornatum Joannes Molinæus, insignis hodie medicus* » (« Il a employé comme secrétaire pendant de nombreuses années Charles de L'Écluse, homme aujourd'hui de grande réputation, pour la rédaction de son histoire des poissons, à laquelle, à la toute fin, Jean des Moulins, aujourd'hui médecin distingué, apporta la dernière touche »), « *Gulielmi Rondeleti Vita, Mors, et Epitaphia, cum catalogo scriptorum ab eo relictorum, que ad D. Jouberti manus pervenerunt* », *Laurentii Jouberti Valent. Delphin. Regii Medici, Academiæ Monspeliens. Regii Protodidascali, Cancellarii, et Judicis, Tomus secundus : Plurimos libros complectens, qui antehac nunquam in publicum prodierunt. Quorum enumerationem septima pagina demonstrat*, Lyon, Stephan Michel, 1582, p. 188 et 191.

4 Le privilège d'imprimer précise que le traité a été traduit en français « par homme expert et à ce bien entendu ». Comme la traduction comporte un poème liminaire de Laurent Joubert sur le portrait gravé de Rondelet, cette traduction lui a parfois été attribuée sans autre argument probant. Pour sa part, Louis Dulieu rejette une telle attribution (« Guillaume Rondelet », p. 103). Enfin, la page de titre de cette traduction précise que le traité a été composé « premierement en Latin par maistre Guilaume Rondelet ».

5 Rondelet, Guillaume, *Libri de Piscibus Marinis, qui quibus veræ Piscium effigies expressæ sunt*, Lyon, Macé Bonhomme, 1554, a6r°. Cette première partie est complétée par une

> « Je les ai ouvers, é decoupés j'ai diligemment contemplé toutes les parties interieures é exterieures [...] é en ai fait traité tel, que non seullement on pourra connoistre par mes livres les poissons qui i sont pourtraicts, mais aussi tous autres qui se pourroient offrir[6]. »

Le présent article étudie la manière dont se manifeste et s'exprime cet idéal d'autopsie de Rondelet, consistant à « voir pour savoir », à la fois dans le rapport entre le texte et l'image, entre l'original latin et sa traduction française, mais aussi entre la vue et les autres sens mis à profit dans l'observation de la vie marine sous toutes ses formes, depuis les poissons proprement dits jusqu'aux mammifères marins, en passant par les crustacés et les insectes qui peuplent les mers, les rivières, les fleuves et les marais. Cette étude permettra d'éclairer les fondements épistémologiques de l'ichtyologie de Rondelet, entre logique et rhétorique, entre voir et contempler, depuis l'invisible jusqu'à l'indicible.

LE DISCOURS DE LA MÉTHODE DE LA « PREFACE SUR TOUT L'ŒUVRE » DE RONDELET

La *Præfatio operis* (« Preface sur tout l'œuvre ») que Rondelet place en tête de son traité se distingue par sa nature programmatique et la manière dont elle met en avant la spécificité et la nouveauté de sa démarche. Ce texte liminaire peut se lire comme un véritable discours de la méthode. Le terme,

---

seconde : *Universæ aquatilium Historiæ pars altera, cum veris ipsorum Imaginibus*, Lyon, Macé Bonhomme, 1555. Toutes les références ultérieures à l'édition originale latine seront précisées dans le corps du texte entre parenthèses et renverront à ces éditions en précisant la partie, le livre, le chapitre et la page.

6 Rondelet, Guillaume, *La premiere partie de l'Histoire entiere des poissons, Composée premierement en Latin par maistre Guilaume Rondelet Docteur regent en Medecine en l'université de Mompelier. Maintenant traduites* [*sic*] *en François sans avoir rien omis estant necessaire à l'intelligence d'icelle. Avec leurs pourtraits au naïf*, Lyon, Macé Bonhome, 1558, a4v°. Cette première partie est suivie d'une autre : *La seconde partie de l'Histoire entiere des poissons, Composée premierement en Latin par maistre Guilaume Rondelet Docteur regent en Medecine en l'université de Mompelier. Maintenant Traduite en François sans avoir rien omis estant necessaire à l'intelligence d'icelle. Avec leurs pourtraits au naïf*, Lyon, Macé Bonhome, 1558. Toutes les références ultérieures à la traduction française seront précisées dans le corps du texte entre parenthèses et reverront à ces éditions en précisant la partie, le livre, le chapitre et la page.

qui apparaîtra dans le titre de ses œuvres médicales, *Methodus curandorum omnium morborum corporis humani* (*Méthode pour soigner toutes les maladies du corps humain*) est employé explicitement par Rondelet qui revendique :

> *universam methodum [...], id est, certam viam atque ratione, et ordinem, quibus veluti manu deducimur ad res singulas inscipiendas.* (1re partie, a5v°)
>
> « une methode universelle, c'est à dire un certain chemin, moien é ordre pour estre mené comme par la main à la science des particuliers. » (1re partie, a3v°)

Cette préface se signale aussi par la place privilégiée qu'elle accorde à la contemplation. En ouverture, Rondelet insiste sur le « magnifique theatre » de la Création qui doit amener l'homme à adorer le Créateur :

> *homo in hoc splendido domicilio, vel potiùs in pulcherrimo theatro collocatus cælum, lumina, stellas, aërem, aquam, terram, plantas, animantia omnia denique mundi corpora, tanta arte condita, tam excellenti ornata specie, tam mirabili harmonia connexa, tant vi prædita, tam pulchro ordine distributa contemplari debet. Primùm ut illustribus testimoniis quocunque oculos circunferat de Deo opifice atque architecto totius hujus operis, summè bono, sapiente, verace, justo, benefico animum confirmet, quò ad eum amandum, venerandum, colendum magis ac magis incitetur.* (1re partie, a5r°)
>
> « l'homme estant mis en ce beau domicile, ou plus tost en ce tresmagnifique theatre, doit contempler le ciel : les estoiles, l'ær, l'eau, la terre, les animaux, les plantes le tout fait de si grand artifice, orné de si excellente beauté, assemblé é composé de si grande harmonie, doué de si grande vertu, tant bien ordonné qu'il n'est possible de plus. E ce premierement afin que en quelque part qu'il jette sa veüe toutes ses choses lui servent de beaux é certains tesmoniages, pour estre toujours asseuré en bonnes opinions de l'ouvrier qui est Dieu, tres bon : tressage, veritable, juste, bien faisant, é estre incité de l'aimer de plus en plus, é l'adorer. » (1re partie, a3r°)

Or, ce n'est pas un hasard si c'est précisément le terme « contempler » que le médecin emploie, dans la conclusion de sa préface, pour décrire sa méthode d'observation des poissons qui ne repose pas uniquement sur l'empirisme, mais qui cherche à confronter l'observation personnelle au discours des Anciens, dans un aller et retour perpétuel entre voir et savoir :

> *Ego contrà magno labore, magna rei familiaris jactura, in nostro litore, in Gallia, in Italia, aliísque in locis pisces diu conquisivi, nonnullos per amicos recuparavi, dissecui, internas et externas partes diu multúmque sum contemplatus. Aristotelis, Theophrastis, Galeni, Athenæi, Oppiani, Aeliani, Plinii testimonia adhibui, ex quorum fide et doctrina pisces ita expressimus.* (1re partie, a5v° et a6r°)

« Je au contraire à grand peine é grands frais ai cherché en nostre mer de Languedoc, en la Gaule, en Italie, et autres lieux, plusieurs poissons, mes amis m'en ont envoié aucuns. Je les ai ouvers, é decoupés j'ai diligemment contemplé toutes les parties interieures é exterieures. Je i ai adjousté les tesmoinages d'Aristote, Theophraste, Galen, Athenée, Oppian, Ælian, Pline, selon la doctrine desquels j'ai nommé é rep[r]esenté les poissons à la verité. » (1re partie, a4r°-v°)

L'ichtyologie, comme elle exige la diligente contemplation du règne aquatique, participe donc de la pieuse contemplation de l'homme incité à adorer Dieu dans les merveilles de sa Création et de ses créatures. Comme nous le verrons, les occurrences de « contempler » et de ses dérivés, bien qu'elles soient peu nombreuses dans la suite du traité, mettent en évidence une forme de connaissance particulièrement riche qui ne repose pas que sur l'observation visuelle. Le binôme synonymique sur lequel s'ouvre le chap. I du livre I du traité est de ce point de vue révélateur, Rondelet visant la connaissance et la contemplation des poissons (« *Cognitionem Contemplationemque piscium* », 1re partie, I, I, p. 1).

La préface se signale aussi par l'accent qu'elle met sur les disciplines complémentaires du *trivium* que sont la logique et la rhétorique, sans lesquelles aucune science n'est possible :

disserendi artem veluti organum seu certam viam, vel ad rectè, ordine, perspicuè docendum, vel ad ea quæ tradita sunt expendenda et ad calculos revocanda, scriptam nobis reliquerunt. Cui vicinam artem adjunxerunt, quæ de omni re proposita, ornatè, copiosè, splendidè adhibitis luminibus orationis docet dicere. (1re partie, a5r°-v°)

« les anciens nous ont lessé un art de bien traiter é debatre des choses, qui nous est comme instrument é certain moien pour bien, de bon ordre, é clerement enseigner toutes choses, considerer é examiner icelles, é distinguer les fausses des vraies. C'est la Logique. Sa prochaine voisine est la Rhetorique, qui enseigne de bien dire de toute chose qu'on sauroit metre en avant avec grand apparat, magnificence, ornement é abondance de parolles. » (1re partie, a3v°)

Même si Rondelet semble ici opposer une logique vouée au contenu et une rhétorique uniquement préoccupée de mise en forme, il est probable qu'il ait aussi à l'esprit la distinction aristotélicienne entre le domaine de la logique qui est le vrai et celui de la rhétorique qui est le vraisemblable. C'est là, nous semble-t-il, un des enjeux fondamentaux de son traité d'ichtyologie, où le discours des Anciens fait figure de vérité et où l'observation personnelle permet ponctuellement des spéculations vraisemblables qui viennent compléter, réfuter et nuancer l'histoire naturelle héritée de l'Antiquité. Or, cette confrontation du savoir des Anciens à l'observation ou à l'absence d'observation de l'historien naturel se formule le plus souvent, sous la plume de Rondelet, par le recours au verbe *video* (« voir »).

LES « POURTRAITS AU NAÏF », SUPPORTS D'UNE NOUVELLE ÉPISTÉMOLOGIE DE L'HISTOIRE NATURELLE

Il serait cependant trompeur et réducteur d'opposer diamétralement le savoir des Anciens au voir de l'historien naturel, comme si l'expérimentation et la description *de visu* se limitaient à confirmer le savoir de l'Antiquité, alors qu'elles permettent souvent de le nuancer, de le compléter, voire, dans de rares cas, de l'infirmer. Si, le plus souvent, le voir renforce et confirme le discours zoologique des Anciens, il est alors implicite. Il se manifeste par la série de *veræ Piscium effigies*, « pourtraits au naïf » que revendique le sous-titre du traité. Ces gravures qui illustrent systématiquement chaque entrée du traité – à quelques exceptions près sur lesquelles nous reviendrons – apportent la preuve ultime de la validité du savoir rapporté. Tel poisson existe bel et bien, car il a été observé et en voici la représentation. Ces quelque trois cents gravures permettent de faire le pont entre le savoir livresque et la réalité observable et rendent possible une double lecture du traité. Le lecteur peut en effet consulter l'*Histoire entiere des poissons* pour voir à quels *res* les *verba* des Anciens correspondent en matière d'ichtyologie. À l'inverse, il est aussi possible de partir du monde empirique et d'utiliser le traité de Rondelet pour nommer et identifier tel poisson pêché ou observé, et cela, sans aucune « reverence de l'antiquaille ». Le médecin de Montpellier revendique du reste cette nouveauté d'un traité qui puisse servir de guide d'identification ou de dictionnaire visuel avant la lettre :

> *ita expressimus, ut non solùm eos, qui his libris dipinguntur, sis cogniturus, sed etiam ad aliorum omnium qui sese offerent notitiam, via tibi sit munita.* (1re partie, a6r°)

« j'ai fait un traité tel, que non seullement on pourra connoistre par mes livres les poissons qui i sont pourtraicts, mais aussi tous autres qui se pourroient offrir, les reduisant aux genres declarés, é selon iceux : le reconnoissant. » (1re partie, a4vo)

Le primat de la vue et de l'observation passe donc par ces gravures sur lesquelles le discours prend constamment appui. Du reste, plusieurs entrées mentionnent explicitement ces gravures qui illustrent et complètent la description, en donnant justement à voir au lecteur. Ainsi, à propos du flétan inconnu des Anciens, Rondelet lui donne le nom d'*Hippoglossum*, car il s'agit d'un poisson surpassant en taille toutes les autres soles, auxquelles il est apparenté. Pour mieux marquer cette parenté, le texte renvoie à la gravure :

Hippoglossum vocamus buglossi speciem, quam Galli flettan *appellant [...] veteribus enim incognitus fuit, Oceani tantùm accolis notus. Hippoglossum igitur à nobis vocatur, quod buglossa omnia magnitudine superet. Græci enim rei magnitudinem indicant βου et ἱππο particulis [...]. Quod autem buglossi species sit hippoglossum nostrum, nemo est qui non statim primo aspectu judicet.* (1re partie, XI, XVI, p. 325)

« Nous appellons *Hippoglossum* ceste espece de Sole, qu'en France on nomme Flettan, inconneu aux anciens, ains seulement aux voisins de l'Occean. [...] Je l'ai nommé *Hippoglossum*, comme surmontant de grandeur toutes les especes de Sole, car *ἱππο* en composition signifie grandeur. Que ce soit espece de Sole, on le voit à la figure. » (1re partie, XI, XV, p. 261)

Il arrive même que la gravure fournisse l'essentiel de la matière d'une notice. Ainsi, Rondelet consacre une entrée à la « Raie piquante dessus é dessous », où il emploie la formule la plus usitée sous sa plume pour renvoyer à une illustration, à savoir *hîc depictus/a/um*, « ci pourtrait/e » :

Raia quæ hîc depicta est, in supinum conserva proximè descriptæ omnino similis est, nisi quod illa parte tantùm prona aculeos frequentissimos habet, hæc non solùm prona sed etiam supina, tota aculeis peracutis ita horret, ut manu tolli non possit, nisi pinnulis caudæ apprehensis. Hæc causa fuit cur supinam depinxerim, tum ut hujus, ita aliarum raiarum partes supini situs cognoscerent studiosi, scilicet, oris, narium, foraminum branchiarum, podicis, duorum vulvæ foraminum, formam et situm. (1re partie, XII, XVIII, p. 357)

« La Raie ci pourtraite est tournée à la renverse semblable du tout à la derniere, fors que la derniere est toute semée de pointes par le dessus, ceste ci dessus é dessous est tant pleine d'eguillons que on ne la pourroit toucher ne lever si non par les pinnules de la queüe. Voilà pourquoi je l'ai fait pourtraire à

> la renverse, aussi àfin que on conneut les parties de dessous de ceste Raie, é de toutes les autres, la bouche, les narines, les trous des ouies, le trou des excremens, les deux trous de la matrice, é leur forme é situation. » (1re partie, XII, XVII, p. 284).

Ces mentions de ce qu'il faut voir dans les « pourtraits au naïf » en regard sont cependant l'exception. Le plus souvent, l'invitation à voir ce qui est décrit dans la gravure reste implicite et l'illustration tient lieu de description détaillée de la morphologie extérieure du poisson, le texte se concentrant davantage sur ce qui ne peut pas être vu sur la gravure : les parties internes, l'alimentation, la reproduction, le comportement, etc.

« J'AI VEU » : RONDELET TÉMOIN OCULAIRE DU SAVOIR ICHTYOLOGIQUE

La vue est sans conteste le sens le plus sollicité dans l'*Histoire entiere des poissons*, et cela par-delà les gravures. Dans la première partie de son traité, Rondelet insiste sur l'importance d'étudier la vie aquatique de manière à en connaître aussi bien la forme que la nature. Au reste, le médecin propose une classification des poissons qui se fonde sur les différences d'habitat, d'alimentation, de morphologie, d'anatomie et de reproduction, dans l'appréciation desquelles la vue reste le sens primordial. D'autres sens sont également mis à profit, en particulier l'odorat et le goût, nous y reviendrons. La prééminence de la vue explique la récurrence de formules comme *videtur*, « on voit » ou « il se voit », qui n'ont qu'un intérêt limité dans la mesure où la voix passive ou le pronom indéfini empêchent de conclure à une observation de l'historien naturel lui-même. Plus intéressants sont les cas où Rondelet avance des observations personnelles en utilisant la formule *vidi* ou *vidimus* (« j'ai veu »). On en trouve plusieurs dizaines d'occurrences dans l'ensemble des deux parties du traité. Il est évidemment exclu de les étudier ici de façon systématique ou exhaustive, tant elles sont nombreuses. Nous nous contenterons plutôt d'en présenter les principaux types, en regroupant les exemples.

Les observations les plus curieuses sont assurément celles qui revêtent une dimension pour ainsi dire synesthésique, en associant la vue et l'ouïe. Ainsi, Rondelet explique que la tortue de mer, tout autant que la tortue de terre, a un cri qui lui est propre et que ce cri est en fait une sorte de soupir :

> *[Testudo marinarum] perexiguum tamen et abruptum sonum edit, ut scribit Aristoteles, qui terrestri tantùm id tribuere videtur. Quin et manifesta suspiria emittit marina, id quod in ea expertus sum, quam domi alui, quum diutius extra aquam moribundam detinerem.* (1re partie, XVI, III, p. 445-446)

> « Ceste Tortue de mer jette un petit son é confus, jaçoit que Aristote le die seulement de la Tortue de terre. Elle jette aussi des souspirs, comme j'ai veu é oui en une que j'ai nourri é veu mourir en ma maison. » (1re partie, XVI, II, p. 338)

On voit ici le choix fait par le traducteur qui rend le verbe polysémique *experior* (« faire l'expérience de ») par « voir et ouïr », la vue venant confirmer la source de ce qui est entendu. C'est bien la tortue elle-même qui émet ces curieux soupirs. On trouve un cas similaire avec l'exocet, dont le nom grec vient de ce qu'il « sort en terre pour dormir » et de fait, Rondelet assure que non seulement ce poisson existe bien en Arcadie mais aussi « en notre mer » où il l'a « veu ronfler dans les rochiers » (1re partie, VI, XV, p. 165). Si l'on peut hésiter sur le sens à donner au verbe, le latin ne laisse aucun doute et cette fois c'est bien le verbe *videre* qui est employé, mais dans une construction participiale qui rend moins absurde qu'il n'y paraît l'idée de voir un exocet en train de ronfler et qui suppose de voir et d'entendre simultanément : « *in saxis stertentem aliquando viderimus* » (1re partie, VI, XV, p. 193).

D'autres observations à la première personne renvoient à des poissons disséqués conformément à la méthode préconisée dans la préface. Ces remarques font état de ce que le naturaliste a pu observer dans les parties internes et de ce qu'elles révèlent de l'alimentation ou de la reproduction des espèces décrites :

> *[Merula] vescitur musco, alga, pisciculis, cancris, echinis parvis et integris, cujus rei testes oculati sumus : id enim aliquoties ex ejus dissectione deprehendimus.* (1re partie, VI, V, p. 173)

> « [Le Merle] se nourrist de mousse, de petits poissons, d'herissons de mer, comme nous avons veu, é trouvé souvent en son estomac. » (1re partie, VI, V, p. 148-149)

> *Adhæc cùm permultas [Channas] viderimus, et dissecuerimus, omnes vulvas habere comperimus et sæpius ovis, sed non multis plenas quod omnes fæmine sint.* (1re partie, VI, IX, p. 184)
>
> « J'ai veu é decoupé plusieurs tels poissons [= Serrans] é en tous ai trouvé une matrice le plus souvent pleine d'œufs, à cause que tous sont femelles. » (1re partie, VI, IX, p. 158)

> *Qui in purioribus litoribus degit, et pisciculis vescitur (nam in ventriculo melanuri pisiculos sæpe invenimus) is magis probandus.* (1re partie, V, VI, p. 127)
>
> « Celui [= le Nigroil] qui vit aux eaux nettes, é qui mange des menus poissons, comme nous leur en avons veu souvent en l'estomac, il est le milieur. » (1re partie, V, VI, p. 117)

> *Sed ei uni ex omnibus hæc maxime convenire videtur, quem sæpe in Picardia vidi observavique. Illic vocatur* Rosiere *[...]. Quamlibet parvi capiantur semper ovis gravidi sunt.* (2de partie, De piscibus fluviatilium, XXVIII, p. 205)
>
> « Vous les [= les œufs] trouverés ainsi principalement en un petit poisson, que j'ai souvent veu en Picardie, où on l'appelle Rosiere [...]. Quelques petits qu'on les prenne, on les trouve tousjours pleins d'œufs. » (2e partie, « Poissons de riviere », XXV, p. 149-150)

Rondelet met aussi en avant ses observations personnelles, lorsqu'il s'agit de donner les dimensions des poissons décrits, surtout lorsqu'elles sont telles qu'elles apparaîtraient incroyables sans le témoignage oculaire du naturaliste :

> *Vidi equidem in Santonico litore lamiam, cujus os guláque tanta erant vastitate, ut hominem etiam obesum capere posset. Magnarum itaque lamiarum os si hians servetur, reliquo corpore contecto canes ventriculum facilè subeunt piscium reliquias voraturi.* (1re partie, XIII, XII, p. 392)
>
> « J'ai veu Lamie en Saintonge de gorge si grande qu'un home gros é gras aisément i fut entré, tellement que si avec un baillon on leur tient la bouche ouverte les chiens i entrent aisément pour manger ce qu'ilz trouvent dans l'estomac. » (1re partie, XIII, XI, p. 306)

> *Est omnium cancrorum maximus, vidi ex oceano cancrum mæam cujus latitudo palmum majorem superabat, longitudo ad semicubitum accedebat.* (1re partie, XVIII, XIIII, p. 560)
>
> « Il [= Cancre Mæas] devient fort grand. J'en ai veu de la mer Occeane un large d'un grand empan, long d'une demie coudée. » (1re partie, XVIII, XI, p. 401)

> *Vidimus enim hippoglossum quatuor cubitos longum.* (1re partie, XI, XVI, p. 325)
>
> « J'ai veu Flettan long de quatre coudées. » (1re partie, XI, XV, p. 261)

> *Vidimus Oceani rhombum quinque cubitos longum, latum quatuor, spissum pedem unum.* (1re partie, XI, II, p. 311)
>
> « J'en ai veu Turbot long de cinq coudées, large de quatre, espés d'un pied. » (1re partie, XI, I, p. 247)

> *Vidi equidem balænæ mentulam tantam quæ etiam à procero homine humeris gestata, utrinque terram contingeret, unde quanta sit, cùm balænæ libidine concitatæ feruntur, conjicere oportet.* (1re partie, III, XXII, p. 74)
>
> « J'ai veu membre de Balene tant grand, qu'estant porté d'un haut home sur l'espaule, de ça é de là touchoit à terre : d'ou pouves penser combien grand il est, quand esmeuës d'envie de se coupler, suivent les femelles. » (1re partie, III, XXII, p. 71)

L'historien naturel emploie également le témoignage oculaire lorsqu'il précise l'endroit où il a observé telle ou telle espèce de poisson. Il s'agit d'un élément important, puisque l'habitat du poisson joue un rôle déterminant et suffit à ce que deux individus de la même espèce présentent des différences importantes précisément parce qu'ils proviennent de milieux distincts. Apparaît ici une véritable géographie ichtyologique des aires d'observation du médecin de Montpellier, ainsi que les marchés aux poissons qu'il a fréquentés, qui embrassent en vérité une bonne partie de l'Europe occidentale :

> *Vidi [Salamandras aquatiles] aliquando non procul à Montepelio, vidi etiam frequentes in Vincentino agro.* (2e partie, « De amphibiis », III, p. 230)
>
> « J'en [= des Salamandres d'eau] ay veu souvent pres de Montpellier. J'en ay veu en Italie a l'entour de Vincence. » (2e partie, « Des animaux vivans partie en l'eau partie en la terre », II, p. 172)

> *Capitur [cancer flavus, sive undulatus] circa Antipolim et Lerinum insulam, nec uspiam similes vidi.* (1re partie, XVIII, XIX, p. 565)
>
> « Ceux [des Cancres jaunes ou undés] que j'ai veu de ceste sorte ont esté pris pres Antibe, é à l'entour de l'isle S. Honorat de Lerins. » (1re partie, XVIII, XVII, p. 405-406)

> *Alius multò major [Orthragoriscus, sive Luna piscis] ex Magalonensi sinu ad me delatus est.* (1re partie, XV, VII, p. 427)

« J'en ai veu un autre [poisson Lune ou Mole] pris pres Maguelone. » (1re partie, XV, VI, p. 328)

Existimant quidam salpam piscem eum esse, qui à Germanis stok fisch dicitur, ea moti ratione, quòd stok fisch baculo tundatur, priusquam coquatur [...]. Quo nomine piscem omnem sale conditum, et in fumo, vel in aëre exiccatum appellant, ut raias, soleas, passeres, rhombos, aliósque permultos Quorum mirabilem copiam Antverpiæ vidi, in aliquot tabernis mercatorum. (1re partie, V, XXIII, p. 155)

« Stockfisch en Alemant c'est à dire poissons de baston, que l'on bat avec un baston devant que le metre cuire, soubs lequel nom sont compris plusieurs poissons salés é sechés à l'ær, ou à la fumée, comme Raies, Soles, Plies, Turbots, é autres semblables desquels j'en ai veu à Anvers une quantité admirable aux magasins des marchans. » (1re partie, V, XXIII, p. 136)

Eam [Ichtyocolam, sive Exossem piscem] Tanais et Ponti accolæ Romam et Venetias transmittunt, illicque in foro piscario venditur. (2e partie, « De piscibus fluviatilium », VIII, p. 178)

« Ceux qui demeurent pres du fleuve de la Tara, ancienement nommé Tanais, é de Ponte la [= Colpesce] font porter à Rome é à Venize, où j'en ai veu au marché du poisson. » (2e partie, « Des poissons de rivieres », VI, p. 130)

In litore Aquitanico ex balænis lactis cados duos colligi vidimus. (1re partie, III, XXIII, p. 75)

« J'ay veu à la coste de Baione grande quantité de laict de Balene. » (1re partie, III, XXIII, p. 72)

Enfin, parmi ces observations introduites par une formule de témoignage oculaire, on trouve également des considérations sur les mœurs de certains poissons à ce point étonnantes que l'autopsie du naturaliste apparaît là aussi indispensable à leur corroboration :

Gignuntur et ex concubitu maris et fœminæ, sed non ita coëunt ut Plinius tradidit, sed animalium retro meientium ritu, atque sic copulatas Ranas vidi : cujus rei causa neque inter crura, neque inferiore in loco sed superiore meatum habent. (2e partie, « De palustribus », II, p. 220)

« Aucunes [Raines] naissent par le fraier du masle é de la femelle. Mais elles ne fraient pas comme Pline a escrit, ains comme les bestes qui pissent en arriere, é en ai veu souvent ainsi couplées la cause de ce est, qu'elles n'ont leur conduit ne entre les cuisses, ne en lieu bas, mais en haut. » (2e partie, « Animaux palustres », II, p. 163)

Inveni in majorum Ranarum ore Ranas parvas, atque in ventriculo semicoctas. (2e partie, « De palustribus », II, p. 220)

« J'ai veu de grandes [Raines] qui tenoient des petites en la gorge, d'autres qui en avoient dans l'estomac à demi digerées. » (2e partie, « Animaux palustres », II, p. 164)

cujus rei ipse oculatissimus sum testis. Cùm enim æstate puer, qui militi cuidam erat à pedibus, in litore ambularet, eum diu secutus glaucus, calces, tibiásque quin arripiret, parum abfuit, et à puero gladio confossus in litus ejectus est. (1re partie, XIII, VI, p. 379)

« Ce que j'ai veu par experience en un laquai, lequel trottant par la plage, fut longuement suivi de ce poisson [= Chien de mer bleu], é peu s'en fallut qui ne l'attint par les jambes, et fut tué du dit laquai. » (1re partie, XIII, V, p. 297)

Cùm aliquando Antipoli [...], corpus in aqua marina lavare et pisciculos [Iulides] capare vellem, vidi equidem pisciculos istos non aliter quàm fucos adproperare, et morsu tibias petere. (1re partie, VI, VII, p. 181)

« Estant à Antibe é me lavant en la mer j'ai veu plusieurs tels poissons [= Girellas] accourir comme mousches é mordre les jambes. » (1re partie, VI, VII, p. 156)

Et pisces quibus parva est branchiarum rima, vel foramen potiùs, diutius cæteris extra aquam vivere experimur : ut anguillas, quas equidem sepius vidi sex dies extra aquam vixisse. (1re partie, IIII, IX, p. 100)

« Les poissons qui ont la fente des ouies petites, ou au lieu d'icelle un trou vivent hors de l'eau plus long tems que les autres, comme les anguilles, que j'ai veu autrefois vivre six jours hors de l'eau. » (1re partie, IIII, IX, p. 96)

Vidi equidem Anguillas mutuo corporum complexu coëuntes, neque puto partibus ad gignendum necessariis prorsus destitutas esse : inferiore enim ventris parte, et vulva in fæminis, et semen in maribus reperitur. (2e partie, « De piscibus fluviatilium », XXIII, p. 200)

« Certainement j'ai veu des Anguilles s'entrembrasser, é fraier, é croi que toutes parties necessaires à leur generation ne leur manquent, car au bas ventre femelles ont conduit pour matrice, les masles de la semence. » (2e partie, « Animaux de riviere », XX, p. 145)

Il est enfin un cas où Rondelet révèle la manière dont il procède pour rédiger son traité. Il s'agit de l'entrée qu'il consacre au « Tahon marin ». Dans un premier temps, le naturaliste reprend la description qu'en donne Aristote, puis il la complète, dans un second temps, à partir de l'observation qu'il a pu faire de cet insecte :

> *Asilus circa Thynnorum quorundam pinnas oritur specie scorpionis, aranaei magnitudine. Quæ brevis est, et non satis explicata Asili notio, ex qua Asilum nunquam penitus nossem, nisi sub Thynni pinna quæ ad branchiarum est scissura affixum conspexissem æstuante canicula. Ergo ex ipsa αὐτοψία sic fusius depingi potest. Pro ore tubulum sive fistulam habet, pro corporis ratione longam.* (2e partie, « De insectis », VIII, p. 113)
>
> « A l'entour des pinnes du Thon naist le Tahon marin de la figure d'un Scorpion, de la grandeur d'une Araignée. Ceste description est brieve, de laquelle il est malaisé de connoistre cest animal sans l'avoir veu sous les pinnes du Thon, où l'aiant veu, j'ai adjousté ce qui s'ensuit, à la description d'Aristote. Au lieu de bouche il ha un petit tuiau longuet selon le corps. » (2e partie, « Des insectes », VIII, p. 78)

Il s'agit là d'un cas particulièrement intéressant où le regard du naturaliste a été formé par le savoir des Anciens, savoir qui en retour bénéficie de ce que l'observateur averti a pu voir après coup. Par-dessus tout, il est intéressant de voir la grande diversité d'expressions latines qui correspondent à la formule française « j'ai veu » et qui ressortissent à la perception visuelle, à l'autopsie, à l'expérience sensible, au témoignage oculaire : *vidi, vidimus, inveni*, *ex ipsa αὐτοψία*, *id quod in ea expertus sum, cujus rei ipse oculatissimus sum testis*, etc.

« CONTEMPLER », UNE PERCEPTION VISUELLE AUGMENTÉE DU GOÛT ET DE L'ODORAT

La vue n'est pas le seul sens en cause dans la méthode de Rondelet. Comme nous l'avons déjà mentionné, la préface évoque explicitement le recours au goût et à l'odorat. Bien qu'en nombre restreint, il y a aussi sous la plume du naturaliste, certaines occurrences de *contempler* et de *contemplation* qui font écho à l'expression « diligemment contempler » de la préface et qui, surtout, renvoient à une expérience qui fait appel autant à la vision qu'au goût et à l'odorat. C'est le cas de l'entrée que le médecin de Montpellier consacre au « Carpione » qu'il a pu « diligemment contempler » (*diligentius contemplari*), en l'observant et en le dégustant au lac de Garde :

> *Cæterum partibus internis, carnis suavitate et substantia Truttas optimas refert, quantum gustu deprehendere mihi licuit, quum per litora Benaci iter facerem : illic enim diligentius Carpiones contemplatus, et assos, et elixos mihi parari jusse sine ullo condimento, ut veriùs de succo et substantia judicare possem.* (2e partie, « De piscibus lacustribus », XII, p. 158)
>
> « Quant aux parties de dedans, quant à la bonté é delicatesse de chair, il resemble du tout aux bones Truites, tant que par le goust j'en ai peu juger, estant sur les lieux, où passe le dit lac, ou j'ai diligemment contemplé ce poisson, lequel me suis fait apprester en diverses sortes sans aucune sauce pour mieux en juger. » (2e partie, « Des poissons des lacs », XI, p. 115)

Cette idée d'une contemplation qui est aussi gustative et culinaire est également exprimée dans la notice sur la langouste, bien que cette fois Rondelet se contente de rapporter ce qu'en dit Dorion chez Athénée, pour qui la dégustation de la langouste procure trois avantages, l'exercice (*exercitatio*), la nourriture (*edulium*) et la contemplation (*contemplatio*) :

> *Quum enim integra [Locusta] mensis apponitur, frangendis pedibus et brachiis, thorace divellendo, cauda ditrahenda, manus oculíque exercentur, tum edulium est cibúsque convivis non ingratus. Intereà mirabilis et ingeniosa spectatur animalis hujus fabrica, cornua mobilia tum ad prætentandum iter tum ad pugnandum, item aculei, magna toto in dorso et capite asperitas tum ad propulsandas, tum ad inferendas injurias, articulorum vincula, tabellarum connexus, quæ omnia imitati milites loricas suas fabricati sunt.* (1re partie, XVIII, II, p. 537-538)
>
> « Car quand on sert une Langouste entiere, il i a grand exercice pour les ieux é les mains à rompre pieds é bras, à ouvrir la poitrine, à lever les tables de sa queüe, pour en avoir ce qui est dedans, puis on en mange, qui n'est mauvaise viande. Davantage on contemple l'ingenieuse é merveilleuse composition de ce poisson, les cornes mobiles, tant pour essaier le chemin, que pour combattre, les eguillons é piquons de la teste, le dos tant aspre, tant pour se defendre, que pour assaillir, les jointes aux bras é pieds, l'assemblage des tables de la queüe, à l'imitation desquelles les gendarmes ont leurs animes [= cuirasses articulées] faites. » (1re partie, XVIII, I, p. 387-388)

Certes, la contemplation vient ici de l'observation minutieuse de l'ingénieuse fabrique de l'anatomie du crustacé, mais semble indissociable de l'expérience sensuelle de la dégustation de sa chair, comme si la contemplation était une forme d'observation augmentée du goût et de l'odorat.

Dans d'autres cas, la contemplation évoque, non pas tant une expérience multisensorielle, qu'une certaine fréquence dans l'observation qui devient dès lors assidue. C'est le cas pour les petits crabes qui logent dans la coquille d'autres crustacés. C'est au nom de cette expérience répétée (*sæpissime videre* est traduit par *contempler*) que Rondelet peut réfuter l'opinion des pêcheurs rapportée par Aristote :

> *Piscatores, inquit Aristoteles, cancros parvos nasci confirmant, unà cum illis, quorum testam inhabitant. [...] Egò verò cùm cancros parvos in pinnis et ostreis sæpissime ovis turgentes viderim. [...] Quare vel in testis pariunt, vel stato tempore testas egrediuntur, et coëundi et ova pariendi gratia.* (1re partie, XVIII, XXV, p. 572)

> « Les pescheurs, ce dit Aristote, dient qu'ilz naissent avec ceux dans les tests desquelz ils sont trouvés. Mais aiant contemplé souvent ces petits Cancres dans les tests des autres aians force œufs, je puis asseurer qu'ilz naissent de semence, é qu'en certaine saison, ilz sortent pour fraier, é pour faire les œufs. » (1re partie, XVIII, XXIII, p. 411)

En fait, la contemplation apparaît chez Rondelet comme une forme d'observation et d'expérience d'un ordre supérieur tant par son intensité, sa fréquence que par la prise en compte de perceptions qui dépassent la vue et qui font appel à d'autres sens. À propos de la difficulté qu'il y a à cerner les mœurs et les complexions des poissons, Rondelet formule une remarque très intéressante à cet égard, à savoir l'impossibilité qu'il y a pour l'être humain de s'immerger complètement dans le milieu marin. Or, pour évoquer cette expérience (*assiduus spectator esse*), le traducteur utilise à nouveau le verbe *contempler* :

> *Hactenus Piscium differentias, quas nobis eorum vivendi ratio, partes, actiones, suppeditant, ita nos explicuisse arbitror, ut qui has diligenter veluti vias persequi voluerit facilè ad piscium cognitionem pervenire possit. Superest ultimum partitionis membrum, nempe [...] mores piscium [...]. Quis enim est, qui in tam alieno à nobis elemento, vel in profundo et immenso mari tam assiduus piscium spectator esse potest, ut eorum mores penitus cognoscat discernátque ?* (1re partie, IIII, XI, p. 109)

> « Après avoir traité des differences des poissons, de leur maniere de vivre, de leurs parties, de leurs actions, il faut dire de leur diversité de meurs, laquelle est merveilleusement grande, toutesfois il n'i a chose de la quelle on puisse prendre moins de connoissance des poissons que de ceste partie. Qui est ce qui pourroit en un element si estrange, en une mer si grande é profonde tant

> contempler les poissons qu'il puisse apprendre leurs meurs é complexions ? » (1re partie, IIII, XI, p. 103-104)

Il y a, dans cette quête de Rondelet d'une contemplation du monde sous-marin, une forme d'anticipation de l'océanographie moderne, un rêve à la Jacques Cousteau, inaccessible à l'ichtyologie du XVIe siècle.

Si la vue et la contemplation jouent un rôle central dans l'épistémologie de l'*Histoire entiere des poissons*, il reste que l'ambition de Rondelet ne se limite pas à voir pour savoir. Il y a chez lui la volonté affirmée d'embrasser la totalité du savoir ichtyologique dans un *continuum* qui va de l'invisible à l'indicible. Ainsi s'expliquent les entrées rejetées en fin de livre qui portent sur des poissons évoqués par les Anciens, mais impossibles à identifier avec une espèce connue. C'est le cas du « Remora », ce célèbre poisson censé être capable d'arrêter les navires, pour lequel Rondelet ne fournit pas de gravure, parce que, comme il l'écrit,

> *rarò tamen hodie cernitur, imò paucissimis cognitum esse putaverim.* (1re partie, XV, VIII, p. 436)
>
> « aujourd'hui on n'en voit gueres, é est conneu de peu de gens. » (1re partie, XV, XVII, p. 334)

Mais ce n'est pas parce que ce poisson ne peut être vu que l'historien naturel renonce pour autant à en faire un objet de savoir et la suite de la notice relate complaisamment le discours des Anciens à son sujet. Il y a donc aussi une ichtyologie de l'invisible chez Rondelet.

De même, à l'autre extrémité du spectre, on trouve une ichtyologie de l'indicible. Tel est le cas, par exemple, du « Vit de mer » qui est représenté par une gravure, mais à propos duquel Rondelet peine à construire un discours et s'en trouve réduit aux analogies imparfaites :

> *Mentulæ Marinæ nullus veterum, quod quidem legerim, mentionem fecit præter Athenæum [...] θαλάττιον αἰδοῖον [...] dixit Epicharmus [...] Mentulam marinam. [...] hîc proponimus Mentulam marinam vocamus, ejus figura et specie maximè nos ad id impellente, atque etiam vulgari appellatione, qua Massilienses et nostri utuntur.* (2e partie, « De insectis », XXII, p. 128)
>
> « Epicharme dans Athenée a fait mention d'un animal marin Crustacée, nommé Αἰδοῖον θαλάττιον, c'est à dire vit de mer. À l'exemple duquel j'ai ici pourtrait un Zoophyte marin ainsi nommé, non pas que ce soit celui

> d'Epicharme : car celui est couvert de test ou cuir dur, lequel en Provence é Languedoc on appelle Vit de mer, pour la grande similitude de figure avec le membre honteux de l'home. » (2e partie, « Des insectes », XX, p. 88)

Il y a donc aussi, à côté de l'exigence d'autopsie formulée en préface, une recherche évidente du plaisir gratuit, dans un jeu entre microcosme et macrocosme, de donner à voir des membres virils dans la mer.

Claude LA CHARITÉ
Université du Québec à Rimouski

LE REGARD DE L'ANATOMISTE

De l'immatérialité de la vue à la vérité du discours chez André Du Laurens

Au onzième livre des *Opera anatomica*, publiées en latin pour la première fois en 1593[1], le médecin et anatomiste André Du Laurens décrit et analyse les organes des sens, et en particulier celui de la vue, qu'il place au-dessus de tous les autres. Il entend dissiper, à son propos, les controverses qui se sont accumulées depuis l'Antiquité pour savoir si elle se fait par émission, par réception ou par un mélange de ces deux modes. Il reprend et étoffe cet exposé anatomique dans un petit discours de vulgarisation publié en français l'année suivante, au premier chapitre des *Discours de la conservation de la veue, des maladies melancholiques, des catarrhes et de la vieillesse* (1594)[2].

L'auteur dédie ce traité à la duchesse d'Uzès[3], dont il était alors le médecin personnel, et, dans une épître liminaire à la dédicataire, souligne l'effort de vulgarisation scientifique que ce « petit labeur » représente : ces *Discours* ont eu pour point de départ la curiosité de la duchesse

---

1 *Toutes les Œuvres de Me André Du Laurens, traduites en françois par Me Theophile Gelée*, Paris, Pierre Mettayer et Raphaël du Petit-Val, 1613 ; nous citons d'après l'édition de Rouen, chez Raphaël Du Petit-Val, 1621 (il s'agit en réalité d'une édition donnée par le fils, David, sous le nom du père, puisque c'est à Raphaël, mort entre temps, qu'a été accordé le privilège pour l'édition partagée de 1613). La première partie du Livre XI des *Œuvres anatomiques* est consacrée à l'anatomie de l'œil et à la vue ; ces chapitres, ainsi que les « Controverses anatomiques » relatives à la vue qui les suivent, occupent les feuillets 356 à 371.

2 *Discours premier auquel est traicté de l'excellence de la veuë, et du moyen de la conserver*, dans *Discours de la conservation de la veue, des maladies melancholiques, des catarrhes et de la vieillesse*, Rouen, Claude Le Villain, 1600, p. 10-189. Nous nous référons dans tout l'article à cette édition de 1600, accessible sur le site de la BIUS.

3 Pour le rôle important joué par la duchesse dans la vie de Du Laurens, qui fut introduit par elle auprès d'Henri IV, dont il devint ensuite le médecin personnel jusqu'à sa mort, voir Berriot-Salvadore, Évelyne, « Les *Œuvres* françaises d'André Du Laurens », dans Dupèbe, Jean, Giacone, Franco, Naya, Emmanuel et Pouey-Mounou, Anne-Pascale (dir.), *Esculape et Dionysos. Mélanges en l'honneur de Jean Céard*, Genève, Droz, 2008, p. 246-251 ; voir aussi l'introduction de Radu Suciu dans André Du Laurens, *Discours des maladies mélancoliques (1594)*, Paris, Klincksieck, 2012, p. XVI-XXII.

touchant l'origine de quelques maladies dont elle était affectée, ce qui conduisit son médecin à lui présenter des explications détaillées « en propos vulgaires et en termes exprès de la medecine[4] ». Ce texte est le second traité d'ophtalmologie publié en français – le premier, publié en 1585 par le chirurgien Jacques Guillemeau[5], était connu de Du Laurens, qui y renvoie d'ailleurs son lecteur à la fin de son *Discours*. Plus court, moins philosophique et moins clair dans son expression, le traité de Guillemeau a cependant, à l'évidence, inspiré certains passages de celui de Du Laurens. Mais c'est aussi et surtout sous l'égide des Anciens, et en particulier d'Aristote et de Galien, que se place Du Laurens, aussi bien au Livre XI des *Œuvres* qu'au début du *Discours*[6]. Dans l'adresse de l'auteur au lecteur qui ouvre ce dernier, il entreprend de se justifier particulièrement à l'intention de certains médecins contemporains, qui pourraient lui reprocher d'avoir ainsi divulgué les secrets de la médecine – reprenant ainsi un topos des préfaces des ouvrages de médecine en langue vulgaire à la Renaissance[7] : à ces détracteurs potentiels, il oppose la lignée des médecins grecs de l'Antiquité dans laquelle il se place, eux qui « venaient une fois l'année escrire à la vue de tout le peuple, en ce beau temple d'Æsculape, tout ce qu'ils avaient observé de plus rare en leurs malades[8] ». L'importance, ainsi soulignée par Du Laurens, de la publication la plus large possible des découvertes médicales, place de façon frappante l'ensemble de son discours sous le signe de la transparence, transparence de la communication scientifique ici, mais aussi et surtout transparence qui structure en profondeur la théorie de la vue dont il s'apprête à faire l'exposé.

4 Du Laurens, *Discours*, f. a3r°.

5 Guillemeau, Jacques, *Traité des maladies de l'œil, qui sont au nombre de cent treize ausquelles il est subject*, Lyon, Pierre Rigaud, 1610.

6 Nous nous référerons dans l'ensemble de l'article aux deux textes sous leur titre abrégé, respectivement *Œuvres* pour les *Œuvres anatomiques* (dans *Toutes les Œuvres de Me André Du Laurens*, 1613) et *Discours* pour le *Discours premier auquel est traicté de l'excellence de la veuë, et du moyen de la conserver* (dans *Discours de la conservation de la veue, des maladies melancholiques, des catarrhes et de la vieillesse*, 1600).

7 Le thème est récurrent à la fin du XVIe siècle, où il devient un véritable enjeu lié à la langue et à la vulgarisation, voir en particulier Pineau, Guylaine, « "Mettre en lumière" le savoir médical contre l'ancienne loi du secret », dans Berriot-Salvadore, Évelyne (dir.), *Ambroise Paré, une vive mémoire*, Paris, De Boccard, 2012, p. 231-246 ; voir aussi Worth-Stylianou, Valérie, *Les Traités d'obstétrique en langue française au seuil de la modernité. Des* Divers travaulx *d'Euchaire Rosslin (1536) à l'*Apologie *de Louyse Bourgeois sage-femme (1627)*, Genève, Droz, 2007, p. 75-76.

8 Du Laurens, *Discours*, p. 11.

Il semble révélateur, de ce point de vue, qu'Aristote soit cité deux fois dans ce texte liminaire : même si, comme nous le verrons, c'est à l'opinion de Galien sur la façon dont la vue opère que l'auteur déclare souscrire en définitive, cette opinion, comme il le reconnaît lui-même, doit bien plus à Aristote qu'à Platon. Du Laurens, cependant, ne reconnaît qu'incomplètement l'étendue de sa dette vis-à-vis d'Aristote : il ne récuse pas seulement, à sa suite, et en reprenant l'essentiel de ses arguments, l'idée platonicienne selon laquelle la vue se ferait par émission à partir de l'œil, mais encore la place centrale qu'il donne au cristallin dans son exposé du processus de la vue nous paraît devoir beaucoup plus que l'auteur ne le dit à la théorie du diaphane, qui se trouve au cœur de l'explication aristotélicienne de la vue. L'adresse au lecteur est placée sous le signe de la réévaluation et de la correction des théories des Anciens, l'effacement d'Aristote y est sans doute accentué en raison de la topique utilisée. Du Laurens, en effet, en appelle même, de façon quelque peu paradoxale, à l'autorité d'Aristote lui-même lorsqu'il entreprend de réfuter les thèses de ce dernier, citant une réplique du philosophe à ses détracteurs, qui déclarait être l'ami de Platon et Socrate, mais plus encore celui de la vérité[9].

La référence aux grandes figures philosophiques de l'Antiquité est également un moyen pour l'auteur de se présenter non seulement en médecin, mais aussi en philosophe, titre dont il use d'abord pour se prémunir des critiques que certains pourraient lui faire, au sujet du caractère peu recherché de son style, estimant que « cest trop curieuse recherche des mots est indigne d'un Philosophe[10] ». La figure du médecin-philosophe est un *topos* des œuvres médicales de la Renaissance, qui trouve son origine principalement chez Galien[11] ; leurs auteurs se présentent comme héritiers non seulement des œuvres d'Hippocrate et de Galien, mais aussi de celles de Platon et d'Aristote : si le médecin observe les faits de nature et cherche à établir le fonctionnement du corps dans son environnement, il cherche également à analyser le chemin même qu'il accomplit vers la connaissance

9 *Ibid.*, p. 12. Du Laurens paraphrase ici l'*Éthique à Nicomaque*, 1096a15.

10 *Ibid.*, p. 10.

11 Galien, *Quod optimus medicus sit quoque philosophus*, éd. Kühn, *Claudii Galeni opera omnia. Tomus I, Medicorum græcorum quæ exstant 1*, Leipzig, Car. Cnoblochii, 1821, t. I, p. 53-63. Jacques Ferrand fait référence directement à ce texte au chapitre III de son *Traité de l'essence et guérison de l'amour*, paru en 1610, en déclarant que le médecin doit aussi être philosophe, afin de pouvoir soigner les affections de l'âme aussi bien que celles du corps. Voir Ferrand, Jacques, *Traité de l'essence et guérison de l'amour* ou *De la mélancolie érotique*, éd., notes et trad. G. Jacquin et É. Foulon, Paris, Anthropos, 2001, p. 28, n. 9.

et à en garantir la validité. Or la référence au médecin-philosophe prend tout son sens à l'orée d'un texte consacré à la vue, c'est-à-dire à celui des cinq sens qui apparaît comme le plus proche du processus de l'intellection, dont il constitue aussi la plus courante des métaphores. S'interroger sur la nature de la vue revient donc, pour le médecin-philosophe, à s'interroger sur la façon dont les choses matérielles peuvent être saisies par la vue sous une forme immatérielle capable, du fait de cette immatérialité même, d'être transmise par les yeux jusqu'à l'âme. L'interrogation portant sur la nature d'un processus de saisie par l'âme de formes immatérielles conduit elle-même à se demander comment l'âme, dans l'exercice de la plus noble de ses facultés, celle de l'intellection, se saisit des idées des choses, entités invisibles formées à partir de perceptions immatérielles.

Du Laurens ne se limite donc pas, dans ces deux textes, à l'étude de l'anatomie de l'œil et du processus de la vue[12] : à travers l'observation et l'explication du processus de la vue, c'est la garantie de la vérité de son discours, lui-même fondé sur l'observation à l'œil nu, qu'il lui importe d'établir. C'est dans cette perspective que doit se lire ce parallèle essentiel entre, d'une part, l'immédiateté et l'immatérialité du processus de la vue, garantes de la transmission des choses à l'identique en direction des yeux et de l'âme et, d'autre part, la sûreté, donc la vérité, des raisonnements que l'âme intellective – en particulier celle de l'anatomiste observateur – ne peut manquer d'établir en s'appuyant sur la clarté des perceptions visuelles. C'est donc tout à la fois un traité d'anatomie moderne que nous présente Du Laurens, écrit à partir des Anciens mais établissant clairement une distance vis-à-vis des erreurs que l'on peut trouver chez ses nobles prédécesseurs, et un discours militant en faveur de l'observation visuelle, que l'auteur place au cœur de la pratique médicale et qu'il considère comme garante de la vérité du discours de l'observateur[13].

Dans ces deux textes, Du Laurens traite de la vue dans ce qu'elle a de plus concret, à travers une description anatomique de l'œil et une

12 Nous laissons ici volontairement de côté ce qui touche, dans le *Discours*, aux maladies de l'œil et aux moyens de conserver la vue : ces sujets sont aux limites de notre analyse de l'exposé par Du Laurens du processus de la vue et de ses ramifications philosophiques et religieuses.

13 Il est intéressant de noter que c'est bien à l'observation à l'œil nu que Du Laurens s'attache exclusivement : les illustrations qui se développent dans les éditions de manuels d'anatomie après la publication du *De Fabrica* de Vésale en 1543, et de ses riches planches anatomiques, n'ont pas la faveur de Du Laurens comme le montre Isabelle Pantin dans « Analogy and difference », *Early Science and Medicine*, nº 18-1/2, 2013, p. 9-44, ici p. 23-24.

analyse de la physiologie de la vision ; il révèle également, par les mots qu'il emploie, par les choix opérés dans la description et par ses références philosophiques et religieuses, une conception de la vue propre à un anatomiste humaniste et chrétien. En effet, si l'anatomie est à l'évidence une science qui repose sur le sens de la vue, l'anatomiste du XVIe siècle est sans doute particulièrement conscient de son caractère essentiel pour le progrès de cette science. Sous l'impulsion de Vésale en particulier, l'école française d'anatomie au XVIe siècle a replacé la dissection des corps humains au centre de l'enseignement de la médecine, en affirmant la nécessité de dépasser la lecture et le commentaire des œuvres des Anciens, qui constituaient l'essentiel de l'enseignement de la médecine jusqu'à la fin du Moyen Âge. Il s'agit de voir – et de voir à l'œil nu – avant l'arrivée de l'observation microscopique qui ne se fera qu'au XVIIe siècle. Les œuvres des Anciens, et particulièrement d'Aristote ou de Galien, restent des références essentielles, mais ne sont plus des références absolues depuis que les dissections ont permis de montrer, preuves à l'appui, que les Anciens s'étaient parfois trompés, soit parce qu'ils ne pratiquaient pas eux-mêmes les dissections et théorisaient ou philosophaient pour expliquer les phénomènes physiologiques, soit, comme c'est le cas pour Galien, parce qu'ils se fondaient sur des dissections animales pour transposer leurs observations au corps humain. Et bien que Du Laurens voue une admiration sans bornes à Galien, et le défende fidèlement face aux critiques de ses contemporains, il souligne que, sur le sujet de l'anatomie humaine, les Anciens « ont esté fort grossiers[14] ».

Pour les anatomistes de la Renaissance, il s'agit donc de voir – d'ouvrir à la vue – ce qui est d'ordinaire caché au regard[15]. Or, en ouvrant le corps pour révéler au regard les mécanismes du vivant, l'anatomiste accomplit un acte épistémologique aussi bien que religieux et philosophique. Comme l'a souligné Yves Hersant[16], l'incision du corps peut être rapprochée de l'invitation, par Érasme ou Rabelais, à ouvrir les

14 Du Laurens, *Discours*, p. 37.

15 Voir sur ce sujet, de manière générale Mandressi, Rafael, *Le Regard de l'anatomiste. Dissections et invention du corps en Occident*, Paris, Seuil, 2003.

16 Dans son avant-propos à Cuir, Raphaël, *The Development of the Study of Anatomy from the Renaissance to Cartesianism*, Lewiston, E. Mellen Press, 2009, Préface, p. VII. Voir aussi à ce sujet Pieters, Corinne, « L'anatomie entre art et science au XVIe siècle : autopsie d'un regard », *Communication et langages*, n° 127, 2001, p. 61-77.

Silènes, à déchirer les voiles, à inciser le visible pour trouver le sens qui s'y cache. De surcroît, lorsque l'anatomiste incise l'œil, il pénètre au cœur même de ce qui rend possible cette révélation, il incise l'organe même de la vue, c'est-à-dire celui-là même qui est au fondement de la validité de son discours d'anatomiste. En prenant l'œil pour objet, la description anatomique se fait mise en abyme du regard de l'anatomiste, en se doublant d'un discours philosophique et religieux sur la nature du regard en anatomie[17], et sur la vérité du discours qui se fonde sur lui.

DE L'EXCELLENCE DE LA VUE,
IMAGE DE L'INTELLECT

Pour Du Laurens, la justification du choix de son sujet se résume en quelques mots : l'excellence de la vue. La supériorité de la vue sur les autres sens se reconnaît selon lui :

> à la diversité des objects qu'il [le sens de la vue] represente à l'ame, au moyen de son operation qui est quasi tout spirituel, à l'excellence de son object particulier qui est la lumiere, la plus noble et plus parfaite qualité que Dieu crea jamais, et à la certitude de son action[18].

La hiérarchie que l'auteur établit entre les cinq sens se fait à l'intérieur d'une représentation elle-même hautement hiérarchisée – on pourrait même dire monarchisée – du corps humain, où l'ensemble du corps est présenté comme soumis au cerveau qui, seul, selon Du Laurens, peut être dit véritablement souverain :

> [...] il n'y a que le cerveau qui puisse veritablement estre appellé noble et souverain au corps, [...] toutes les autres parties sont faites pour le cerveau, et luy rendent tribut comme à leur Roy[19].

17 « Pratique scientifique mais aussi pratique culturelle, au sens le plus large de cette expression, les effets de l'extraordinaire essor qu'elle connut à partir du XVIe siècle ont largement dépassé les limites de la seule sphère médicale. Au-delà de celle-ci, l'anatomie aménage des horizons épistémologiques, sécrète une esthétique et irrigue des doctrines philosophiques », Mandressi, *Le Regard de l'anatomiste...*, p. 16.

18 Du Laurens, *Discours*, p. 18.

19 *Ibid.*, p. 8-9.

C'est pour cette raison également que le cerveau doit être considéré comme le véritable siège de l'âme : Du Laurens suit en cela la doctrine de Galien[20], qui voit dans le fait que l'ensemble du système nerveux et sensitif ait pour origine le cerveau, le signe indubitable qu'il doit être considéré comme le siège de l'âme. Or, si l'âme est dans le cerveau comme dans son « palais Royal », elle est également, écrit Du Laurens en employant une métaphore éminemment platonicienne, « enfermée dans ce corps, comme dans une prison obscure », et « ne peut ni discourir, ni comprendre aucune chose sans l'aide des sens[21] ». Dans ce tableau, les sens agissent en « vrais couriers et messagers de l'ame », en « portiers qui nous font entrer en son plus secret cabinet[22] », la métaphore filée de la prison de l'âme mettant l'accent sur deux des difficultés principales auxquelles se sont heurtés tous les philosophes qui se sont attaqués à l'explication du phénomène de la vue : comment l'âme, qui est dans le corps, peut-elle recevoir la communication de choses qui se trouvent en dehors du corps ? Et, peut-être plus encore, comment des objets matériels peuvent-ils être saisis sous une forme immatérielle, afin de pouvoir entrer dans le processus immatériel de la communication des perceptions à l'âme ?

Or on est frappé dans cette énumération des raisons de l'excellence de la vue, par le caractère abstrait que prend immédiatement la description : c'est la lumière qui est l'objet de la vue[23], et le « moyen de son

20 Galien, *De placitis Hippocratis et Platonis*, voir édition De Lacy, *On the Doctrines of Hippocrates and Plato*, *CMG* V, Berlin, 1978-1984, VII, 3, 19-21. Du Laurens tient à ce propos à souligner à quel point cette théorie se démarque de la doctrine d'Aristote, à qui il reproche en des termes assez vifs d'avoir voulu réduire le cerveau à une fonction de refroidissement du cœur (qu'Aristote considérait comme le véritable siège de l'âme).

21 Du Laurens, *Discours*, p. 12.

22 *Ibid.*, p. 16.

23 Les Anciens, que ce soit Platon, Aristote ou encore Galien, ne considéraient pas la lumière comme l'objet, mais uniquement comme le moyen de la vue. Voir à ce propos Merker, Anne, *La Vision chez Platon et Aristote*, Academia Verlag, Sankt Augustin, 2003, p. 32 : « C'est ainsi une caractéristique de l'optique de Platon que la lumière ne soit pas vue, mais qu'elle serve à voir ; la même idée sera reprise par Aristote qui l'exprimera explicitement ; [...] toute l'optique du rayon visuel de l'Antiquité [...] exclut l'idée que ce qui serait vu serait la lumière ». Anne Merker souligne qu'il a « fallu attendre Ibn al-Haytham au IXe siècle et la révolution qu'il opère en substituant le rayon lumineux au rayon visuel pour que l'optique scientifique contienne l'idée que la lumière est vue », voir Ibn al-Haytham, *Optics*, I, 4 et II, 3, trad. anglaise A. I. Sabra, The Warburg Institute, University of London, 1989. Voir aussi l'étude fondamentale de Gérard Simon et en particulier son analyse du rayon visuel dans l'optique de l'Antiquité : *Le Regard, l'être, l'apparence dans l'optique de l'Antiquité*, Paris, Seuil, 1988.

operation » est lui-même « quasi tout spirituel », d'où la certitude de son action. Lumière, certitude, immatérialité vont en effet de pair dans le discours de Du Laurens : s'il s'intéresse particulièrement à la vue, c'est aussi parce que la vue est au fondement de son discours descriptif ; et si le regard apparaît comme le garant de la clarté, et par extension de la vérité du discours, c'est parce que la vue apporte à l'âme les objets sous une forme immatérielle, non corrompue et non corruptible, en parfaite adéquation avec l'objet dont ils sont en quelque sorte l'émanation, apportant ainsi leur aliment aux facultés les plus nobles – l'imagination et le raisonnement.

Dans la perspective de Du Laurens, ce qui fait la noblesse singulière de la vue, c'est son mode d'action qui la rend très semblable au fonctionnement de l'intellect :

> La veuë se fait en un instant, sans mouvement local, et jusques aux lieux plus élongnez, qui fait qu'elle approche de fort prez à la nature de l'intellect. Car l'intellect apprehende et reçoit les idées et espèces des objets separées de toute communication de matiere : et la veuë reçoit seulement les especes incorporelles[24].

La description de Du Laurens présente ainsi la vue comme une sorte de prolongement vers l'extérieur du fonctionnement interne de l'intellect : de même que l'œil reçoit les « espèces » des choses visibles, c'est-à-dire les qualités formelles qu'il perçoit, en une représentation immatérielle, l'intellect reçoit les idées, espèces incorporelles ayant franchi un degré supplémentaire de subtilisation ou d'abstraction en devenant concepts par leur transmission à l'intellect, par le canal des nerfs et des esprits animaux qui les remontent, permettant à l'esprit d'exercer son jugement. L'œil, dit encore Du Laurens, est semblable à un miroir, mais il est supérieur au miroir en ce que ce dernier « n'a point de faculté qui puisse transporter l'espece receuë à un autre comme au juge, ainsi qu'a l'œil[25] » : le miroir ne possède pas cette faculté qu'a l'œil de transmettre l'espèce à l'intellect sous une forme toute immatérielle qui va permettre au raisonnement de s'en saisir.

---

24 Du Laurens, *Œuvres anatomiques*, XI, f. 356v°.
25 *Ibid.*, f. 364r°.

ESPRITS ET ESPÈCES : LE LEXIQUE DE L'IMMATÉRIALITÉ DE LA VUE

La notion d'espèce est au cœur de cette démonstration : le terme est employé par Du Laurens dans le *Discours* en alternance avec le mot *images*, avec semble-t-il la même valeur. Dans les *Œuvres*, cette même notion est exprimée par cinq expressions différentes en latin : *visilium species*[26], *visilium spectra, imagines, simulacra* ou encore *visilium imagines*. Or la définition que donne Du Laurens de la notion d'espèces est à replacer dans l'entreprise qui est la sienne dans les *Œuvres* comme dans le *Discours*, de débarrasser l'opération de la vue de tout aspect matériel :

> ceste espece n'a point son estre en l'entendement, et n'est pas ce qu'en termes scholastiques on appelle *ens rationis*, c'est quelque chose realement qui est en l'air et en l'organe [...]. Il faut donc que ce soit une qualité immaterielle, indivisible, sans corps, que les Philosophes appellent intentionnelle[27], qui se rapporte à l'objet, et en est immediatement produite, comme l'ombre du corps[28].

Après s'être rangé au côté d'Aristote qui « soutient que nous ne recevons que l'espece qui est produite de l'object[29] », au contraire de Démocrite et Leucippe qui pensaient que l'œil recevait des objets des simulacres

26 Signalons ici que *visilis* n'est pas épithète de *species*, *visilium* étant un génitif pluriel : il s'agit donc des « espèces des choses visibles », la traduction le rend d'ailleurs par « espèces des objets », il en va de même pour les deux autres emplois.

27 Les espèces intentionnelles des scolastiques constituent une version dématérialisée des simulacres émanant des choses perçues dans la philosophie matérialiste selon laquelle « ce sont des simulacres, c'est-à-dire des pellicules matérielles, qui touchent l'âme », (Malherbe, Michel, « La théologie matérialiste d'Épicure », *Archives de Philosophie*, vol. 40, n° 3, 1977, p. 363-377 ; ici p. 370). Elles sont loin cependant d'être un concept fixe, et ont donné naissance à diverses interprétations : les scolastiques et néo-scolastiques leur ont attribué divers degrés d'immatérialité, en en faisant les vecteurs d'une perception parfois envisagée comme différée, cheminant de l'objet au sujet, déviant en cela nettement de l'intuition aristotélicienne d'une immédiateté de la perception (voir Farges, Albert, « Deux déviations de la théorie thomiste sur l'action transitive », *Revue néo-scolastique de philosophie*, 23e année, n° 90, 1921, p. 175-179). L'espèce à laquelle Du Laurens fait appel pour sa démonstration, que « les Philosophes appellent intentionelle » (*Œuvres anatomiques*, XI, f. 364r°), est non seulement incorporelle, indivisible et immatérielle, mais aussi envisagée dans la pure perspective aristotélicienne de l'immédiateté de la perception.

28 Du Laurens, *Discours*, p. 60.

29 *Ibid.*, p. 59.

non dépourvus de matérialité, Du Laurens reprend une définition des espèces qui est conceptuellement difficile : comment, en effet, penser la jonction du matériel et de l'immatériel ? L'espèce n'est ainsi pas un simple concept, un *ens rationis*, un étant qui n'aurait d'existence que dans la raison, mais elle est pourtant dépourvue de matérialité, tout en étant réelle ; existant réellement, mais immatérielle, cette espèce donc « ne se voit point, mais c'est elle qui nous fait voir[30] » : l'espèce qui, en se détachant de l'objet sous une forme immatérielle, peut être appréhendée par l'œil, puis transmise à l'intellect sous forme d'idée, est une qualité formelle qui permet l'abstraction.

L'aspect problématique de la définition vient aussi du fait que Du Laurens entend clarifier un débat qui dure depuis l'Antiquité, entre les tenants de la vue qui se ferait par émission, et ceux qui estiment qu'elle se fait par réception, ou un mélange des deux[31]. Reprenant les arguments utilisés par Aristote dans sa critique de l'explication platonicienne de la vue, il récuse l'idée d'un œil « fait de feu » : ce feu de l'œil qui, selon Platon, lui permet d'émettre une sorte de rayon visuel qui, en s'unissant au feu issu des choses, en même temps qu'au flux de la lumière entre l'œil et les choses, constitue la vision[32]. Contre Platon, Du Laurens rejoint Aristote pour dire que l'œil est fait d'eau, et non de feu, mais plus essentiellement encore dans cette notion centrale d'une immédiateté de la vision, d'une achronie du processus immatériel par lequel les espèces sont transmises à l'âme par l'intermédiaire des yeux. Comme le démontre très clairement Anne Merker[33], c'est bien dans cette achronie fondamentale du processus de la vision, envisagée comme acte, que la théorie aristotélicienne se distingue essentiellement des théories antérieures qui font de la perception visuelle un mouvement : qu'il s'agisse de la matérialité des émanations des objets allant jusqu'à l'œil, ou bien de l'optique platonicienne qui combine plusieurs mouvements, du feu de l'œil à celui de la chose visible, de leur union au flux de la lumière, et enfin du retour du tout jusqu'à l'âme. Pour Anne Merker,

---

30 Du Laurens, *Œuvres anatomiques*, XI, f. 364r°.

31 *Ibid.*

32 Pour la théorie platonicienne de la vue, voir *Timée*, 45a-46c ; pour la vision chez Aristote, voir *De l'âme* (II, 7) et *De la sensation et des sensibles* (2 et 3). Pour l'examen détaillé des différences essentielles entre l'optique platonicienne et l'optique aristotélicienne, nous renvoyons aux analyses lumineuses d'Anne Merker, *La Vision…*, p. 24-43 et p. 133-165.

33 Merker, *La Vision…*, p. 163-166.

l'originalité fondamentale de la théorie aristotélicienne de la vision « consiste à substituer au mouvement, qui constitue l'élément essentiel des théories de la vision antérieures à Aristote, la notion d'acte ; originalité qui à son tour renvoie à une exigence encore plus fondamentale, à savoir dégager la possibilité pour la vision d'être une sensation instantanée, plus précisément achronique[34] ».

La théorie des espèces elle-même vient de Galien[35], lecteur d'Aristote, qui reprend l'essentiel de l'optique aristotélicienne. Galien[36] affirme la grande supériorité de la théorie d'Aristote sur celle d'Épicure en ce qu'Aristote ne considère pas qu'une « image corporelle » ou matérielle part de l'objet visuel pour aller jusqu'à l'œil, mais avance au contraire l'idée d'une « qualité » immatérielle de l'objet visuel qu'apporterait jusqu'à l'œil une « altération » de l'air ambiant[37]. Il est intéressant de noter que Galien explique cette altération de l'air par une émission hors de l'œil des esprits visuels[38], qui permet cette altération de l'air présent en un *continuum* entre l'œil et l'objet visuel, et constitue l'acte de la vision. L'émission dans ce cas de figure n'a pas la matérialité qu'elle avait chez Platon, avec l'idée de l'émission du feu de l'œil allant s'unir avec le feu des choses, mais elle est néanmoins une émission, puisque Galien dit clairement que ces esprits visuels sont émis hors de l'œil, sans aller cependant jusqu'à l'objet visuel. Or, Du Laurens se range expressément derrière Galien tout en affirmant qu'il ne croit pas à l'émission dans l'opération de la vue, renforçant même cette idée par la description précise de la limite à laquelle les « esprits visifs » s'aventurent hors du

34 *Ibid.*, p. 166.

35 Pour la théorie galénique de la vision, on se rapportera à *Sur les doctrines d'Hippocrate et de Platon*, VII, 7.22-25 ; pour ce qui concerne l'anatomie de l'œil, voir *De l'usage des parties*, X, 1-6.

36 *Sur les doctrines d'Hippocrate et de Platon*, VII, 7.22-25.

37 *Ibid.*, 5.2-12.

38 Cette interprétation par Galien de la théorie aristotélicienne est paradoxalement plus matérielle que la théorie d'Aristote qui estime que la vue se fait par une actualisation du diaphane présent dans l'œil, dans l'air ambiant ainsi que dans les objets, et qui forme dans la vision un « bloc » ininterrompu permettant la transmission immédiate de l'objet à l'œil sous une forme immatérielle. La notion d'espèces n'est pas présente chez Aristote : paradoxalement, c'est par un déplacement du paradigme matérialiste et atomiste dans lequel des images corporelles des objets visuels se détachent et parviennent jusqu'à l'œil, que Galien assoit formellement sa démonstration de la supériorité de l'immatérialité du modèle d'Aristote sur la matérialité du modèle d'Épicure, en vidant ce dernier de sa substance, avec cette idée des espèces immatérielles parvenant à l'œil dans une parfaite et transparente immatérialité.

cerveau : ils restent dans le corps, entre le cerveau et l'œil, puisqu'ils ne vont pas chercher les espèces transmises à l'œil plus loin que dans les humeurs vitreuses du cristallin.

La partie externe du processus de la vue, et la question centrale de la perception des espèces, ne sont cependant pas les seuls endroits de son raisonnement où Du Laurens se heurte à des difficultés conceptuelles : c'est le cas aussi pour la partie interne du processus de la vue par lequel les idées arrivent à l'intellect, à partir des espèces arrivées, quant à elles, à l'intérieur de l'œil. Pour Du Laurens, l'image des objets se forme, à partir des espèces, dans le cristallin. Et ce qui permet à l'image d'être transmise au cerveau, et donc d'effectuer la traversée de ce cristallin non relié au nerf optique – conduit de son transport vers le cerveau – ce sont justement les esprits animaux et les humeurs aqueuses environnant le cristallin qui permettent aux esprits de voyager du nerf optique jusqu'au cristallin sans se dissiper.

Si les espèces se propagent donc jusqu'à l'œil, permettant à l'image de se former au cristallin, les esprits s'en font les vecteurs dans le cristallin pour permettre la transmission des espèces au cerveau. Et c'est à ce titre qu'il considère le cristallin comme le principal instrument de la vue[39]. Car « c'est en ce crystallin que se fait la rencontre des deux lumieres, de l'exterieure, et de l'interieure[40] ». Le terme *lumière* est intéressant ici, mais problématique : si la notion de lumière se comprend bien lorsqu'elle s'applique à la vue extérieure, dont l'objet, nous dit Du Laurens, est précisément la lumière, elle est moins évidente lorsqu'elle s'applique à son analyse du vecteur de transmission, de cette lumière vers l'intellect, c'est-à-dire au rôle des esprits dans la transmission des images au cerveau. On serait tenté de voir dans cet emploi du mot *lumière* à propos de l'action des esprits une rémanence des théories de la vue par émission d'un rayon lumineux : mais il est bien clair pourtant que cette lumière n'est pas émise – émanant du cerveau où s'élaborent les esprits animaux, elle ne dépasse pas le cristallin et reste confinée à un espace délimité par le cristallin d'une part, et le rattachement du nerf optique au cerveau d'autre part ; cette lumière est donc paradoxalement invisible : elle est en quelque sorte métaphorique de l'action des esprits, porteurs de la clarté dont se nourrit l'intellect.

39 Ce n'est en effet qu'au siècle suivant que Kepler démontrera que l'image se forme, de façon inversée, sur la rétine et non dans le cristallin.

40 Du Laurens, *Discours*, p. 43.

Le terme d'esprits, tout autant que celui d'espèces, est un terme clef chez Du Laurens, et plus largement chez les médecins de son époque. Le terme apparaît toujours seul dans le *Discours* lorsqu'il est question des esprits qui permettent la transmission des images au cerveau, mais dans les *Œuvres*, il apparaît, dans le même contexte, associé à l'adjectif *visilis*, ce même adjectif, usuel en philosophie scolastique, que l'on a vu associé au terme d'espèces. Le texte latin des *Opera anatomica* utilise le syntagme *visiles spiritus :* ce syntagme a été traduit par Théophile Gelée par « esprits visoires » (par exemple : « le nerf optique apporte les esprits visoires »). L'expression rappelle aussi un terme que l'on trouve chez Rabelais, dans le *Gargantua*[41] et au *Tiers Livre*, où il est question d'« esprits visifs » pour désigner les esprits qui permettent la vue[42].

Le terme lui-même est à replacer plus globalement à l'intérieur de la théorie galénique des esprits, à laquelle Du Laurens adhère entièrement : comme Galien, il estime qu'il y a trois sortes d'esprit – l'esprit naturel produit par le foie ; l'esprit vital produit par le cœur et maintenant en vie les organes, y compris pendant le sommeil ; et l'esprit animal qui remplit les ventricules du cerveau avant d'être redistribué à l'ensemble du corps selon le trajet des nerfs. Galien fait de l'esprit animal la forme la plus raffinée d'esprit, produit d'une distillation de l'esprit vital afin que, rendu plus subtil, il puisse entrer dans le cerveau. Dans cette conception, l'esprit animal est soumis à la volonté de l'âme, qui par l'exercice de ses facultés, le transporte aux endroits du corps où elle désire porter son action. L'esprit animal permet ainsi de faire bouger les membres au moment même où l'âme le désire, et il permet également aux sens de sentir et de faire parvenir au cerveau les sensations. Ainsi, la vue se fait grâce à l'esprit animal, dit aussi lumière intérieure, dit aussi *visilis spiritus* ou *esprit visoire* dans les *Œuvres* ; dans le *Discours*, Du Laurens semble avoir considéré que l'adjectif était superflu dans ce petit traité de vulgarisation exclusivement consacré à la vue, ne retenant plus que le seul terme d'*esprits*.

Une théorie aussi subtile que celle des esprits galéniques ne pouvait sans doute manquer de faire surgir quelques aspects paradoxaux à l'intérieur de la démonstration, en elle-même fort complexe, qu'entreprend de faire Du Laurens du processus de la vision par réception. S'il souligne

41 Rabelais, *Œuvres complètes*, éd. M. Huchon, Gallimard, 1994, p. 32.
42 *Ibid.*, p. 392.

avec insistance, comme nous l'avons vu, le fait que les esprits ne font que traverser l'humeur aqueuse qui entoure le cristallin, pour aller se mêler aux espèces et les ramener sous forme d'idées vers le cerveau, et qu'ils ne sortent donc jamais à l'extérieur du corps, il vient pourtant nuancer ce point précis lorsqu'il évoque le phénomène de l'éblouissement en l'expliquant par une sortie des esprits visuels hors des yeux ; selon lui, en vertu d'une « similitude » entre la blancheur de l'objet et les esprits « visoires » qui sont lumineux, ces derniers « sortent de l'œil avec tel effort, qu'ils desrompent ou alterent ou la substance du crystallin, ou la tunique uvée, ou quelque autre chose[43] » : la représentation de la violence faite à la fragile architecture de l'oeil dans le phénomène de l'éblouissement, qu'exprime particulièrement le verbe « desromper », souligne bien le caractère exceptionnel voire pathologique d'une fuite, *a priori* paradoxale, des esprits visuels hors de l'œil.

LE VISIBLE POUR L'ANATOMISTE CHRÉTIEN

Nourri en profondeur des œuvres des Anciens, Du Laurens est aussi un anatomiste chrétien, dont le discours est tout entier structuré par une vision téléologique du corps humain. La description du corps et de ses mécanismes pour Du Laurens, comme pour tous les anatomistes de la Renaissance, se fait nécessairement à l'intérieur d'un discours téléologique louant le corps en ce qu'il manifeste, par la perfection de la forme, la parfaite adéquation entre l'organe et sa fonction. Et cette téléologie est elle-même indissociable chez Du Laurens de la revendication de la vérité du discours de l'anatomiste, en tant qu'il fait voir, par son observation éclairée des mécanismes du corps vivant, le dessein de Dieu à l'œuvre dans le microcosme qu'est le corps humain. L'anatomiste n'invente rien : il met en lumière, il révèle pour ainsi dire le sens de la Création. Car les yeux ont finalement deux usages, l'un, « commun est commun à tous les animaux, qui est de leur servir de guide et de sentinelle, pour descouvrir ce qui les peut endommager ; L'autre est particulier à l'homme seul, la cognoissance de Dieu par les

43 Du Laurens, *Œuvres anatomiques*, XI, f. 364v°.

choses visibles[44] ». Dans cette perspective chrétienne tout autant que platonicienne et néoplatonicienne, le visible est envisagé comme seule manifestation accessible à l'homme de l'invisible divin, et de ce fait la vue peut être considérée comme origine de la philosophie, parce qu'elle incite l'âme, à aller chercher vers le ciel l'origine de la beauté : « car la philosophie ne vient que de l'admiration, l'admiration procede de la veuë des choses belles. Nostre ame donc s'eslevant en haut vers le ciel ravie de tant de merveilles, en a voulu recercher la cause, et a commencé à philosopher[45] ». Cette admiration pour la beauté du monde créé, qui pousse les esprits philosophes à rechercher la cause de cette Beauté est un topos du discours scientifique humaniste, qui fait état d'une rechristianisation diffuse, déjà perceptible dans la philosophie ficinienne de l'amour divin, porte d'accès à la contemplation des choses intelligibles, prenant sa source dans le désir d'atteindre à la source divine de la Beauté présente dans la diversité des corps, au-delà de la beauté des corps particuliers[46]. Mais si Du Laurens, comme Ficin, pense que la recherche de Dieu commence avec la contemplation du monde visible, il s'écarte fondamentalement de la théorie platonicienne d'une perception sensorielle qui éloigne bien plus qu'elle ne rapproche le sujet de la contemplation du vrai. L'anatomiste affirme au contraire sa foi en la clarté et en la sûreté des perceptions visuelles : même s'il reprend, comme on l'a vu, l'idée platonicienne de l'âme exilée dans le corps, les « sens portiers de l'âme » sont envisagés comme des guides sûrs vers la vérité de Dieu.

Il s'agit donc pour l'anatomiste de transmettre ce qu'il voit, tout en fondant la vérité de son discours sur une conception du visible comme chemin d'accès au divin. Dans cette entreprise, Du Laurens se montre à la fois platonicien et aristotélicien : platonicien dans cette conception du regard comme premier degré de l'ascension vers la Beauté divine, dont la vue des choses sensibles n'est que la première et nécessaire étape ; mais si la notion de mouvement et donc d'une temporalité, d'un écart temporel, à l'œuvre dans la sensation, affecte chez Platon la notion de perception, qui du fait de cet écart se trouve erronée, et manifeste

44 Du Laurens, *Discours*, p. 33.

45 *Ibid.*, p. 18-19.

46 Ficin, Marsile, *Commentaire sur le Banquet de Platon*, éd. P. Laurens, Paris, Les Belles Lettres, 2002, p. 144-146.

essentiellement l'impossibilité à percevoir dans le visible la vérité des choses, chez Du Laurens la perception est éminemment fiable, en ce qu'elle représente la transmission immatérielle et instantanée à l'âme de l'espèce des objets. Du Laurens se range donc clairement, de ce point de vue, du côté du « regard optimiste du savant » dont parle Anne Merker à propos de la vision chez Aristote, pour qui « la lumière du jour constitue une présence authentique du divin, et où la vision ouvre la possibilité d'une connaissance raisonnée du sensible[47] ». Du Laurens s'empare de la théorie aristotélicienne de l'immédiateté de la vision en acte en tant qu'elle lui permet d'affirmer la prééminence de la vue dans la connaissance scientifique, et en particulier de l'observation à l'œil nu dans la connaissance du corps humain.

Vérité et discours vont donc de pair chez Du Laurens à partir du moment où les mots énoncent le visible. Ainsi, ce qui est dit pour avoir été vu est vrai, et l'anatomiste qui dit ce qu'il voit ne peut que dire la vérité. Mais ce lien essentiel entre la clarté de l'observation et la vérité du discours qui s'y fonde repose aussi sur la relation particulière qu'entretient l'anatomiste avec le langage ; si décrire le visible, c'est dire vrai, c'est aussi parce que l'anatomiste conçoit son discours comme transparent à son objet, comme si les mots pouvaient manifester la réalité observée de la façon la plus directe et la plus pure, de la même façon que le cristallin reçoit et transmet, selon l'auteur, les espèces immatérielles des choses.

Ce triomphe de la vue manifesté par le texte de Du Laurens, dans la droite ligne de la résurgence de la valeur de l'observation anatomique initiée par Vésale, semble donc appeler à élargir d'un demi-siècle en amont le champ d'application de l'analyse de Michel Foucault qui, dans *Naissance de la clinique*, parle d'un « domaine de claire visibilité <qui> s'ouvre pour le regard à l'âge classique[48] ». En cherchant à définir ce qu'il nomme l'« *a priori* historique de l'expérience clinique », il résume la corrélation très particulière que les textes médicaux de l'Âge Classique établissent entre ce qui est visible et ce qui est énonçable en évoquant le « formidable postulat » qui veut que « tout le *visible* soit *énonçable* et qu'il soit *tout entier* visible parce que tout entier *énonçable* ». Or cette

47 Merker, *La Vision…*, p. 249.

48 Foucault, Michel, *Naissance de la clinique. Une archéologie du regard médical*, Paris, P.U.F., 1972, p. 140.

corrélation entre le visible et l'énonçable est déjà présente de façon remarquable dans le texte de Du Laurens, qui postule, à l'arrière-plan de son exposé, cet idéal d'exhaustivité descriptive dont parle Foucault, celui d'une « réversibilité sans résidu du visible dans l'énonçable ». Dans cette perspective, « décrire revient à voir et savoir en même temps[49] » : ainsi, quand Du Laurens rectifie, à propos du nerf optique, l'idée erronée des Anciens qui l'avaient décrit comme prenant naissance à l'avant du cerveau, alors qu'il part en réalité de l'arrière du cerveau, il affirme que son observation est « nouvelle, mais tres-veritable, ie la croy pour l'avoir veuë bien souvent[50] ».

Dans cette perspective, voir c'est aussi croire, puisque l'on considère que le visible est le véhicule de l'invisible divin. Mais l'expression semble aussi mêler en quelque sorte la figure de l'auteur et celle du lecteur, et la réaction que l'auteur attend de lui : l'observation est faite par Du Laurens lui-même, qui la sait vraie, et qui attend de son lecteur qu'il la reconnaisse pour vraie, puisque lui-même, pour l'avoir constatée de ses yeux « bien souvent », est convaincu de sa validité. De la même façon, il affirme la supériorité de ce qui est vu, et donc de l'observation directe, sur la lecture des autorités : « Mais qu'est-il besoin d'alleguer tant d'authoritez pour faire paroistre l'excellence de ces deux Soleils, puis que la nature mesme nous la demonstre assez ? Lisons au livre de la nature[51] ».

C'est ainsi que l'anatomiste invite le lecteur à voir en le lisant. Il s'adresse à lui comme s'il se trouvait à ses côtés dans l'amphithéâtre : « Vois », lui dit-il, « Regarde ». Après la description des six membranes qui enveloppent l'œil, décrites une à une en partant de l'extérieur et en se rapprochant du cristallin, l'anatomiste annonce : « *Voila toutes les enveloppes ostées*, il est temps de *descouvrir* le plus precieux thresor de l'œil, le riche diamant, le beau crystallin[52] ». L'anatomiste croit si fermement en la validation de son discours par le regard qu'il invite son lecteur à venir voir lui-même, s'il ne le croit pas – c'est-à-dire aussi, finalement, s'il ne croit pas (en Dieu). La démonstration de l'anatomiste est tout entière révélation d'une création téléologique : si les sens ont été créés, c'est parce que sans eux l'âme serait restée prisonnière du corps comme

49 *Ibid.*, p. 141.
50 Du Laurens, *Discours*, p. 47.
51 *Ibid.*, p. 28-29.
52 *Ibid.*, p. 43.

dans une prison obscure. Partout, dans l'univers comme dans le corps humain, l'œuvre du Créateur manifeste l'intention qui a présidé à l'excellence de la création. L'anatomiste se contente en somme de mettre en valeur cette excellence, qui ne peut qu'éblouir l'observateur, même s'il ne possède pas la science du corps qui est celle de l'anatomiste, et qui lui permet d'expliquer, d'éclairer par sa description, le spectacle qui s'offre à tous. Et la foi de l'anatomiste en la puissance de la vue est telle qu'il la considère même comme suffisante à susciter la foi en Dieu. Au chapitre trois du *Discours*, l'auteur s'adresse ainsi à un lecteur potentiel, un athée qui ne voudrait pas reconnaître la manifestation de l'intention divine dans l'univers aussi bien que dans l'admirable hiérarchie du corps : « Viens t'en ici, ô athée, employe ce noble sens à contempler cet excellent et parfait ouvrage de Dieu, cet univers qui contient tout. Elesve ta vue vers le ciel, ou jette ta vue en bas vers les eaux ou vers la terre » lui enjoint-il ; mais, si cela ne suffit pas, alors, dit Du Laurens, « viens t'en icy, *je te ferai voir* en moins de rien l'abrégé du grand monde, le chef-d'œuvre de Dieu, le tableau de l'univers, et lors tu seras contraint de t'écrier, ô homme, miracle et effort de nature[53] ».

Mais cette identification passionnée du visible et du vrai dans le discours de Du Laurens est aussi, fatalement, ce qui jette la lumière la plus crue sur les insuffisances philosophiques de son raisonnement. Par un curieux mouvement de renversement, Du Laurens en vient en effet à affirmer la vérité non seulement du visible, mais de tout ce qui lui paraît clair, lumineux, comme si ce sentiment d'évidence face à son propre raisonnement pouvait être comparé à la clarté de la lumière dans le processus de la perception du visible, à la netteté de ce qui matériellement se voit clairement parce que la lumière l'éclaire. « Voicy ma demonstration, *qui est à mon advis* aussi claire que le Soleil[54] » écrit-il en exergue de sa justification de l'attribution au cerveau du siège de l'âme ; et il finit son exposé par ces mots : « Concluons donc *avec la verité*, que le cerveau ayant tant d'avantage sur les autres parties doit estre le principal et souverain siege de l'ame[55] ».

C'est dans cette perspective également que s'éclaire l'importance accordée au cristallin par Du Laurens : car on peut se demander, pour

53 *Ibid.*, p. 26.
54 *Ibid.*, p. 9.
55 *Ibid.*, p. 12. Dans toutes ces citations, les italiques sont de notre main.

finir, ce qui a conduit l'anatomiste à affirmer avec tant d'assurance qu'il était « l'instrument principal de la vue, l'ame de l'œil », le lieu de la réception des espèces et le point de départ de leur transmission au cerveau – et ce alors même que la formation des espèces dans le cristallin est source de difficultés pour lui, comme on l'a vu, quant à l'explication du voyage des « esprits visoires » du nerf optique au cristallin. La raison de cette conviction semble en définitive être essentiellement symbolique et métaphorique : tout se passe comme si, par sa transparence fascinante, ce « diamant » se faisait la métaphore même de la transparence de l'objet à la vue[56], et par extension de la clarté et de la vérité du discours qui se fonde sur l'observation à l'œil nu. Par une mise en abyme frappante, c'est en entrant dans le vif de son sujet, au cœur même de l'anatomie de l'œil, que Du Laurens trouve le symbole éclatant de la vérité de son discours scientifique : caché au centre de l'œil, et révélé seulement après que l'anatomiste a pu délicatement retirer, l'une après l'autre, les diverses membranes qui l'entourent, le cristallin se fait l'allégorie de la démarche même de l'anatomiste, cette incision révélatrice au cœur du vivant. Et devant cet objet parfaitement transparent, brillant, l'anatomiste ne peut qu'affirmer avec certitude ce qui lui apparaît avec tant de clarté – la transparence absolue qui unit le regard de l'observateur et le monde.

Emmanuelle LACORE-MARTIN
The University of Edinburgh

56 Il faut enfin souligner les échos de la théorie du diaphane d'Aristote dans cet exposé sur le rôle du cristallin : voir *De l'âme*, II, 7, 418a29.

LA VISION DU XVIIIe SIÈCLE SUR LA SCIENCE DU XVIe

Le cas des planches anatomiques d'Eustache publiées par Giovanni-Maria Lancisi

En 1714 paraissent à Rome, chez l'imprimeur Francesco Gonzaga, par les soins de Giovanni-Maria Lancisi, archiatre du pape Clément XI, les *Tabulæ Anatomicæ* de Bartholomée Eustache. Une telle publication est exceptionnelle pour au moins deux raisons. La première tient au fait que l'auteur de ces planches jusqu'alors inédites est alors mort depuis cent quarante ans ; la seconde au fait que, gravées dès 1552, annoncées en 1563 par Eustache lui-même dans la préface de ses *Opuscula Anatomica*, et redécouvertes à Urbino en 1712, par l'entremise de Clément XI[1], elles n'étaient accompagnées d'aucune explication. L'édition de Lancisi ajoute donc à ces planches anatomiques du XVIe siècle, contemporaines de celles de Vésale, ses propres commentaires, en latin, inspirés par la confrontation entre la qualité des planches et l'état des connaissances médicales au début du XVIIIe. Son admiration pour l'illustre anatomiste fut partagée par nombre de ses contemporains parmi lesquels le médecin suisse Jean-Jacques Manget qui publia à Genève, en 1717, chez Cramer et Perachon, un *Theatrum Anatomicum* qu'il compléta[2] en reprenant, dans

1 Dans son édition des *Planches Anatomiques d'Eustache*, Lancisi publie une lettre à Giovanni Fantoni dans laquelle il expose les conditions de cette découverte dans les archives de la famille Rossi, à Urbino.

2 On lit, sur la page de titre du *Theatrum anatomicum* de Manget (version numérisée sur le site Babord-Num du réseau documentaire des universités de Bordeaux, consulté le 19.04.2016 à l'adresse suivante : http://www.babordnum.fr/items/show/120) : « *adjecta sunt ad calcem operis* celeberr. Barth. Eustachii *TABULAE ANATOMICAE, ab illustrissimo* Joh. Maria Lancisio, *Archiatro Pontifico, summa cum diligentia explanatae* » (« ont été ajoutées, en annexe de l'ouvrage, les PLANCHES ANATOMIQUES du très célèbre Bartholomée Eustache, expliquées avec un très grand soin par l'illustrissime Jean-Marie Lancisi, archiatre pontifical »). Il s'agit, en fait, d'une nouvelle édition des *Tabulæ anatomicæ* d'Eustache dans un volume indépendant. On trouvera une version numérisée de celle-ci sur le site des B.U.

un dernier volume, les planches publiées par Lancisi, avec son autorisation. Manget y ajouta de nombreux témoignages de médecins qui, depuis le XVIe siècle, avaient signalé les mérites des travaux anatomiques d'Eustache. Ces témoignages élogieux paraissent assez importants aux frères Pagliarini, éditeurs de la seconde édition romaine des *Tabulæ Anatomicæ* en 1728 (édition posthume, puisque Lancisi meurt en 1720), pour être conservés dans le préambule de cette nouvelle édition. Ils nous renseignent à la fois sur les principales observations faites par Eustache et sur la façon dont il les a transmises. Le travail de l'anatomiste s'y traduit par une série de mots qui rendent compte de l'observation médicale et de sa diffusion auprès de la communauté scientifique. Nous nous proposons ici de relever ces mots dans les témoignages rassemblés en tête de l'édition de 1728[3], avant de signaler quelques éléments caractéristiques du commentaire des planches anatomiques d'Eustache par Lancisi.

La page de titre des *Tabulæ Anatomicæ* nous donne une première indication sur le regard porté par Lancisi sur les planches anatomiques qu'il présente au public[4]. Comme nous pouvons le constater, celle-ci combine les indications éditoriales attendues en pareil lieu avec une gravure représentant une leçon d'anatomie dans un amphithéâtre. Un professeur y pratique la dissection d'un corps humain devant un groupe d'étudiants très animé. On distingue, sur le sol, les cadavres d'animaux divers, parmi lesquels on reconnaît clairement un singe et un chien. Ceux-ci sont destinés à nous rappeler que la comparaison entre l'homme et les diverses espèces animales a constitué un élément fondamental de la science anatomique. Un squelette monté sur un piédestal montre du doigt le ciel comme pour inviter le lecteur à ne pas oublier que c'est Dieu qui préside à la vie humaine comme à toute connaissance scientifique. Sur le piédestal est gravée une devise en vers latins, empruntée au poète Claudien[5] : « *Laceros iuvat ire per artus* » (Il

---

de Lille : https://nordnum.univ-lille.fr/ark:/72505/a0115167235146H0Fn6/ab0ac593aa (consulté le 20/11/20).

3 Nous avons consulté cette édition au Service Historique de la Marine de Brest (Fonds R de l'Académie royale de Marine, cote R 7192). C'est à cette édition que nous nous référons dans cet article et empruntons les reproductions photographiques qui s'y trouvent.

4 La page, en provenance du fonds du SHD de Brest sur laquelle s'appuie ce commentaire est consultable à l'adresse suivante : https://www.univ-brest.fr/libros/menu/Textes/Tabulae-anatomicae---Eustache/Tabulae-anatomicae---page-de-titre (consulté le 20/11/20).

5 *Contre Rufin*, v. 431.

[leur] plaît d'aller au milieu des membres déchirés). Les mots mêmes semblent parfaitement convenir à une telle scène, mais on est plutôt surpris quand on les découvre dans leur contexte d'origine. En effet, le poète latin des IVe-Ve siècles s'en sert pour décrire l'assassinat du préfet du Prétoire d'Orient Rufin, le 27 novembre 395, et le démembrement de son corps par la foule en furie. Il y a loin de l'émeute populaire évoquée par Claudien à l'animation studieuse du théâtre d'anatomie !

Venons-en au texte de cette page dont voici la traduction[6] :

> PLANCHES ANATOMIQUES du très illustre BARTHOLOMÉE EUSTACHE *Elles ont enfin été tirées des ténèbres* ET LE PAPE CLEMENT XI Dans sa générosité en a fait don ; *REHAUSSÉES D'UNE PRÉFACE ET DE NOTES PAR* GIOVANNI MARIA LANCISI Archiatre a la cour du Pontife, *seconde edition romaine*, ROME, 1728, *Aux frais de Laurent et Thomas Pagliarini, libraires sous le signe de Pallas*, Bernabo Roche imprimeur. Avec l'autorisation des supérieurs.

Ce titre présente déjà, en lui-même, un double éloge : celui d'Eustache, qualifié d'emblée de « *clarissimus vir* », et celui de Clément XI, dont la « *munificentia* » est présentée comme un des ressorts fondamentaux de la publication de l'ouvrage. L'importance d'Eustache est corroborée par celle de ses planches anatomiques dont la découverte est dramatisée par l'adverbe « *tandem* » qui laisse entendre combien leur disparition de plus d'un siècle a été préjudiciable à la communauté des savants. À la lecture de tous ces éléments, le lecteur est déjà très favorablement disposé envers Eustache et Clément XI, ainsi qu'à l'égard de Lancisi qui va le guider, par sa préface et ses notes, à travers les planches anatomiques qu'il brûle désormais de découvrir.

Mais avant de lui présenter les planches elles-mêmes, les éditeurs de la seconde édition romaine, emboîtant le pas à Jean-Jacques Manget et à son *Theatrum anatomicum*, ont voulu le persuader de la valeur d'Eustache en rapportant le témoignage élogieux de plusieurs médecins. Ils s'en expliquent directement en s'adressant brièvement à lui :

> *Laurentius et Thomas Pagliarini*
> Lectori salutem.
> *Quum Joh. Jacobus Mangetus pluribus virorum illustrium testimoniis, quae ad laudem faciunt Eustachii, probante, quin imo eadem suppeditante Cl. Viro Joh. Maria*

6 Nous avons respecté, dans la traduction, la mise en forme des caractères, afin de permettre au lecteur une meilleure comparaison avec la reproduction de la page de titre en latin.

Lancisio, editionem suam Tabularum exornaverit ; nos quoque, tanti Viri judicium magni, ut par est, facientes, illius vestigia persequimur, et ipsamet elogia, praefationis loco, praemittimus. Vale

« [Laurent et Thomas Pagliarini
Au lecteur, salut.
Comme Jean-Jacques Manget, avec l'approbation, voire avec l'aide même du célèbre Jean-Marie Lancisi, a enrichi sa propre édition des *Planches* grâce à de nombreux témoignages d'hommes illustres qui font l'éloge d'Eustache, nous faisons à notre tour, comme il se doit, grand cas du jugement d'un si grand homme, suivons ses traces et proposons d'abord, en guise de préface, ces éloges eux-mêmes. Salut] »

La plupart des témoignages rapportés dans les pages qui suivent cet avertissement émanent de médecins et d'anatomistes contemporains d'Eustache ou appartenant aux générations qui l'ont immédiatement suivi, tels Giulio-Caesare Aranzi (1530-1589), Volcher Coiter (1534-1576), Giulio Casseri (1545-1605), André Du Laurens (vers 1552-1639) ou Hans-Georg Schenk (1569-1628). Ils sont classés en cinq rubriques, selon le point médical sur lequel porte leur éloge : ceux qui louent Eustache de façon générale[7] ; ceux qui le recommandent pour sa découverte du conduit thoracique[8] ; ceux qui le louent à cause de son *Traité sur l'organe de l'ouïe*[9] ; Ceux qui le louent pour son *Traité sur les reins*[10] ; ceux, enfin, qui le louent pour son *Traité sur la Veine impaire*[11]. Leurs témoignages sont cités avec les références précises des ouvrages où ils se rencontrent. Nous pouvons ainsi vérifier que la formulation dans laquelle ils sont reproduits est bien leur formulation d'origine[12]. Cette vérification permet d'affirmer que les termes qui traduisent l'observation

---

7 « *Iis, qui in genere laudant Eustachium* ».

8 « *Commendant Eustachium ob Inuentionem Ductus Thoracici* ».

9 « *Laudant Eustachium propter Tractatum de Auditus Organo* ».

10 « *De Iis, qui Eustachium laudant ob Tractatum de Renibus* ».

11 « *De Laudibus Eustachii ob Tractatum de Vena sine pari* ».

12 Nous avons ainsi pu vérifier que le premier témoignage concernant les organes de l'ouïe (p. IV des *Tabulæ Anatomicæ* d'Eustache, Rome, 1728) correspond, à un démonstratif près (*Eorum* mis pour *Horum*), au bas de la p. 56 et au haut de la p. 57 du traité de *Humano Fœtu* de Giulio Cesare Aranzi cité en référence (*Julius Cæsar Arantius Cap.* XI. *de Hum. Foet. Pag. 56 ubi de Timpano Auris*). La vérification a été faite sur l'exemplaire numérisé de la BNF, sur le site Gallica, consulté le 14.04.2016 à l'adresse suivante : http://gallica.bnf.fr/ark:/12148/bpt6k606910/f64.item.r=. Nous n'avons pas jugé nécessaire d'étendre cette vérification à chacun des témoignages cités, partant du principe que J.-J. Manget, qui les a réunis, a procédé de la même manière pour chacun d'eux.

médicale et sa diffusion auprès de la communauté scientifique sont bien ceux du XVIe siècle, et non une réinterprétation du XVIIIe.

Parmi les éloges généraux, on note celui de Hans Georg Schenk qui, à la p. 88 de sa *Biblia Iatrica*, rappelle l'ensemble des ouvrages composés par Eustache et termine en citant les planches anatomiques et le livre que ce dernier se proposait d'éditer sur les querelles anatomiques :

> Le même [Eustache] s'est occupé de faire graver (« *exculpi curavit* ») dans le bronze quarante-six planches anatomiques très soignées (« *accuratissimas* ») et a promis qu'il éditerait un livre sur les dissensions et controverses anatomiques. Livre tout à fait indispensable, parbleu ; mais qu'il ne m'a pourtant pas été donné de voir jusqu'à présent[13].

Nous pouvons également relever plusieurs témoignages attestant l'importance des observations d'Eustache sur l'organe de l'ouïe. Celui de Giulio Cesare Aranzi, tout d'abord :

> La forme de ceux-ci, leur position ainsi que le petit muscle destiné à faire bouger le premier petit os ont été non seulement exposés à l'écrit avec une grande élégance (« *elegantissime scriptis exposuit* »), mais aussi dessinés avec une grande exactitude (« *exactissime delineavit* ») par le très célèbre Eustache qui, à mon avis, doit être préféré à tous les autres pour sa présentation remarquable de cet organe [etc.][14].

Le témoignage d'Aranzi se prolonge pour rappeler les querelles d'attribution autour de la découverte du rôle du petit muscle susnommé :

> Mais pour ce qui concerne le rôle du petit muscle observé (*observati*) par Eustache, personne, à ma connaissance, n'en a rien écrit : ceux qui nient l'existence de ce petit muscle, ne le trouvent sans doute pas (*non reperiunt*), soit qu'ils n'en fassent aucun cas (*negligentes*), soit qu'ils manquent d'acuité visuelle (*hebeti visu*) ; quant à ceux qui feignent de ne le pas voir, il faut les tenir pour jaloux de la louange d'autrui[15].

---

13 « *Idem Tabulas sex et quadraginta aereas Anatomicas accuratissimas exculpi curavit, Librumque de dissensionibus, ac controversiis Anatomicis se editurum receperat. Opus mehercule maxime necessarium ; quod tamen hactenus videre mihi non contigit* », *Tabulæ anatomicæ*, p. III, col. 1.

14 « *Eorum formam, positionem, et musculum primo ossiculo movendo destinatum Praeclarissimus Eustachius, caeteris omnibus in hoc organo insigniter illustrando, mea sententia, praeferendus, non solum elegantissime scriptis exposuit, verum etiam exactissime delineavit etc.* », *ibid.*, p. IV, col. 1.

15 « *Sed de musculi ab Eustachio observati usu neminem scripsisse novi : hunc musculum qui negant, vel non reperiunt, aut negligentes, aut hebeti visu sunt praediti ; qui vero dissimulant, alienae laudis invidi censendi sunt* », *ibid.*

Volcher Coiter, à son tour, est sollicité en faveur d'Eustache à propos du même muscle :

> Mais Volcher, Cha. VIII de *l'Instrument de l'ouïe* rapporte que, « selon l'avis d'Eustache, il n'y a qu'un seul [petit muscle], mais que, selon d'autres, il y en a deux » : celui qu'Eustache a signalé (« *notavit* »), il se contente d'en reprendre la description (« *descriptionem* ») faite par Eustache, quant à l'autre, il n'en dit pas un traître mot. Et un peu plus loin : « Ce petit muscle a été observé ("*observatus*") et dévoilé ("*patefactus*") en premier par Eustache[16] ».

Le même auteur attribue clairement la découverte de l'étrier – l'un des trois petits os de l'oreille moyenne – à Eustache :

> Realdo Columbo (il est question de l'étrier) se glorifie[nt] d'avoir été le premier à observer (« *observatorem* ») celui-ci, mais Bartholomée Eustache avait affirmé que, bien avant les écrits de ces gens-là, il avait remarqué (« *animadvertisse* ») ce petit os sans en avoir été instruit ni averti par personne[17].

Relevons enfin un témoignage d'André Du Laurens à propos des travaux d'Eustache sur les reins :

> Au tome I du *Traité sur les reins*, chapitre XXIII du livre VI : « la structure admirable des reins est restée inconnue des anciens auteurs et de presque tous les auteurs plus récents qui ont davantage décrit ("*descripserunt*") les reins des animaux que ceux des hommes. Moi qui en ai été mieux instruit par les écrits ("*scriptis*") de Fallope et d'Eustache, puis par la dissection

16 « *Sed Volcherus Cap.* VIII *de Audit. Instrumento, unum esse ex sententia Eustachii, duos ex aliorum refert : illius, quem Eustachius notavit, descriptionem ab Eustachio desumptam dumtaxat adducit : de altero ne verba quidem habet. Et paulo infra. Hic musculus primum ab Eustachio observatus ac patefactus fuit* », *ibid.*

17 « *Realdus Columbus (quaestio est de stapede) illius se fuisse primum observatorem gloriantur, Bartholomaeus Eustachius multo ante illud ossiculum, se neque edoctum, neque monitum ab aliquo, animadvertisse, quam illi scribant asseverat* », *ibid.* Ce texte de l'édition de 1728 diffère très légèrement de celui de l'édition de Manget, parce qu'il donne le pluriel *gloriantur* à la place du singulier *gloriatur.* Cette variation entre singulier et pluriel s'explique par le fait qu'il s'agit ici d'un extrait du traité de Volcher Coiter sur l'oreille (*Cap.* XII. *Lib. I. de Aure*) où la revendication de Realdo Colombo qui se glorifie (*gloriatur*) de la découverte de l'étrier doit faire suite à celle d'autres anatomistes qui ont écrit à ce sujet, ce qui explique le pluriel *illi scribant* de la fin de l'extrait. Manget qui réunit lui-même les extraits qu'il cite n'a aucune raison de modifier le texte de Volcher Coiter (que nous n'avons malheureusement pas pu consulter), alors que les frères Pagliarini ne font que reprendre Manget, citant ainsi de seconde main. Ils ont sans doute cru bon d'harmoniser les deux verbes en passant le premier au pluriel, au mépris de l'original.

même (“*sectione ipsa*”) et la vision directe (“*ἀυτοψία*”), je vais dévoiler (“*aperiam*”) brièvement l’ensemble de la structure des reins ». Et un peu plus bas : « Eustache a écrit (“*scripsit*”) qu’une glande remarquable se trouvait sur la partie supérieure des reins. Nous l’avons vue (“*vidimus*”) nous-mêmes à plusieurs reprises, mais nous avons aussi souvent observé (“*observavimus*”) qu’elle manquait[18] ».

Ces témoignages permettent un relevé assez représentatif du vocabulaire latin (ou grec) utilisé par les médecins du XVIe siècle pour présenter leurs observations anatomiques. Celui-ci se répartit en deux catégories : les mots de l’observation et ceux de la transmission :

Voir (ou ne pas voir)	Faire voir
Observati	*exculpi curavit*
non reperiunt	*accuratissimas*
negligentes	*elegantissime scriptis exposuit*
hebeti visu	*exactissime delineavit*
observatus	*notavit*
observatorem	*descriptionem*
animadvertisse	*patefactus*
sectione ipsa	*descripserunt*
ἀυτοψία	*scriptis*
vidimus	*scripsit*
observavimus	*aperiam*

Parmi les vingt-deux expressions de ce relevé, onze ont trait à l’observation, onze aux moyens de transmettre les résultats de celle-ci. Le mot le plus fréquent pour traduire l’examen visuel est sans conteste le verbe *observare*, qui revient à quatre reprises sous différentes formes. La racine de *videre* vient en seconde position avec deux occurrences (dont l’expression « *hebeti visu* » destinée à critiquer le mauvais usage de la vision par les observateurs peu scrupuleux). Le terme grec *ἀυτοψία* complète ce vocabulaire de l’observation directe. À celui-ci, il faut encore ajouter les mots qui expriment le résultat de l’examen visuel, car il ne suffit pas de regarder pour voir, comme le rappellent les

18 « *Andreas laurentius Op. To. I. Lib. VI. De Renib. Cap.* XXIII. *Renum structura mirabilis est veteribus incognita, et junioribus fere omnibus, qui brutorum potius quam hominum Renes descripserunt. Ego Fallopii et Eustachii scriptis, dein sectione ipsa et ἀυτοψία peritior factus, totam renum structuram breviter aperiam. Et paulo infra : In renum superiori parte glandulam inveniri insignem scripsit Eustachius. Eam vidimus nos aliquando, sed saepe etiam deesse observavimus* », *ibid.*

expressions négatives « *non reperiunt* » et « *negligentes* ». C'est l'acuité du regard de celui qui se livre à la dissection (« *sectione ipsa* ») qui permet de retenir son attention et de lui faire remarquer (« *animadvertisse* ») ce que personne n'avait vu jusque-là.

Une fois l'observation terminée, il convient de la noter pour ne pas l'oublier, et d'en rendre compte aux autres. La première de ces démarches passe par la mise à l'écrit sous la forme de la description. La racine de *scribere* apparaît ainsi à cinq reprises, soit sous sa forme simple au participe (« *scriptis* ») ou au parfait (« *scripsit* »), soit sous celle, préfixée, de « *descripserunt* », ou de son équivalent nominal « *descriptio* ». Ces comptes rendus écrits sont clairement présentés comme les moyens de transmettre les résultats de l'observation dans l'expression « *elegantissime scriptis exposuit* », qui insiste au passage, avec l'adverbe au superlatif « *elegantissime* », sur l'importance de leur mise en forme et de leur style.

En matière médicale, et tout particulièrement dans le cas de l'anatomie, la description ne suffit pas et il est indispensable qu'elle soit accompagnée de gravures. Deux expressions nous renvoient aux représentations figurées : « *exculpi curavit* » et « *exactissime delineavit* ». On remarque que toutes deux soulignent, par des moyens différents (le verbe « *curavit* » et l'adverbe « *exactissime* ») le soin indispensable à apporter à de telles représentations. La racine du soin, présente dans le verbe « *curavit* » se retrouve d'ailleurs dans l'adjectif « *accuratissimas* » qui qualifie, au superlatif, les planches anatomiques d'Eustache. Les verbes « *exculpi* » et « *delineavit* » présentent deux aspects techniques de la réalisation des planches anatomiques. Le second, qui traduit l'opération de « délinéation », en constitue la première étape, puisqu'il correspond au dessin effectué au cours de l'observation. Le premier correspond quant à lui à la sculpture ou au ciselage des plaques de bronze destinées à l'imprimerie à partir du dessin initial. Outre le verbe *exponere* que nous avons déjà relevé sous la forme « *exposuit* », la transmission – écrite ou graphique – des résultats de l'observation est exprimée par deux autres verbes : *patefacere* (littéralement « rendre visible, manifeste ») et *aperio* (littéralement « ouvrir »). De fait, qu'il s'agisse de l'examen scientifique ou de ses résultats, la visée première du savant est toujours de mettre au jour ce qui n'est pas directement visible et de révéler ce qui demeure inaccessible au regard superficiel.

Il reste un dernier mot que j'ai noté dans la catégorie de la transmission, mais qui pourrait aussi bien figurer dans celle de l'observation, selon le sens qu'on lui donne. Il s'agit du verbe *notare* qui peut se traduire par « noter », « relever » comme par « signaler ». Au sens propre, il signifie « faire une marque » pour attirer ainsi l'attention sur une qualité de l'objet désigné. Le fait de « noter » un élément de l'observation ne procède donc pas uniquement de l'examen visuel, mais de la volonté d'en tirer une leçon pérenne et transmissible.

Les deux catégories que nous venons d'illustrer par ce relevé de vocabulaire reflètent les deux chemins de la connaissance et ne sont pas sans évoquer les interminables débats pédagogiques qui opposent, au moins depuis Rousseau, les partisans de la transmission des savoirs établis à ceux de leur acquisition par l'expérimentation directe. Il semble que les savants du XVIe siècle n'opposaient nullement ces deux chemins et y voyaient, au contraire, des moyens complémentaires de faire progresser la science. Certes, la primauté revient à la vision directe puisqu'elle permet de manifester les erreurs antérieures, comme le montre le témoignage de Du Laurens à propos des idées reçues sur la structure des reins. Mais le même Du Laurens explique que sa connaissance plus précise de cette dernière lui vient à la fois de la lecture des écrits de Fallope et d'Eustache et – mais seulement dans un second temps (*dein*) – de ses propres vérifications lors de séances de dissection. On constate aussi avec quelle fierté Eustache, cité par Volcher, s'enorgueillit d'avoir découvert l'étrier sans aucune aide extérieure. Mais Volcher pourrait-il seulement rapporter ce fait s'il ne l'avait lu dans le *Traité sur l'organe de l'ouïe* d'Eustache ! Nous assistons ainsi, à travers les éloges rassemblés par Manget en faveur d'Eustache, à toute la démarche scientifique suivie par les anatomistes du XVIe siècle. L'observation n'a de sens que si elle a été préparée par la prise en compte de l'état antérieur de la science et si elle s'accompagne d'un relevé destiné à en présenter le nouvel état. Rien ne dit, pour autant que celui-ci soit le dernier, puisqu'une nouvelle observation pourra à son tour le rendre obsolète. Le livre scientifique, fruit de l'observation stimule ainsi l'observation qui donnera lieu à de nouveaux livres, et ainsi de suite dans un mouvement continu qui est, en un mot, celui de toute recherche.

Une des conséquences inhérentes à ce processus d'élaboration de la science est l'émergence de débats, voire de polémiques, entre savants qui se disputent la paternité des découvertes. Les éloges d'Eustache à travers lesquels nous avons effectué notre relevé de vocabulaire manifestent clairement cet enjeu de la primauté dans le débat scientifique. C'est le cas tant pour l'observation et la description du petit muscle de l'oreille moyenne dans les témoignages de Giulio Cesare Aranzi et Volcher Coiter, que pour la question de l'étrier dans celui de Volcher Coiter : la polémique n'est jamais loin de l'éloge, comme s'il fallait, dans un mouvement dialectique, abaisser les uns pour élever les autres.

La présence des témoignages que nous venons de parcourir, en préambule à l'édition des *Tabulæ anatomicæ* d'Eustache, n'est pas fortuite et vise à légitimer la publication, à près d'un siècle et demi de distance, de planches anatomiques que la démarche ininterrompue de la science aurait dû déclasser. Or, à suivre Lancisi et Manget, il n'en est rien et l'acuité du regard d'Eustache, associée à la précision des planches de bronze qu'il avait fait réaliser à la suite de ses observations, force l'admiration. Celle-ci se manifeste particulièrement dans les commentaires de Lancisi qui ne manque aucune occasion de souligner l'apport d'Eustache à l'anatomie humaine. Nous n'en donnerons qu'un exemple, particulièrement éloquent, qui illustre la permanence des questions de paternité des découvertes anatomiques. Il s'agit de la planche 14 qui présente le système génital féminin, ainsi que la disposition du fœtus dans l'utérus. Après avoir fait, à l'occasion de cette planche, quelques observations sur le principe général de présentation des planches anatomiques, nous nous intéresserons exclusivement à ses figures I et III. (voir fig. I)

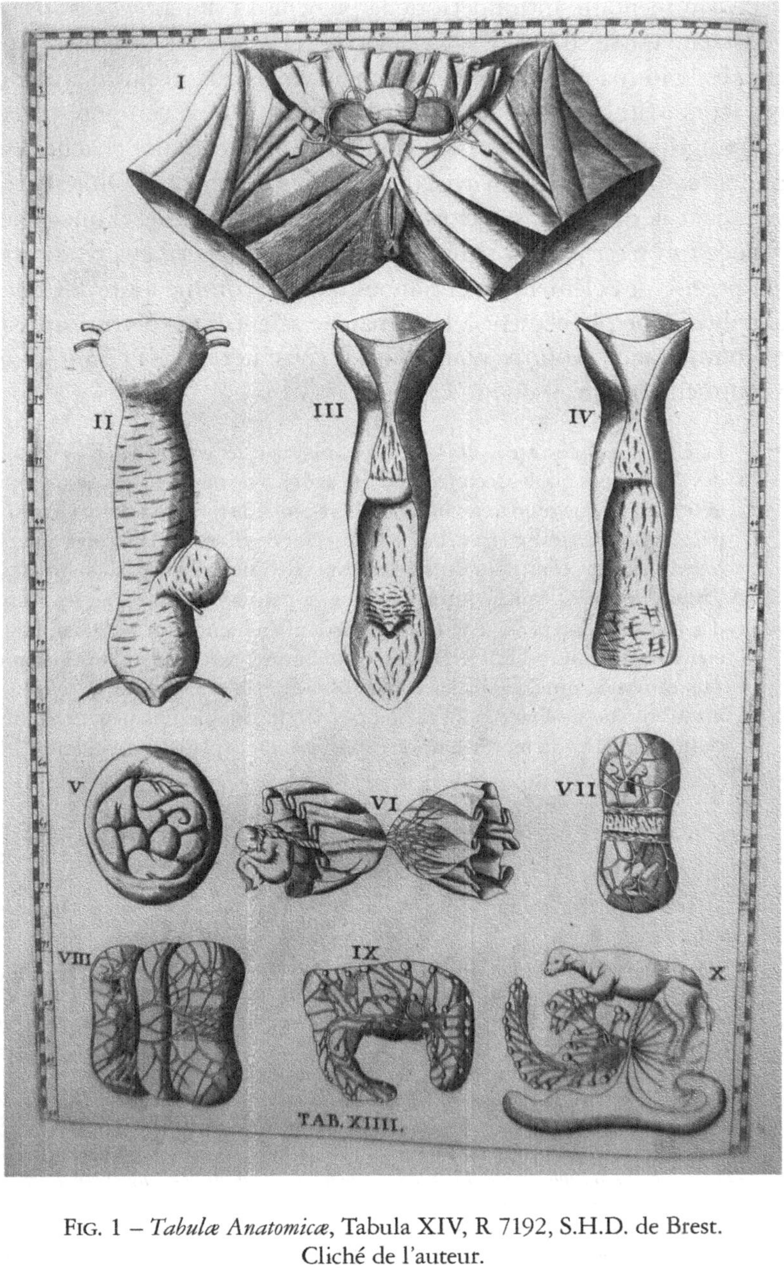

FIG. 1 – *Tabulæ Anatomicæ*, Tabula XIV, R 7192, S.H.D. de Brest.
Cliché de l'auteur.

Le commentaire introductif de la planche 14 des *Tabulæ anatomicæ* d'Eustache est le suivant : « La planche XIV montre l'utérus, le placenta et le fœtus non seulement humain, mais aussi celui d'animaux, avec leurs membranes et leurs cotylédons[19] ». Elle se compose en effet de dix figures distinctes qui ont droit à un commentaire chacune, soit en propre, soit en commun avec d'autres figures proches. On remarque également la présence, sur trois des côtés de la planche, d'une échelle graduée qui n'est pas un simple ornement, mais permet une localisation précise des éléments mentionnés dans le commentaire[20]. Celle-ci contribue donc pleinement à la démarche scientifique de transmission des connaissances, comme nous allons le constater avec la figure I. Voici le commentaire qu'en donne Lancisi :

> La FIGURE I présente *in situ* le sexe féminin, tant ses parties externes dégagées des enveloppes qui les recouvrent d'ordinaire, à savoir les lèvres, les nymphes et le clitoris, que ses parties internes, c'est-à-dire le fond de l'utérus. Ainsi, en partant des parties externes, on peut observer des fibres musculaires qui, chez la femme, sont continues depuis les lèvres de l'utérus jusqu'au sphincter de l'anus (17½ 28½). Voilà pourquoi il nous est permis d'affirmer que les muscles des lèvres de la vulve, repérés tout particulièrement par De Graaf, étaient clairement connus d'Eustache. Sur cette figure on voit aussi l'extension des vaisseaux sanguins depuis les cuisses (8½ 21 et 8½ 35 ; et 9½ 22 et 9½ 35) jusqu'au fond de l'utérus (6½ 26 et 6½ 30) le long de ligaments recourbés, conformément à la représentation *extra situm* de la planche précédente[21].

19 *Tabulæ anatomicæ*, p. 25 (à la différence des commentaires qui les accompagnent, les planches anatomiques ne sont pas paginées, mais seulement numérotées) : « Tabula *XIV exhibet uterum, placentam, et fœtum non humanum modo, sed etiam pecudum, suis cum membranis, et cotyledonibus* ».

20 Manget n'a pas reproduit ces échelles dans son édition de 1717.

21 « *Figura I ostendit in situ pudendum muliebre tam externum a communibus tegumentis denudatum, scilicet cunni labia, nymphas, et clitoridem, quam internum, videlicet uteri fundum. Ab externo itaque pudendo principium sumentes, observentur fibrae carneæ, quæ in mulieribus continuæ sunt ab uteri labris in ani sphincterem 17. ⊥ 28. ⊥ Quare ansam nobis præbent asserendi, musculos labrorum vulvæ, a Graaffio potissimum detectos, Eustachio clare innotuisse. Vides etiam in hac figura propagationem sanguineorum vasorum a cruralibus 8. 21. ⊥ et8. 35 et 9. ⊥ 22. et 9. 35. Per rotunda ligamenta usque ad uteri fundum 6. ⊥ 26. ⊥ et 6. ⊥ 30. ⊥, ut in praecedenti Tabula extra situm depicta fuerunt* », *Tabulæ anatomicæ*, p. 25.

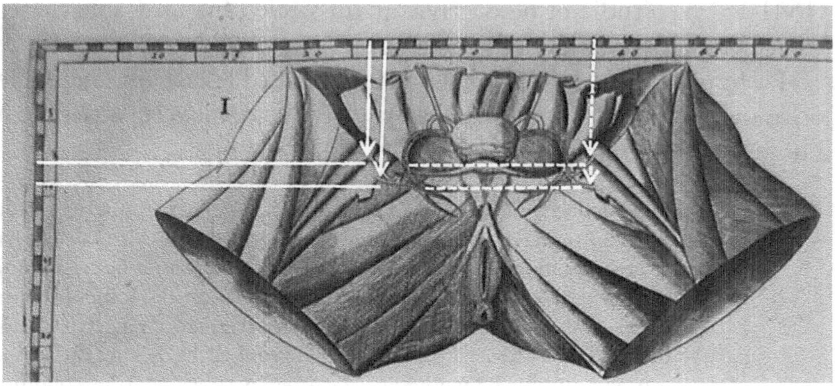

FIG. 2 – *Tabulæ Anatomicæ*, Tabula XIV, Fig. I, R 7192, S.H.D. de Brest. Cliché de l'auteur.

On s'étonnerait de la présence, apparemment sibylline, de ces indications chiffrées s'il n'y avait pas, sur les côtés de la planche, l'échelle graduée dont nous avons parlé. Chaque série de deux nombres correspond à un point de la figure défini successivement par son ordonnée et son abscisse[22]. Le symbole de l'intersection présent dans le texte latin (et que nous avons remplacé ici par le signe '⊥') correspond à l'indication de la demi graduation, soit ½. La seule mention des données chiffrées permet de repérer sur la figure les points signalés dans le texte, comme nous pouvons le constater sur la photographie ci-dessus (voir fig. II). Nous y avons matérialisé par des flèches les coordonnées des vaisseaux sanguins apparaissant sur la cuisse droite en (8 21½) et en (9½ 22), et sur la gauche en (8 35) et en (9 35)[23]. En marge de ce système précis de repérage des éléments désignés par le commentaire, il nous faut relever l'assurance avec laquelle Lancisi attribue à Eustache, sur la foi de cette planche, la découverte des sphincters qui entourent l'entrée du vagin et que Regnier De Graaf

22 Je dois ici saluer la sagacité des élèves latinistes du lycée naval de Brest qui, confrontés dans le cadre du projet Libros (voir les modalités de ce projet sur le site http://www.univ-brest.fr/libros, consulté le 20/11/20) à l'étrangeté des nombres figurant dans les planches anatomiques, ont su résoudre cette énigme.

23 La photographie ayant été réalisée avec un appareil photo, à livre ouvert, induit une légère déformation qui explique la petite marge d'imprécision dans la matérialisation des points cités.

(1641-1673) n'étudia et ne décrivit qu'un siècle plus tard, lors de ses travaux sur les organes de la génération[24].

La figure III de la même planche donne à Lancisi une nouvelle occasion de prêter à Eustache la paternité d'une découverte attribuée à l'un de ses contemporains :

> La Figure III donne à voir le même vagin séparé de sa partie postérieure par une coupe longitudinale, de façon à pouvoir montrer le méat urinaire (48½ 29) intact et *in situ*. Sont dessinés, dans cette figure et dans la figure IV qui la suit, le col interne de l'utérus, ainsi que les ouvertures des follicules, que le très célèbre Malpighius a par la suite appelées stigmates, réparties d'une part au dessus de l'orifice et d'autre part au dessous de lui le long du vagin. Mais ce qui est du plus haut intérêt, c'est que les tubes dont les conduits mènent des côtés du fond de l'utérus (24 25 et 24 33) jusqu'aux ovaires ont peut-être été vus par Eustache avant Fallope[25].

Pour étayer cette dernière affirmation, Lancisi n'hésite pas à guider le regard du lecteur et à lui mettre sous les yeux, avec les coordonnées correspondantes, l'amorce des fameuses trompes de Fallope visibles sur les figures III et IV, comme on peut en juger sur la photographie suivante. (fig. III)

24 *Epistola de partibus genitalibus mulierum*, 1671 et *De Mulierum Organis Generationi inservientibus*, 1672, publiés l'un et l'autre à Leyde.

25 « *Figura III patefacit eandem vaginam per longum parte posteriori divisam, ut meatus urinarius 48. ⊥ 29. incolumis, atque in situ ostendi posset. Os uteri internum 38. 29., necnon folliculorum oscula, quae clarissimus postea Malpighius stygmata appellavit, tum supra orificium, tum infra per vaginam distributa in hac, et in sequenti IV. Figura delineantur. Sed, quod maxime interest, illud est, quod a nostro Eustochio forte ante Falloppium visae fuerint tubae, suis hiatibus perviae ab uteri fundi lateribus 24. 25. et 24. 33. in ovaria* », *Tabulæ anatomicæ*, p. 25.

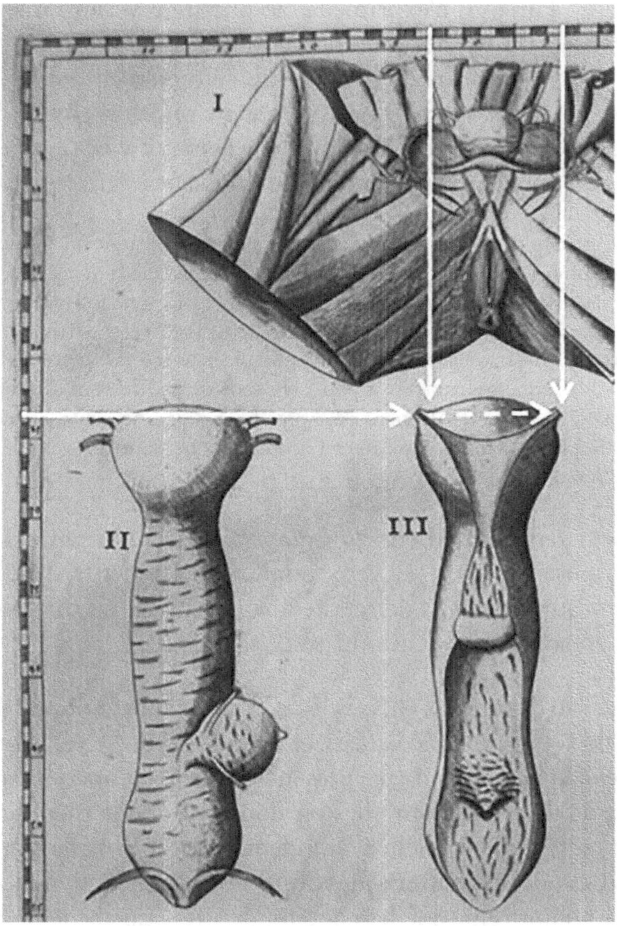

FIG. 3 – *Tabulæ Anatomicæ*, Tabula XIV, Fig. I à III,
R 7192, S.H.D. de Brest. Cliché de l'auteur.

Peu importe au médecin pontifical que l'attribution de ces trompes demeure ou non à Fallope. Il ne vise pas, en effet, à porter le trouble dans l'usage anatomique établi, mais bien à montrer qu'Eustache est un précurseur et que si ses planches avaient été publiées de son vivant, elles lui auraient valu une renommée encore plus grande que celle dont il a pu jouir alors. On sent, derrière son admiration sincère pour la qualité des planches qu'il édite, une sorte d'étonnement devant la modernité de ces dernières. Jamais il n'exprime la moindre réserve sur l'une ou l'autre des figures et si certaines présentent moins d'intérêt à ses yeux, il se contente de n'en rien dire ou presque. Son étonnement est à son comble devant les planches 17 et 18 qui présentent respectivement différentes vues du cerveau et l'ensemble du système nerveux avec ses ramifications à partir de la moelle épinière et qui le poussent à faire cet aveu :

> S'il est des planches qui manifestent l'extrême attention d'Eustache pour l'anatomie et la dextérité de sa main dans l'exercice de la dissection, assurément ces deux-là, la présente sans aucun doute et la suivante, le montrent indiscutablement, car pour les dessiner je ne doute pas que cet auteur remarquable ait entrepris un travail extrêmement difficile et tout à fait incroyable, puisqu'il a, à lui seul, mis au jour à peu près tout ce que le reste des anatomistes, aussi nombreux qu'ils aient été après lui jusqu'à nos jours, se sont efforcés de découvrir dans le cerveau et l'origine des nerfs, même avec le secours du microscope[26] !

On ne peut rendre meilleur hommage à l'acuité visuelle d'Eustache qui ne disposait que de ses yeux pour noter les petits détails que ses successeurs auront moins de mérite à voir à l'aide des microscopes qui font leur apparition au début du XVIIe siècle.

L'édition au début du XVIIIe siècle des planches anatomiques d'Eustache n'est possible que parce que Lancisi, et après lui Manget, les jugent dignes, malgré leur ancienneté, d'être présentées aux lecteurs de leur époque. Le regard qu'ils portent sur elles est donc celui de la médecine de leur temps et ce regard est plein d'étonnement et d'admiration devant la précision des relevés anatomiques du XVIe siècle qu'ils livrent au public. Ce regard rejoint celui que les contemporains d'Eustache portaient sur ses travaux connus et l'on peut dire que les éloges rassemblés par Manget en préambule de son édition des *Tabulæ anatomicæ* en 1717 participent du même enthousiasme que les commentaires admiratifs de Lancisi. Peu s'en faut, à suivre les premiers et surtout ce dernier, qu'Eustache ait tout découvert avant tous les autres. Mais derrière l'expression indéniable de

---

26 « *Si quæ sunt Tabulæ, unde summum Eustachii in Anatomicis studium, ac manus in dissecando dexteritas innotescat, hae duæ profecto, praesens nimirum, et sequens, id apertissime ostendunt, pro quibus delineandis non dubito, quin egregius Autor molitus fuerit difficillimum, ac plane incredibile opus ; quum omnia fere, quae in cerebro, ac nervorum origine, quotquot post illum usque ad nostra tempora, beneficio etiam microscopii, detegere conati sunt reliqui Anatomici, solus ipse aperuerit* », *ibid.*, p. 28.

cet engouement pour ses multiples travaux, c'est toute la dynamique de la recherche médicale qui transparaît à travers les mots mêmes qui saluent son sens aigu de l'observation et la qualité de ses dessins et de ses écrits. Nous disposons ainsi, avec l'édition genevoise de 1717 et la seconde édition romaine de 1728, d'un témoignage original sur la continuité de la recherche médicale entre le XVIe et le XVIIIe siècle. La rupture introduite en médecine par le recours à la dissection humaine et la remise en cause de l'autorité longtemps incontestable des auteurs anciens est déjà consommée à l'heure où Eustache fait graver ses planches anatomiques. Mais cette rupture n'est pas un rejet et le mouvement que traduisent les termes qui rendent compte, à propos d'Eustache, de l'interaction entre l'observation directe et la transmission des résultats de celle-ci par le biais d'écrits scientifiques, prouve que la science se construit et s'affine à partir d'elle-même et non *ex nihilo*. Les *Tabulæ anatomicæ* d'Eustache ont sans doute été publiées trop tard pour faire avancer notablement la science anatomique qui ne les avait pas attendues pour se développer grâce aux travaux d'autres anatomistes. Il n'en demeure pas moins qu'elles constituent un atlas du corps humain extrêmement complet et précis qui méritait d'être porté à la connaissance du public du XVIIIe siècle prêt à s'enthousiasmer pour la modernité insoupçonnée d'un auteur mort depuis près d'un siècle et demi. Et qui sait, ce retard de publication a sans doute permis d'éviter de malencontreuses confusions entre les trompes d'Eustache et celles… de Fallope !

Benoît JEANJEAN
Université de Bretagne Occidentale,
HCTI-EA4249

LE PROCÈS DE PERCEPTION DANS LA PRESSE SAVANTE À LA FIN DU XVIIe SIÈCLE

La perception est inhérente à toute activité scientifique : elle commence par la simple observation des animaux, des plantes et des phénomènes naturels et se poursuit, dans la science expérimentale, par l'observation des changements provoqués par l'expérimentation. L'étude de l'encodage de la notion de perception dans le discours scientifique est de ce fait importante, et son analyse dans les premiers articles savants a un intérêt tout particulier, car ces textes fournissent le point de départ à partir duquel se sont modelés les articles scientifiques d'aujourd'hui. Les premiers périodiques savants, le *Journal des Sçavans* et les *Philosophical Transactions*, parurent pour la première fois, à Paris et à Londres, en 1665, et continuèrent d'être les deux voies principales de communication scientifique en langue vernaculaire jusqu'en 1700. Durant cette période, d'autres périodiques virent le jour, mais leur existence ne fut que de courte durée. La seule autre publication savante contemporaine ayant eu une certaine longévité fut les *Acta Eruditorum*, une publication en latin[1]. Cependant, si l'Académie Royale des Sciences fut fondée en 1666, ses publications ne furent, dans un premier temps, pas largement diffusées. En effet, parce qu'elle avait été créée et financée par la monarchie, ces dernières étaient considérées comme propriété royale, ce qui rendait une large distribution

---

1 Sur ce sujet, voir Kronick, David A., *A History of Scientific and Technical Periodicals. The Origins and Development of the Scientific and Technological press 1665-1790*, Metuchen (N.J.), Scarecrow Press, 1962, et du même, *Scientific and Technical Periodicals of the Seventeenth and Eighteenth Centuries. A Guide*, Metuchen (N.J.), Scarecrow Press, 1991 ; Peiffer, Jeanne, Vittu, Jean-Pierre, « Les journaux savants, formes de la communication et agents de la construction des savoirs (XVIIe-XVIIIe siècles) », *Dix-huitième siècle*, n° 40, 2008, p. 281-300 ; Peiffer, Jeanne, Conforti, Maria, Delpiano, Patrizia (dir.), *L'Europe des journaux savants (XVIIe-XVIIIe siècles). Communication et construction des savoirs / Scholarly Journals in Early Modern Europe. Communication and the Construction of Knowledge*, numéro spécial des *Archives internationales d'histoire des sciences*, fasc. 170-171, vol. 63, 2013.

superflue. Leur nature royale était une raison d'être suffisante en soi, et les publications effectivement parues étaient des objets de luxe, imprimés en nombre restreint, et souvent offert par Louis XIV à ses invités prestigieux[2]. Les membres de la *Royal Society* avaient d'ailleurs du mal à comprendre pourquoi il était si difficile d'obtenir des exemplaires des publications de l'Académie Royale. John Hirschfield note que :

> *The memoirs were strictly controlled both in their composition and distribution. They were official publications, printed by the order of the king on fine, large, quarto paper with excellent plates and ornaments, and superb typography. Usually bound in elegant red morocco, they were sumptuous books and were distributed only to the members of the Academy and to the friends of the king. Since they were edited in extremely limited numbers, important groups such as the Royal Society of London often had to wait years before acquiring a copy or could get a copy transcribed through someone who owned one. Complaints were numerous among non-academicians because of the scarcity of the volume and the inaccessibility of the important information they contained*[3].

Ce n'est qu'en 1699 que l'Académie changea de politique et décida de donner une large diffusion à ses publications, ce qui fait des années 1665-1700 une période d'analyse particulière[4].

Dans cette contribution, nous allons analyser l'usage des procès de perception, en utilisant les catégories de la Linguistique Systémique Fonctionnelle[5], afin de mesurer à quel point l'usage diffère entre les deux publications. Les différences seront discutées à la lumière des décisions des deux éditeurs, prises dans leurs contextes historiques respectifs, et en tenant compte des cadres théoriques qui dominaient alors dans les deux pays. Cela permettra de faire apparaître les différences provoquées par

---

2 Voir Licoppe, Christian, « The crystallization of a new narrative form in experimental reports (1660-1690). The experimental evidence as a transaction between philosophical knowledge and aristocratic power », *Science in Context*, n° 7-2, 1994, p. 205-244 ; *idem*, *La Formation de la pratique scientifique. Le discours de l'expérience en France et en Angleterre (1630-1820)*, Paris, La Découverte, 1996.

3 Hirschfield, John Milton, *The Académie Royale des Sciences 1666-1683*, New York, Arno Press, 1981, p. 69-70. Il s'agit de la reproduction d'une thèse soutenue en 1957, mais publiée pour la première fois en 1981.

4 Voir Hahn, Roger, *The Anatomy of a Scientific Institution, the Paris Academy of Sciences, 1666-1803*, Berkeley, University of California Press, 1971 et Hirschfield, *The Académie Royale des Sciences*, 1666-1683.

5 Voir Halliday, Michael A. K. (revised by Christian M.I.M. Matthiessen), *Halliday's Introduction to Functional Grammar*, 4th ed., London, Routledge, 2014 ; Banks, David, *Introduction à la linguistique systémique fonctionnelle de l'anglais*, Paris, L'Harmattan, 2005 ; Thompson, Geoff, *Introducing Functional Grammar*, 2d ed., London, Arnold, 2004.

l'interface entre sciences humaines et sciences exactes, et les différences engendrées par les approches empiriste et cartésienne. Cette étude fait suite à, et fait partie de mes études antérieures sur le *Journal des Sçavans* et les *Philosophical Transactions* durant la période allant de 1665 à 1700[6].

CONTEXTE HISTORIQUE ET CORPUS

Les deux premiers périodiques que l'on peut considérer comme périodiques scientifiques furent donc le *Journal des Sçavans*, paru pour la première fois le 5 janvier 1665 à Paris, et les *Philosophical Transactions*, parues à Londres deux mois plus tard, le 6 mars. Ces deux publications existent toujours, et par conséquent constituent un fonds remarquable pour l'analyse de l'écriture scientifique sur une période de trois siècles et demi. Le *Journal des Sçavans* fut fondé et édité par Denis de Sallo, à l'instigation de Colbert, tandis que les *Philosophical Transactions* ont comme fondateur et rédacteur Henry Oldenburg, un des secrétaires de la *Royal Society*.

La France se trouvait alors dans une période très stable de son histoire, et la création du *Journal des Sçavans* peut être considérée comme participant de la politique de Colbert pour magnifier la monarchie. La situation en Angleterre était en revanche tout autre. Le pays venait de traverser l'une des époques la plus troublée de son histoire, puisque le début du XVIIe siècle avait été marqué d'abord par le *Gunpowder Plot*, la Conspiration des Poudres, en 1605[7], puis en 1642, par le début de

6 Nous nous permettons de renvoyer ici à nos travaux : Banks, David, « The implications of genre related choices in early issues of the *Journal des Sçavans* and the *Philosophical Transactions* », dans Maci, Stephania M. et Sala, Michele (dir.), *Genre Variation in Academic Communication. Emerging Disciplinary Trends*, Bergamo, CELSB Libreria Universitaria, 2012, p. 85-104. http://dinamico.unibg.it/cerlis/page.aspx?p=259 (consulté le 20/11/20) ; « Les formes et fonctions de la modalité dans le *Journal des Sçavans* et les *Philosophical Transactions* à la fin du XVIIe siècle », dans Banks, David (dir.), *La Modalité, le mode et le texte spécialisé*, Paris, L'Harmattan, 2013, p. 17-32 ; *The Birth of the Academic Article. Le Journal des Sçavans and the Philosophical Transactions, 1665-1700*, Sheffield, Equinox, 2017.

7 Guy Fawkes et ses complices tentèrent alors de faire sauter la chambre des Lords, complot dirigé contre le roi Jacques Ier et le Parlement dont on célèbre toujours chaque année, le 5 novembre, en Angleterre, le fait qu'il ait été déjoué.

la Guerre Civile, liée aux querelles incessantes entre Charles Ier et le Parlement. Cette guerre se solda en 1649 par la décapitation de Charles Ier et fut suivie d'une période républicaine, sous le gouvernement d'Oliver Cromwell. À la mort de Cromwell, en 1658, l'abdication de son fils laissa libre la voie à la restauration de la monarchie, effective en 1660 avec l'arrivée sur le trône de Charles II.

De ce fait, quand Oldenburg fonda, en 1665, les *Philosophical Transactions*, l'Angleterre baignait dans l'espérance retrouvée de la Restauration après plus d'un demi-siècle de chaos. Cependant, les problèmes étaient loin d'être tous résolus, et les mêmes disputes que celles qu'avait connues son père continuèrent sous Charles II, et sous son frère et successeur, Jacques II (James), jusqu'en 1688, date de la *Glorious Revolution*, que les Anglais considèrent comme la date du début de la monarchie constitutionnelle[8].

En incitant Denis de Sallo à fonder le *Journal des Sçavans*, l'objectif de Colbert était de contrôler les nouvelles connaissances et leur diffusion, car si les idées peuvent être révolutionnaires dans le domaine scientifique, elles peuvent l'être aussi dans le domaine politique, et ainsi constituer un danger pour l'État. Les nouvelles idées se diffusaient alors par le livre, et par conséquent, et malgré une déclaration d'intentions plus ambitieuse, le *Journal des Sçavans* était en réalité principalement constitué de recensions d'ouvrages. Dans la mesure où l'objectif était de contrôler la diffusion de la connaissance, il ne pouvait y avoir d'exceptions ; toutes les disciplines y étaient prises en compte, y compris des sujets tels que la théologie et le droit[9].

Bien qu'il fût secrétaire de la *Royal Society*, Henry Oldenburg n'était pas un *virtuoso*, ou scientifique amateur aisé, comme la grande majorité des autres membres. Il devait gagner sa vie, et la création des *Philosophical Transactions* constituait une tentative pour augmenter ses revenus. Il était déjà devenu le centre d'un réseau de correspondance scientifique, un peu à l'instar de Mersenne en France. De tels réseaux étaient une façon courante de faire circuler les idées, et on considérait comme normal de faire suivre les lettres, de les recopier, de les faire lire aux groupes d'intéressés, et même de les utiliser comme preuves en cas de disputes de

8 Clark, George, *The Later Stuarts, 1660-1714*, 2^{d} ed., Oxford, Oxford University Press, 1956 ; Hill, Christopher, *The Century of Revolution, 1603-1714*, London, Sphere Books, [1961] 1969 ; Kishlansky, Mark, *A Monarchy Transformed. Britain 1603-1714*, London, Penguin, 1996.

9 Morgan, Betty Trebelle, *Histoire du* Journal des Sçavans *depuis 1665 jusqu'en 1701*, Paris, P.U.F., 1928.

priorité[10]. L'idée d'Oldenburg était de publier un bulletin d'information scientifique, qu'il pouvait vendre avec profit. Par conséquent, le contenu des *Philosophical Transactions* était tiré de son abondante correspondance, et dans la mesure où son lectorat potentiel était les membres de la *Royal Society* et des personnes ayant les mêmes orientations, il se limitait à leurs centres d'intérêt, la philosophie naturelle ou les sciences et techniques[11].

Dans nos travaux récents, nous utilisons un corpus tiré du *Journal des Sçavans* et des *Philosophical Transactions* pour la période 1665 à 1700. Le corpus se constitue de numéros sélectionnés pour les années 1665, 1675, 1685 et 1695, et représente plus de soixante-dix-sept mille mots pour les *Philosophical Transactions* et plus de soixante-six mille mots pour le *Journal des Sçavans*, pour un total d'environ cent quarante-quatre mille mots. Nous utilisons un système de procès inspiré de la Linguistique Systémique Fonctionnelle : par « procès » on entend une action, un évènement ou un état. Le procès est réalisé, ou encodé, en langue, typiquement par un groupe verbal, bien que d'autres possibilités existent tel un verbe nominalisé. Le système que nous utilisons comporte cinq types de procès : le procès matériel qui encode les actions et évènements de nature physique ; le procès mental qui encode les évènements cérébraux ; les procès relationnels qui encodent les relations entre deux entités ou entre une entité et ses caractéristiques ; le procès verbal qui encode les actes de communication ; et, finalement, le procès existentiel qui constate l'existence d'une entité[12]. Le procès mental peut se diviser en trois sous

10 Gotti, Maurizio, « Disseminating early modern science : specialized news discourse in the *Philosophical Transactions* », dans Brownlees, Nicholas (dir.), *News Discourse in Early Modern Britain*, Bern, Peter Lang, 2006, p. 41-70 ; *idem*, « The development of specialized discourse in the *Philosophical Transactions* », dans Taavitsainen, Irma et Päivi, Pahta (dir.), *Medical Writing in Early Modern English*, Cambridge, Cambridge University Press, 2011, p. 204-220.

11 Bluhm, R. K., « Henry Oldenburg, F.R.S. (c. 1615-1677) », dans Hartley, Harold (dir.), *The Royal Society. Its Origins and Founders*, London, The Royal Society, 1960, p. 47-56 ; Hall, Marie Boas, *Henry Oldenburg, Shaping the Royal Society*, Oxford, Oxford University Press, 2002 ; Vittu, Jean-Pierre, « Henry Oldenburg, "grand intermédiaire" », dans Berkvens-Stevelinck, Chr., Bots, H., Häseler, J., (dir.), *Les grands intermédiaires culturels de la République des Lettres. Études de réseaux de correspondances du* XVI*e* *au* XVIII*e* *siècle*, Paris, Champion, 2005, p. 183-209.

12 Banks, David, « On the (non)necessity of the hybrid category Behavioural process », dans Miller, Donna R. et Bayley, Paul (dir.), *Hybridity in Systemic Functional Linguistics ; Grammar, Text and discursive Context*, Sheffield, Equinox, 2016, p. 21-40. On trouvera plus précisément une présentation de ce système à cinq types de procès dans Banks, David, *A Systemic Functional Grammar of French, A simple Introduction*, New York, Routledge, 2017 et dans *idem*, A *Systemic Functional Grammar of English, A Simple Introduction*, Abingdon, Routledge, 2019.

types : cognitif, les procès de penser, de croire, etc. : affectif, les procès d'aimer, de détester, etc. ; et de perception, les procès de voir, d'entendre, etc. Ce sont, bien sûr, les procès mentaux de perception qui vont nous concerner ici. L'objectif de cette contribution est de considérer l'usage des procès de perception dans ces deux périodiques qui contiennent les premiers articles savants de recherche, et de voir s'il y a des différences notables entre le périodique français et son homologue anglais.

Nous avons analysé les procès encodés par les verbes conjugués. L'analyse ne concerne pas les formes verbales non conjuguées (participes et infinitifs), ni les formes verbales nominalisées[13]. Dans le *Journal des Sçavans*, les procès mentaux constituent 15 % des procès, dont 9 % sont des procès de perception. Les procès de perception comptent donc pour 1,4 % de l'ensemble. Dans le cas des *Philosophical Transactions*, les procès mentaux représentent 19 % de l'ensemble des procès, et, parmi ceux-ci, 29 % sont des procès de perception, ce qui fait que les procès de perception comptent pour 5,5 % de l'ensemble des procès. L'on peut en conclure que l'usage des procès de perception est bien plus fréquent dans les *Philosophical Transactions* que dans le *Journal des Sçavans*. Pour aller plus loin et pour les besoins de cette étude, nous avons sélectionné un échantillon dans le corpus principal. Cet échantillon comporte cinq numéros du *Journal des Sçavans* pour l'année 1675, et trois numéros des *Philosophical Transactions* pour la même année. L'échantillon contient quatorze mille mots pour la partie *Journal des Sçavans*, et vingt-trois mille pour la partie *Philosophical Transactions*. Cet échantillon, un mini-corpus[14], est restreint par rapport aux corpus informatisés, mais assez volumineux pour une première analyse qui est forcément manuelle, les textes n'étant pas (encore) disponibles sous une forme encodée avec des balises.

L'échantillon pour le *Journal des Sçavans* comporte vingt-sept articles, dont cinq traitent des questions de théologie, et trois des sujets d'histoire ; il y en a onze que l'on pourrait considérer comme scientifiques (astronomie, géographie, mathématiques, médecine, technologie, agriculture, chimie). L'échantillon des *Philosophical Transactions* contient dix-neuf articles, dont cinq sont consacrés à l'agriculture, et quatre à l'astronomie ;

---

13 Étant le noyau et seul composant obligatoire de la phrase, le verbe conjugué a un rôle particulier et primordial dans la structuration du discours.

14 Banks, David, « The case of Perrin and Thomson : An example of the use of a mini-corpus », *English for Specific Purposes*, n° 24-2, 2005, p. 201-211.

au total au moins dix-sept de ces articles pourrait être considérés comme scientifiques (agriculture, astronomie, physique, géographie, géologie, mathématiques) :

Journal des Sçavans : nombre d'articles par disciplines :
Théologie : 5
Histoire : 3
Astronomie : 2
Biographie : 2
Géographie : 2
Lettres Classiques : 2
Mathématiques : 2
Médecine : 2
Technologie : 1
Agriculture : 1
Bibliographie : 1
Chimie : 1
Editorial : 1
Littérature : 1.

Philosophical Transactions : nombre d'articles par disciplines :
Agriculture : 5
Astronomie : 4
Physique : 3
Géographie : 2
Géologie : 2
Économie : 1
Général : 1
Mathématiques : 1

LE PROCÈS DE PERCEPTION DANS LE *JOURNAL DES SÇAVANS*

Il y a quinze occurrences de procès de perception dans l'échantillon du *Journal des Sçavans*. Les articles dans le domaine de l'astronomie en fournissent trois, et le domaine de la biographie trois également.

Procès de perception par discipline dans le *Journal des Sçavans* :
Astronomie : 3
Biographie : 3

Chimie : 2
Géographie : 2
Histoire : 2
Mathématiques : 1
Technologie : 1
Théologie : 1.

Presque toutes ces occurrences comportent le verbe *voir* ; c'est le cas de onze occurrences sur quinze. Les autres sont : *apercevoir*, *faire* (*l'observation*), *faire regarder* et *regarder*. Les deux exemples suivants sont pris dans les domaines de la biographie et l'astronomie respectivement :

> (1) De Chancelier on le voit devenir Archevesque de Cantorbery & Primat de l'Angleterre. [biographie]
> (2) Ce sont ces nuages que nous voyons quelquefois estre agitez par les vens, & qui nous cachent bien souvent tout le Ciel. [astronomie]

L'exemple (1) est un cas limite. Certains y verront au mieux une métaphore de perception avec un sens proche de la cognition. L'exemple (2) est bien extrait d'un article qui traite de l'astronomie, bien que cela ne soit pas évident dans le segment cité. Les exemples suivants sont pris dans les domaines de la chimie, la géographie et l'histoire :

> (3) Et ce fut alors que sur la surface de ce sel on vit s'élever comme des fougeres en grand nombre. [chimie]
> (4) On y voit souvent deux Soleils avec trois Arc en Ciel qui passent entre les deux images du Soleil, et le Soleil veritable. [géographie]
> (5) qui n'a pas seulement donné de nos jours de quoy le faire, mais qui a encore laissé un revenu considerable pour en faire les reparations, et pour y entretenir une fameuse Imprimerie ; doù nous voyons sortir tous les jours de grands Ouvrages. [histoire]

L'exemple (5) est encore un cas limite, et l'on remarque que, quand il y a des cas limites, ils se trouvent dans les domaines des sciences humaines, et non dans les sciences exactes.

LE PROCÈS DE PERCEPTION DANS LES *PHILOSOPHICAL TRANSACTIONS*

Le nombre de mots dans l'échantillon des *Philosophical Transactions* est plus important que dans celui du *Journal des Sçavans*. Néanmoins, si l'usage des exemples de procès de perception avait la même fréquence dans le périodique anglais, on pourrait s'attendre à trouver environ vingt-cinq occurrences[15]. En fait, on en trouve quatre-vingt-une ! Un premier constat est donc que les procès de perception sont bien plus fréquents dans les *Philosophical Transactions*, et cela est vrai alors même que nous avons inclus des cas limites dans ceux relevés dans le *Journal des Sçavans*.

De ces quatre-vingt-une occurrences, vingt-six se trouvent dans le domaine de la physique, vingt-trois dans celui de la géologie, et quatorze dans celui de la géographie :

Procès de perception par discipline dans les *Philosophical Transactions* :
Physique : 26
Géologie : 23
Géographie : 14
Agriculture : 7
Astronomie : 4
Général : 4
Biologie : 3.

Les verbes les plus usités sont *see* (29 occurrences), *hear* (16), et *observe* (15). On peut noter que les verbes utilisés dans les *Philosophical Transactions* sont plus variés que dans son homologue français, et que là où le verbe le plus usité en français, *voir*, compte pour 73 % des occurrences, le verbe le plus usité en anglais, *see*, ne compte que pour 36 % des occurrences. Voici la liste complète des verbes de perception dans les *Philosophical Transactions* :

See : 29
Hear : 16
Observe : 15
Find : 9
Perceive : 4

15 Le calcul est : 15 × (23/14) = 24,64.

Make (observations) : 2
Appear : 1
Discern : 1
Glance : 1
Look : 1
Take notice : 1
Taste : 1

Des exemples du verbe *see* se trouvent dans presque toutes les disciplines. Les exemples suivants sont pris dans les domaines de la physique, la géologie, et la géographie :

(6) *After that both these liquors were well purged of Air, the upper Glass was sunk into the lower, so as that the Spirit of Wine was mingled with the Aqua fortis ; at which instant there* ***was*** *yet* ***seen*** *a very considerable Ebullition.* [physique]
(7) *That which I* ***saw*** *was little, because a great part of the Pit was filled up.* [géologie]
(8) *When extraordinary Snow falls, and Shepheards are not present to drive their Sheep under shelters, the Sheep gather themselves close together ; and the Snow so covering them, that they* ***cannot be seen*** *for a while.* [géographie]

Par contre, le verbe *hear* se trouve principalement dans les domaines de la physique et la géologie :

(9) *I* ***have heard****, that Mr. Joshua Childray, whose ingenious disquisitions you have published in several of your Volumes, made a Journal of the quantity of Rain that fell at any time where he abode, in* England, *these many years.* [physique]
(10) *That those who were in the Bink whilst it was fired, never* **heard** *any more noise than that which is usually made by a flash of Gun-powder in the open air, although those in the other Binks, and out,* ***heard*** *a very great one.* [géologie]

Bien que l'exemple (9) parle des différences climatologiques entre l'Angleterre et l'Écosse, il est tiré d'un article sur des expériences avec une pompe à air. L'exemple (10) est tiré d'un article sur le problème du grisou dans les mines. Le fait que *hear* soit relativement fréquent comme verbe de perception montre l'importance du témoignage pour ces auteurs. Ils racontent non seulement ce qu'ils ont fait et vu eux-mêmes, mais aussi ils rapportent ce que d'autres témoins ont dit avoir fait ou vu.

Il y a quinze occurrences du verbe *observe*, plus deux de *make observations* :

(11) *Only this we* ***observed*** *one day, that having mingled together, without the Recipient, some of that Oyl and vinegar and Spirit of Wine, and put this mixture in vacuo, it did not boyl up so soon as when there was no Oyl.* [physique]

(12) *The shaft of the Coal-pit is about fifteen yards deep ; the Soyl a stiff mire, shaly about the middle of the shaft, dry at the bottom (as they say, though I* ***observed*** *some moisture about the middle) and without any quarry of stone.* [géologie]

(13) *And further, that these things* ***might*** *also* ***be*** *diligently* ***observ'd*** *about the Islands over the whole VVorld, or as far as is possible.* [géographie]

DISCUSSION

Nous avons vu que l'usage des procès de perception est plus fréquent dans les *Philosophical Transactions*. De plus, les exemples trouvés dans le *Journal des Sçavans* sont parfois des cas limites ; ils ont été inclus, mais même si nous les avions exclus, cela aurait eu tendance à minimiser leur fréquence dans ce journal et à augmenter la différence de fréquences entre les deux publications. Ces cas limites se trouvent dans les items qui traitent des sujets dans les sciences humaines, ce qui suggère que les sciences exactes favorisent l'usage des procès de perception. En effet, dans le *Journal des Sçavans*, neuf des quinze exemples se trouvent dans des articles relevant du domaine des sciences exactes (astronomie, chimie, géographie, mathématiques et technologie) ; les six autres se trouvent dans des articles du domaine des sciences humaines (biographie, histoire et théologie). Certaines disciplines ne fournissent aucun exemple : il s'agit des lettres classiques, de la littérature, de la bibliographie, de l'agriculture, un éditorial, et, peut-être plus surprenant, de la médecine. Ces traits linguistiques sont le résultat des décisions éditoriales prises par Denis de Sallo et Henry Oldenburg. Sallo, en se conformant aux objectifs de Colbert, couvrait toute la gamme des disciplines de son époque. Oldenburg, en créant un bulletin pour un lectorat ciblé, faisait en sorte que le contenu de son journal corresponde aux intérêts de ses lecteurs éventuels, c'est-à-dire, les sciences et techniques. De plus, ces décisions elles-mêmes ressortaient du contexte historique : les décisions de Sallo était prises dans un contexte où Colbert voulait tout contrôler pour la plus grande gloire de Louis XIV dans une France qui était le centre économique et culturel de l'Europe et qui restait sous l'emprise de la monarchie absolue ; Oldenburg a pris ses décisions dans une situation où il souhaitait arrondir ses fins de mois, dans une Angleterre qui sortait à peine de plusieurs décennies de chaos. L'on voit ici le lien intime entre un texte et son contexte.

Cependant, si les décisions des éditeurs respectifs étaient le seul facteur à prendre en considération, sur la base de quinze occurrences dans le *Journal des Sçavans*, l'on pourrait estimer le nombre d'occurrences probable dans les *Philosophical Transactions* en pondérant notre calcul précédent par le nombre d'articles de nature scientifique dans les deux publications. Cela nous donnerait une estimation d'environ trente-huit occurrences[16]. On est toujours très loin du chiffre réel de quatre-vingt-un.

Les décisions des éditeurs ne peuvent donc que partiellement expliquer les différences de l'usage des procès de perceptions dans les deux journaux. Nous souhaitons suggérer qu'une différence idéologique participe également des explications éventuelles. Le maître à penser de la *Royal Society* était Francis Bacon ; il avait vécu de 1561 à 1626, et était devenu Chancelier d'Angleterre et, plus important de notre point de vue, bien que n'étant pas un scientifique, c'était un philosophe qui épousait une science inductive et expérimentale. Pour lui, l'observation des phénomènes naturels était primordiale. Un système basé sur la théorie et la logique, comme celui de Descartes, n'était pas viable. À l'observation, il fallait ajouter l'expérimentation, intervenir directement dans la nature, et ne pas simplement imaginer ce qui pouvait se passer. Il pensait, d'ailleurs, que l'activité scientifique devait avoir des applications pratiques ; l'objectif était d'améliorer la situation de l'homme. Cet aspect peut expliquer le nombre relativement important d'articles dédiés aux questions d'agriculture dans notre échantillon des *Philosophical Transactions*. Et surtout, l'argumentation était inductive, basée sur des données[17]. Quand Sprat a publié, en 1667, son *History of the Royal Society*, qui était une défense, et même un manifeste, de la *Royal Society*, l'ouvrage comportait de longs passages élogieux au sujet de Bacon[18].

---

16 Le calcul est : $15 \times (23/14) \times (17/11) = 38{,}08$.

17 Farrington, Benjamin, *Francis Bacon. Philosopher of industrial Science*, London, Lawrence and Wishart, [1949] 1951 ; Boas Hall, Marie, *The Scientific Renaissance 1450-1630*, New York, Dover, [1962] 1994 ; Vickers, Brian, *English Science, Bacon to Newton*, Cambridge, Cambridge University Press, 1987 ; Henry, John, *Knowledge is Power. Francis Bacon and the Method of Science*, Cambridge, Icon Books, 2002.

18 Sprat, Thomas, *History of the Royal Society of London for the Improving of Natural Knowledge*, Whitefish, MT, Kessinger [fac-similé de l'édition 1667, London, J. Martyn], 2003.

Les savants français, par contre, étaient toujours sous l'emprise de Descartes. Descartes proposait un système où l'argumentation était déductive. La construction de la théorie vient d'abord ; l'observation et l'expérimentation sont utiles, mais seulement dans un deuxième temps comme moyen de tester, et éventuellement de valider la théorie. R. F. Jones met en contraste les positions de ces deux penseurs dans ces mots :

> *The French philosopher started with the simple principle, Cogito, ergo sum, upon which, by means of reasoning and clear ideas, he sought to construct a sound edifice. The English philosopher, on the other hand, though insisting just as emphatically upon the necessity of purging the mind of all notions, proposed a sensuous and material basis for man to build his ideas of nature upon. Reason, or logic, says Bacon, has for so long been divorced from facts that it has fixed errors rather than discovered truth, and, therefore, the important step is to return to a purely sensuous knowledge of natural things and from that foundation to work slowly upward, constantly guiding and controlling the mind by observations and experiments*[19].

La première phrase du célèbre *Opticks* d'Isaac Newton souligne l'opposition entre les empiristes anglophones et les cartésiens francophones :

> *My design in this Book is not to explain the Properties of Light by Hypotheses, but to propose and prove them by Reason and Experiments*[20].

En disant qu'il se refuse d'expliquer les propriétés de la lumière par des hypothèses, Newton critique ouvertement le système déductif de Descartes, qui commence avec des hypothèses, c'est-à-dire la construction théorique. Ce qu'il va faire est de les expliquer *by reason and experiment*, par un raisonnement basé sur les données de ses expériences. Notre suggestion est, donc, que la prépondérance des procès de perception dans l'échantillon des *Philosophical Transactions* résulte du fait que ses auteurs étaient guidés par une idéologie empiriste. Il s'ensuit que les articles des *Philosophical Transactions* rendent compte de ce qu'ils ont expérimenté, c'est-à-dire ce qu'ils ont vu, et éventuellement, entendu. Dans le *Journal des Savants*, par contre, où les auteurs ont une idéologie cartésienne, et où l'expérimentation est subordonnée à la construction

---

19 Jones, Richard Foster, *Ancients and Moderns, A Study of the Rise of the Scientific Movement in Seventeenth-century England*, New York, Dover [1961], 1982, p. 49-50.

20 Newton, Isaac, *Opticks, or a Treatise of the Reflections, Refractions, Inflections and Colours of Light*, New York, Dover, 1952 [réimpression de l'édition 1730], p. 1.

théorique, les procès de perception sont moins fréquents. Les scientifiques français n'ont adopté le système empirique que lentement et tardivement. Malgré les efforts de certains, comme Maupertuis[21], il fallut attendre la défense de Newton par Voltaire et Émilie du Châtelet pour que les scientifiques français commencent vraiment à changer de camp[22]. D'autre part, l'influence de Descartes sur les sciences humaines se ressent encore de nos jours, où bon nombre d'articles savants sont inspirés d'une argumentation de type cartésien.

Les deux premiers périodiques de type savant ont vu le jour dans des contextes historiques très contrastés : stabilité totale en France et désordre en Angleterre. Dans cette étude de l'usage des procès de perception dans un petit échantillon de ces deux publications pour l'année 1675, nous avons vu que les procès de perception étaient bien plus fréquents dans les *Philosophical Transactions* que dans le *Journal des Sçavans*. On voit que les sciences exactes attirent l'usage de ce type de procès. La différence de fréquence peut s'expliquer partiellement par les décisions éditoriales prises par Denis de Sallo et Henry Oldenburg dans leurs situations historiques respectives. Cependant, ce facteur est insuffisant pour expliquer le degré de différence. On suggère alors que la différence d'idéologie entre les empiristes anglais et les cartésiens français est un facteur important à prendre en considération[23].

David BANKS
Université de Bretagne Occidentale,
EA 4249 HCTI

---

21 Bousquet, Catherine, *Maupertuis, corsaire de la pensée*, Paris, Seuil, 2013.

22 Le Ru, Véronique, *Voltaire newtonien, le combat d'un philosophe pour la science*, Paris, Vuibert/ADAPT, 2005.

23 Une première version de cet article a été présentée à la Journée d'étude internationale « Vision, observation, autopsie… Le regard savant vu par ses mots », Brest, France, 20 mai 2014 ; une version en anglais a été présentée au *First Tunisian International Systemic Functional Linguistics Conference and Workshop*, Hammamet, Tunisie, 26-28 March 2015. Je tiens à remercier les rédactrices de ce volume pour leurs nombreuses suggestions précieuses quant à la rédaction française de cet article.

LES PAGES LIMINAIRES DU *THEATRUM ORBIS TERRARUM* D'ORTELIUS

Vision du monde ou image de l'auteur ?

En 1570 paraît à Anvers, en latin, chez Gilles Coppens de Diest, sous le titre de *Theatrum orbis terrarum*, le premier atlas mondial imprimé, réalisé par le cartographe Abraham Ortel (Ortelius) d'Anvers. L'ouvrage connaît un tel succès qu'il fait, l'année même, l'objet d'une deuxième édition, puis d'un nombre impressionnant de rééditions successives jusqu'au début du XVIIe siècle. D'une édition à l'autre, l'ouvrage s'enrichit de cartes supplémentaires, mais aussi de nouvelles pièces poétiques liminaires qui rendent hommage à l'auteur pour son travail. À partir de 1579, les rééditions de l'ouvrage sont confiées à l'imprimeur anversois d'origine française Christophe Plantin, qui y ajoute encore un portrait d'Ortelius réalisé par le graveur Philippe Galle, auquel vient s'ajouter, dans l'édition de 1595, un dernier hommage, sous la forme d'une épigramme en six vers, par le médecin et poète allemand Johannes Posthius[1]. Ainsi, en marge de l'objet du *Theatrum orbis terrarum*, à savoir les cartes géographiques elles-mêmes et les listes et index qui les accompagnent, s'élabore au fil des éditions, en une sorte de préambule, un ensemble liminaire destiné tout autant à introduire le lecteur à la découverte des cartes qu'à faire l'éloge de celui qui les a ainsi rassemblées en un seul volume. Si ces pages offrent bien au lecteur une présentation de l'ouvrage et de son contenu, elles proposent d'abord, en prélude au regard de la science, les regards croisés des arts plastiques et de la poésie sur l'objet de ce *Théâtre*

1 Un exemplaire de l'édition latine de 1595 du *Theatrum orbis terrarum* se trouve dans la bibliothèque patrimoniale du Service Historique de la Défense, à Brest, où sont conservés, dans le fonds R, les ouvrages provenant de l'ancienne Académie Royale de Marine. Comme cette édition est celle qui, du vivant de l'auteur, présente la forme la plus aboutie des pages liminaires du *Theatrum*, c'est à elle que nous nous référons tout au long de cette étude.

des terres du monde et sur son auteur. Pour juger de leur amplification progressive, nous comparerons leur place dans les éditions Coppens de 1570 et 1571[2] avec celle qu'elles occupent dans l'édition Plantin de 1595. Nous analyserons ensuite plusieurs éléments de ces pages liminaires afin d'observer comment elles disposent le lecteur à appréhender cet ouvrage d'un genre nouveau et comment elles superposent les mots de la poésie et le langage de l'image aux mots de la science.

Les deux éditions latines de 1570 et 1571 de l'atlas d'Ortelius ne présentent aucune différence de contenu, à ce détail près que certaines pages ne figurent pas à la même place dans l'économie générale de l'ouvrage, comme nous pouvons le constater dans le tableau suivant :

1570 (Boston Public Library)	1571 (BNF)
Frontispice avec titre	Frontispice avec titre
Épigramme *Prisca fides sileat* de Daniel Rogers	Épigramme *Prisca fides sileat* de Daniel Rogers
Dédicace à Philippe II d'Espagne	Dédicace à Philippe II d'Espagne
Explication du frontispice en 100 vers par Adolf van Meetkercke	Explication du frontispice en 100 vers par Adolf van Meetkercke
Adresse d'Ortelius aux lecteurs « bénévoles »	Adresse d'Ortelius aux lecteurs « bénévoles »
Catalogue des cartographes	Catalogue des cartographes
Index des titres des cartes de l'ouvrage	Index des titres des cartes de l'ouvrage
Index des régions et îles décrites, mais non mentionnées dans le titre des cartes	Index des régions et îles décrites, mais non mentionnées dans le titre des cartes
CARTES AVEC LEURS DESCRIPTIONS	
Lettre de Humfred Lhuyd sur l'île de Mona	Lettre de Humfred Lhuyd sur l'île de Mona
Synonymia ou index des noms de lieux antiques avec leur traduction moderne	*Synonymia* ou index des noms de lieux antiques avec leur traduction moderne
Index inversé des noms de lieux modernes avec leur traduction latine antique	Index inversé des noms de lieux modernes avec leur traduction latine antique
Indication de pagination et de montage des cartes	Indication de pagination et de montage des cartes
Privilège royal	Privilège royal
Colophon : date, lieu et maison d'édition	Colophon : date, lieu et maison d'édition
	CARTES AVEC LEURS DESCRIPTIONS

2 *Theatrum orbis terrarum*, Anvers, 1570, exemplaire de la Boston Public Library en ligne consulté le 23.03.2016 (https://archive.org/details/theatrumorbister00orte) ; *Theatrum orbis terrarum*, Anvers, 1571, exemplaire BNF, département Cartes et plans, GE DD-251 (RES), consulté le 09.02.2016 (http://gallica.bnf.fr/ark:/12148/btv1b7200390t/f11.image).

L'édition de 1570 présente trois ensembles successifs qui placent les cartes au centre du volume. Le premier ensemble est constitué de deux types de textes de natures très différentes, puisqu'il rassemble d'une part les pièces introductives, destinées à disposer favorablement l'esprit du lecteur (*captatio beneuolentiae*), et d'autre part les outils scientifiques. Le second réunit les cartes et leurs présentations. Le troisième offre essentiellement de nouveaux outils scientifiques, parmi lesquels il faut compter la lettre de Humfred Lhuyd qui vise à éclairer Ortelius dans la localisation, sur la carte d'Angleterre, de l'île appelée Mona dans l'Antiquité, et qui apparaît *a posteriori* comme une justification scientifique de l'identification de cette île avec l'île de Man. Ces trois ensembles sont complétés par une dernière page qui rassemble, avec le colophon, les informations concernant les modalités de réalisation et le privilège royal accordé au livre. Dans cet ordre, le troisième ensemble peut être tenu comme un complément ou un prolongement du *Theatrum* et, de ce fait, considéré comme d'une moindre importance par un lecteur avant tout intéressé par les cartes géographiques. C'est peut-être la raison pour laquelle l'édition de 1571 a choisi d'inverser les deux derniers ensembles pour donner à la lettre sur l'île de Mona et aux index des noms antiques et modernes un surcroît d'intérêt, mais ce n'est là qu'une conjecture.

Si l'on compare à présent l'édition Coppens de 1570 avec l'édition Plantin de 1595, on constate combien les pages liminaires se sont multipliées et les nombreuses transformations survenues dans l'économie du volume, sans parler de l'augmentation du nombre de cartes de l'atlas qui passe de 53 à 115. Comme l'édition de 1595 insère deux nouveaux ouvrages (le *Parergon* et le *Nomenclator Ptolemaicus*) dans la trame de l'édition de 1570[3], nous présentons cette comparaison en quatre tableaux successifs qui mettent en lumière son caractère composite[4] :

3 Cette insertion se rencontre dès la première édition Plantin, en 1579, dont l'édition de 1595 ne diffère que par l'adjonction de quelques pièces poétiques nouvelles.

4 Les caractères gras indiquent les éléments communs aux deux éditions, mais dont la place a été modifiée.

1570 (Boston Public Library)	1595 (SHD Brest)
Frontispice du *Theatr. Orb. Terra.* avec titre	Frontispice *Theatr. Orb. Terra.* avec titre
Épigramme *Prisca fides sileat* de Daniel Rogers	Épigramme *Orteli terræque globum* d'André Schott
	Épigramme grecque de Gérard Falkenburg
Dédicace à Philippe II d'Espagne	Dédicace à Philippe II d'Espagne
Explication du frontispice en 100 vers par Adolf van Meetkercke	Explication du frontispice en 100 vers par Adolf van Meetkercke
Adresse d'Ortelius aux lecteurs « bénévoles »	Adresse d'Ortelius aux lecteurs « bénévoles »
	Épître de Gérard Mercator à son ami Ortelius
Catalogue des cartographes	Catalogue des cartographes
Index des titres des cartes de l'ouvrage	Index des titres des cartes de l'ouvrage
Index des régions et îles décrites, mais non mentionnées dans le titre des cartes	Index des régions et îles décrites, mais non mentionnées dans le titre des cartes
	Épigramme *Prisca fides sileat* de Daniel Rogers
	Épigramme *Vera igitur tandem est* de Daniel Rogers
	Épigramme *Ergone sol toti mundo* de Daniel Rogers
	Épigramme *In subjugandis quo* de Paul Schede Mellissus
	Épigramme *Terrarum tractus* d'Adriaen de Jonghe
	Epître en vers *Diversos mores solita* de Jean Vivien
	Epître en vers *Qualis docta tuum* de Jean Vivien
	Portrait d'Ortelius par Philippe Galle
	Épigramme *Immensum exiguo visurus* de Iohannes Posthius
CARTES AVEC LEURS DESCRIPTIONS	CARTES AVEC LEURS DESCRIPTIONS
	Frontispice du *Parergon* d'Ortelius (atlas historique du monde antique)
	Épigramme *Orteli cum sis parvus* de Michael Van der Hagen
	Épître *Mea mi nuper* d'Alexander Schrijvers
	Poème « anagrammatique » *Vltima iam Senecæ* de Jacob Cole ou Cool (neveu d'Ortelius)
	Index du *Parergon*
	CARTES HISTORIQUES AVEC LEURS DESCRIPTIONS

	Page de titre du *Nomenclator Ptolemaicus* portant la date d'édition de 1595 Avertissement d'Ortelius au lecteur « candide » LISTE DES NOMS DE LIEUX, VILLES ... PAR CONTINENT ET PAR PAYS.
Lettre de Humfred Lhuyd sur l'île de Mona *Synonymia* ou index des noms de lieux antiques avec leur traduction moderne Index inversé des noms de lieux modernes avec leur traduction latine antique **Indication de pagination et de montage des cartes** **Privilège royal** Colophon : date, lieu et maison d'édition	Lettre de Humfred Lhuyd sur l'île de Mona **Privilège impérial et royal** **Indication de pagination et de montage des cartes**

On constate, à la lecture de ces tableaux, combien l'économie du *Theatrum* a été modifiée entre les deux éditions, puisque de simple atlas de géographie universelle, il est devenu également atlas historique, complété par le *Nomenclator Ptolemaicus* qui inventorie systématiquement les noms de peuples et de lieux signalés par le célèbre géographe grec. L'insertion de ce dernier ouvrage dans l'édition Plantin a pour conséquence d'en faire disparaître les index synonymiques présents dans les éditions antérieures et de priver ainsi le lecteur d'un apparat scientifique dont le *Nomenclator*, qui ne présente que les noms connus dans l'Antiquité, ne constitue pas l'équivalent. On constate cependant que l'apparence extérieure du *Theatrum* est préservée, puisque les pièces liminaires, même augmentées, précèdent l'ensemble constitué par les atlas et les outils scientifiques, et que l'on retrouve en fin d'ouvrage la lettre d'Humfred Lhuyd sur l'île de Mona, les privilèges et l'indication pratique pour le montage des cartes. Il est assez vraisemblable que l'accroissement et le remaniement du *Theatrum orbis terrarum* ait d'abord une cause économique et que le succès commercial rencontré par les premières éditions ait encouragé Ortelius, qui publie à compte d'auteur, à étoffer largement les nouvelles éditions.

Quoi qu'il en soit des raisons qui ont présidé à ce remaniement, il importe de remarquer le soin avec lequel les deux éditions qui nous occupent introduisent le lecteur à la découverte des cartes par des approches multiples qui visent, selon les canons de l'éloquence antique, à le toucher, à le charmer, et à l'instruire. Le frontispice constitue la clé de voûte du dispositif de *captatio beneuolentiæ*, parce qu'il fait appel à l'image pour séduire et émouvoir et constitue déjà une représentation allégorique du monde. Mais il en constitue aussi la première pierre dans la mesure où, dès la première édition, et constamment dans les éditions suivantes, il est repris et commenté par le poème en cent vers d'Adolf van Meetkercke. Ce poème, dont le titre, « Explication du frontispice », est on ne peut plus explicite, en offre pour ainsi dire le contrepoint littéraire, après que l'épigramme de Daniel Rogers, pour l'édition Coppens, ou celles d'André Schott et de Gérard Falkenburg, pour l'édition Plantin de 1595[5], ont averti le lecteur de la grande utilité de l'ouvrage. Ainsi le regard du savant qui a permis l'élaboration des cartes est précédé, dans cette séquence, par le regard, esthétique, du graveur et du poète.

Laissons-nous guider par ces pages liminaires pour préparer notre regard à la découverte du monde offert par le *Theatrum orbis terrarum*. En ouvrant précautionneusement le gros *in-folio*, nous découvrons avec admiration – admiration d'autant plus grande qu'on a sous les yeux une édition mise en couleur[6] ! – le frontispice avec les cinq nymphes représentant les cinq continents connus. D'emblée, le charme des couleurs opère et, après avoir pris connaissance du titre rehaussé d'or sur fond d'azur, le regard s'élève jusqu'à l'allégorie qui trône au sommet tenant en main le sceptre et le gouvernail du monde. Le lecteur n'a aucun mal à l'identifier avec l'Europe, pas plus qu'il n'hésite à reconnaître, à droite, l'Afrique représentée par une nymphe à la peau sombre, la tête ceinte par un soleil brûlant et le corps à demi nu. En face d'elle, la nymphe symbolisant l'Asie renvoie davantage à la représentation de la Mésopotamie et de l'Arabie qu'à celle de l'extrême Orient. Avec ses vêtements légers et son parfum qui s'élève, elle affiche des marques de civilisation qui manquent cruellement à la quatrième nymphe dont la nudité souligne, par contraste, la sauvagerie. Cette dernière, allongée dans le registre inférieur de la gravure, figure l'Amérique, reconnaissable à ses plumes, à son arc et à ses flèches, mais

5 Dans les éditions Plantin 1579 et 1584, l'épigramme initiale *Prisca fides sileat* de Daniel Rogers a été remplacée par l'épigramme *Vera igitur tandem*, également de Daniel Rogers.

6 Le frontispice en couleur est facilement accessible sur internet, en particulier l'exemplaire du Service Historique de la Défense, site de Brest : https:// www.univ-brest.fr/libros/menu/Textes/Theatrum-Orbis-Terrarum---Ortelius-d_Anvers/Explication-du-Frontispice---poeme-liminaire-d_Adolphe-Mekerche (consulté le 20/11/20).

sa représentation fait passer le lecteur du plaisir à l'étonnement, sinon à l'horreur, lorsqu'il découvre, avec la tête ensanglantée qu'elle brandit comme un trophée, le sort cruel qu'elle réserve aux explorateurs européens. Son étonnement est encore renforcé par le cinquième personnage féminin dont il ne voit que le buste monté sur un piédestal embrasé et qui représente la Terre de feu. D'un seul regard, il vient de parcourir les cinq parties du monde connu, sans avoir eu la moindre carte sous les yeux.

Tournant alors la page, il découvre soit l'épigramme de Daniel Rogers *Prisca fides sileat*, soit celle d'André Schott *Orteli terræque globum*. Leur lecture successive permet de comprendre à la fois les raisons du remplacement de la première par la seconde et la constance de leur visée commune. Commençons par celle de Daniel Rogers sur laquelle s'ouvre l'édition Coppens[7] :

Prisca fides sileat sæcli monumenta prioris,
Plaudat, et inuentis fama sit æqua nouis.
Nec modo Pyramidum iactet fastigia Nilus,
Nec Pharias ultra Memphis adoret opes.
Roma triumphales taceat quos extulit Arcus,
Marmore nec uario structa Trophæa canat.
Nec miram in speciem Pœnis digesta columnis
Porticus intonso *concelebranda* Deo *est*[8].
Quis nunc decantet Circos, cœloque Colossos
Æquatos, Pariis caes*aque signa* iugis[9] ?
Singula sic æui quæ attriuit cana uetustas,
Vt maneat præter nomen inane nihil.
Est ubi Pompeii gradibus sublime *Theatrum*[10] *?*
Dignaque sidereis Amphitheatra tholis ?
Cuncta nouo Ortelii cedant ea prisca Theatro :
Quod structum ingenio est, fine carebit opus.

« [Qu'on fasse de bonne foi silence sur les antiques monuments du passé,
Mais qu'on approuve les monuments nouveaux et que ceux-ci jouissent du même renom.

7 Les passages imités des poètes latins classiques sont signalés en romains et la référence donnée en notes.

8 *Cf.* Properce, *Élégies*, 2, 31, v. 1-3 : « *Quæris cur ueniam tardior ? Aurea Phoebi / Porticus a magno Cæsare aperta fuit / Tantam erat in speciem Poenis digesta columnis* ». À propos du portique d'Apollon, inauguré par Auguste le 9 octobre 28 av. J.-C.

9 *Cf.* Ovide, *Amores*, 1, 7, v. 52 : « *Cæduntur Pariis qualia saxa iugis* ».

10 *Cf.* Ovide, *Tristes*, 3, 1, v. 60 : « *Inde tenore pari, gradibus sublimia celsis / Ducor ad intonsi candida templa dei* ».

Que désormais le Nil ne s'enorgueillisse plus du faîte des Pyramides
Et que Memphis cesse d'adorer les richesses de Pharos.
Que Rome passe sous silence les arcs de triomphe qu'elle a élevés,
Et ne chante pas les trophées qu'elle a dressés en marbre bigarré.
Le portique admirablement *réparti sur des colonnes puniques*
Ne doit pas non plus se vanter de la présence *du dieu aux longs cheveux.*
Qui chanterait aujourd'hui les cirques et les colosses
Dressés jusques au ciel et les statues *tirées des collines de Paros ?*
Chacun des monuments que l'ancienneté chenue du temps a usés est tel
Qu'il n'en demeure rien si ce n'est un nom creux :
Où donc est le théâtre de Pompée *aux splendides gradins*
Et les amphithéâtres dignes de la voûte étoilée ?
Que toutes ces antiquités le cèdent au nouveau Théâtre d'Ortelius :
L'œuvre édifiée par le génie n'aura pas de fin]. »

D'emblée, aux vers 1 et 2, cette épigramme en distiques élégiaques établit l'opposition entre les monuments du passé (« *prisca monumenta* ») et le nouveau monument (« *inventis novis* ») édifié par Ortelius. Le lecteur est invité à reconnaître la supériorité de ce dernier et à ne plus réserver son attention aux seuls vestiges antiques qui font pourtant, depuis deux siècles, l'admiration des humanistes. Cette opposition peut sembler artificielle au lecteur pressé qui ne saisit pas immédiatement le lien entre le livre qu'il a entre les mains et les splendeurs déchues de l'Antiquité, mais elle trouve pleinement son sens s'il considère le titre de ce livre qui apparaît au vers 15. Ce dernier oppose explicitement le « théâtre » d'Ortelius au « théâtre » de Pompée et aux vestiges du passé et redouble cette opposition par la disjonction des groupes nominaux « *cuncta ea prisca* » et « *novo Ortelii Theatro* » qui permet la double confrontation des contraires : « *Cuncta novo* », en tête du vers, et « *prisca Theatro* », à sa clôture, tandis que le nom d'Ortelius, au génitif, se trouve placé juste avant la coupe penthémimère de l'hexamètre, ce qui le met particulièrement en valeur. Dès lors la comparaison entre les monuments de Rome ou de l'Égypte et le nouveau *Theatrum orbis terrarum* est entièrement justifiée. Les premiers sont réduits à leur statut de témoins d'un passé révolu ou de ruines, quand ils n'ont pas purement et simplement disparu, comme le portique d'Apollon ou le théâtre de Pompée ; le second, où le monde entier se donne en spectacle, est appelé à échapper à la dent du temps et à briller d'une gloire éternelle.

Si l'épigramme de Daniel Rogers est entièrement fondée sur la métaphore constitutive du titre du *Theatrum orbis terrarum*, elle fait la part belle à l'évocation des édifices antiques, mais ne fournit aucune indication, même allusive, sur le contenu du livre, ce qui constitue un défaut non négligeable pour un poème introductif. C'est peut-être la raison pour laquelle, dans l'édition Plantin, il a été déplacé à la fin des pages liminaires où il figure avec deux autres pièces du même poète, et remplacé, en 1595, par l'épigramme plus longue d'André Schott. Cette dernière reprend, en effet, le jeu sur la métaphore du titre, tout en évoquant le vaste monde déployé dans ce théâtre :

Orteli, terræque globum, maria omnia, et urbes,
Oceanum, qua sol occidit atque oritur,
Descrips*ti et* radio totum qui gentibus orbem[11],
Applaudunt operi plena theatra tuo.
Roma, theatra tibi non sic : non, *Atticæ Athenæ,*
Pulpita *odoriferos sic* oluere crocos[12] *:*
Namque Asiæ, Europæ, Lybiæ hinc, atque Amphitritæ,
Dum uada cæca notas, portus et aura uenis.
Corniger Eufrates, septemgemini ostia *Nili*[13],
Assurgitque Tagus, Scaldis et Eridanus :
Fluminaque tractusque maris spectantur, ut actor ;
Insulæ in Ionio quæque natant pelago.
Fallor ? an et montes dias sub luminis auras,
Sedibus abrepti, laetitia exsiliunt ?
Adspice ; diues Arabs et mittens tura Sabæus,
Antipodum per te notior Indus, adest.
Anne Syracosii concluserat æthera uitro*
Exiguo senis, heu, ingeniosa manus ?
Ausus an Iliadem nuce quis complectier ? alis
Quadrijugos currus paruaque musca tegit ?*
Maius opus *uideo*[14] *: cedroque ac* digna cothurno[15] *:*
Cedite præstantis ingenio artificis.
Macte igitur uirtute ; immensum, qua iacet, Orbem,
Et natale solum demereare tibi[16].

11 Démarquage de Virgile, *Bucoliques*, 3, v. 41 : « *descripsit radio totum qui gentibus orbem* ». Mais Virgile parle de la rotation de la voûte céleste (« totum orbem ») qui correspond au cycle des saisons, alors que Schott envisage, derrière la même expression, le cercle complet des terres, à savoir le monde.

12 *Cf.* Properce, *Élégies*, 4, 1, v. 16 : « *Pulpita solemnis non oluere crocos* ».

13 *Cf.* Virgile, *Énéide*, 6, v. 800 : « *Et septemgemini turbant trepida ostia Nili* ».

14 D'après Virgile, *Énéide* 7, v. 45 : « *Maius opus moueo* ».

15 *Cf.* Virgile, *Bucoliques*, 8, v. 10 : « *Sola Sophocleo tua carmina digna coturno ?* »

16 Les astérisques renvoient à des notes marginales, respectivement : « *Archi-medes apud Claudianum* » (allusion à la sphère astronomique d'Archimède, chantée par le poète Claudien, *Carmina minora* 51) et « *Myrmecides apud Plinium 35 et Cicer. In Academ* » : Pline

« [Ortelius, toi qui as dessiné le globe de la terre, toutes les mers, les villes
Et l'Océan dans lequel se couche et se lève le soleil,
Et offert *aux nations avec ta règle le monde entier,*
Les théâtres remplis applaudissent à ton ouvrage.
Ni tes théâtres, Rome, ni, Athènes, *tes scènes, n'ont à ce point*
Exhalé pour vous *le parfum du safran* :
Car ton livre, en signalant les écueils invisibles, te fait atteindre les ports et les richesses
De l'Asie, de l'Europe, de la Lybie et d'Amphitrite.
L'Euphrate cornu, *l'embouchure sept fois redoublée du Nil,*
Se dressent avec le Tage, l'Escaut et le Po :
Les fleuves et les vastes étendues de la mer se donnent en spectacle, comme un acteur ;
Dans la Mer Ionienne on voit nager toutes les îles.
Si je ne me trompe, les montagnes aussi, sous les rayons divins de la lumière
Ne sautent-elles pas de joie après qu'on les a arrachées de leurs sièges ?
Regarde : voici le riche Arabe et l'homme de Saba pourvoyeur d'encens
Grâce à toi plus connus, ainsi que l'Indus qui est aux antipodes.
Un vieillard de Syracuse n'a-t-il pas enfermé le ciel, ô prodige,
De sa main habile, dans un petit espace de verre ?
N'a-t-on pas osé enfermer *L'Iliade* dans une noix[17] ? De ses ailes
Une petite mouche n'a-t-elle pas recouvert un char à quatre chevaux[18] ?
Je vois *un ouvrage plus grand* : des trésors *dignes* de l'huile de cèdre et *du cothurne* :
Cédez au génie d'un artiste éminent.
Courage, donc ; du monde immense dans toute son étendue
Et de ta terre natale gagne-toi les faveurs]. »

À la différence de celle de Daniel Rogers, l'épigramme d'André Schott se présente d'emblée comme un hommage à l'auteur du *Theatrum orbis terrarum* auquel il s'adresse directement dès l'entame du poème. Le travail du cartographe y est immédiatement présenté à travers l'énumération globale des lieux qu'il a représentés et la reprise d'un vers de Virgile signifiant tout autant la minutie de ses cartes que l'ampleur du service qu'il a rendu à l'humanité (v. 1-4). Cependant, Schott reprend à Rogers le jeu sur

l'ancien (*Histoire naturelle*, 36, 43) rapporte la finesse d'une sculpture de Myrmécidès dont le quadrige de marbre miniature était couvert par les ailes d'une mouche. Le passage des Académiques de Cicéron nous est par ailleurs inconnu.

17 D'après Pline l'ancien, *Histoire naturelle* 7, 85 : « *in nuce inclusam Iliadem Homeri carmen in membrana scriptum tradit Cicero* » (mais on n'a plus le témoignage de Cicéron sur ce parchemin miniature).

18 Pline mentionne déjà un fait analogue au livre 34 (83) à propos de la statue de bronze de Théodore qui tenait dans sa main un quadrige miniature sur lequel était posée une mouche également en bronze.

la métaphore du théâtre constitutive du titre de l'atlas pour développer, grâce à un vers de Properce cette fois, la comparaison entre les spectacles théâtraux de l'Antiquité et le nouveau spectacle du monde offert par Ortelius. Il place ainsi le lecteur en présence de trois théâtres : celui du monde qui applaudit, dans une mise en abyme, à sa propre représentation par le cartographe (v. 4), celui des spectacles antiques dépassés en richesses par le troisième théâtre, celui du monde représenté (v. 5-6). La mention des parfums dont les anciens faisaient usage au théâtre permet alors d'évoquer les quatre continents, si tant est qu'on considère les richesses d'Amphitrite comme celles qui nous parviennent d'au-delà des mers, c'est-à-dire des Amériques. Puis Schott file la métaphore du monde mis en scène par le *Theatrum* en énumérant fleuves, mers et montagnes comme autant d'acteurs. La terre entière est ainsi enfermée dans l'espace réduit d'un seul livre, ce qui permet au poète de développer un dernier thème, celui du macrocosme ramené à un microcosme. Les trois exemples déployés pour illustrer celui-ci sont tous empruntés au monde et aux auteurs antiques, comme le signale d'ailleurs le poète lui-même par des notes en marge de ses vers. Mais ils sont présentés comme des modèles de miniaturisation, des témoignages de la dextérité des artistes qui les ont réalisés, et non comme des concurrents du théâtre édifié par Ortelius. Ce dernier est donné comme supérieur à eux par le comparatif qui le désigne au vers 21 : « *Maius opus* ».

Ce faisant, Schott reprend en partie la comparaison établie par Rogers entre les monuments antiques et le nouveau théâtre d'Ortelius, mais ajoute à la dimension purement extérieure et statique de celle-ci un effet de profondeur, créé par le contraste entre la taille du contenant et la dimension du contenu. La supériorité du *Theatrum* réside alors à la fois dans sa plus grande visibilité et dans le caractère essentiel des informations qu'il donne au lecteur-spectateur : ces dernières en effet méritent à la fois, d'être conservées sur des parchemins parfumés et protégés avec de l'huile de cèdre (« *cedro digna* »), et d'être représentées sur la scène tragique *(« digna cothurno »)*, plus noble et plus élevée que la scène comique (v. 21-22). Il ne reste plus, pour refermer l'épigramme, qu'à revenir à l'auteur (« *praestantis [...] artificis* ») auquel elle est adressée, afin de saluer son génie (« *ingenio* ») et de lui souhaiter la reconnaissance mondiale qu'il mérite pour ses cartes du monde.

Comme nous l'avons constaté, le poème d'André Schott présente certaines analogies avec celui de Daniel Rogers qu'il remplace à partir de l'édition de 1595 : analogie poétique d'abord, avec la reprise du jeu métaphorique à partir du titre, analogie énonciative, ensuite, avec la reprise de la comparaison entre, d'un côté, les témoignages du génie antique et, de l'autre, le moderne génie d'Ortelius. Mais la dépendance de la seconde épigramme vis-à-vis de la première est plus étroite qu'il n'y paraît, car elles présentent aussi, dans la mise en œuvre des analogies que nous venons de souligner, une parenté de vocabulaire. De fait, au début de l'épigramme *Prisca fides sileat*, on trouve une exhortation à applaudir au spectacle nouveau offert par l'œuvre d'Ortelius (« *Plaudat [...] inuentis [...] nouis* », v. 2) ; or on retrouve ces applaudissements au vers 4 de l'épigramme *Orteli terræque globum* (« *Applaudunt operi plena theatra tuo* ») : l'idée initiale des deux épigrammes est la même, les applaudissements qu'on y rencontre semblables ! De même, à la fin de l'épigramme de Daniel Rogers, la supériorité du nouveau *Theatrum* sur les monuments antiques fait l'objet d'une nouvelle exhortation au vers 15 : ceux-ci doivent le « céder » (« *cedant* ») à celui-là en raison du « génie » qu'il manifeste (« *Quod structum ingenio est* », v. 16). Or dans ses derniers vers, l'épigramme d'André Schott reprend le même schéma et les mêmes termes : « *Cedite praestantis ingenio artificis* » (v. 22). Tous ces parallèles nous confortent dans l'idée que l'épigramme de Schott a bien été composée pour remplir le rôle dévolu à celle de Rogers dans les éditions antérieures. Mais à l'éloge de l'œuvre appelée à briller d'une gloire éternelle, la nouvelle épigramme ajoute un éloge appuyé de son auteur qu'elle nous montre dans son travail de maître cartographe.

Passons sur la dédicace à Philippe II d'Espagne, imprimée en grandes capitales, qui occupe la page suivante et manifeste autant la déférence du dédicant que la caution du dédicataire, et découvrons le poème en cent vers dans lequel Adolph van Meetkercke propose une « explication du frontispice[19] ». Ce nouveau poème en hexamètres dactyliques partage avec l'épigramme qui le précède une visée épidictique et ne se prive pas de chanter les hauts faits de l'auteur qu'il compare implicitement à un nouveau Phaéton, moins téméraire cependant que son malheureux prédécesseur, puisqu'il s'est prudemment contenté de prendre place dans le char du soleil, à côté de Phébus, sans revendiquer le moins du monde d'en diriger l'attelage ! Cette faveur du dieu lui a permis de parcourir l'ensemble du

19 La longueur de ce poème nous empêche d'en donner ici le texte intégral et la traduction. Le lecteur qui souhaiterait disposer d'une version bilingue complète pourra se reporter au site de l'Université de Bretagne Occidentale où il trouvera la traduction élaborée, sous mon contrôle, par les lycéens latinistes et les étudiants de lettres classiques de Brest dans le cadre du « Projet Libros » : http://www.univ-brest.fr/libros (consulté le 20/11/20).

monde, y compris les terres situées aux antipodes et au-delà des mers, et de le porter à la connaissance de tous. La supériorité d'Ortelius sur les cartographes qui l'ont précédé tient au caractère universel et complet de son *Theatrum* (v. 1-20). Après cet éloge aux allures mythologiques, Meetkercke énumère les cinq parties du monde représentées sur le frontispice, avant d'en entreprendre la description (v. 21-24). Il présente ensuite successivement l'Europe, dont il rappelle la puissance et l'audace sous la Rome antique (v. 25-37), l'Asie, que caractérisent les teintures et les parfums (v. 38-43), l'Afrique, dont il explique la peau brûlée en rappelant, explicitement cette fois, le mythe de Phaéton (v. 44-54), l'Amérique, dont la sauvagerie fait l'objet d'un long passage propre à horrifier le lecteur, comme nous le verrons plus en détail (v. 55-80), et enfin les Terres de Magellan, toutes nimbées de mystères et encore inexplorées (v. 81-93). Les sept derniers vers se présentent comme une invitation à dépasser le seuil du frontispice et à passer de la vision allégorique du monde à sa vision géographique en voyageant à travers les cartes (v. 94-100).

Après le frontispice et l'épigramme initiale dont la fonction principale était de charmer et d'instruire, en décrivant par l'image et la poésie le monde enfermé dans les pages du *Theatrum*, le poème en cent vers remplit lui aussi cette fonction, mais il contribue également à toucher et à émouvoir le lecteur en suscitant en lui des sentiments d'étonnement et d'horreur. Les vers consacrés à l'Amérique sont particulièrement efficaces de ce point de vue car la nymphe qui figure le Nouveau Monde est décrite comme cannibale, sanguinaire et cruelle, à l'image des indiens Tupinambas du Brésil décrits par André Thevet dans *Les Singularitez de la France antarctique* publié en 1557[20]. Il convient de les regarder de plus près pour saisir l'effet qu'ils cherchent à produire sur le lecteur :

Inferiore solo quam cernis, AMERICA dicta est :
Quam nuper vectus pelago Vespucius audax

20 Nous citons ici ce célèbre texte français qu'on peut trouver sur le site *gallica.bnf* ou en collection Hachette ; mais le récit de Thevet n'est probablement pas la source la plus directe du dessin du frontispice et de sa traduction poétique par Meetkercke. Werner Waterschoot, (« The title page of Ortelius's *Theatrum orbis terrarum* », *Schouwende Fantasye, Opstellen van Werner Waterschoot*, Gent, Academia Press, 2002, p. 203-226, repris de *Quarendo* 9-1, p. 43-68) propose de voir dans le récit de Hans Staden, *Warhaftige Historia und Beschreibung eyner Landschafft der wilden nacketen grimmigen menschfresser Leuthen in der Newewelt America gelegen*, Marburg, Andres Colben, 1557, racontant ses neuf mois de captivité chez les Tupinambas, la source première d'Ortelius et Meetkercke (p. 212 de l'article cité).

Vi rapuit, tenero nympham complexus amore.
Illa oblita sui, castique oblita pudoris,
Nuda sedet totum corpus, nisi vitta capillos
Plumea vinciret, frontem nisi gemma notaret,
Ambirent teretes nisi tintinnabula suras.
Lignea clava olli in dextra : qua mactat obesos
Atque saginatos homines, captivaque bello
Corpora, quae discissa in frusta trementia lentis
Vel torret flammis, calido vel lixat aheno ;
Vel, si quando famis rabies stimulat mage, cruda
Et jam caesa recens, nigroque fluentia tabo
Membra *vorat,* tepidi *pavitant* sub dentibus artus[21].
Carnibus et miserorum et sanguine vescitur atro[22] *:*
Horrendum facinus visu, horrendumque relatu.
Quid non impietas designat barbara ? quid non
Contemptus superum ?
Adspicis in laeva foedatum caede recenti
Humanum caput. En arcum celeresque sagittas,
Queis solet, adducto *dum* flect*it* cornua nervo[23],
Vulnera certa viris certamque infligere mortem,
Mox defessa hominum venatu tradere somno
Membra volens, lectum contextum rarius instar
Reticuli, gemino a palo quem fixit utrimque,
Conscendit, textoque caput reclinat et artus.

« [Celle que tu vois en bas sur le sol est appelée AMÉRIQUE ;
C'est la nymphe que naguère, l'audacieux Vespucci transporté sur la mer,
A enlevée, fou d'amour, en un tendre embrassement.
Celle-ci, s'oubliant elle-même et oubliant la chaste pudeur
Est assise, le corps entièrement nu, si ce n'est ses cheveux
Liés par un bandeau couvert de plumes, et son front orné d'une pierre
Ainsi que son tendre mollet entouré de clochettes.
Elle a, dans sa main droite, une masse de bois avec laquelle elle immole
Les hommes replets et gras ainsi que les corps des captifs de guerre
Qu'elle découpe en morceaux pantelants avant, soit longuement
De les rôtir à la flamme, soit de les faire bouillir dans un chaudron de bronze ;
Ou encore, si parfois la rage de la faim l'excite davantage, elle dévore tout crus,
Et tout juste coupés, et *ruisselant d'un sang noir,*

---

21 *Cf.* Virgile, *Énéide*, 3, v. 626-627 : « *uidi atro cum membra fluentia tabo / manderet et tepidi tremerent sub dentibus artus* ». *Cf.* également la reprise du même épisode et du second vers virgilien par Ovide, *Métamorphoses*, 14, 196 : « *guttur et elisi trepident sub dentibus artus* ».

22 *Cf.* Virgile, *Énéide*, 3, v. 622 : « *uisceribus miserorum et sanguine uescitur atro* ».

23 *Cf.* Ovide, *Métamorphoses*, 1, v. 455 : « *uiderat adducto flectentem cornua neruo* ».

Les membres : *les corps encore tièdes* tressaillent *sous ses dents.*
Elle *se repaît* des chairs *et du sang noir des malheureux* :
Crime horrible à voir et horrible à rapporter.
Jusqu'où l'impiété barbare ne va-t-elle pas ? Jusqu'où
Le mépris des dieux ?
Tu vois dans sa main droite, souillée par un meurtre récent,
Une tête humaine. Voici l'arc et les flèches rapides
Dont elle a coutume, tandis que *d'un nerf tendu elle en recourbe les cornes,*
D'infliger aux hommes des blessures certaines et une mort certaine,
Puis, fatiguée d'avoir chassé les hommes, désireuse d'abandonner
Ses membres au sommeil, elle se hisse dans une couche tissée assez lâchement,
Semblable à un filet, qu'elle a fixée de part et d'autre à un double poteau,
Et repose dans ces mailles sa tête et son corps]. »

Après le rappel de la découverte de l'Amérique par Vespucci, en termes de rapt nuptial, dans la plus pure tradition ovidienne des *Métamorphoses*[24] (v. 55-57), Meetkercke décrit sa tenue, ou pour mieux dire son absence de tenue. Ses seuls ornements sont sa coiffe emplumée, une pierre à son front et les clochettes qui ornent sa jambe, énumérés selon un mouvement descendant du regard qui va de la tête aux pieds (v. 58-61). Commence alors la plongée dans l'horreur. À la description de sa parure succède celle de ses armes dont chacune est présentée comme un instrument de mort au service de sa pratique cannibale, depuis sa masse d'arme qui sert à abattre des hommes (v. 62-63), jusqu'à son arc et ses flèches porteurs d'une mort certaine (v. 74-76). Entre l'énoncé de ces deux armes mortifères, les vers sont jonchés de cadavres démembrés et déchiquetés par sa dent avide. La description détaillée des différents traitements infligés aux corps destinés à être mangés conduit immanquablement le lecteur au bord de l'écœurement. Elle procède en effet par gradation, ou plutôt par « dégradation », en nous plongeant dans une sauvagerie toujours accrue. La première mention de la violence de la nymphe Amérique reste, somme toute, relativement civilisée, puisqu'elle ne consiste qu'en une mise à mort, et qui plus est de « captifs de guerre » (v. 62-63). Le doute se fait jour cependant, parce que les victimes sacrifiées sont qualifiées d'« *obesos* » et de « *saginatos* », et que ces adjectifs qualifient d'ordinaire les animaux de boucherie en latin classique. Il est confirmé dès les vers suivants qui présentent le dépeçage et la cuisson des corps (v. 64-65).

24 Voir notamment le viol de la nymphe Liriope, mère de Narcisse, par le fleuve Céphise en *Métamorphoses*, 3, v. 341-344.

Mais la cuisson est encore une marque de civilisation et les deux modes de cette dernière (corps rôtis ou bouillis) sont mis en balance, par l'anaphore de la coordination alternative *vel*, avec le mode de consommation le plus sauvage, celui de la chair crue (v. 66-69). L'horreur suscitée par cette sauvagerie cannibale est renforcée par un double moyen stylistique : le retardement de l'énoncé par l'insertion d'une circonstance explicative (« *si quando [...] mage* ») d'une part, la disjonction du groupe nominal « *cruda membra* », figurative du démembrement des corps, d'autre part. Ce dernier procédé permet la mise en valeur poétique de l'adjectif « *cruda* », en dernière position du vers 66, et du nom « *Membra* », en première du vers 68, juste avant le verbe fatidique « *vorat* ». L'horreur atteint son comble dans la complaisance avec laquelle le poème insiste sur le festin sinistre de la nymphe en une accumulation de termes sanguinolents. Cette esthétique de l'abomination prépare, certes, le cri d'horreur des trois vers suivants, mais elle est aussi une réécriture de l'une des pages les plus célèbres et les plus insoutenables de l'*Énéide* de Virgile, celle qui, au chant 3, décrit le festin du cyclope Polyphème dévorant les compagnons d'Ulysse. Ainsi, pour décrire le paroxysme de l'horreur contemporaine, Meetkercke a-t-il recours aux vers qui décrivent le paroxysme de l'horreur antique, provoquant chez le lecteur une réaction ambiguë de dégoût profond mêlé au vif plaisir littéraire de la reconnaissance. Mais ce plaisir se mue en sidération devant le constat que le récit fictif de l'Antiquité est devenu réalité dans le Nouveau Monde ! C'est sans nul doute la raison pour laquelle le poème reste un instant suspendu, comme privé de voix au vers 72 qui n'est constitué que d'un demi-hexamètre, arrêté à la coupe penthémimère.

La fin du tableau, avec la présentation de la tête coupée que l'Amérique porte à la main, semble presque bucolique après une vision aussi intolérable (v. 73-76). Elle affiche même des airs faussement apaisés tant est grand le contraste entre le calme de la nymphe qui se prépare à une sieste – certes digestive – dans son hamac et la sauvagerie dont elle vient de faire preuve (v. 77-80). Cette sauvagerie demeure pourtant bien présente, en arrière-plan, à travers la reprise de deux mots, « *membra* » et « *artus* », qui se trouvaient déjà au cœur de la scène de cannibalisme et que le poète prend soin de placer l'un en tête du vers 78, l'autre en dernière position du dernier vers, comme si les membres arrachés et les corps dévorés étaient devenus ceux de la nymphe inhumaine.

Cette description de l'Amérique doit une grande part de sa force évocatrice à sa mise en forme poétique latine qui permet à la fois des figures stylistiques audacieuses et des citations d'auteurs classiques impossibles à rendre totalement en traduction. La puissance évocatrice du poème de Meetkercke est très affaiblie et perd une grande part de son efficacité dans la transposition qu'en a donné Gérard Du Vivier pour l'édition française de 1572. Celle-ci est révélatrice à la fois de l'idée qu'on se faisait, au XVIe siècle, de la traduction, et d'une certaine douceur, sinon d'une amabilité à la française que gêne, en poésie, les énoncés trop crus. La seule citation des vers qui touchent au cannibalisme suffira à montrer combien l'original latin a été édulcoré par Du Vivier[25] :

> Celle qui tout en bas sur la terre couchée,
> Toute nuë tu vois, de plumettes coiffée,
> Ayant en une main le chef d'un homme mort,
> En l'autre le baston, dont elle fait l'effort,
> Meurdrissant les humains d'une cruauté grande,
> Les corps desquelz apres luy servent de viande ;
> [...]
> Elle manie souvent l'arc et flesches encore ;
> Par lesquelles souloit les pouvres gens navrer,
> Pour (comme ie t'ay dit) desmembrer et manger.
> Puis pleine de la chair des hommes, qu'en la chasse
> Elle a prins et tuez, et de la chasse lasse,
> S'en va dormir dessus un harnas estendu
> À deux arbres voisins, où elle l'a pendu.

Si l'adaptation de Du Vivier reprend bien le mouvement général du poème de Meetkercke, elle en atténue profondément l'horreur en supprimant la description des modes de cuissons et de consommation de la chair humaine. Dans le texte latin, on a une vision directe et proche du cannibalisme, alors que l'adaptation française n'en donne qu'une idée générale et distanciée qui ne parvient pas à toucher le lecteur en profondeur.

Mais refermons-là l'édition française et reprenons notre lecture des éditions latines. Informé du contenu du livre, charmé par la beauté

25 Nous conservons ici l'orthographe d'origine. L'édition française de 1572 du *Théâtre de l'Univers* d'Ortelius est consultable sur le site de la BNF. Une comparaison entre le texte latin en cent vers de Meetkercke et ses adaptations dans les éditions néerlandaise et française est proposée par Werner Waterschoot, « The title page of Ortelius's *Theatrum orbis terrarum* ».

plastique du frontispice et la puissance évocatrice des pièces poétiques, touché, enfin, par l'horreur ressentie à la lecture du festin de la nymphe Amérique, le lecteur devenu *benevolens* est désormais prêt à entrer plus avant dans l'ouvrage et à recevoir de l'auteur lui-même, les informations nécessaires à son bon usage. La lettre qu'Ortelius lui adresse alors se présente comme le seuil qui lui permet de passer du regard de l'amateur, honnête homme avant la lettre, à celui, plus expert, du géographe. Il serait trop long de la traduire ici et nous nous contenterons de présenter une analyse succincte des six mouvements qui la constituent[26]. Nous pourrons ainsi mesurer les motivations d'Ortelius, sa méthode et les précautions qu'il prend pour désamorcer d'éventuelles critiques.

L'épître au lecteur s'ouvre sur un premier mouvement affirmant comme une évidence la nécessité de la Géographie, comme science auxiliaire de l'Histoire :

> Je crois, Ami Lecteur, que tout le monde voit assez clairement combien il est utile de connaître l'Histoire ; aussi suis-je totalement convaincu que, dès lors qu'on a, comme on dit, goûté du bout des lèvres à l'Histoire, on ne peut pratiquement ignorer, pour bien en comprendre les développements, l'absolue nécessité de connaître la Géographie (que certains ont à juste titre appelée l'œil de l'Histoire)[27].

Ortelius en appelle alors à l'expérience du lecteur pour se dispenser d'une longue démonstration : « Or, comme l'expérience elle-même l'enseigne, je n'ai pas de raison d'en dire plus ici[28] » ; et c'est encore à elle qu'il renvoie en donnant l'exemple de l'exode des Hébreux qu'on ne peut bien lire, dans la Bible, qu'avec le secours des cartes géographiques :

> En effet, je pense qu'on fait assez souvent l'expérience du secours dont nous pouvons bénéficier si, en lisant les saintes Écritures, nous pouvons suivre quasiment de nos yeux le chemin parcouru par les Israélites depuis l'Égypte

26 Le lecteur intéressé pourra toutefois en consulter l'adaptation en français – et non la traduction – dans l'édition française du *Théâtre de l'Univers* sur le site de la Bibliothèque Numérique Mondiale à l'adresse suivante : https://www.wdl.org/fr/item/8978/ (consultée le 31.03.2016).

27 « *Cum omnibus perspectum satis esse credam, quanta sit cognitionis historiarum utilitas, benigne Lector ; equidem mihi persuadeo, neminem paene esse, modo historias primis (quod aiunt) labris gustarit, qui nesciat, quam necessaria sit ad eas recte intelligendas, Geographiæ (quæ merito a quibusdam Historiæ oculus appellata est) cognitio* ».

28 « *Quod cum experientia ipsa doceat non est quod hic latius declarem* ».

> jusqu'à la terre promise, à travers la Mer Rouge et l'immense désert qu'elle borde, grâce à l'examen d'une carte de la Palestine[29].

Le second mouvement de l'épître présente les difficultés matérielles auxquelles sont confrontés les historiens et les amateurs de récits historiques désireux de disposer des cartes géographiques dont ils ont besoin. Elles sont de trois ordres : la disponibilité, le prix et le format. De fait, à supposer qu'elles existent bien, les cartes géographiques sont trop chères pour être à la portée des amateurs de récits historiques, amateurs qui, précise Ortelius, « disposent pour la plupart d'une fortune limitée[30] ». Quand bien même la question du prix ne serait plus un obstacle, il reste qu'il est pratiquement impossible de déployer sous ses yeux l'ensemble des cartes dont on aurait besoin tant celles-ci sont grandes. À en croire Ortelius, il y faudrait « non seulement une maison immense et très vaste, mais même un théâtre royal[31] ». C'est donc pour apporter une solution à ces trois difficultés qu'il a conçu son livre.

Si ces deux premiers mouvements présentent un caractère argumentatif, les quatre mouvements suivants sont avant tout descriptifs et présentent successivement la méthode de travail suivie par Ortelius dans la réalisation de ses cartes, l'ordre dans lequel celles-ci figurent dans l'atlas, la façon dont ont été rédigés les brèves notices descriptives, les catalogues et les index, et, enfin, une conclusion. L'ambition de l'ouvrage à l'exhaustivité est affirmée dès l'amorce de ces quatre mouvements :

> En premier lieu, nous avons eu à cœur de représenter tout ce qui figure dans les cartes géographiques ou chorographiques qui ont un jour été éditées ici ou là aussi bien de nos jours que le plus récemment possible depuis de nombreuses années (raison pour laquelle beaucoup d'entre elles sont même devenues introuvables aujourd'hui)[32].

---

29 « *Nam quantopere iuuemur, cum in sacris literis Israëlitarum iter ex Ægypto per mare Rubrum et immensam prope solitudinem in terram promissam factum legimus, si Palaestinæ Tabula inspecta, id quasi praesentes videamus ; quemuis existimo saepius experiri* ».

30 « *Cariores sint quam ut quiuis possit, praesertim cum plurimi sint tenuioris fortunæ, coëmere* ».

31 « *Omnes vero ordine parieti expansas adfigere volenti, opus esset non modo amplissima latissimaque domo, verum etiam Regio quodam Theatro* ».

32 « *Primo nobis animus fuit repraesentare tibi quicquid in vllis Geographicis aut Corographicis Chartis hinc inde tam recenter quam nuperrime multis abhinc annis (quo factum est, ut earum etiam multae nunc inveniri nequeant)* ».

Pour parvenir à cette fin, Ortelius a disposé des multiples cartes de ses prédécesseurs parmi lesquelles il a été amené à n'en choisir qu'une pour chacune des régions représentées. La qualité a constitué son seul critère de sélection et il n'a prêté aucune attention au format initial des cartes retenues, puisqu'il les a toutes ramenées au format unique du folio, condition nécessaire à la réalisation de son livre. Cette réduction pourrait faire porter le doute sur le respect des cartes originales, mais Ortelius assure avoir respecté le moindre détail de ses modèles, et même avoir amélioré la lisibilité de certains noms. Il distingue cependant trois cas de figure : les cartes signées par des cartographes clairement identifiés, les cartes anonymes et l'absence de cartes. Dans le premier cas, il a reproduit l'original sans y apporter la moindre modification, sauf exception dûment spécifiée. Dans le deuxième cas, il a pris un certain nombre de libertés en se fiant à son seul jugement. Dans le troisième, enfin, il a été amené à réaliser lui-même des cartes inédites afin de présenter au lecteur un atlas aussi complet que possible. Ces précisions sur l'origine et le traitement des cartes ont un caractère éminemment scientifique, en tant que reconnaissance et communication des sources dont il s'est abondamment servi, mais elles constituent aussi une parade contre d'éventuelles accusations de plagiat. De fait, autant que la manière dont il a été réalisé, c'est l'intention qui a présidé à sa réalisation qui donne au *Theatrum orbis terrarum* son authentique dimension scientifique. Ortelius insiste beaucoup sur la différence de son entreprise avec celle de certains de ses contemporains qui ne cherchent qu'à s'enrichir en présentant comme des nouveautés les livres qu'ils publient sous leur nom, mais qui résultent du pillage aveugle et malhonnête des travaux d'autrui :

> Car ce qui nous a poussés à entreprendre ce travail, ce n'est pas cette soif insensée de l'or, mais l'inclination de notre volonté à aider ceux qui étudient ces matières, sans aucune considération pour l'occasion de nous mettre en chasse d'une vaine gloriole à partir du travail d'autrui[33].

Contrairement aux plagiaires, il cite systématiquement les auteurs dont il se sert et s'engage à donner le nom de ceux qui lui fourniront, contre

33 « *Nos enim insana illa auri fame non sumus ad hunc laborem impulsi, sed nostra ad studiosos harum rerum adiuuandos propensa voluntate, posthabita omni ex alieno labore vanae gloriolæ aucupandæ occasione* ».

une juste rémunération, les cartes susceptibles d'enrichir les prochaines éditions de son atlas.

Après ce développement capital sur sa méthode et ses intentions, Ortelius s'explique sur l'ordre qu'il a suivi dans la présentation des cartes, depuis celle, générale, du monde entier et celles, intermédiaires, des quatre continents, Europe, Asie, Afrique et Amérique, jusqu'à celles, particulières, des régions respectives d'Europe occidentale, d'Europe centrale, d'Asie et d'Afrique. On constate, dans l'énumération de ces dernières, qu'aucune carte n'est consacrée à une région particulière de l'Amérique. Mais cette remarque n'est vraie que pour les premières éditions. De fait, là où on lit, dans la préface à l'édition princeps : « *Sicque Britannicae Insulae primae prodeunt. Post Hispaniæ ; deinde Galliæ* », on lit, à partir de l'édition Plantin de 1579 : « *Sicque Americæ prouinciæ primo prodeunt : exin Britannicæ insulæ, post Hispaniæ, deinde Galliæ* ». Cette adaptation montre simplement qu'à partir de cette édition, des cartes inédites de plusieurs régions particulières d'Amérique ont été ajoutées à l'ensemble.

Un nouveau mouvement explique la présence de notices descriptives par la nécessité esthétique de ne pas laisser de pages blanches entre deux cartes. Cela n'empêche pas Ortelius d'affirmer avoir puisé l'information qu'il y donne auprès des auteurs les plus autorisés pour chaque région, auteurs dont il donne la liste en fin de chaque notice[34]. Il profite de l'occasion pour énumérer l'ensemble des instruments qu'il met ainsi à la disposition des « apprentis géographes » (« *Geographiæ candidati* ») : les listes d'auteurs des notices, le catalogue des cartographes qui suit l'épître au lecteur, et enfin les cartes elles-mêmes. Tout cela constitue « en quelque sorte un atelier muni de toute une panoplie d'instruments, à partir duquel ceux qui ressentent quelque manque pour rédiger un livre ou décrire des régions pourront sans effort, ou presque, voir de quel côté trouver les réponses à leurs questions[35] ». Il peut alors passer à la conclusion et inviter le lecteur à

34 C'est ainsi qu'on trouve les noms d'André Thevet, avec la mention « *Gallice scripsit* » et de Hans Staden, avec la mention « *Germanice* » aux deux dernières places de la liste figurant à la fin de la notice sur le Nouveau Monde.

35 « *Quapropter Geographiæ candidati habebunt hic, [...] quandam quasi officinam omni instrumentorum apparatu instructam ; e qua, si forsan vel ad librum aliquem, vel ad Regionum descriptiones sibi deesse quippiam sentiant, leui, imo nullo negotio videre possint, vnd id peti queat* ».

partager son état d'esprit et à encourager le graveur qui l'a secondé dans son travail[36].

C'est sur cette épître que se referment les pages liminaires de l'édition Coppens de 1570. Les éditions Plantin, en revanche, ajoutent un nouvel ensemble de pièces poétiques parmi lesquelles on retrouve, comme nous l'avons signalé plus haut, l'épigramme *Prisca fides sileat* de Daniel Rogers que remplace celle d'André Schott dans l'édition de 1595. Ces pièces remplissent la même fonction que celles que nous avons déjà analysées et contribuent à charmer le lecteur, mais elles insistent fortement sur l'éloge d'Ortelius au point de transformer celui-ci en héros digne des mythes antiques. Elles visent ainsi moins à présenter le contenu du livre, déjà très largement exposé dans les pages liminaires précédentes, qu'à offrir un portrait flatteur de l'auteur. Ce dernier apparaît tout d'abord aux côtés de Sénèque et d'Amerigo Vespucci dans l'épigramme *Vera igitur tandem* de Daniel Rogers. Tous trois ont droit à un éloge appuyé du poète : le premier pour avoir prédit la découverte d'un nouveau monde dans sa tragédie *Médée*[37] ; le second pour avoir accompli la prédiction du premier ; le troisième pour avoir, dans son livre, montré aux hommes l'ensemble des terres, comme s'il les avait dessinées après avoir parcouru le ciel avec Phébus. Cette chevauchée imaginaire d'Ortelius à bord du char du soleil, déjà présente dans le poème en cent vers de Meetkercke, donne à Rogers l'occasion de pousser jusqu'à l'apothéose l'éloge d'Ortelius dans l'épigramme *Ergone Sol toti*. En effet, celle-ci est entièrement bâtie sur la comparaison entre le cartographe et le soleil. Ainsi, avec Apollon et Ortelius, le monde dispose de deux soleils, l'un ancien, l'autre nouveau, qui l'éclairent avec un surcroît de lumière. L'épigramme de Paul Schede Melissus vient à son tour camper Ortelius dans un nouveau costume, celui du général conquérant, car elle s'organise autour de la comparaison entre les rois et les empereurs qui ont dominé le monde avec leurs armes et le cartographe qui le contraint à entrer dans ses cartes :

---

36 À l'hommage rendu au graveur Franciscus Hogenberg dans les éditions Coppens (« *Vale, et fruere ; atque Francisci Hogenbergi artificiosis manibus, cuius unius indefatigabili diligentia fere omnes hae Tabulæ caelatæ sunt, bene faueto* »), les éditions Plantin ajoutent le nom de deux graveurs supplémentaires, Ferdinand et Ambroise Arseni (« *atque Francisci Hogenberg, Ferdinandi ambrosiiqve arseniorum artificiosis manibus, quorum trium indefatigabili diligentia fere omnes hæ Tabulæ*) ».

37 *Cf.* Sénèque, *Médée*, v. 375-379, repris très largement dans l'épigramme de Rogers (v. 3-7).

> Mais que sont toutes les armes en comparaison du stylet et de la règle du seul et infatigable Ortelius qui, vainqueur, a ainsi réduit la terre entière à sa merci ? O comme nous chantons en toi, Ortelius, en ce monde, un si noble et si grand général[38] !.

Comme s'il ne suffisait pas d'avoir chanté Ortelius en émule de Sénèque et Vespucci, en nouveau soleil aux côtés d'Apollon et en conquérant, Jean Vivien le compare enfin, dans la courte épigramme *Qualis docta tuum*, au tyran d'Athènes Pisistrate qui fit mettre par écrit, et légua ainsi à la postérité, l'ensemble des poèmes d'Homère jusque-là dispersés et fragmentaires. Dès lors, il ne reste plus qu'à joindre à ces portraits en mots un portrait en image, ce que fait Plantin en insérant la gravure de Philippe Galle juste après cette gerbe d'épigrammes élogieuses. Conformément à la légende qui l'accompagne et qui ouvre un jeu de mise en abyme, elle donne enfin à voir au monde le visage d'Ortelius qui a donné le monde à voir aux hommes[39].

Si les pages liminaires du *Theatrum orbis terrarum* constituent en apparence un ensemble disparate, elles poursuivent, par divers moyens, un seul et même objectif : disposer favorablement l'esprit et le cœur du lecteur à la découverte des cartes auxquelles elles servent de préambule. Cette *captatio benevolentiæ* passe par le recours à l'émotion esthétique produite tant par la gravure du frontispice que par la forme poétique des épigrammes et du poème en cent vers. Si ceux-ci contribuent à instruire le lecteur, ils visent d'abord à lui plaire. L'explication poétique du frontispice par Adolf van Meetkercke vise également à toucher et à émouvoir, puisqu'elle produit un sentiment d'épouvante en offrant avec quelque complaisance le spectacle du cannibalisme amérindien. L'épître de l'auteur au lecteur vise avant tout à instruire ce dernier en l'informant sur l'intérêt et le contenu du livre. Ainsi sont réunies dans ces pièces si diverses les trois fonctions assignées aux préfaces et aux exordes par la rhétorique antique : *docere, movere, placere*. Ce qui est particulièrement étonnant pour un lecteur du XXIe siècle, c'est de constater avec quel

38 Épigramme *In subjugandis quo*, v. 8-12 : « *At quid omnia arma ad unius / Graphiumve radiumve acris ORTELI ; mundum / Qui victor omnem adeo suam in potestatem / Redegit ? O quem, ô qualem in orbe, et ô quantum / Te te ORTELI canemus Imperatorem !* ».

39 « *Spectandum dedit Ortelius mortalibus orbem / Orbi spectandum Galleus Ortelium* », légende qui peut se traduire ainsi : « Ortelius a donné aux mortels le spectacle du monde, Galleus, au monde, le spectacle d'Ortelius ».

soin l'auteur du XVIe s'appuie sur des moyens esthétiques et littéraires pour présenter un ouvrage scientifique. Les mots de la science ne lui paraissent pas suffisants pour servir la science et il n'y a pas, pour lui, de dichotomie entre les différents domaines de la connaissance. L'art est aussi bien celui de la création que celui de la technique et les séparer l'un de l'autre serait se priver d'une partie des moyens de la persuasion, aussi mobilise-t-il très légitimement les images de la peinture et de la poésie pour introduire le lecteur au spectacle du monde en un aller-retour fécond entre les mots de la science et ceux de la littérature auxquels il fait également appel pour faire parler les images muettes. Par le recours à des poèmes qui reprennent eux-mêmes les mots des poètes antiques, Ortelius souligne métaphoriquement la double profondeur de son ouvrage, celle qui enracine le discours du XVIe dans les œuvres de l'Antiquité, celle qui enracine la science géographique de son temps dans la géographie de Ptolémée. Mais ce double enracinement n'est pas imitation servile et soumission aveugle à une autorité inamovible. Bien au contraire, c'est un enracinement fécond dans la science et les mots du passé pour en tirer, par un jeu de miroirs, un discours nouveau et une science nouvelle. C'est aussi par un jeu de miroirs que s'opère, dans ces pages liminaires, et tout particulièrement dans celles de l'édition de 1595, un curieux renversement, car les pages qui étaient *a priori* destinées à faire l'éloge du *Theatrum orbis terrarum* deviennent subrepticement un théâtre où l'auteur est donné à voir sous les traits d'un héros bienfaiteur des temps modernes. Elles reflètent à la fois une vision du monde et l'image magnifiée d'Ortelius.

Benoît JEANJEAN
Université de Bretagne Occidentale,
HCTI-EA4249

BIBLIOGRAPHIE

OUTILS LEXICOLOGIQUES

ALTENSTEIG, Johann, *Lexicon theologicum, complectens vocabulorum descriptiones, diffinitionnes et interpretationes*, Anvers, Petrus Bellerus, 1576.

Concordanze della lingua poetica italiana delle origini, éd. D'Arco Silvio Avalle, Milan-Naples, Ricciardi, 1992.

COVARRUBIAS, Sebastián de, *Tesoro de la lengua castellana*, Madrid, Sánchez, 1611.

ESTIENNE, Robert, *Dictionnaire françois-latin, contenant les motz et les manieres de parler françois, tournez en latin*, Paris, Robert Estienne, 1539.

FURETIÈRE, Antoine, *Dictionnaire universel*, Amsterdam, Reinier Leers, 1690.

GODEFROY, Frédéric, *Dictionnaire de l'ancienne langue française*, Paris, Bouillon, 1889, t. VI, p. 98.

HUGUET, Edmond, *Dictionnaire de langue française du XVIe siècle*, Paris, Didier, 1961.

Thesaurus linguæ latinæ, Stuttgart et Leipzig, B. G. Teubner, 1994.

Vocabolario degli Accademici della Crusca, Venise, I. Sarzina, [1612], 1623.

SOURCES

AGRIPPA, Henri Corneille, *De incertitudine et vanitate omnium scientiarum*, [1530], La Hague, Adrien Vlacq, 1551.

AGRIPPA, Henri Corneille, *De l'incertitude, vanité et abus des sciences*, Genève, Jean Durant, 1582.

ALBERTI, Leon Battista, *De pictura (1435), De la peinture*, éd. J.-L. Schefer et S. Deswarte-Rosa, Paris, Macula, 1992.

AMMIRATO, Scipione, *Discorsi sopra Cornelio Tacito*, Venezia, Matthio Valentino, 1607.

ANEAU, Barthélémy, *Alector ou le Coq. Histoire fabuleuse*, éd. M.-M. Fontaine, Genève, Droz, 1996.

ANDREÆ, Johann Valentin, *Peregrini in Patria errores*, Utopiæ [s. l. s. d.], 1618.

ANDREÆ, Johann Valentin, *De curiositatis pernicie syntagma*, Strasbourg, Lazare Zetzner, 1621.

AUGUSTIN D'HIPPONE (saint Augustin), *Les Confessions*, trad. et éd. K. J. Trabucco, Paris, Garnier-Flammarion, 1964.

BAÏF, Jean-Antoine de, *Au chevalier Bonet*, dans *Poésies choisies*, éd. L. Becq de Fouquières, Paris, Charpentier et Cie, 1874.

BALDI, Bernardino (trad.), *Di Erone Alessandrino de gli automati, overo machine se moventi, libri due, tradotti dal greco da Bernardino Baldi abbate di Guastalla*, Venise, Girolamo Porro, 1589.

BARCLAY, Jean, *Euphormionis Lusinini Satyricon*, [1607], Francfort, Johannes Schmidlin, 1623.

BARTOLI, Cosimo, *Discorsi historici universali*, Venezia, Francesco de' Franceschi, 1569.

BELLEFOREST, François de, *Le troisiesme tome des Histoires prodigieuses*, Paris, Hierosme de Marnef et Guillaume Cavellat, 1575.

BELON, Pierre, *Histoire naturelle des estranges poissons marins*, Paris, Regnaud Chaudiere, 1551.

BELON, Pierre, *De aquatilibus libri duo*, Paris, Charles Estienne, 1553.

BELON, Pierre, *Les Observations de plusieurs singularitez et choses memorables*, Paris, Gilles Corrozet, 1553 ; *Voyage au Levant (1553). Les Observations de Pierre Belon du Mans*, éd. A. Merle, Paris, Éditions Chandeigne, 2001.

BELON, Pierre, *Les Observations de plusieurs singularitez et choses memorables*, Anvers, Christophe Plantin, 1555.

BELON, Pierre, *La Nature et diversité des poissons*, Paris, Guillaume Cavellat, 1555.

BELON, Pierre, *Histoire de la nature des oyseaux*, Paris, Guilaume Cavellat, 1555.

BELON, Pierre, *Plurimarum singulari et memorabilium rerum in Græcia, Asia, Ægypto, Judæ, Arabia, aliisq. exteris provinciis ab ipso conspectarum observationes : Tribus libris expressæ ; De neglecta stirpium cultura, atque earum cognitione libellus*, trad. Charles de L'Écluse, Anvers, Christophe Plantin, 1589.

BEMBO, Pietro, *Prose della volgar lingua, Gli Asolani, Rime*, éd. C. Dionisotti, UTET, Torino, 1966.

BERNARD DE GORDON, *La Practique de maistre Bernard de Gordon appellee Fleur de lys en medecine*, Lyon, s. n., 1495.

BOAISTUAU, Pierre, *Histoires prodigieuses*, Paris, Vincent Sertenas, 1560 et Anvers, Guillain Janssens, 1594.

BOTERO, Giovanni, *I Prencipi con le aggionte alla ragion di stato*, Venezia, Gio. Battista Giotti all'Aurora, 1601.

BOUCHEL, Laurent, *La Biblioteque ou tresor du droit français*, Paris, Jean Girin et Barthélémy Riviere, 1671.

BOURGEOIS, Louise, *Observations diverses sur la sterilité, perte de fruict, fœcondité, accouchements et maladies des femmes*, Paris, Abraham Saugrain, 1609 ; avec une préface de Françoise Olive, Paris, Côté-Femmes, 1992.

BOURGEOIS, Louise, *Observations diverses sur la sterilité, perte de fruicts, fecondité, accouchements et maladies des femmes et enfants nouveaux naiz*, Paris, Melchior Mondière, 1626.

BOURGEOIS, Louise, *Fidelle relation de l'accouchement, maladie et ouverture du corps de feu Madame*, Paris, sans éditeur, 1627.

BOURGEOIS, Louise, *Récit véritable de la naissance de Messeigneurs et Dames les enfans de France ; Fidelle relation de l'accouchement, maladie et ouverture du corps de feu Madame ; Instruction à ma fille*, suivie du *Rapport de l'ouverture du corps de feu Madame. Remontrance à Madame Bourcier, touchant son apologie*, préface de François Rouget et Colette H. Winn, Genève, Droz, 2000.

BOYCEAU DE LA BARAUDIERIE, Jacques, *Traité du jardinage, selon les raisons de la nature*, Paris, Michel Vanlochom, 1638.

BRANCACCIO, Giulio Cesare, *Il Brancatio. Della vera disciplina et arte militare*, Venezia, Vittorio Baldini, 1582.

BRANCACCIO, Giulio Cesare, *Della nuova disciplina et vera arte militare*, Venezia, Presso Aldo, 1585.

BROSSARD, Davy, *L'Art et maniere de semer et faire pepinieres...*, Lyon, D. Arnousset, 1543.

BRUNETTO LATINI, *Li Livres dou tresor*, éd. J. Carmody, Berkeley, University of California Press, 1948.

BUFFON, Georges-Louis Leclerc de, *Histoire naturelle, Ornithologie*, Paris, De l'Imprimerie Royale, 1771-1786.

BUSCA, Gabriele, *Della espugnatione et difesa delle fortezze*, Torino, Giovan Dominico Tarino, 1598.

BUSCA, Gabriele, *Della architettura militare*, Milano, Girolamo Bordone et Pietro Martire Lorcarni, 1601.

CALVIN, Jean, *L'Institution de la religion chrestienne : en laquelle est comprinse une somme de pieté, et quasi tout ce qui est necessaire a congnoistre en la doctrine de salut*, Genève, Michel Du Bois, 1541.

CALVIN, Jean, *L'Institution chrétienne*, Kerygma-Farel, Aix-en-Provence, Marne-la-Vallée, 1978.

CALVIN, Jean, *Sermon de Jean Calvin sur les deux espistres sainct Paul à Timothée et sur l'Epistre à Tite*, Genève, Jean Bonnefoy, 1563.

CALZOLARI, Francesco, *Lettera di M. F. C. spetiale al segno della Campana d'oro in Verona, intorno ad alcune menzogne et calonnie date alla sua Theriaca da certo Scalcina Perugino*, Cremona, Vincenezo Conti, 1566.

CAPOBIANCO, Alessandro, *Corona, e palma militare di artiglieria, Nella quale si tratta dell'Inventione di essa, e dell'operare nelle fattioni da Terra, e Mare, fuochi artificiati da Giuoco, e Guerra*, Venetia, Francesco Bariletti, 1618.

CAQUEY, Louis, *Les Machines de Louis Caquey [...] pour eslever les eaues*, [S. l.s. n.], 1646.

CARDANO, Girolamo, *De subtilitate libri XXI*, s.l., Michel Fezandat et Robert Granjon, 1550.

CARDANO, Girolamo, *Les Livres de Hierome Cardanus, medecin milanois, intitulez de la subtilite* [...], *traduit du latin en François par Richard Le Blanc*, [Paris, Charles L'Angelier, Jean Foucher et Guillaume Le Noir, 1556], Rouen, chez la veuve Du Bosc, 1642.

CATANEO, Girolamo, *Tavole brevissime per sapere con prestezza quante file vanno a formare una giustissima battaglia*, Brescia, Thomaso Bozola, 1567.

CENNINI, Cennino, *Traité de la peinture*, éd. C. de Tambroni, Paris, Renouard, Lille, éd. L. Lefort, 1858, rééd. fac-similé, Maxtor France, 2012.

CERVANTÈS, Miguel de, *Don Quijote*, éd. F. Rico, Barcelone, Crítica, 1998.

CHAMPAIGNAC (Jean de), *Physique françoise expliquant universellement la cognoissance de toutes choses naturelles*, Bordeaux, Simon Millanges, 1595.

CHRESTIEN, Guillaume : voir GALIEN.

CHRESTIEN, Guillaume, *Livre de la nature et utilité des moys des femmes*, Paris, Guillaume Morel, 1559.

CINUZZI, Imperiale, *La vera militar disciplina antica e moderna*, II, Siena, Salvestro Marchetti, 1604.

COLUMELLE, *Les douze livres de Lucius Junius Moderatus Columella, Des choses rusticques. Traduicts de Latin en Françoys par feu Maister Claude Cotereau*, Paris, Jacques Kerver, 1551.

COMENIUS, Jan Amos (Komenský), *Le Labyrinthe du monde, et le paradis du cœur*, trad. M. de Crayencour, Lille, Danel, 1906.

COMMANDINO, Federico, *De gli elementi d'Euclide libri quindici*, Urbino, Domenico Frisolino, 1575.

CONTANT, Paul, *Le Bouquet printanier*, La Rochelle, Abraham Haultin, 1600.

CONTANT, Paul, *Jardin, et Cabinet poétique*, Poitiers, Anthoine Mesnier, 1609 et éd. M. Marrache-Gouraud et P. Martin, Rennes, Presses universitaires de Rennes, 2004.

CONTARINI, Gasparo, *De elementis et eorum mixtionibus libri quinque*, Paris, Nicolas Le Riche, 1548.

COPERNIC, Nicolas, *Des révolutions des orbes célestes*, trad. Alexandre Koyré, Paris, Alcan, 1934.

CORDUS, Valerius, *Le Guidon des apotiquaires*, Lyon, Loys Cloquemin, 1578.

CUNAEUS, Petrus, *Sardi venales. Satyra Menippea*, Leyde, Raphelingius, 1612.

CUVIER, Georges, *Histoire des sciences naturelles depuis leur origine jusqu'à nos jours chez tous les peuples connus*, Paris, Fortin, Massons et Cie, 1841.

DA CANAL, Cristoforo, *La Militia maritima*, Venezia, Filippi Editore, 2010.

DALECHAMPS, Jacques : voir GALIEN.

DAL MONTE, Guidobaldo, *Guidiubaldi e marchionibus Montis Mechanicorum liber*, Pesaro, Jérôme Concordia, 1577.

DAL MONTE, Guidobaldo, *Le Mechaniche dell'illustriss. sig. Guido Vbaldo de' marchesi del Monte, tradotte in volgare dal sig. Filippo Pigafetta nelle quali si contiene la vera dottrina di tutti gli istrumenti principali da mouer pesi grandissimi con picciola forza. A beneficio di chi si diletta di questa nobilissima scienza ; et massimamente di capitani di guerra, ingegnieri, architetti, et d'ogni artefice, che intenda per via di machine far opre marauigliose, e quasi sopra naturali*, Venise, Francesco di Franceschi sanese, 1581.

DANTI, Egnazio, *Trattato dell'uso et della fabbrica dell'astrolabio*, Florence, Giunti, 1569.

DANTI, Egnazio, *Primo volume dell'uso et fabbrica dell'astrolabio et del planisferio [...] nuovamente ristampato, et accresciuto in molti luoghi, con l'aggiunta dell'uso, et fabbrica di nove altri istromenti astronomici*, Florence, I Giunti, 1578.

DELLA VALLE, Battista, *Il Vallo. Libro continente appertinente à Capitanij*, Venezia, Vettor q. Pietro Ravano della Serena et Compagni, 1539.

DE L'ORME, Philibert, *L'Architecture*, Paris, J. de Marnef & G. Cavellat, 1576.

DES PÉRIERS, Bonaventure (attribué à), *Cymbalum mundi*, éd. P. Hampshire Nurse, Genève, Droz, 1999.

DE THOU, Jacques-Auguste, *Historiarum sui temporis libri CXXV*, Paris, Drouart, 1609.

DOMENICHI, Lodovico, *Undici libri di Polibio*, Venezia, Gabriel Giolitto de' Ferrari e Fratelli, 1553.

DONI, Anton Francesco, *I mondi e gli inferni* (1553), éd. P. Pellizari, Turin, Giulio Einaudi Editore, 1994.

DONI, Anton Francesco, *Les Mondes célestes, terrestres et infernaux [...] tirez des œuvres de Doni, Florentin*, trad. Gabriel Chappuys, Lyon, Barthelemi Honorati, 1578.

DU BARTAS, Guillaume Salluste, *La Sepmaine*, éd. Y. Bellenger, Paris, Société des Textes Français Modernes, 1994.

DUBOIS, Jacques, *La Pharmacopée qui est la manière de bien choisir et préparer les simples, et de bien faire les compositions, départie en trois livres*, Lyon, Loys Cloquemin, 1580.

DU LAURENS, André, *Discours premier auquel est traicté de l'excellence de la veuë, et du moyen de la conserver*, dans *Discours de la conservation de la veue, des maladies melancholiques, des catarrhes et de la vieillesse*, Rouen, Claude Le Villain, 1600.

Du Laurens, André, *Toutes les Œuvres de Me André Du Laurens, traduites en françois par Me Theophile Gelée*, Paris, Pierre Mettayer et Raphaël du Petit-Val, [1613], 1621.

Du Laurens, André, *Discours des maladies mélancoliques (1594)*, éd. R. Suciu, Paris, Klincksieck, 2012.

Dupleix, Scipion, *La Logique, ou art de discourir et raisonner, reduite en preceptes puisés d'Aristote, et de ses plus signalés interpretes : avec telle facilité et brieveté, que les studieux François y puissent profiter*, Paris, Dominique Salis, 1600.

Duval, Jacques, *Des hermaphrodits, accouchemens des femmes, et traitement qui est requis pour les relever en santé, et bien elever leurs enfans. Où sont expliquez la figure des laboureurs, et verger du genre humain, signes de pucelage, defloration, conception, et la belle industrie dont use nature en la promotion du concept et plante prolifique*, Rouen, David Geuffroy, 1612.

Eloy, Nicolas-François-Joseph, *Dictionnaire historique de la médecine ancienne et moderne*, Lyon, H. Hoyois, 1778.

Érasme, *Moriæ encomium, id est, stultitiæ laudatio*, Bâle, Froben, 1540.

Érasme, *Colloquia familiaria*, Amsterdam, Lansonius, [1518] 1621.

Estienne, Charles, *L'Agriculture et maison rustique*, Paris, Jacques Du Puys, 1564.

Ferrand, Jacques, *Traité de l'essence et guérison de l'amour* [1610] ou *De la mélancolie érotique*, éd., notes et trad. des citations grecques et latines par G. Jacquin et É. Foulon, introd. de G. Jacquin, Paris, Anthropos, 2001

Ferretti, Francesco, *Diporti notturni*, Ancona, Francesco Salvioni, 1580.

Fiammelli, Gio. Francesco, *Modo di ben mettere in ordinanza gli eserciti*, Roma, Luigi Zanetti, 1603.

Ficin, Marsile, *Commentaire sur le Banquet de Platon*, éd. P. Laurens, Paris, Les Belles Lettres, 2002.

Filiarchi, Cosimo, *Trattato della guerra*, Giolito di Ferrarii, 1572.

Fuchs, Leonhart, *De historia stirpium commentarii insignes*, Bâle, Michel Isingrin, 1542 ; *L'Histoire des plantes mise en commentaire par Leonart Fuchs*, trad. Guillaume Gueroult, Lyon, Balthazar Arnoullet, 1550.

Galien, Claude, *De la dissection des muscles*, traduction de Jacques Dalechamps, Lyon, Guillaume Rouillé, 1564.

Galien, Claude, *Second livre de Claude Galien à Glaucon*, traduction de Guillaume Chrestien, Paris, Renaud Chaudière, 1549.

Galien, Claude, *L'Administration anatomique de Claude Galien*, traduction de Jacques Dalechamps, Lyon, Benoist Rigaud, 1572.

Galien, Claude, *De placitis Hippocratis et Platonis*, éd. De Lacy, *On the Doctrines of Hippocrates and Plato*, *CMG* V, Berlin, 1978-1984.

Galilei, Galileo, *Sidereus Nuncius / Le Messager céleste*, trad. et éd. I. Pantin, Paris, Les Belles Lettres, 1992.

GALILEI, Galileo, *Le Mecaniche*, éd. R. Gatto, Florence, Olschki, 2002.

GALILEI, Galileo, *Discorsi e dimostrazioni matematiche, intorno a due nuove scienze attenenti alla mecanica et i movimenti locali*, Leyde, Elsevier, 1638.

GALLO, Agostino, *Sette Giornate della Vera Agricoltura e Piaceri in Villa*, Brescia, Battista Bozzola, 1564.

GALLO, Agostino, *Secrets de la vraye agriculture*, trad. F. Belleforest, Paris, Nicolas Chesneau, 1571.

GENTILINI, Eugenio, *La real instruttione di Artiglieri*, Venezia, Gio. Antonio et Giacomo de' Franceschi, 1606.

GENTILINI, Eugenio, *Breve discorso in dialogo sopra le fortezze*, Venezia, Gio. Antonio e Giacomo de' Franceschi, 1606

GESNER, Conrad, *Appendix historiæ quadrupedorum viviparorum et oviparorum*, Zurich, Christoph Froschauer, 1554.

GESNER, Conrad, *Tresor de Evonime Philiatre des remedes secretz*, Lyon, Balthazar Arnoullet, 1555.

GESNER, Conrad, *Historiæ animalium liber I de quadrupedibus uiuiparis*, Zurich, Christoph Froschauer, 1551.

GESNER, Conrad, *Historiæ animalium liber II de quadrupedibus oviparis*, Zurich, Christoph Froschauer, 1554.

GESNER, Conrad, *Historiæ animalium liber III qui est de avium natura III*, Zurich, Christoph Froschauer, 1555.

GESNER, Conrad, *Historiæ animalium liber IIII qui est de Piscium & aquatilium animantium natura*, Zurich, Christoph Froschauer, 1558.

GESNER, Conrad, *Icones animalium* II, Zurich, Christoph Froschauer, 1560.

GIORGI, Alessandro (trad.), *Spiritali di Erone Alessandrino ridotti in lingua volgare da Alessandro Giorgi da Urbino*, Urbino, Bartolomeo e Simone Ragusii fratelli, 1592.

GOCLENIUS, Rodolphus, *Lexicon philosophicum, quo tanquam clave philosophiæ fores aperiuntur*, Francfort, Matthias Becker, 1613.

GOURMELEN, Etienne, *Replique à une Apologie publiée sous le nom de M. Ambroise Paré, Chirurgien à Paris, contre M. Estienne Gourmelen, Docteur, Regent en la Faculté de Medecine de Paris, par B. Comperat de Carcasonne*, Paris, Gaspar Meturas, 1647.

GRACIÁN, Baltasar, *El Criticón*, éd. S. Alonso, Madrid, Cátedra, 2004.

GRANGIER, Bonaventure, *Response au Discours d'Ambroise Paré, touchant l'usage de la Licorne, vu et approuvé par M. Grangier, Doyen des Escholles de Medecine*, Paris, Abraham Dauvet, 1583.

GREVIN, Jacques, *Responce au discours de Maistre Jacques Grevin, Docteur de Paris, qu'il a escript contre le livre de Maistre Loys de l'Aunay, medecin en la Rochelle, touchant la faculté de l'Antimoine*, La Rochelle, Berton, 1566.

GUILLEMEAU, Jacques, *Traité des maladies de l'œil, qui sont au nombre de cent treize ausquelles il est subject*, Lyon, Pierre Rigaud, 1610.

GUY DE CHAULIAC, *Le Guidon de Guy de Chauliac, traduit en français par Nicolas Panis*, Lyon, Barthélémy Buyer, 1478.

HASSARD, Pierre, *La grande vraye, et parfaicte chirurgie*, Anvers, Guillaume Silvius, 1567.

HÉROARD, Jean, *Journal*, éd. Soulié et de Barthélemy, Paris, Firmin-Didot frères et fils, 1868.

HILL, Thomas, *A Most Briefe and Pleasaunte Treatise*, Londres, John Day, 1558.

HILL, Thomas, *The Gardeners Labyrinth*, Londres, Henry Bynneman, 1577.

HOUËL, Nicolas, *Traité de la thériaque*, Paris, Jean de Bordeaux, 1573.

JOHANN VON KAUB (Jean de Cuba), *Le Jardin de santé translaté en françoys*, Paris, Antoine Verard, *vers* 1500.

JOUBERT, Laurent, *La grande chirurgie de M. Guy Chauliac*, Lyon, Etienne Michel, 1579.

JOUBERT, Laurent, *Laurentii Jouberti Valent. Delphin. Regii Medici, Academiæ Monspeliens. Regii Protodidascali, Cancellarii, et Judicis, Tomus secundus : Plurimos libros complectens, qui antehac nunquam in publicum prodierunt. Quorum enumerationem septima pagina demonstrat*, Lyon, Stephan Michel, 1582.

LA CHAPELLE, Georges de, *Recueil de divers portraits des principales dames de la Porte du Grand Turc* [1648], Paris, Le Blond, 1700.

LAMBERVILLE (de), Charles, *Espreuves et advis sur icelles donnés au roy et à Nosseigneurs de son Conseil*, Paris, Melchior Mondière, 1627.

LAMBERVILLE (de), Charles, *Verbal de l'invention du vray charbon de terre par toute la France.*, [s.l.n.d.].

LAMBERVILLE (de), Charles, *Discours politiques et œconomiques dédiés au roi*, Paris, Samuel Thiboust, 1626.

LANTERI, Giacomo, *Due dialoghi di M. Iacomo de' Lanteri da Paratico, Bresciano ; ne i quali s'introduce messer Girolamo Catanio Novarese, e messer Francesco Trevisi ingegnero Veronese, con un Giovene Bresciano, à ragionare del modo di disegnare le piante delle fortezze secondo Euclide ; et del modo di comporre i modelli, e torre in disegno le piante delle Città*, Venezia, Vincenzo Valgrisi e Baldessar Costantini, 1557.

LAUNAY, Loys de, *Responce au discours de Maistre Jacques Grevin, Docteur de Paris, qu'il a escript contre le livre de Maistre Loys de l'Aunay, medecin en la Rochelle, touchant la faculté de l'Antimoine*, La Rochelle, Barthelemi Berton, 1566.

LAURENT D'ORLÉANS, *La Somme des vices et vertus*, s. l., vers 1500.

Le Calendrier et compost des bergers, Genève, Jean Belot, 1497-1500.

L'ÉCLUSE, Charles de, *Exoticorum libri decem, quibus Animalium, Plantarum, Aromatum, aliorumque peregrinorum fructuum historiæ describuntur. Item Petri Belonii Observationes, eodem Carolo Clusio interprete*, Anvers, Plantin-Raphelingen, 1605.

Le grand calendrier et compost des bergers : composé par le berger de la grand montaigne [1491], Rouen, Veuve Louis Costé, s.d.

LEONARDO DA VINCI, *Trattato della pittura*, éd. E. Solmi, Frammenti letterari e Filosofici di Leonardo da Vinci, Firenze, G. Barbera, 1908 ; André Chastel (éd. et trad.), *Traité de la peinture*, Paris, Berger-Levrault, 1987.

LEONARDO DA VINCI, *Codice Atlantico* : *Il Codice Atlantico della Biblioteca Ambrosiana di Milano*, éd. A. Marinoni, Firenze, Giunti-Barbèra, 1973-1975, 12 vol.

Le Sainct, sacré, universel et général concile de Trente, trad. M. Gentian Hervet, Paris, Nicolas Chesneau, 1564.

LINSCHOTEN, Jan Huygen van, *Histoire de la navigation de Jean Hugues de Linscot* [1596], Amsterdam, Henry Laurent, 1610.

LUCIEN DE SAMOSATE, *Dialogos de Luciano* [trad. attribuée à Francisco de Enzinas], Lyon, S. Gryphe, 1550.

MACHIAVELLI, Niccolò, *De Principatibus : Le Prince*, trad. Jean-Louis Fournel et Jean-Claude Zancarini, Paris, PUF, 2000.

MARZARI, Giacomo, *Scelti documenti in dialogo a' scholari bombardieri*, Vicenza, Heredi di Perin Libraro, 1595.

MAURICEAU, François, *Des maladies des femmes grosses et accouchées, avec la veritable et bonne methode de les bien aider dans leurs accouchements naturels, et les moyens de remedier à tous ceux qui sont contre nature, et aux indispositions des enfans nouveau-nés ; ensemble une très-exacte description de toutes les parties de la femme qui sont destinées à la generation*, Paris, Hénault, 1668.

MENIPPUS REDIVIVUS [pseudo. Alexander Junius Torquatus a Frangipani ?], *Satyricon asini vapulantis* [s. l. s. d.], 1663.

MIZAULD, Antoine, *Secretorum agri enchiridion primum, hortorum curam, auxilia, secreta, et medica praesidia inventu prompta, ac paratu facilia, libris tribus pulcherrimis complectens*, Paris, Fédéric Morel, 1560.

MIZAULD, Antoine, *De hortensium arborum insitione opusculum. Eiusdem dendranatome, hoc est partium corporis arborei explicatio brevis, ubi de earundem nutritione*, Paris, Fédéric Morel, 1560.

MIZAULD, Antoine, *Alexikepus, seu auxiliaris et medicus hortus, rerum varium, et secretorum remediorum accessione locupletatus*, Paris, Fédéric Morel, 1564.

MIZAULD, Antoine, *Opusculum de sena, planta inter omnes, quotquot sunt, hominibus beneficentissima et saluberrima*, Paris, Fédéric Morel, 1572.

MIZAULD, Antoine, *Hortorum secreta cultus, et auxilia amaoena voluptatio et inerrabilis utilitalis abunde plena*, Paris, Fédéric Morel, 1575.

MIZAULD, Antoine, *Artificiosa methodus comparandorum hortensium fructuum, olerum, radicum, vuarum, vinorum, carnium et jusculorum, quae corpus clementer purgent*, Paris, Fédéric Morel, 1575.

MIZAULD, Antoine, *Le Jardinage d'Antoine Mizauld medecin. Contenant la maniere d'embellir les jardins, les preserver de toute vermine, et en tirer remedes propres aux maladies des hommes. Item, comme il faut enter les Arbres, et les rendre medicinaux. Mis en François pour faire que le profit qu'on en peut tirere soit commun à chacun*, Lyon et Genève, Jean I Lertout, Antoine Gryphe et Jean Durant, 1578.

MIZAULD, Antoine, *Le Jardin medicinal enrichi de plusieurs et divers remedes et secrets*, Genève, Jean Lertout, 1578.

MIZAULD, Antoine, *Epitome de la maison rustique, comprenant le jardin medecinal, et jardinage*, Genève, Jean Arnaut, 1605.

MIZAULD, Antoine, *Opusculorum pars secunda*, Paris, Claude Morel, 1607.

MIZAULD, Antoine et VINET, Élie, *La Maison champestre*, Paris, Robert Fouët, 1607.

MOLINET, Claude du, *Le Cabinet de la Bibliothèque de Sainte Genevieve*, Paris, Antoine Dezallier, 1692.

MONDINO DE LUZZI, *L'Anathomie de maistre Mundin boullonnoys, naguere traduicte de langue latine en vulgaire ou francoyse*, Paris, Alain Lotrian et Denis Janot, 1532.

MONTAIGNE, Michel de, *Essais*, éd. Villey-Saulnier, Paris, PUF, 1964.

MONTAIGNE, Michel de, *Les Essais*, éd. D. Bjaï, B. Boudou, J. Céard et I. Pantin, Paris, Le Livre de Poche, La Pochothèque, 2001.

MORA, Domenico, *Tre quesiti in dialogo*, Venetia, Giovanni Varisco et compagnia, 1567.

MORE, Thomas, *Luciani complura opuscula*, Paris, Josse Bade, 1506.

NEGRI, Giulio, *Istoria degli scrittori fiorentini*, Ferrara, Bernardino Pomatelli, 1722.

NEWTON, Isaac, *Opticks, or a Treatise of the Reflections, Refractions, Inflections and Colours of Light*, New York, Dover, 1952 [réimpression de l'édition 1730].

NICOLAY, Nicolas de, *Quatre premiers livres des navigations*, Lyon, Guillaume Rouillé, 1568.

NICOLE ORESME, *Le Livre du ciel et du monde*, éd. A. D. Menut et A. J. Denomy, trad. A. D. Menut, Madison, The University of Wisconsin Press, 1968.

NORRY, Milles de, *L'Usage du compas optique, instrument propre à prendre toutes les longueurs*, Paris, Guillaume Linocier, 1588.

ORTELIUS, Abraham, *Theatrum orbis terrarum*, Anvers, Gilles Coppens de Diest, 1570.

PALISSY, Bernard, *Œuvres Complètes*, éd. M.-M. Fragonard, 2e éd. revue et augmentée, Paris, Champion, 2010.

PALISSY, Bernard, *La Recepte véritable*, éd. K. Cameron, Genève, Droz, 1988.

PARACELSE (Philippus Theophrastus Aureolus Bombast von Hohenhein), *La grand chirurgie de Philippe Aoreole Theophraste Paracelse*, Lyon, Antoine de Harsy, 1589.

PARÉ, Ambroise, *Briefve Collection de l'administration anatomique*, Paris, Guillaume Cavellat, 1549.

PARÉ, Ambroise, *Discours de la mumie, de la licorne, des venins, et de la peste*, Paris, Gabriel Buon, 1582.

PARÉ, Ambroise, *Les Œuvres d'Ambroise Paré, Conseiller et Premier Chirurgien du Roy, Divisées en vingt huict livres*, Paris, Gabriel Buon, 1585.

PARÉ, Ambroise, *Les Œuvres*, éd. E. Berriot-Salvadore, J. Céard et G. Pineau, Paris, Classiques Garnier, 2019.

PASCAL, Blaise, *Œuvres Complètes*. II : *Œuvres diverses 1623-1654*, éd. J. Mesnard, Paris, Desclée de Brouwer, 1970.

PATRIZI, Francesco, *La Militia romana di Polibio, di Tito Livio e di Dionigi Alicarnaseo*, Ferrara, Domenico Mamarelli, 1583.

PATRIZI, Francesco, *Paralleli militari*, I, Roma, Luigi Zanetti, 1594.

PALERNE, Jean, *Pérégrinations du S. Jean Palerne*, Lyon, Jean Pillehotte, 1606.

PLINE l'Ancien, *L'Histoire du monde*, trad. Antoine Du Pinet, Lyon, Claude Senneton, 1562.

PLINE l'Ancien, *Histoire naturelle*, éd. S. Schmitt, Paris, Gallimard, « Bibliothèque de La Pléiade », 2013.

PIGAFETTA, Filippo, *Le Mechaniche dell'illustriss. sig. Guido Vbaldo de' marchesi del Monte, tradotte in volgare dal sig. Filippo Pigafetta nelle quali si contiene la vera dottrina di tutti gli istrumenti principali da mouer pesi grandissimi con picciola forza. A beneficio di chi si diletta di questa nobilissima scienza ; et massimamente di capitani di guerra, ingegnieri, architetti, et d'ogni artefice, che intenda per via di machine far opre marauigliose, e quasi sopra naturali*, Venise, Francesco di Franceschi Sanese, 1581.

PORRO, Girolamo, *L'Horto dei semplici di Padova*, Venetia, Girolamo Porro, 1591.

QUEVEDO, Francisco de, *Los Sueños*, éd. I. Arellano, Madrid, Cátedra, 1991.

RABELAIS, François, *Œuvres Complètes*, éd. M. Huchon, Paris, Gallimard, 1994.

RABELAIS, François, *Les Cinq livres*, éd. G. Defaux *et alii*, Paris, Le Livre de Poche, « La Pochothèque », 1994.

RAMUSIO, Giovanni Battista, *De l'Afrique*, Lyon, Jean Temporal, 1556.

REISCH, Gregor, *Margarita philosophica*, Heidelberg, s. n., 1496.

RENAUDOT, Théophraste, *Première centurie des questions traitées ez conferences du bureau d'adresse*, Paris, Au bureau d'adresse, 1638.

RONDELET, Guillaume, *Libri de Piscibus Marinis, qui quibus veræ Piscium effigies expressæ sunt*, Lyon, Macé Bonhomme, 1554.

RONDELET, Guillaume, *Universæ aquatilium Historiæ pars altera, cum veris ipsorum Imaginibus*, Lyon, Macé Bonhomme, 1555.

RONDELET, Guillaume, *La premiere partie de l'Histoire entiere des poissons, Composée premierement en Latin par maistre Guilaume Rondelet Docteur regent en Medecine en l'université de Mompelier. Maintenant traduites* [*sic*] *en François sans avoir rien omis estant necessaire à l'intelligence d'icelle. Avec leurs pourtraits au naïf*, Lyon, Macé Bonhome, 1558.

RONDELET, Guillaume, *La seconde partie de l'Histoire entiere des poissons, Composée premierement en Latin par maistre Guilaume Rondelet Docteur regent en Medecine en l'université de Mompelier. Maintenant Traduite en François sans avoir rien omis estant necessaire à l'intelligence d'icelle. Avec leurs pourtraits au naïf*, Lyon, Macé Bonhome, 1558.

RONDELET, Guillaume, *Histoire entiere des poissons*, Lyon, Macé Bonhomme, 1558.

RÖSSLIN, Euchaire, *Der Swangern Frawen und Hebammen Roszgarten*, Strasbourg, Martinus Flach le Jeune, 1513.

ROUSSAT, Richard : voir MONDINO DE LUZZI.

SAAVEDRA FAJARDO, Diego de*, Obras completas*, éd. A. González Palencia, Madrid, Aguilar, 1984.

SALVIANI, Ippolito, *Aquatilium animalium historia*, Rome, Ippolito Salviani, 1554.

SOREL, Charles, *La Science universelle*, tome quatrième, *De l'usage des Idées, ou de l'origine des Sciences et des Arts, et de leur Enchaisnement*, Paris, Theodore Girard, 1668.

SPRAT, Thomas, *History of the Royal Society of London for the Improving of Natural Knowledge*, Whitefish, MT, Kessinger [fac-similé de l'édition 1667, London, J. Martyn], 2003.

STADEN, Hans, *Warhaftige Historia und Beschreibung eyner Landschafft der wilden nacketen grimmigen menschfresser Leuthen in der Newewelt America gelegen*, Marburg, Andres Colben, 1557.

SYMEONI, Gabriele, *Les illustres observations antiques du seigneur Gabriel Symeon, Florentin, en son dernier voyage d'Italie l'an 1557*, Jean de Tournes, Lyon, 1558.

TAHUREAU, Jacques, *Les Dialogues. Non moins profitables que facetieux*, éd. M. Gauna, Genève, Droz, 1981.

TARTAGLIA, Niccolò, *Quesiti et inventioni diverse*, Venise, Ruffinelli, 1546.

TARTAGLIA, Niccolò, *Scienzia nova*, Venise, Stefano da Sabio, 1537.

THENAUD, Jean, *Troys resolutions et sentences*, Ms. 2645 de l'Österreichische Nationalbibliothek (Vienne).

THENAUD, Jean, *Traicté de la Cabale*, éd. I. Christie-Miller, Paris, Champion, 2007.

THENAUD, Jean, *Le Triumphe des vertuz. Premier Traité. Le Triumphe de Prudence*, éd. T. Schuurs-Janssen, Genève, Droz, 1997.

THEVET, André, *Cosmographie de Levant*, Lyon, Jean de Tournes, 1556.

THEVET, André, *Les Singularitez de la France antarctique*, Paris, Maurice de La Porte, 1557 et Anvers, Christophe Plantin, 1558.

THEVET, André, *Cosmographie universelle*, Paris, Guillaume Chaudière, 1575.

THEVET, André, *Les vrais pourtraits et vies des hommes illustres*, Paris, Veuve Kervert et Guillaume Chaudiere, 1584.

THEVET, André, *Le Brésil d'André Thevet. Les Singularités de la France Antarctique (1557)*, éd. F. Lestringant, Paris, Éditions Chandeigne, 1997.

TYARD, Pontus de, *Mantice ou Discours de la vérité de divination par astrologie*, Lyon, Jean de Tournes, 1558.

VIENNE, Philibert de, *Le Philosophe de court*, éd. P. M. Smith, Genève, Droz, 1990.

VILLALÓN, Cristobal de, *El Crótalon de Cristóforo Gnósofo*, éd. A. Rallo, Madrid, Cátedra, 1990.

VILLEBRESSIEU, Etienne de, *Estienne de Villebressieu, Ingénieur du Roy, de la Ville de Grenoble*, [s. l. n. d.].

VITRUVE, *L'Architecture, ou l'art de bien batir*, Paris, Jean Martin, 1547.

VITRUVE, *Les dix livres d'Architecture de Vitruve*, avec les notes de Perrault, Paris, E. Tardieu et A. Coussin fils, 1859.

ZABARELLA, Jacques, *La Nature de la logique, en deux livres*, éd. et trad. Dominique Bouillon, à partir des deux éditions des *Opera logica* imprimées à Venise (1578, 1586) chez Paul Meietus, corrigées par l'auteur, Vrin, Paris, 2009.

BIBLIOGRAPHIE CRITIQUE

ALTIERI BIAGI, Maria Luisa, *Galileo e la terminologia tecnico-scientifica*, Florence, Olschki, 1965.

AMICO, Leonard N., *In Search of the Earthly Paradise*, Paris, Flammarion, 1996.

ANTONIOLI, Roland, *Rabelais et la médecine*, Genève, Droz, 1976.

ASHWORTH, William B., « The persistent beast : recurring images in early zoological illustration », *Acta Universitatis Upsaliensis. The Natural Sciences and the Arts. Aspects of Interaction from Renaissance to the 20th Century*, Stockholm, Almqvist & Wiksell International, 1985, p. 46-66.

AVALLE-ARCE, Juan Bautista, *Nuevos deslindes cervantinos*, Barcelona, Ariel, 1975.

BALFE, Thomas, WOODALL, Joanna et ZITTEL, Claus (dir.), *Ad vivum ? Visual Materials and the Vocabulary of Life-Likeness in Europe before 1800*, Leyde, Boston, Brill, 2019.

BALSAMO, Jean, « Dire le monde "selon l'expérience et la raison" : la Physique de Scipion Dupleix », dans GORRIS CAMOS, Rosanna (dir.), *Macrocosmo/Microscosmo. Scrivere e pensare il mondo nel Cinquecento tra Italia e Francia*, Verona, Schnena Editore, 2004, p. 279-288.

BANKS, David, « The case of Perrin and Thomson : An example of the use of a mini-corpus », *English for Specific Purposes*, n° 24-2, 2005, p. 201-211.

BANKS, David, *Introduction à la linguistique systémique fonctionnelle de l'anglais*, Paris, L'Harmattan, 2005.

BANKS, David, « The implications of genre related choices in early issues of the *Journal des Sçavans* and the *Philosophical Transactions* », dans MACI, Stephania M. et SALA, Michele (dir.), *Genre Variation in Academic Communication. Emerging disciplinary trends*, Bergamo, CELSB Libreria Universitaria, 2012, p. 85-104. http://dinamico.unibg.it/cerlis/page.aspx?p=259 (consulté le 20/11/20).

BANKS, David, « Les formes et fonctions de la modalité dans le *Journal des Sçavans* et les *Philosophical Transactions* à la fin du XVIIe siècle », dans BANKS, David (dir.), *La modalité, le mode et le texte spécialisé*, Paris, L'Harmattan, 2013, p. 17-32.

BANKS, David, « On the (non)necessity of the hybrid category Behavioural process », dans MILLER, Donna R. et BAYLEY, Paul (dir.), *Hybridity in Systemic Functional Linguistics ; Grammar, Text and Discursive Context*, Sheffield, Equinox, 2016, p. 21-40.

BANKS, David, *The Birth of the Academic Article. Le Journal des Sçavans and the Philosophical Transactions, 1665-1700*, Sheffield, Equinox, 2017.

BAUDRIER, Henri-Louis et Julien, *Bibliographie lyonnaise. Recherches sur les imprimeurs, libraires, éditeurs, relieurs et fondeurs de lettres de Lyon au XVIe siècle*, Lyon, Brun, Paris, Picard, 1895-1921.

BECCHI, Antonio, BERTOLONI MELI, Domenico et GAMBA, Enrico (dir.), *Guidobaldo dal Monte. Theory and Practice of the Mathematical Disciplines from Urbino to Europe*, Berlin, Edition Open Access, 2013.

BELIN-MILLERON, Jean, « Les naturalistes et l'essor de l'humanisme expérimental (fin du XVIe, début du XVIIe siècle) de Rondelet au conseiller Peiresc », *Revue d'histoire des sciences et de leurs applications*, n° 5-3, 1952, p. 222-233.

BENATOUÏL Thomas et DRAELANTS, Isabelle, *Expertus sum. L'expérience par les sens dans la philosophie naturelle médiévale*, Firenze, Sismel-Edizioni del Galluzzo, 2011.

BERRIOT, François, « Langue, nation et pouvoir : les traducteurs du XIVe siècle précurseurs des humanistes de la Renaissance », dans JONES-DAVIES, Marie-Thérèse (dir.), *Langues et nations au temps de la Renaissance*, Paris, Klincksieck, 1991, p. 113-116.

Bertrand, Olivier, Gerner, Hiltrud et Stumpf, Béatrice (dir.), *Lexiques scientifiques et techniques : constitution et approche historique*, Palaiseau, Éditions de l'École Polytechnique, 2007.

Bertrand, Olivier, « Les emprunts chez Nicole Oresme, ou comment traduire l'*Éthique* et la *Politique* d'Aristote en français au XVIe siècle », *Neologica*, n° 2, 2008, p. 75-86.

Bertrand, Olivier, « Le legs du Moyen Âge », dans Duché, Véronique (dir.), *Histoire des traductions en langue française* (XVe-XVIe siècle), Paris, Verdier, 2015, p. 49-126.

Besse, Jean-Marc, *Les Grandeurs de la terre. Aspects du savoir géographique à la Renaissance*, Lyon, ENS Éditions, 2003.

Biagioli, Mario, « The social status of Italian mathematicians, 1450-1600 », *History of Science*, n° 27-1, 1989, p. 41-95.

Bianchi, Luca et Randi, Eugenio, *Vérités dissonantes. Aristote à la fin du Moyen Âge*, Paris, Le Cerf, 1993, dont Bianchi, « Loquens ut naturalis », p. 39-70.

Bianchi, Luca, « Interpréter Aristote par Aristote », *Methodos*, n° 2, 2002, http://methodos.revues.org/98 (consulté le 20/11/20).

Billotte, Denis, Brossel, Philippe et Hicks, Éric, « Jean de Meun lexicographe : usage de la réduplication synonymique dans deux traductions », *Traduction, transposition, adaptation au Moyen Âge, Bien dire et bien aprandre*, t. 14, 1996, p. 141-157.

Biot, Brigitte, *Barthélemy Aneau, régent de la Renaissance lyonnaise*, Paris, Champion, 2000.

Blair, Ann, « La persistance du latin comme langue de science à la fin de la Renaissance », dans Chartier, Roger et Corsi, Pietro (dir.), *Sciences et langues en Europe*, Paris, Éditions de l'EHESS, 1996, p. 21-42.

Blair, Ann et Grafton, Anthony, « Reassessing humanism and science », *Journal of the History of Ideas*, n° 53-4, 1992, p. 535–540.

Bloch, Olivier (dir.), *Philosophies de la nature*, Paris, Presses de l'université Paris-Sorbonne, 2000.

Bluhm, R. K., « Henry Oldenburg, F.R.S. (*c.* 1615-1677) », dans Hartley, Harold (dir.), *The Royal Society. Its origins and founders*, London, The Royal Society, 1960, p. 47-56.

Blumenberg, Hans, « La curiosité théorique en procès », dans *La légitimité des temps modernes*, trad. M. Sagnol, D. Trierweiler et M. Dautrey, Paris, Gallimard, 1999, p. 255-516.

Blumenberg, Hans, *Paradigmes pour une métaphorologie*, trad. D. Gammelin, Paris, Vrin, 2006.

Boas Hall, Marie, *The Scientific Renaissance. 1450-1630*, London, Collins, 1962, New York, Dover, 1994.

BOAS HALL, Marie, *Henry Oldenburg, Shaping the Royal Society*, Oxford, Oxford University Press, 2002.

BOLZONI, Lina, *La Chambre de la mémoire*, Genève, Droz, 2005.

BOUCHER, Jacqueline, *Société et mentalités autour de Henri III*, Paris, Champion, 1981.

BOUDOU, Bénédicte et CERNOGORA, Nadia, « Montaigne et la curiosité nonchalante », *Camenæ*, n° 15, 2013. http://saprat.ephe.sorbonne.fr/media/e1462b7ca74010a2c006b055ca1a89a3/camenae-15-6-boudou-cernogora.pdf (consulté le 20/11/20).

BOUSQUET, Catherine, *Maupertuis, Corsaire de la pensée*, Paris, Seuil, 2013.

BOUTROUE, Marie-Elisabeth, « Le cabinet d'Ulisse Aldrovandi et la construction du savoir », dans MARTIN, Pierre et MONCOND'HUY, Dominique (dir.), *Curiosité et cabinets de curiosités*, Neuilly, Atlande, 2004, p. 43-63.

BRANCHER, Dominique, « Les ambigüités de la pudeur dans le discours médical (1570-1620) », *Cahiers de l'Association Internationale des Études Françaises*, n° 55, 2003, p. 275-297.

BRIOIST, Pascal, « Les mathématiques et la guerre en France, en Italie, en Espagne et en Angleterre au XVIe siècle », inédit d'HDR, CESR de Tours, 2009.

BROOMHALL, Susan, *Women's Medical Work in Early Modern France*, Manchester, Manchester University Press, 2004.

BUNING, Marius, *Privileged Knowledge. Inventions and the Legitimization of Knowledge in the Early Dutch Republic (ca. 1581-1621)*, thèse de l'IUE de Florence, 2013.

BURIDANT, Claude, « Les binômes synonymiques. Esquisse d'une histoire des couples de synonymes du Moyen Âge au XVIIe siècle », *Bulletin du Centre d'Analyse du discours*, n° 4, 1980, p. 5-79.

BURON, Emmanuel, GUÉRIN, Philippe et LESAGE, Claire (dir.), *Les États du dialogue à l'âge de l'Humanisme*, Rennes, P.U.R., 2015.

BURY, Emmanuel (dir.), *Tous vos gens à latin, le latin, langue savante, langue mondaine (XIVe-XVIIe siècles)*, Genève, Droz, 2005.

BUSSI, Rolando et BARDINI, Marco, *Guerre in ottava rima*, III, Modena, Panini, 1989.

CALLOT, Émile, *La Renaissance des sciences de la vie au XVIe siècle*, Paris, P.U.F., 1949.

Cambridge Companion to Renaissance Philosophy, The, HANKINS, James (dir.), Cambridge, C.U.P., 2007.

Cambridge History of Later Medieval Philosophy. From the Rediscovery of Aristotle to the Disintegration of Scholasticism, 1100–1600, The, KRETZMANN, Norman, KENNY, Anthony, PINBORG, Jan (dir.), Cambridge, C.U.P., 2008.

Cambridge History of Medieval Philosophy, The, PASNEAU, Robert et VAN DYKE, Christina, (dir.), Cambridge, C.U.P., 2009.

Cambridge History of Renaissance Philosophy, The, SCHMITT, Charles B., SKINNER, Quentin, KESSLER, Eckhard et KRAYE, Jill (dir.), Cambridge, C.U.P., 1998.

Cambridge history of Seventeenth-Century Philosophy, The, GARBER, Daniel et AYERS, Michael (dir.), Cambridge, C.U.P., [1998], 2012.

Cambridge History of Science, The, vol. 3, *Early Modern Science*, PARK Katharine et DASTON, Lorraine (dir.), Cambridge, C.U.P., 2006.

CARLINO, Andrea, *La Fabbrica del corpo, libri e dissezione nel Rinascimento*, Piccola Biblioteca Einaudi, Torino, 1994 (*Books of the Body. Anatomical Ritual and Renaissance Learning*, Chicago, The University of Chicago Press, 1999).

CASTAGNÉ, Noémie, *Les Mots des sciences. La prose scientifique en langue vulgaire dans l'Italie du XVIe siècle*, thèse de doctorat, université Paris 8 / Università di Torino, 2012.

CASTAGNÉ, Noémie et FRANK, Martin, « Definizione dell'italiano scientifico nel tardo Cinquecento : la traduzione del *Mechanicorum liber* di Guidobaldo dal Monte », *Laboratoire italien*, n° 13, 2013, p. 279-308.

CASTELLANI, Arrigo, « *Termini militari d'epoca rinascimentale : l'artiglieria* », *Studi linguistici italiani*, n° 9, 1983, p. 31-55.

CAVE, Terence, *Pré-histoires. Textes troublés au seuil de la modernité*, Genève, Droz, 1999.

CAVE, Terence, *Pré-histoires II. Langues étrangères et troubles économiques au XVIe siècle*, Genève, Droz, 2001.

CAZES, Hélène, « Théâtres imaginaires du livre et de l'anatomie : *La Dissection des parties du corps humain*, Charles Estienne, 1545-1546 », *Littératures*, n° 47, *Fictions du savoir à la Renaissance*, 2002, p. 11-30.

CAZES, Hélène, « Anatomie de l'image répétée chez André Vésale et Charles Estienne », *Textimage*, onglet : « Le Conférencier », 2012. http://revue-textimage.com/conferencier/01_image_repetee/cazes1.html (consulté le 20/11/20).

CAZES, Hélène, « "Démonstrer à l'œil" : l'ombre d'une dissection », *Cahiers de recherches médiévales et humanistes*, n° 29, 2015, p. 305-343.

CAZES, Hélène et CARLINO Andrea, « Plaisir de l'anatomie, plaisir du livre : *La Dissection des parties du corps humain* de Charles Estienne (Paris, 1546) », *Cahiers de l'Association internationale des études francaises*, n° 55, 2003, p. 251-274.

CÉARD, Jean, *La Nature et les prodiges. L'insolite au XVIe siècle en France*, Genève, Droz, 1977.

CÉARD, Jean, (dir.), *La Curiosité à la Renaissance*, Paris, CDU-SEDES, 1986.

CÉARD, Jean, « De la curiosité aux curiosités », *Camenæ*, n° 15, 2013. http://saprat.ephe.sorbonne.fr/media/1b8248534af1a77a2fb6cea96122915d/camenae-15-1-ceard-2.pdf (consulté le 20/11/20).

CÉARD, Jean, « La curiosité à la Renaissance et à l'Âge classique », dans MARRACHE-GOURAUD, Myriam, MARTIN, Pierre et MONCOND'HUY, Dominique (dir.), *La Licorne et le bézoard. Une histoire des cabinets de curiosités*, Montreuil, Gourcuff-Gradenigo, 2013, p. 29-45.

CHANSIGAUD, Isabelle, *Histoire de l'illustration naturaliste. Des gravures de la Renaissance aux films d'aujourd'hui*, Paris, Delachaux et Niestlé, 2009.

CHARTIER, Roger et CORSI, Pietro (dir.), *Sciences et langues en Europe*, Paris, Éditions EHESS, 1996.

CLERICUZIO, Antonio, *La Macchina del mondo : teorie e pratiche scientifiche dal Rinascimento a Newton*, Rome, Carrocci, 2005.

CONTAMINE, Philippe, *La Guerre au Moyen Âge*, Paris, P.U.F., 1980.

COOPER, Richard, *Roman Antiquities in Renaissance France, 1515-1565*, Burlington, Ashgate, 2013.

CORDEZ, Philippe, *Trésor, mémoire, merveilles. Les objets des églises au Moyen Âge*, Paris, Éditions EHESS, 2016.

CORRÉARD, Nicolas, « "*Ne plus sapere quam oporteat*" : la mise en scène de la curiosité vaine dans les satires lucianesques en langues vulgaires (1535-1565) », *Camenæ*, nº 15, 2013, http://saprat.ephe.sorbonne.fr/media/9ab35b344816320e996a6be0645c9d97/camenae-15-3-correard-finalv2.pdf (consulté le 20/11/20).

CORRÉARD, Nicolas et TEULADE Anne, (dir.), *Questions sur l'encyclopédisme. Le cercle des savoirs de l'Antiquité aux Lumières*, Paris, Epistémocritique, 2018.

COSTE, Joël, « La médecine pratique et ses genres littéraires en France à l'époque moderne », bibliothèque Medic@, 2008. http://www.biusante.parisdescartes.fr/histoire/medica/medecine-pratique.php (consulté le 20/11/20).

COTTEGNIES, Line, PARAGEAU, Sandrine et VENET, Gisèle (dir.), *Curiosité(s) et Vanité(s) dans les Îles britanniques et en Europe (XVIe-XVIIe siècles)*, *Études Épistémè*, nº 27, 2015.

COX, Virginia, *The Renaissance Dialogue : Literary Dialogue in its Social and Political Contexts, Castiglione to Galileo*, Cambridge, Cambridge University Press, 1992.

CUIR, Raphaël, *The Development of the Study of Anatomy from the Renaissance to Cartesianism*, Lewiston, N.Y., E. Mellen Press, 2009.

CUIR, Raphaël, *Renaissance de l'anatomie*, Paris, Hermann, 2016.

DASTON, Lorraine et PARK, Katharine, « The hermaphrodite and the orders of nature : sexual ambiguity in early modern France », *Gay and Lesbian Quarterly*, nº 1, 1995, p. 419-438.

DASTON, Lorraine et PARK, Katharine, *Wonders and the Order of Nature, 1150-1750*, New York, Zone Books, 1998.

DASTON, Lorraine et GALISON, Peter, *Objectivity*, New York, Zone Books, 2010.

DASTON, Lorraine et LUNBECK, Elizabeth (dir.), *Histories of Scientific Observation*, Chicago, The University of Chicago Press, 2011.

DEAR, Peter, *Discipline and Experience : the Mathematical Way in the Scientific Revolution*, Chicago, The University of Chicago Press, 1995.

DEAR, Peter, *The Intelligibility of Nature*, Chicago, The University of Chicago Press, 2006.

DEAR, Peter, « The Meanings of Experience », *The Cambridge History of Science*, vol. 3 : *Early Modern Science*, PARK, Katharine et DASTON, Lorraine (dir.), Cambridge, Cambridge University Press, 2006, p. 106-131.

DEAR, Peter, *Revolutionizing the Sciences : European Knowledge and its Ambitions, 1500-1700*, Princeton, Princeton University Press, 2009.

DEBUS, Allen G., *The French Paracelsians : the Chemical Challenge*, Cambridge, Cambridge University Press, 2002.

DEFAUX, Gérard, *Le Curieux, le glorieux et la sagesse du monde dans la première moitié du* XVI*e siècle. L'exemple de Panurge (Ulysse, Démosthène, Empédocle)*, Lexington, French Forum, 1982.

DEFAUX, Gérard, *Rabelais* agonistes : *du rieur au prophète*, Genève, Droz, 1997.

DELAUNAY, Pierre, *La Zoologie au seizième siècle*, Paris, Hermann, 1963.

DEMONET, Marie-Luce, « Du latin au français », avec F. de Buzon, dans MATTEI, Jean-François (dir.), l'*Encyclopédie Philosophique Universelle*, « Les Discours philosophiques », P.U.F., 1998, p. 1068-1181.

DEMONET, Marie-Luce, « Philosophie », dans DUCHÉ, Véronique (dir.), *Histoire des traductions en langue française* XV*e et* XVI*e siècles (1470-1610)*, Paris, Verdier, 2015, p. 661-701.

DEMONET, Marie-Luce, « Les sophismes des signatures, de Foucault à Agamben », dans GUERRIER, Olivier et GERBIER, Laurent (dir.), *Foucault et la Renaissance*, Paris, Classiques Garnier, sous presse.

DIBON, Paul, « Les échanges épistolaires dans l'Europe savante du XVIIe siècle », *Revue de synthèse*, nº 81-82, 1976, p. 31-50.

DI LISCIA, Daniel, KESSLER, Eckhard et METHUEN, Charlotte, *Method and Order in Renaissance philosophy of Nature. The Aristotle Commentary Tradition*, Aldershot, Ashgate, 1997.

DIONISOTTI, Carlo, *Geografia e storia della letteratura italiana*, Turin, Einaudi, 1967.

DRAELANTS, Isabelle et ECHAMPARD, Kévin, « Un traité médiéval de la greffe pour débutants : le *De plantatione arborum* anonyme. Traduction et commentaire », *Spicæ, Cahiers de l'Atelier Vincent de Beauvais*, nouvelle série, 2011, p. 5-37.

DUBUISSON, Michel, « Polybe et la *Militia Romana* », dans COLSON, Bruno et COUTAU-BÉGARIE, Hervé (dir.), *Pensée stratégique et humanisme. De la tactique des Anciens à l'éthique de la stratégie*, Paris, Economica, 2000, p. 1-23.

Duché, Véronique (dir.), *Histoire des traductions en langue française* XV*e et* XVI*e siècles (1470-1610)*, Paris, Verdier, 2015.

Ducos, Joëlle (dir.), *Les Sciences et le livre. Formes des écrits scientifiques des débuts de l'imprimé à l'époque moderne*, Paris, Hermann, 2017.

Duhem, Pierre, « Léonard de Vinci, Cardan et Bernard Palissy », *Bulletin italien*, n° 4, 1906, p. 289-320.

Dulieu, Louis, « Guillaume Rondelet », *Clio Medica*, n° 1, 1965, p. 89-111.

Dumaître, Paule, Hahn, André et Samion-Contet, Jeanine, *Histoire de la médecine et du livre médical*, Paris, Pygmalion, 1978.

Dupèbe, Jean, Giacone, Franco, Naya, Emmanuel et Pouey-Mounou, Anne-Pascale (dir.), *Esculape et Dionysos. Mélanges en l'honneur de Jean Céard*, Genève, Droz, 2008.

Dupuigrenet-Desroussilles, François, « Regards et savoirs : images du jardin botanique de l'Université de Padoue au XVIe siècle », *Revue d'histoire des sciences*, n° 42-3, 1989, p. 281-291.

Duris, Pascal, *Traduire la science. Hier et aujourd'hui*, Pessac, Presses de la Maison des Sciences de l'Homme d'Aquitaine, 2008.

Duris, Pascal, *Quelle révolution scientifique ? Les sciences de la vie dans la querelle des Anciens et des Modernes (*XVI*e-*XVIII*e siècles)*, Paris, Hermann, 2016.

Eamon, William, *Science and the Secrets of Nature : Books of Secrets in Medieval and Early Modern Culture*, Princeton, Princeton University Press, 1994.

Egmond, Florike, *The World of Carolus Clusius*, London, Pickering & Chatto, 2010.

Egmond, Florike, « A collection within a collection : rediscovered animal drawings from the collections of Conrad Gessner and Felix Platter », *Journal of the History of Collections*, n° 25-2, 2013, p. 149-170.

Egmond, Florike, « Experimenting with living nature : documented practices of 16th century naturalists and naturalia collectors », *Journal of Early Modern Studies*, n° 6-1, 2017, p. 21-45.

Egmond, Florike, *Eye for Detail : Images of Plants and Animals in Art and Science, 1500-1630*, Londres, Reaktion Books, 2017.

Ellenberger, François, *Histoire de la géologie*, Ire partie *: Des anciens à la première moitié du* XVII*e siècle*, Paris, Lavoisier, 1988.

Enenkel, Karl A. E. et Smith, Paul J. (dir.), *Early Modern Zoology : the Construction of Animals in Science, Literature and the Visual Arts*, Leyde, Brill, 2007.

Falguières, Patricia, *La Chambre des merveilles*, Paris, Bayard, 2003.

Fantoni, Marcello, « Il "Perfetto Capitano" : storia e mitografia », dans Fantoni, Marcello (dir.), *Il « Perfetto Capitano ». Immagini e realtà (secoli* XV-XVII*)*, Roma, Bulzoni Editore, 2001, p. 15-66.

FARGES, Albert, « Deux déviations de la théorie thomiste sur l'action transitive », *Revue néo-scolastique de philosophie*, n° 90, 1921, p. 175-179.

FARRINGTON, Benjamin, *Francis Bacon. Philosopher of industrial science*, London, Lawrence and Wishart, [1949] 1951.

FERDINAND, Juliette, *Bernard Palissy artisan des réformes entre art, science et foi*, Munich, De Gruyter, 2019.

FERDINAND, Juliette, *From Art to Science : Experiencing Nature in the European Garden. 1500–1700*, Treviso, ZeL Edizioni, 2016.

FINDLEN, Paula, *Possessing Nature. Museums, Collecting, and Scientific Culture in Early Modern Italy*, Berkeley – Los Angeles, University of California Press, 1994.

FOLENA, Gianfranco, *Volgarizzare e tradurre*, Turin, Einaudi, 1973.

FORCIONE, Alban K., *Cervantes and the Humanist Vision : a Study of Four Exemplary Novels*, Princeton, Princeton University Press, 1983.

FOUCAULT, Michel, *Les Mots et les choses : une archéologie des sciences humaines*, Paris, Gallimard, 1966.

FOUCAULT, Michel, *Naissance de la clinique. Une archéologie du regard médical*, Paris, P.U.F., 1972.

FOUCAULT, Michel, *Les Anormaux. Cours au Collège de France (1974-1975)*, Paris, Gallimard, 1999.

FOURNEL, Jean-Louis, « Rhétorique et langue vulgaire en Italie au XVIe siècle : la guerre, l'amour et les mots », dans FUMAROLI, Marc (dir.), *Histoire de la rhétorique dans l'Europe moderne (1450-1950)*, Paris, P.U.F., 1999, p. 313-340.

FRANK, Martin, *Guidobaldo dal Monte's Mechanics in Context*, thèse de doctorat, Università di Pisa-Max-Planck-Institut für Wissenschaftsgeschichte Berlin, 2011/2012.

FREEDBERG, David, *The Power of Images*, Chicago, University of Chicago Press, 1989.

FUMAROLI, Marc, « La République des Lettres », *Diogène*, n° 143, 1988, p. 131-150.

GARBER, Daniel, « Why the Scientific Revolution wasn't a scientific revolution, and why it matters », dans RICHARDS, Robert et DASTON, Lorraine (dir.), *Kuhn's Structure of Scientific Revolution at Fifty*, Chicago, The University of Chicago Press, 2016, p. 133-150.

GIACOMOTTO-CHARRA, Violaine, « La construction de l'expérience dans le texte scientifique : l'exemple du *De Subtilitate* de Jérôme Cardan », *Seizième siècle*, n° 8, 2012, p. 155-170.

GIACOMOTTO-CHARRA, Violaine, « Peut-on tracer les frontières de la vulgarisation ? », dans GIACOMOTTO-CHARRA, Violaine et SILVI, Christine (dir.), *Lire, choisir, écrire : la vulgarisation du Moyen Âge à la Renaissance*, Paris, École Nationale des Chartes, 2014, p. 5-22.

GIACOMOTTO-CHARRA, Violaine, « Le creuset des écritures de la science à la fin de la Renaissance », dans DUCOS, Joëlle (dir.), *Les Sciences et le livre. Formes des écrits scientifiques des débuts de l'imprimé à l'époque moderne* Paris, Hermann, 2017, p. 209-219.

GIACOMOTTO-CHARRA, Violaine, « "Je, au contraire" : *Figura* du savant et transformation de la notion d'auteur au XVIe siècle », dans GAVOILLE, Élisabeth (dir.), *Qu'est-ce qu'un auctor ? Auteur et autorité, du latin au français*, Pessac, Ausonius, 2019, p. 235-250.

GIACOMOTTO-CHARRA, Violaine, *La Philosophie naturelle en langue française. Des premiers textes à l'œuvre de Scipion Dupleix*, Genève, Droz, 2020.

GIACOMOTTO-CHARRA, Violaine, « L'épistémé foucaldienne à l'épreuve de l'histoire des sciences », dans GUERRIER, Olivier et GERBIER, Laurent (dir.), *Foucault et la Renaissance*, Paris, Classiques Garnier, sous presse.

GIARD, Luce, « L'ambiguïté du mot "science" et sa source latine », dans ROMANO, Antonella (dir.), *Rome et la science moderne : entre Renaissance et Lumières*, Rome, Publications de l'École française de Rome, 2009, p. 45-62.

GILSON, Etienne, *Introduction à l'étude de saint Augustin*, 3e éd., Paris, 1949.

GIMARET, Antoinette, « Les ambiguïtés de l'imaginaire anatomique (XVIe-XVIIe siècles) », *Cahiers en ligne du GEMCA*, 2011.

GIMARET, « Représenter le corps anatomisé aux XVIe et XVIIe siècles : entre curiosité et vanité », *Études Épistémè*, *Curiosité(s) et Vanité(s) dans les Îles britanniques et en Europe (XVIe-XVIIe siècles)*, n° 27, 2015 [En ligne].

GLARDON, Philippe, *L'Histoire naturelle au XVIe siècle. Introduction, étude et édition critique de* La nature et diversité des poissons *de Pierre Belon (1555)*, Genève, Droz, 2011.

GLARDON, Philippe, « Gessner Studies : state of the research and new perspectives on 16th-century studies in natural history », *Gesnerus*, n° 73-1, 2016, p. 7-28.

GODARD, Anne, *Le Dialogue à la Renaissance*, Paris, P.U.F., 2001.

GODIN, André, « Erasme : "*Pia/impia curiositas*" », dans CÉARD, Jean (dir.), *La Curiosité à la Renaissance*, Paris, SEDES, 1986, p. 25-36.

GOMEZ-GÉRAUD, Marie-Christine, « La curiosité, qualité du voyageur ? Succincte enquête sur la littérature viatique du XVIe siècle », *Curieux et curiosités de Pontano à Sorel*, *Camenæ*, n° 15, 2013. http://saprat.ephe.sorbonne.fr/media/f5916a335c9c94c9abcd08ddac4265d2/camenae-15-9-gomez-geraud.pdf (consulté le 20/11/20).

GOTTI, Maurizio, « Disseminating early modern science : specialized news discourse in the *Philosophical Transactions* », dans BROWNLEES, Nicholas (dir.), *News Discourse in Early Modern Britain*, Bern, Peter Lang, 2006, p. 41-70.

GOTTI, Maurizio, « The development of specialized discourse in the *Philosophical Transactions* », dans TAAVITSAINEN, Irma et PÄIVI, Pahta (dir.), *Medical Writing in Early Modern English*, Cambridge, Cambridge University Press, 2011, p. 204-220.

GOYENS, Michèle, DE LEEMANS, Peter et SMETS, Ann (dir.), *Science Translated. Latin and Vernacular Translations of Scientific Treatises in Medieval Europe*, Leuven, Leuven University Press, 2008.

GRAFTON, Anthony et SIRAISI, Nancy (dir.), *Natural Particulars : Nature and the Disciplines in Renaissance Europe*, Cambridge, MIT Press, 1999.

GREENBLATT, Stephen, *Shakespearean Negotiations : the Circulation of Social Energy in Renaissance England*, Berkeley, University of California Press, 1988.

GRELLARD, Christophe, *Méthodes et statut des sciences à la fin du moyen âge*, Lille, Presses universitaires du Septentrion, 2004.

GRENDLER, Marcella, « A Greek collection in Padua : The library of Gian Vincenzo Pinelli (1535-1601) », *Renaissance Quarterly*, N° 33-3, 1980, p. 386-416.

GUILLEMAIN, Jean, « L'exposition chez Guillaume du Choul », dans DU CREST, Sabine et LESTRINGANT, Frank (dir.), *Le Théâtre de la curiosité, Cahiers V. L. Saulnier*, n° 25, 2008, p. 167-182.

HADOT, Pierre, *Le Voile d'Isis. Essai sur l'histoire de l'idée de nature*, Paris, Gallimard, 2004.

HAHN, André, DUMAÎTRE, Paule et SAMION-CONTET, Jeanine (dir.), *Histoire de la médecine et du livre médical*, Paris, Pygmalion, 1978.

HAHN, Roger, *The Anatomy of a Scientific Institution, the Paris Academy of Sciences, 1666-1803*, Berkeley, University of California Press, 1971.

HALLEUX, Robert, *Le Savoir de la main. Savants et artisans dans l'Europe pré-industrielle*, Paris, Armand Colin, 2009.

HALLIDAY, Michael A. K. (revised by Christian M.I.M. MATTHIESSEN), *Halliday's Introduction to Functional Grammar*, 4th ed., London, Routledge, 2014.

HALLYN, Fernand, *Gemma Frisius, arpenteur de la terre et du ciel*, Paris, Champion, 2008.

HAMESSE, Jacqueline (dir.), *La Lexicographie du latin médiéval et ses rapports avec les recherches actuelles sur la civilisation du Moyen Âge*, Paris, CNRS, 1981.

HAMESSE, Jacqueline (dir.), *Aux origines du lexique philosophique européen, l'influence de la Latinitas*, Turnhout, Brepols, 1997.

HAMESSE, Jacqueline (dir.), *Lexica Latina Medii Aevii : nouveau recueil des lexiques latin-français du Moyen Âge*, Turnhout, Brepols, 1998.

HAMESSE, Jacqueline, « *Experientia/experimentum* dans les lexiques médiévaux et dans les textes philosophiques antérieurs au XIVe siècle », dans VENEZIANI, Marco (dir.), *Experientia*, Florence, Olschki, 2002, p. 77-90.

HAMESSE, Jacqueline (dir.), *Lexiques et glossaires philosophiques de la Renaissance*, Turnhout, Brepols, 2003.

HAMOU, Philippe, *La Mutation du visible : Essai sur la portée épistémologique des instruments d'optique au XVIIe siècle*, Villeneuve d'Ascq, Presses universitaires du Septentrion, 1999-2001.

HARTOG, François, *Le Miroir d'Hérodote. Essai sur la représentation de l'autre*, Paris, Gallimard, 1980.

HENNINGER-VOSS, Mary, « Working Machines and Noble Mechanics : Guidobaldo and the Translation of Knowledge », *Isis*, n° 91-2, 2000, p. 233-259.

HENRY, John, *Knowledge is Power. Francis Bacon and the Method of Science*, Cambridge, Icon Books, 2002.

HILAIRE-PÉREZ, Liliane, *L'Invention technique au siècle des Lumières*, Paris, Albin Michel, 2000.

HIRAI, Hiro, « Lecture néoplatonicienne d'Hippocrate chez Fernel, Cardan et Gemma », dans VONS, Jacqueline (dir.), *Pratique et pensée médicales à la Renaissance*, Paris, De Boccard, 2009, p. 241-256.

HIRSCHFIELD, John Milton, *The Académie Royale des Sciences 1666-1683*, New York, Arno Press, 1981.

HOLTZ, Grégoire, « Le *stile nu* des récits de voyage », dans JOURDE, Michel et MONFERRAN, Jean-Charles (dir.), *Le Lexique métalittéraire français (XVIe-XVIIe siècles)*, Genève, Droz, 2006, p. 165-185.

HOLTZ, Grégoire, *L'Ombre de l'auteur, Pierre Bergeron et l'écriture du voyage à la fin de la Renaissance*, Genève, Droz, 2011.

HOLTZ, Grégoire, « "Je le mis par mémoire à mon retour" : genèses éditoriales du récit de voyage à la Renaissance », *Seizième siècle*, n° 10, 2014, p. 127-141.

ILARI, Virgilio, *Scrittori militari italiani del XV-XVIII secolo*, Litos Roma, 2011.

INFUSINO, Mark, WIN Dorothy et O'NEILL Ynez, « Mondino's book and the human body », *Vesalius*, n° 1-2, 1995, p. 71-76.

ISORÉ, Jacques, « De l'existence des brevets d'invention en droit français avant 1791 », *Revue historique de droit français et étranger*, n° 16, 1937, p. 94-130.

JACQUES-CHAQUIN, Nicole et HOUDARD, Sophie (dir.), *Curiosité et libido sciendi de la Renaissance aux Lumières*, Paris, ENS Éditions, 1998.

JARDINE, Lisa, *Francis Bacon : Discovery and the Art of Discourse*, Cambridge, Cambridge University Press, 1974.

JARDINE, Nicholas, « Keeping order in the school of Padua : Jacopo Zabarella and Francesco Piccolomini on the offices of philosophy », dans DI LISCIA, Daniel, KESSLER, Eckhard et METHUEN, Charlotte (dir.), *Method and Order in Renaissance philosophy of Nature. The Aristotle Commentary Tradition*, Aldershot, Ashgate, 1997, p. 183-210.

JONES-DAVIES, Marie-Thérèse (dir.), *Le Dialogue au temps de la Renaissance*, Centre de recherches sur la Renaissance, Paris, Jean Touzot, 1984.

JONES, Richard Foster, *Ancients and Moderns, A study of the Rise of the Scientific Movement in Seventeenth-century England*, New York, Dover [1961], 1982, p. 49-50.

KAHN, Didier, *Alchimie et paracelsisme en France*, Genève, Droz, 2007.

KEMP, Martin, *The Science of Art : Optical Themes in Western Art from Brunelleschi to Seurat*, Yale, Yale University Press, 1990.

KENNY, Neil, *Curiosity in Early Modern Europe. Word History*, Wiesbaden, Harrassowitz Verlag, 1998.

KISHLANSKY, Mark, *A Monarchy Transformed. Britain 1603-1714*, London, Penguin, 1996.

KOIKÉ, Miho, « D'une enquête philosophique à ses lecteurs : la "mise en livre" des dialogues de Pontus de Tyard », dans PANTIN, Isabelle et PÉOUX, Gérald (dir.), *Mise en forme des savoirs à la Renaissance : à la croisée des idées, des techniques et des publics*, Paris, Armand Colin, 2013, p. 63-78.

KRONICK, David A., *A History of Scientific and Technical Periodicals. The Origins and Development of the Scientific and Technological Press 1665-1790*, Metuchen (N.J.), Scarecrow Press, 1962.

KRONICK, David A., *Scientific and Technical Periodicals of the Seventeenth and Eighteenth Centuries. A Guide*, Metuchen (N.J.), Scarecrow Press, 1991.

KUSHER, Eva, *Le Dialogue à la Renaissance : histoire et poétique*, Genève, Droz, 2004.

KUSUKAWA, Sachiko, « The uses of pictures in the formation of learned knowledge : the cases of Leonhard Fuchs and Andreas Vesalius », dans KUSUKAWA, Sachiko et MACLEAN, Ian (dir.), *Transmitting Knowledge : Words, Images, and Instruments in Early Modern Europe*, Oxford, Oxford University Press, 2006, p. 73-96.

KUSUKAWA, Sachiko et MACLEAN, Ian (dir.), *Transmitting Knowledge : Words, Images, and Instruments in Early Modern Europe*, Oxford, Oxford University Press, 2006.

KUSUKAWA, Sachiko, *Picturing the Book of Nature : Image, Text, and Argument in Sixteenth-Century Human Anatomy and Medical Botany*, Chicago, The University of Chicago Press, 2012.

LABHART, André, « *Curiositas* : notes sur l'histoire d'un mot et d'une notion », *Museum Helveticum*, n° 17, 1960, p. 206-240.

LA PENNA, Pierlorenzo, *La Fortezza e la città. Buonaiuto Lorini, Giulio Savorgnan e Marcantonio Martinengo a Palma (1592-1600)*, Florence, Olschki, 1997.

LAQUEUR, Thomas, *Making Sex. Body and Gender from the Greeks to Freud*, Harvard, Harvard University Press, 1990.

LAWRENCE David R., *The Complete Soldier. Military Books and Military Culture in Early Stuart England*, Leyde, Brill, 2009.

LEE, Rensselaer W., *Ut pictura poesis. Humanisme et théorie de la peinture : XVe-XVIIIe siècles*, trad. Maurice Brock, Paris, Macula, 1991.

LE RU, Véronique, *Voltaire Newtonien, Le combat d'un philosophe pour la science*, Paris, Vuibert/ADAPT, 2005.

LESTRINGANT, Frank, *L'Atelier du cosmographe ou l'image du monde à la Renaissance*, Paris, Albin Michel, 1991.

LESTRINGANT, Frank, *André Thevet, cosmographe des derniers Valois*, Genève, Droz, 1991.

LESTRINGANT, Frank, « L'Éden et les ténèbres extérieures. De la *Recepte véritable* aux *Discours admirables* », dans LESTRINGANT, Frank (dir.), *Bernard Palissy (1510-1590). L'écrivain, le réformé, le céramiste*, *Albineana, Cahiers d'Aubigné*, vol. 4, n° 1, 1992, p. 119-130.

LESTRINGANT, Frank, *Écrire le monde à la Renaissance. Quinze études sur Rabelais, Postel, Bodin et la littérature géographique*, Caen, Paradigme, 1993.

LESTRINGANT, Frank, *Sous la leçon des vents ; le monde d'André Thevet, cosmographe de la Renaissance*, Paris, Presses universitaires Paris Sorbonne, 2003.

LICOPPE, Christian, « The crystallization of a new narrative form in experimental reports (1660-1690). The experimental evidence as a transaction between philosophical knowledge and aristocratic power », *Science in Context*, n° 7-2, 1994, p. 205-244.

LICOPPE, Christian, *La Formation de la pratique scientifique. Le discours de l'expérience en France et en Angleterre (1630-1820)*, Paris, La Découverte, 1996.

LINES, David et REFINI, Eugenio, *« Aristotele fatto volgare ». Tradizione aristotelica e cultura volgare nel Rinascimento*, Pisa, Edizioni ETS, 2014.

LONG, Kathleen, *Hermaphrodites in Renaissance Europe*, Aldershot, Ashgate, 2006.

LONG, Pamela O., *Artisan/Practitioners and the Rise of the New Science, 1400-1600*, Corvallis, Oregon State University Press, 2011.

LOTY, Laurent et PIGUET, Marie-France, « Histoire des mots et histoire des Sciences de l'Homme », *Revue de Synthèse*, n° 1-2, 2007, p. 233-238.

LUGLI, Adalgisa, *Naturalia et mirabilia. Les cabinets de curiosités en Europe*, Paris, Adam Biro, 1998.

MACGREGOR, Arthur, *The Ashmolean Museum*, Londres, Jonathan Horne Publications, 2001.

MACLEAN, Ian, « Foucault's Renaissance *episteme* reassessed : an Aristotelian counterblast », *Journal of the History of Ideas*, n° 59-1, 1998, p. 149-166.

MACLEAN, Ian, *Le Monde et les hommes selon les médecins de la Renaissance*, Paris, CNRS Éditions, 2006.

MALHERBE, Michel, « La théologie matérialiste d'Épicure », *Archives de Philosophie*, vol. 40, n° 3, 1977, p. 363-377.

MALLETT, Michael Edward et SHAW, Christine, *The Italian Wars 1494-1559 : War, State and Society in Early Modern Europe*, Harlow, Pearson, 2012.

MANDOSIO, Jean-Marc, « Encyclopédies en latin et en langue vulgaire », dans BURY, Emmanuel (dir.), *Tous vos gens à latin : le latin, langue savante, langue mondaine (XIVe-XVIIe siècles)*, Genève, Droz, 2005, p. 113-136.

MANDRESSI, Rafael, *Le Regard de l'anatomiste. Dissections et inventions du corps en Occident*, Paris, Seuil, 2003.

MANDRESSI, Rafael, « De l'oeil et du texte. Preuve, expérience et témoignage dans les "sciences du corps" », *Communications*, n° 84, 2009, p. 103-118.

MANE, Perrine, « Images, discours et techniques de la greffe dans l'arboriculture fruitière médiévale », *Archéologie du Midi médiéval*, n° 23-1, 2005, p. 93-107.

MANNI, Paola, « La terminologia della meccanica applicata nel Cinquecento e nei primi decenni del Seicento. Origini di un lessico volgare scientifico », *Studi di lessicografia italaliana*, n° 2, 1980, p. 139-213.

MANNI, Paola et BIFFI, Marco (dir.), *Glossario leonardiano. Nomenclatura delle macchine nei codici di Madrid e atlantico*, Florence, Olschki, 2011.

MARAZZINI, Claudio, *La Lingua italiana. Profilo storico*, Bologne, Il Mulino, 1994.

MARGOLIN, Jean-Claude, « Rationalisme et irrationalisme dans la pensée de J. Cardan », *Revue de l'université de Bruxelles*, n° 2-3, 1969, p. 645-649.

MARGOLIN, Jean-Claude, « Analogie et causalité chez Jérôme Cardan », dans BUCK, August (dir.), *Sciences de la Renaissance*, Paris, Vrin, 1973, p. 67-81.

MARGOLIN, Jean-Claude, « Ordre cosmique et recherches causales dans la pensée astrologique d'Antoine Mizauld », dans CAZENAVE, Annie et LYOTARD, Jean-François (dir.), *L'Art des confins. Mélanges offerts à Maurice de Gandillac*, Paris, P.U.F., 1985, p. 343-363.

MARIAUX, Pierre Alain, « *Curiositas* et curiosités naturelles au Moyen Âge. Quelques remarques sur les *naturalia* au service de la liturgie », Revue *Kunst + Architektur in der Schweiz = Art + architecture en Suisse = Arte + architettura in Svizzera*, n° 56-1, 2005 ; en ligne sur e-periodica.ch : https://www.e-periodica.ch/cntmng?pid=kas-002:2005:56::372 (consulté le 20/11/20).

MARRACHE-GOURAUD, Myriam, *« Hors toute intimidation ». Panurge ou la parole singulière*, Genève, Droz, 2003.

MARRACHE-GOURAUD, Myriam, « Montrer et cacher : scénographie de quelques collections de curiosité », dans DU CREST, Sabine et LESTRINGANT, Frank (dir.), *Le Théâtre de la curiosité*, *Cahiers V. L. Saulnier*, n° 25, 2008, p. 139-148.

MARRACHE-GOURAUD, Myriam, « Le crocodile en majesté » dans MARRACHE-GOURAUD, MARTIN et MONCOND'HUY (dir.), *La Licorne et le bézoard*, p. 61-74.

MARRACHE-GOURAUD, Myriam, « Rabelais en pantoufles, moufles et guedoufles. Objets quotidiens, objets sibyllins », *L'Année rabelaisienne*, n° 2, 2018, p. 295-317.

MARRACHE-GOURAUD, Myriam, « Épineux exotisme. Considérations sur une nature poignante », dans BENEDETTINI, Riccardo (dir.), *Feuillages Francophones. Dire et écrire le végétal dans les Pays francophones*, Verona, Gruppo di Studio sul Cinquecento Francese, « Feuillages » n° 3, 2018, p. 1-26.

MARRACHE-GOURAUD, Myriam, *La Légende des objets. Le cabinet de curiosités réfléchi par son catalogue*, Genève, Droz, 2020.

MARRACHE-GOURAUD, Myriam, MARTIN, Pierre et MONCOND'HUY, Dominique (dir.), *La Licorne et le bézoard. Une histoire des cabinets de curiosités*, Montreuil, Gourcuff-Gradenigo, 2013.

MARTIN, Pierre et MONCOND'HUY, Dominique (dir.), *Curiosité et cabinets de curiosité*, Neuilly-sur-Seine, Atlande, 2004.

MCWEBB, Christine, *Debating the* Roman de la rose *: a Critical Anthology*, New York-London, Routledge, 2007.

MCWEBB, Christine, « Le discours de l'alchimie et l'alchimie du discours dans le *Roman de la rose* de Jean de Meun », dans BRUCE, Donald et MCWEBB, Christine (dir.), *Texte : Revue de critique et de théorie littéraire. Epistémocritique*, 2009, n° 43/44, p. 66-78.

MERKER, Anne, *La Vision chez Platon et Aristote*, Academia Verlag, Sankt Augustin, 2003.

MEUNIER, François et D'HONDT, Jean-Loup, Préface au fac-similé de RONDELET, Guillaume, *Histoire entière des poissons*, Paris, Éditions du CTHS, 2002, p. 7-26.

MICHAUD-QUANTIN Pierre, *Études sur le vocabulaire philosophique du Moyen Âge*, Rome, Edizioni dell' Ateneo, 1971.

MIGLIORINI, Bruno, *Storia della lingua italiana*, Florence, Sansoni, 1960.

MIKKELI, Heikki, *An Aristotelian Response to Renaissance Humanism. Jacopo Zabarella on the Nature of Arts and Sciences*, Helsinki, The Finnish Historical Society, 1992.

MIKKELI, Heikki, « The foundation of an autonomous natural philosophy : Zabarella on the classification or arts and sciences », dans DI LISCIA, Daniel, KESSLER, Eckhard et METHUEN, Charlotte (dir.), *Method and Order in Renaissance Philosophy of Nature. The Aristotle Commentary Tradition*, Aldershot, Ashgate, 1997, p. 211-228.

MIKKELI, Heikki, « The aristotelician classification of knowledge in the early sixteenth century », dans PADE, Marianne (dir.), *Renaissance Readings of the Corpus Aristotelicum*, Copenhagen, Museum Tusculanum Press, 2001, p. 103-128.

MOE, Harald, *The Art of Anatomical Illustration in the Renaissance and Baroque Periods*, Copenhagen, Rhodos, 1995.

MOMIGLIANO, Arnaldo, « Polybius' Reappearance in Western Europe », *Entretiens sur l'Antiquité classique (Hardt)*, n° 20, 1973, p. 347-372.

MONTAGNE, Véronique, « Le dialogue au XVIe siècle : éléments de théorisation générique », *Comètes, Revue des littératures d'Ancien Régime*, n° 1, *Le Dialogue et le genre*, 2004.

MONTAGNE, Véronique, « Le dialogue à la Renaissance : notes sur la théorisation contemporaine du genre », *Revue d'histoire littéraire de la France*, n° 4-111, 2011, p. 789-817.

MONTAGNE, Véronique, *Médecine et rhétorique à la Renaissance. Le cas du traité de peste en langue vernaculaire*, Paris, Classiques Garnier, 2017.

MORGAN, Betty Trebelle, *Histoire du Journal des Sçavans depuis 1665 jusqu'en 1701*, Paris, P.U.F., 1928.

NAYA, Emmanuel, « Traduire les *Hypotyposes pyrrhoniennes* : Henri Estienne entre la fièvre quarte et la folie chrétienne », dans MOREAU, Pierre-François (dir.), *Le Retour des philosophies antiques à l'âge classique*, t. 2, *Le Scepticisme au XVIe et XVIIe siècle*, Paris, Albin Michel, 2001, p. 48-101.

NEWMAN, Karen, *Fetal Positions. Individualism, Science, Visuality*, Stanford, Stanford University Press, 1996.

OGILVIE, Brian, *The Science of Describing : Natural History in Renaissance*, Chicago, The University of Chicago Press, 2006.

OLMI, Giuseppe, *L'Inventario del mondo : catalogazione della natura e luoghi del sapere nella prima età moderna*, Bologne, Il Mulino, 1992.

PADE, Marianne, *Renaissance Readings of the Corpus Aristotelicum*, Copenhagen, Museum Tusculanum Press, 2001.

PALMIERI, Paolo, « Science and authority in Giacomo Zabarella », *History of science*, n° 44-4, 2007, p. 404-427.

PANTIN, Isabelle, « Latin et langues vernaculaires dans la littérature scientifique », dans CHARTIER, Roger et CORSI, Pietro (dir.), *Sciences et langues en Europe*, Paris, Éditions de l'EHESS, 1996, p. 43-58.

PANTIN, Isabelle, « Alessandro Piccolomini en France : la question de la langue scientifique et l'évolution du genre du traité de la sphère », dans PERIFANO, Alfredo (dir.), *La Réception des écrits philosophiques, scientifiques et techniques italiens en France à la Renaissance*, Paris, P. U. de Paris III, 2000, p. 9-28.

PANTIN, Isabelle, « The role of translations in European scientific exchanges (XVIth-XVIIth centuries) », dans BURKE, Peter et HSIA Po-Chia R. (dir.), *Cultural Translation in Early Modern Europe*, Cambridge, Cambridge University Press, 2006, p. 163-179.

PANTIN, Isabelle, « Analogy and difference », *Early Science and Medicine*, n° 18-1/2, 2013, p. 9-44.

PANTIN, Isabelle et PÉOUX, Gérald (dir.), *Mise en forme des savoirs à la Renaissance. À la croisée des idées, des techniques et des publics*, Paris, Albin Michel, 2013.

PARK, Katharine et NYE, Robert, « Destiny is Anatomy », *New Republic*, n° 3970, 1991, p. 53-57.

PARVULESCU, Adrian, « Considerare et Desiderare », *Zeitschrift für vergleichende Sprachforschung*, n° 94, 1980, p. 159-165.

PATRY, Henry, « La captivité de Bernard Palissy pendant la première guerre de Religion (1562-1563) », *Bulletin de la société de l'histoire du protestantisme français*, n° 69, 1920, p. 21-25.

PEIFFER Jeanne et VITTU, Jean-Pierre, « Les journaux savants, formes de la communication et agents de la construction des savoirs (*XVIIe-XVIIIe siècles*) », *Dix-huitième siècle*, n° 40, 2008, p. 281-300.

PEIFFER, Jeanne, CONFORTI, Maria et DELPIANO, Patrizia (dir.), *L'Europe des journaux savants (XVIIe-XVIIIe siècles). Communication et construction des savoirs / Scholarly Journals in Early Modern Europe. Communication and the construction of knowledge*, n° 63-170/171, numéro spécial des *Archives internationales d'histoire des sciences*, 2013.

PELLEGRIN, Pierre, *Le Vocabulaire d'Aristote*, Paris, Ellipses, 2009.

PÉOUX, Gérald, « *Opticæ thesaurus* (1752) : la renaissance par l'imprimé de l'optique médiévale », dans PANTIN, Isabelle et PÉOUX, Gérald (dir.), *Mises en forme des savoirs à la Renaissance, à la croisée des idées, des techniques et des publics*, Paris, Armand Colin, 2013, p. 41-62.

PERIFANO, Alfredo (dir.), *La Réception des écrits philosophiques, scientifiques et techniques italiens en France à la Renaissance*, Paris, P. U. de Paris III, 2000.

PERIFANO, Alfredo, « Penser la guerre au XVIe siècle : science, art ou pratique ? », dans BOILET, Danielle et PIEJUS, Marie-Françoise (dir.), *Les Guerres d'Italie. Histoire, pratiques, représentations*, Paris, Presses de la Sorbonne Nouvelle, 2002, p. 237-257.

PIETERS, Corinne, « L'anatomie entre art et science au XVIe siècle : autopsie d'un regard », *Communication et langages*, n° 127, 2001, p. 61-77.

PINEAU, Guylaine, « La prodigieuse mort de Pline selon Boaistuau et quelques autres », dans BERTRAND, Dominique (dir.), *Figurations du volcan à la Renaissance*, Paris, Champion, 2001, p. 35-52.

PINEAU, Guylaine, « "Mettre en lumière" le savoir médical contre l'ancienne loi du secret », dans BERRIOT-SALVADORE, Évelyne (dir.), *Ambroise Paré, une vive mémoire*, Paris, De Boccard, 2012, p. 231-246.

PINON, Laurent, *Les Livres de zoologie de la Renaissance : objets de mémoire et instruments d'observation (1460-1605)*, thèse de doctorat, université de Tours, Centre d'études supérieures de la Renaissance, 2000, 2 vol.

PINON, Laurent, *Livres de zoologie de la Renaissance*, Paris, Klinksieck, 1995 ; rééd. 2000.

PIOLIN, Paul, *Histoire de l'église du Mans*, Paris, Vrayet de Surcy, 1831.

PIOTTI, Mario (dir.), *« Un puoco grossetto di loquella ». La lingua di Niccolò Tartaglia : la « Nova scientia » e i « Quesiti et inventioni diverse »*, Milan, Ed. Universitarie di Lettere Economia Diritto, 1998.

PITTION, Jean-Paul, *Le Livre à la Renaissance, Introduction à la bibliographie historique et matérielle*, Turnhout, Brepols, 2013.

PLANCHON, Jules-Émile, *Rondelet et ses disciples ou la botanique au XVIe siècle*, Montpellier, Boehm et fils, 1866.

PLAZIAT, Jean-Claude, « Les fossiles du Tertiaire parisien dans l'œuvre scientifique et artistique de Bernard Palissy (1510-1590), en commémoration du quatrième centenaire de sa mort », *Travaux du Comité français d'histoire de la géologie*, COFRHIGEO, 3e série, t. 4, 1990, p. 79-84.

POMATA, Gianna, « *Praxis historialis* : the uses of *Historia* in early modern médicine », dans POMATA, Gianna et SIRAISI, Nancy (dir.), *Historia. Empiricism and Erudition in Early Modern Europe*, Cambridge, MIT Press, 2005, p. 105-146.

POMATA, Gianna, « Sharing Cases : the *Observationes* in early modern medicine », *Early Science and Medicine*, n° 15, 2010, p. 193-236.

POMATA, Gianna, « Observation rising : Birth of an epistemic genre *ca*. 1500 – 1650 », dans DASTON, Lorraine et LUNBECK, Elizabeth (dir.), *Histories of Scientific Observation*, Chicago, The University of Chicago Press, 2011, p. 45-80.

POMATA, Gianna, « A word of the Empirics : the ancient concept of observation and its recovery in early modern medicine », *Annals of Science*, n° 68-1, 2011, p. 1-26.

POMIAN, Krzysztof, *Collectionneurs, amateurs et curieux. Paris-Venise : XVIe-XVIIIe siècle*, Paris, Gallimard, 1987.

POMIAN, Krzysztof, *Des saintes reliques à l'art moderne*, Paris, Gallimard, 2003.

POPPI, Antonio, *La Dottrina della scienza in Giacomo Zabarella*, Padova, Editrice Antenore, 1972.

POZZI, Mario, *Discussioni linguistiche del Cinquecento*, Turin, UTET, 1988.

POZZI, Mario, *Filippo Pigafetta consigliere del Principe*, Vicence, Biblioteca Civica Bertoliana, 2004.

PRAGER, Frank D., « Examination of inventions from the middle ages to 1836 », *Journal of the Patent Office Society*, n° 46, 1964, p. 268-291.

PRAZ, Mario, *Mnemosyne. The Parallel between Literature and the Visual Arts* Oxford, Oxford University Press, 1970.

PRETALLI, Michel, *Du champ de bataille à la bibliothèque. Le dialogue militaire italien au XVIe siècle*, Paris, Classiques Garnier, 2017.

RAGLAND Evan R., « "Making trials" in sixteenth- and early seventeenth-century European academic medicine », *Isis*, n° 108-3, 2017, p. 503-528.

RANDALL, John H., « The development of scientific method in the school of Padua », *Journal of the History of Ideas*, n° 1, 1940, p. 177-206.

RÉACH-NGÔ, Anne (dir.), *Genèses éditoriales*, *Seizième siècle*, n° 10, 2014.

RICCI, Laura, « Il lessico matematico della "Summa" di Luca Pacioli », *Studi di lessicografia italiana*, n° 12, 1994, p. 5-71.

RICHARDS, Robert et DASTON, Lorraine (dir.), *Kuhn's Structure of Scientific Revolution at Fifty*, Chicago, The University of Chicago Press, 2016.

ROGER, Jacques, « Pour une histoire historienne des sciences », dans *Pour une histoire des sciences à part entière*, [1983], Paris, Albin Michel, 1995, p. 43-73.

ROMANO, Antonella (dir.), *Rome et la science moderne : entre Renaissance et Lumières*, Rome, Publications de l'École française de Rome, 2009.

ROSE, Paul Lawrence, *The Italian Renaissance of Mathematics. Studies on Humanists and Mathematicians from Petrarch to Galileo*, Genève, Droz, 1975.

ROSSI, Paolo, *La Naissance de la science moderne en Europe*, Paris, Seuil, 1999.

ROUGET, François, *Ronsard et le livre. Étude de critique génétique et d'histoire littéraire*, Genève, Droz, 2010-2012.

RUELLET, Aurélien, « Les "machines à remonter les bateaux en France" au XVIIe siècle », *Artefact*, n° 1, 2013, p. 201-218.

RUELLET, Aurélien, *La Maison de Salomon. Histoire du patronage scientifique et technique en France et en Angleterre au XVIIe siècle*, Rennes, P.U.R., 2016.

SAUNDERS, John B. et O'MALLEY, Charles D., *The Illustrations from the Works of Andreas Vesalius*, Cleveland, The World Publishing Company, 1953.

SAUVIN, Jean-Daniel, *Philibert Hamelin, martyr huguenot*, Genève-Paris, Labor et fides, Librairie protestante, 1957.

SAWDAY, Jonathan, *The Body Emblazoned. Dissection and the Human Body in Renaissance Culture*, Londres, Routledge, 1995.

SCHAFFER, Simon et SHAPIN, Steven, *Leviathan and the Air-Pump. Hobbes, Boyle and the Experimental Life*, Princeton, Princeton University Press, 1985 (trad. : *Léviathan et la pompe à air. Hobbes et Boyle entre science et politique*, Paris, La Découverte, 1993).

SCHMITT, Charles B., « Experience and experiment : a comparison of Zabarella's view with Galileo's in *De Motu* », *Studies in the Renaissance*, n° 16, 1969, p. 80-138.

SCHNAPPER, Antoine, *Le Géant, la licorne, la tulipe. Collections françaises au XVIIe siècle*, Paris, Flammarion, 1988.

SCHNAPPER, Antoine, *Collections et collectionneurs dans la France du XVIIe siècle*, Paris, Flammarion, 1988-1994, 2 vol.

SEALY, Robert John, *The Palace Academy of Henry III*, Genève, Droz, 1981.

SELOSSE, Philippe, « Traduire la nomenclature botanique néo-latine de la Renaissance : la linguistique au secours de l'histoire des sciences », dans DURIS Pascal (dir.), *Traduire la science. Hier et aujourd'hui*, Pessac, Presses de la Maison des Sciences de l'Homme d'Aquitaine, 2008, p. 25-43.

SGARBI, Marco, *The Aristotelian Tradition and the Rise of British Empiricism : Logic and Epistemology in the British Isles (1570-1689)*, Dordrecht, Springer, 2013.

SGARBI, Marco, *The Italian Mind : Vernacular Logic in Renaissance Italy (1540-1551)*, Leyde, Brill, 2014.

SGARBI, Marco, « Aristotele per artigiani, ingegneri e architetti », *Philosophical Readings*, n° 2, 2016, p. 67-78.

SGARBI, Marco, « What does a Renaissance Aristotelian look like ? From Petrarch to Galilei », *HOPOS. The Journal of the International Society for the History of Philosophy of Science*, n° 7, 2017, p. 226-245.

SGARBI, Marco, « Renaissance Aristotelianism and the Scientific Revolution », *Physics*, n° 52-1/2, 2017, p. 329-345.

SGARBI, Marco, « What was meant by vulgarizing in the Italian Renaissance ? », *Intellectual History Review*, n° 19-3, 2019, p. 1-28.

SHAPIN, Steven, *A Social History of Truth. Civility and Science in Seventeenth-Century England*, Chicago, The University of Chicago Press, 1994.

SHAPIRO, Barbara, *A Culture of Fact : England, 1550-1720*, Ithaca, Cornell University Press, 2000.

SIMON, Gérard, *Le Regard, l'être et l'apparence dans l'optique de l'Antiquité*, Paris, Seuil, 1988.

SIMON, Gérard, *Sciences et savoirs aux XVIe et XVIIe siècles*, Lille, Presses universitaires du Septentrion, 1996.

SIMON, Gérard, *Science et histoire*, Paris, Gallimard, 2008.

SIRAISI, Nancy, « Vesalius and human diversity in *De Humani corporis fabrica* », *Journal of the Warburg and Courtauld Institutes*, n° 57, 1994, p. 60-88.

SMITH, Pamela H., *The Body of the Artisan*, Chicago, The University of Chicago Press, 2004.

SMITH, Paul J., « Jean Thenaud and François Rabelais : some hypotheses on the early reception of Erasmus in French vernacular literature », dans ENENKEL, Karel A. E. (dir.), *The Reception of Erasmus in the Early Modern Period*, Leyde, Brill, 2013, p. 211-236.

STAGL, Justin, *A History of Curiosity : the Theory of Travel 1550-1800*, Londres-New York, Routledge, 1995.

STOLBERG, Michael, « Empiricism in sixteenth-century medical practice : the notebooks of Georg Handsch », *Early Science and Medicine*, n° 18, 2013, p. 487–516.

STONE, Howard, « The French language in Renaissance medicine », *Bibliothèque d'Humanisme et Renaissance*, n° 15, 1953, p. 315-346.

SUMMERS, David, *The Judgment of Sense, Renaissance Naturalism and the Rise of Aesthetics*, Cambridge, Cambridge University Press, 1987.

SUMMERS, David, *Vision, Reflection, and Desire in Western Painting*, Chapel Hill, University of North Carolina Press, 2007.

TAYLOR, Eva G. R., *The Mathematical Practitioners of Tudor and Stuart England*, Cambridge, Cambridge University Press, 1970.

THOMASSET, Claude (dir.), *L'Écriture du texte scientifique au Moyen Âge*, Paris, P.U.P.S., 2006.

THOMPSON, Geoff, *Introducing Functional Grammar*, 2e ed., London, Arnold, 2004.

TINGUELY, Frédéric, « Janus en Terre Sainte : la figure du pèlerin curieux à la Renaissance », *Revue des sciences humaines*, n° 45, 1997, p. 51-65.

TINGUELY, Frédéric, *L'Écriture du Levant à la Renaissance. Enquête sur les voyageurs français dans l'Empire de Soliman le Magnifique*, Genève, Droz, 2000.

TRABUCCO, Oreste, *'L'Opere stupende dell'arti più ingegnose'. La recezione degli Πνευματικά di Erone Alessandrino nella cultura italiana del Cinquecento*, Florence, Olschki, 2010.

TUCKER, Hugo, *Homo viator. Itineraries of Exile, Displacement and Writing in Renaissance Europe*, Genève, Droz, 2003.

TUGNOLI-PATTARO, Sandra, *Metodo e Sistema nel pensiero scientifico di Ulisse Aldrovandi*, Bologne, Clueb, 1981.

VANAUTGAERDEN, Alexandre, *Érasme typographe*, Genève, Droz, 2012.

VAN DAMME, Stéphane (dir.), *Histoire des sciences et des savoirs. De la Renaissance aux Lumières*, Paris, Seuil, 2015, vol. 1 de PESTRE, Dominique (dir.), *Histoire des sciences et des savoirs* en trois volumes, Paris, Seuil.

VAN DEN ABEELE, Baudouin, « Les albums ornithologiques de Jacques Dalechamps, médecin et naturaliste à Lyon (1513-1588) », *Archives internationales d'histoire des sciences*, n° 148, 2002, p. 3-45.

VAN DEN ABEELE, Baudouin, « L'Inventaire par l'image : les albums de planches zoologiques de la Renaissance », dans FORD, Phillip (dir.), *L'Animal sauvage à la Renaissance*, Cambridge, Cambridge University Press, 2007, p. 263-288.

VEDOVA, Giuseppe, *Biografia degli scrittori padovani*, I, Padova, coi tipi della Minerva, 1832.

VENEZIANI, Marco, *Experientia*, *Lessico Intellettuale Europeo*, Florence, Olschki, 2002.

VERRIER, Frédérique, *Les Armes de Minerve. L'humanisme militaire dans l'Italie du XVIe siècle*, Paris, 1997.

VICKERS, Brian, *English Science, Bacon to Newton*, Cambridge, Cambridge University Press, 1987.

VINTENON, Alice *et al.* (dir.), *Curieux et curiosités de Pontano à Sorel*, *Camenæ*, n° 15, 2013, en ligne : http://www.paris-sorbonne.fr/article/camenae-15 (consulté le 20/11/20).

VINTENON, Alice, « Fictions sous-marines : comment représenter un monde inaccessible ? », dans PANTIN, Isabelle et PÉOUX, Gérald (dir.), *La Mise en forme des savoirs à la Renaissance. À la croisée des idées, des techniques et des publics*, Paris, Armand Colin, 2013, p. 153-176.

VITTU, Jean-Pierre, « Henry Oldenburg, "grand intermédiaire" », dans BERKVENS-STEVELINCK, Christiane, BOTS, Hans, HÄSELER, Jens (dir.), *Les grands intermédiaires culturels de la République des Lettres. Études de réseaux de correspondances du XVIe au XVIIIe siècle*, Paris, Champion, 2005, p. 183-209.

VONS, Jacqueline, « Variations anatomiques et philologiques chez André Vésale », *Histoire des sciences médicales*, n° 46-4, 2012, p. 425-434.

VONS, Jacqueline, « La fonction des images dans les traités d'anatomie et de chirurgie au XVIe siècle », dans GIACOMOTTO-CHARRA, Violaine et VONS, Jacqueline (dir.), *Formes du savoir médical à la Renaissance*, Pessac, Presses de la MSHA, 2017, p. 43-60.

VONS, Jacqueline, « *Historia* et *Fabrica*. Observation et description du corps humain dans les traités d'anatomie de la Renaissance », dans DUCOS, Joëlle (dir.), *Les Sciences et le livre. Formes des écrits scientifiques des débuts de l'imprimé à l'époque moderne*, Paris, Hermann, 2017, p. 487-495.

VONS, Jacqueline, Publication et traduction de la *Fabrica* sur le site de la BIUS : http://www.biusante.parisdescartes.fr/histoire/medica/vesale.php (consulté le 20/11/20).

WAQUET, Françoise, « Qu'est-ce que la République des Lettres ? Essai de sémantique historique », *Bibliothèque de l'École des Chartes*, n° 147, 1989, p. 473-502.

WATERSCHOOT, Werner, « The title page of Ortelius's *Theatrum orbis terrarum* », *Schouwende Fantasye, Opstellen van Werner Waterschoot*, Gent, Academia Press, 2002, p. 203-226.

WEIJERS Olga, (dir.), *Terminologie de la vie intellectuelle au Moyen Âge*, Turnhout, Brepols, 1988.

WEISS, Nathanael, « L'origine et les derniers jours de Bernard Palissy d'après des textes inédits », *Bulletin de la société de l'histoire du protestantisme français*, vol. 61, 1912, p. 389-407.

WORTH-STYLIANOU, Valérie, *Les Traités d'obstétrique en langue française au seuil de la modernité*, Genève, Droz, 2007.

ZACHER, Christian K., *Curiosity and Pilgrimage. The Literature of Discovery in 14th Century England*, Baltimore-London, Johns Hopkins University Press, 1976.

ZINGUER, Ilana et MARTIN, Isabelle (dir.), *Théâtre de l'anatomie et corps en spectacle. Fondements d'une science à la Renaissance*, Berne, Peter Lang, 2006.

INDEX DES NOMS ANCIENS

Nous donnons quand c'est nécessaire le nom sous plusieurs formes linguistiques, pour tenir compte des habitudes variables selon les disciplines et selon les pays et des citations en plusieurs langues présentes dans l'ouvrage, en particulier pour les noms latins et italiens que le français a l'habitude de franciser[1].

1 Pour les noms français comportant une particule, le classement respecte les usages français (maintien de la particule dans le patronyme pour les noms à initiale vocalique et les monosyllabes). Nous respectons aussi l'usage médiéval du classement au prénom, quand le « nom » n'est pas un patronyme mais un surnom.

RÉSUMÉS

Violaine GIACOMOTTO-CHARRA et Myriam MARRACHE-GOURAUD, « Des noms du savoir et de leurs avatars »

De quels noms variés se pare le savoir, et quelle pluralité de mots et de nuances insoupçonnées se nichent dans les termes les plus génériques et apparemment les plus anodins ? Cette introduction à la première partie s'attache à réfléchir aux mots qui servent à nommer la science et le désir de connaître, et à comprendre comment la science de la Renaissance se nomme elle-même.

Guylaine PINEAU, « Ambroise Paré et le "desir curieux, d'apprendre tout ce qui se peut sçavoir" »

Pour caractériser l'attitude d'Ambroise Paré face à l'homme, la notion de *curiosité* s'impose à l'esprit du lecteur moderne. Mais si l'idée est omniprésente dans les *Œuvres* du chirurgien, le terme, en réalité, n'apparaît guère. Cet article s'attache à expliquer cet apparent paradoxe grâce à une enquête lexicale minutieuse sur la notion de curiosité, pour comprendre ensuite l'usage qu'en fait Paré et la manière dont s'exprime finalement chez lui l'appétence au savoir.

Nicolas CORRÉARD, « Curiosité/pérégrinité, métaphore viatique et points de vue critiques sur le désir savant »

Les mots désignant le désir de savoir dans les langues européennes, dont ceux de la famille de *cura* et la notion de *curiositas*, sont, à la Renaissance, fortement connotés, et font l'objet d'une fluctuation importante. Cet article s'attache à montrer comment l'absence d'une notion neutre pour désigner cette *libido sciendi* laisse place à d'autres familles de mots, comme celle qui dérive des verbes latins *peragrare* (« parcourir », « visiter ») et *peregrinari* (« voyager à l'étranger », « être en exil »).

Noémie CASTAGNÉ, « Les mots de la "*scienza delle mecaniche*". Dans le laboratoire de la traduction du *Mechanicorum liber* »

Le *Mechanicorum liber* est un traité de théorisation mécanique consacré à cinq mécanismes élémentaires, pouvant servir à élaborer des engins plus complexes. Sa traduction fut entreprise par Filippo Pigafetta, mais, face à la complexité de la tâche, il sollicita l'aide de l'auteur du traité. La correspondance exceptionnelle conservée entre les deux hommes permet d'étudier les questions soulevées par la constitution progressive d'un lexique technique en langue italienne à la Renaissance.

Violaine GIACOMOTTO-CHARRA et Myriam MARRACHE-GOURAUD, « Expérimenter l'expérience, "maistresse des choses douteuses" »

Le mot *experience* et son corollaire *pratique*, ainsi que l'ensemble de ce qu'ils recouvrent, sont l'objet de cette deuxième partie. Parce que la notion d'*experience* concerne toutes les disciplines et se trouve au cœur des pratiques et usages de la science de la Renaissance, cet article introductif s'attache à en définir et à en préciser le sens, ainsi qu'à faire le point sur la place et la valeur de l'expérience dans la science de la Renaissance.

Juliette FERDINAND, « Pratique *vs* Théorie dans l'œuvre de Bernard Palissy. De l'art à l'épistémologie »

Dans ses écrits, le céramiste et naturaliste Bernard Palissy emploie très rarement le terme *expérience*. En tant que concept en revanche, l'expérience constitue le fondement de sa pensée et de son approche de l'art et de la science. C'est pourquoi une analyse du lexique de Palissy s'avère nécessaire pour qui veut comprendre comment le céramiste invente ce que l'on a pu qualifier de « discours de l'expérience ».

Laurent PAYA, « Les savoirs fondés sur l'expérience du *Jardinage* d'Antoine Mizauld »

Parmi les sources inexplorées en mesure de contribuer à une histoire des savoirs scientifiques figure le *Jardinage* d'Antoine Mizauld. L'auteur est le promoteur d'une théorie de la médecine astrologique et adopte ici l'attitude d'un médecin du jardin. Or cette méthode à visées curative et préventive est partiellement fondée sur ce qu'il nomme des « experiences », qui dépendent d'une rationalité différente de la nôtre et que cet article s'attache à éclairer.

Valérie WORTH-STYLIANOU, « L'expérience dans les traductions en français des traités de médecine »

Les traductions du latin – et parfois du grec – vers le français occupent une place très importante dans l'édition médicale de la Renaissance et la notion d'*expérience* y joue un rôle, parce qu'on traduit d'abord les ouvrages pratiques. L'étude des préfaces de ces textes permet de montrer comment les traducteurs de la Renaissance comprenaient la notion d'expérience dans divers domaines de la médecine.

Hervé BAUDRY, « Réflexion sur la notion d'expérience. Un censeur méconnu de Montaigne, le médecin Antoine Martin »

Consacrée à l'ouvrage d'Antoine Martin, la présente étude s'attache à suivre de près l'antimontaignisme de ce médecin. Elle considère, dans un premier temps, les aspects majeurs de sa critique des idées médicales de Montaigne puis, dans un second, se focalise sur la notion, centrale dans l'histoire de la philosophie naturelle, d'expérience. Malgré le retentissement réduit de ce traité, l'argumentation que l'auteur développe met en lumière l'étendue et les paradoxes du séisme provoqué par les *Essais*.

Michel PRETALLI, « L'expérience dans la littérature militaire italienne de la fin du XVIe siècle. La rhétorique au service de la légitimation de l'expertise »

Les guerres d'Italie ont été l'occasion de nombreuses publications d'ouvrages d'art militaire. Or l'expérience y occupe une place cruciale : cet article propose d'étudier les définitions diverses qu'ils en donnent, afin de mettre en lumière la manière dont ces différences influent sur les conceptions de l'expertise et de l'art militaires que leurs auteurs défendent, notamment dans la perspective des stratégies de promotion personnelle que ces traités mettent en œuvre.

Aurélien RUELLET, « L'expérience et le système des privilèges d'invention au XVIIe siècle »

Au cours de l'époque moderne, les « inventeurs » parviennent à se faire reconnaître des droits spécifiques et, au moment même où émerge la méthode expérimentale moderne, les États européens délivrent des protections juridiques à de supposées inventions. Quels étaient les interférences entre les deux phénomènes ? Fait-on appel à la méthode expérimentale pour ces expertises ? L'article propose de répondre à ces questions à partir de l'étude de la France et de l'Angleterre du premier XVIIe siècle.

Violaine GIACOMOTTO-CHARRA et Myriam MARRACHE-GOURAUD, « Voir pour savoir ? »

Au XVIe siècle, et tout particulièrement dans sa seconde moitié, on assiste à une autonomisation croissante des mots et des concepts d'*observatio* par rapport à *experientia*. *Observatio* devient un moyen d'affirmer et de désigner un nouveau geste épistémique, mais aussi d'affirmer l'existence d'un personnage nouveau dans le paysage scientifique, l'observateur, qui n'est pas seulement celui qui observe, mais aussi celui qui organise et ordonne le savoir dans un livre issu de ses observations.

Grégoire HOLTZ, « Du respect des coutumes à l'affirmation de l'autopsie. Le statut des "observations" dans la littérature de voyage de la Renaissance »

Comment partager ses observations ? Peut-on les faire vérifier par d'autres témoins ? Selon quel protocole, mais aussi en fonction de quelles limitations ? Est-ce que la généralisation du terme *observation* et ses dérivés induit une nouvelle forme d'échange scientifique ? Cette étude tente de répondre à ces questions en les adressant à un corpus d'écrits empiriques où le statut de l'observation est privilégié, à savoir les récits de voyages qui fleurissent dans le siècle des premières circumnavigations.

Juliette FERDINAND, « "En contemplant tu connaîtras". Voir contre savoir dans les écrits de Bernard Palissy »

La correspondance entre ce que l'œil observe, ce que l'artiste représente et ce que le naturaliste expose est au cœur des écrits de Bernard Palissy : ses œuvres d'art s'inspirent de la nature observée et ses intérêts scientifiques concernent les phénomènes qu'il peut observer à l'œil nu. Son approche engage deux types de relations à la nature : l'observation directe et l'expérimentation manuelle. L'article examine ici le rôle joué par la vue dans l'acquisition des connaissances sur la nature.

Philippe GLARDON, « Images et descriptions écrites. Éléments discursifs dans les traités d'histoire naturelle du XVIe siècle »

Il reste encore beaucoup à faire sur l'analyse de l'image scientifique du XVIe siècle. Cet article souhaite, dans une perspective holistique, tenter de reconstituer le facteur de cohésion qui existe entre le texte et l'illustration, mis à mal par notre regard moderne. Pour ce faire, il s'attachera à l'étude de ce que notre regard d'aujourd'hui pourrait être tenté d'interpréter comme des « erreurs » picturales dans les traités d'histoire naturelle de la Renaissance.

Claude LA CHARITÉ, « "Diligemment contempler". *L'histoire entiere des poissons*, de Guillaume Rondelet »

Le présent article étudie la manière dont se manifeste l'idéal d'autopsie consistant à « voir pour savoir », dans le rapport entre le texte et l'image, l'original latin et sa traduction française, mais aussi entre la vue et les autres sens sollicités dans l'observation de la vie marine sous toutes ses formes chez Rondelet. Il permet d'éclairer les fondements épistémologiques de l'ichtyologie de Rondelet, entre logique et rhétorique, vue et contemplation, de l'invisible jusqu'à l'indicible.

Emmanuelle LACORE-MARTIN, « Le regard de l'anatomiste. De l'immatérialité de la vue à la vérité du discours chez André Du Laurens »

Cet article montre comment, au seuil de son traité d'ophtalmologie, André Du Laurens souligne l'importance de la publication la plus large possible des découvertes médicales et place l'ensemble de son discours médical sous le signe de la transparence, transparence de la communication scientifique, mais aussi transparence qui structure en profondeur la théorie de la vue dont il s'apprête à faire l'exposé, liant théorie de la vision et théorie du savoir.

Benoît JEANJEAN, « La vision du XVIIIe siècle sur la science du XVIe. Le cas des planches anatomiques d'Eustache publiées par Giovanni-Maria Lancisi »

En 1714 paraissent les *Tabulæ Anatomicæ* de Bartholomée Eustache, éditées par Lancisi. Il ajoutait à ces planches anatomiques du XVIe siècle ses propres commentaires, inspirés par la confrontation entre la qualité des planches et l'état des connaissances médicales au début du XVIIIe. Le travail de l'anatomiste s'y traduit par une série de mots qui rendent compte de l'observation médicale et de sa diffusion auprès de la communauté scientifique.

David BANKS, « Le procès de perception dans la presse savante à la fin du XVIIe siècle »

Cette contribution analyse l'usage des procès de perception en utilisant les catégories de la linguistique systémique fonctionnelle, afin de mesurer à quel point l'usage diffère entre deux publications savantes de référence, l'une française, l'autre anglaise. La discussion de ces différences permet de faire apparaître les variations provoquées par l'interface entre sciences humaines et sciences exactes, et celles engendrées par les approches empiriste et cartésienne.

Benoît JEANJEAN, « Les pages liminaires du *Theatrum orbis terrarum* d'Ortelius. Vision du monde ou image de l'auteur ? »

En marge de l'objet du *Theatrum orbis terrarum* s'élabore au fil des éditions un ensemble liminaire destiné à introduire le lecteur à la découverte des cartes et à faire l'éloge de celui qui les a rassemblées. Plusieurs éléments de ces pages liminaires sont ici analysés afin d'observer comment elles disposent le lecteur à appréhender cet ouvrage d'un genre nouveau et comment elles superposent les mots de la poésie et le langage de l'image aux mots de la science.

TABLE DES MATIÈRES

DEUXIÈME PARTIE

LES LEÇONS DE L'EXPÉRIENCE

TROISIÈME PARTIE

UNE SCIENCE DU REGARD

IMPRIM'VERT®

Achevé d'imprimer par Corlet Numéric,
Z.A. Charles Tellier, Condé-en-Normandie (Calvados), en février 2021
N° d'impression : 170707 - dépôt légal : février 2021
Imprimé en France